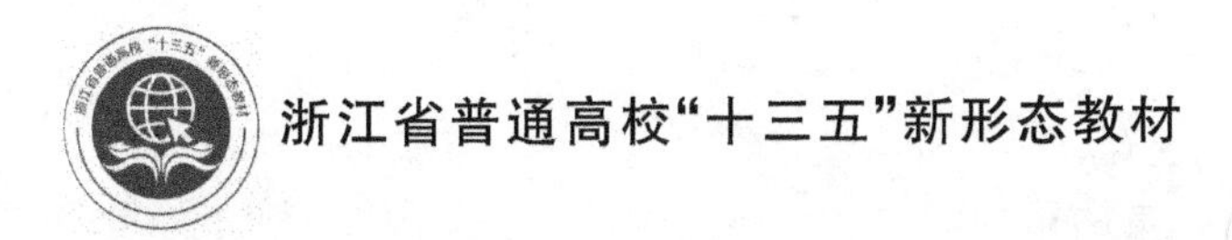

食品贮藏与保鲜

主　编　王向阳
副主编　顾　双

浙江工商大學出版社
ZHEJIANG GONGSHANG UNIVERSITY PRESS
·杭州·

图书在版编目(CIP)数据

食品贮藏与保鲜 / 王向阳主编. —杭州：浙江工商大学出版社，2020.8(2025.1 重印)

ISBN 978-7-5178-3897-5

Ⅰ.①食… Ⅱ.①王… Ⅲ.①食品贮藏—高等学校—教材 ②食品保鲜—高等学校—教材 Ⅳ.①TS205

中国版本图书馆 CIP 数据核字(2020)第 097482 号

食品贮藏与保鲜

SHIPIN ZHUCANG YU BAOXIAN

主编 王向阳　副主编 顾　双

责任编辑　王黎明
封面设计　林朦朦
责任印制　祝希茜
出版发行　浙江工商大学出版社
(杭州市教工路 198 号　邮政编码 310012)
(E-mail:zjgsupress@163.com)
(网址:http://www.zjgsupress.com)
电话:0571-88904980,88831806(传真)
排　　版　杭州朝曦图文设计有限公司
印　　刷　广东虎彩云印刷有限公司绍兴分公司
开　　本　787mm×1092mm　1/16
印　　张　18.5
字　　数　394 千
版 印 次　2020 年 8 月第 1 版　2025 年 1 月第 6 次印刷
书　　号　ISBN 978-7-5178-3897-5
定　　价　40.00 元

https://user.qzone.qq.com/2161271961/main

前　　言

食品专业设置在综合性大学，以及农业、轻工、商业、水产、林业、师范等专业性院校。食品贮藏与保鲜是一门实用性学科。食品贮藏保鲜的原料来自种植业、养殖业、水产业、加工业等，各院校的食品贮藏保鲜课程教学侧重点有所差异。食品专业学生工作后，有少数从事食品保鲜工作，多数从事食品加工工作。从事加工工作的人员也会涉及加工原料保存、品质维持、加工后产品的保质和流通等。近来新鲜食品线上线下渠道的发展，促进了新颖企业的诞生和新鲜食品的流通，对食品贮藏保鲜提出了新的要求。

食品原料有的具生命，有的丧失生命，范围很广，保鲜原理和技术方法差异很大，因此，需要掌握本领域的知识框架、基本原理、通用技术、产业化设备。本书比较全面系统，覆盖了共性的保鲜方法，以及各种具体原料的保鲜技术，属于综合保鲜原理方法和技术的书籍。本书注重当今国内外使用的主流贮藏保鲜方法和实践操作，介绍一些贮藏保鲜实例，去除已经很少有人使用的技术，加入我们的一些课题研究成果和为企业服务的体会，例如写入了浙江省科技项目，中澳、中英合作项目，以及获得国家科技进步奖和浙江省科技进步奖的一些技术成果。

本书分五章。第一章是食品贮藏保鲜原理技术和设备，第二章是果蔬贮藏保鲜原理和技术，第三章是粮食贮藏原理和技术，第四章是动物类食品贮藏保鲜原理和技术，第五章是加工类食品贮藏。各章还有大量网上内容，存在食品贮藏保鲜 QQ 空间的日志和照片等中，读者可以通过二维码扫描或登录网站阅读。内容有具体果蔬、粮食、动物原料、加工品的贮藏保鲜方法、案例、练习等，未来随时进行更新和添加。

绪论、第一章、第二章、第三章、第五章第四、第六、第七、第八节由浙江工商大学食品与生物工程学院王向阳编写；第四章的第一、第二、第三和第五章的第一、第二、第三、第五节，由王向阳和浙江大学生物系统工程与食品科学学院的博士生顾双根据王向阳主编的《食品贮藏与保鲜》2002 年版中的浙江工商大学蒋予箭老师撰写部分改编和补充；第四章的第四节由王向阳根据《食品贮藏与保鲜》2002 年版中的浙江工商大学戴志远老师撰写部分改编和补充。网上内容由顾双和王向阳撰写及整编。全书最后由王向阳统一整编、修订。

感谢浙江省教育厅新形态教材项目、浙江工商大学食品工程系一流学科经费资助。感谢浙江工商大学食品与生物工程学院孟岳成、房生、郑小林、姜天甲等老师的鼎力支持。

2020 年 5 月

目 录

Contents

绪　论

一、食品贮藏保鲜的重要意义

食品与人民生活息息相关，其产销量十分巨大。食品主要来源于农业、林业、水产业、养殖业，食品贮藏保鲜与加工是这些产业体系的延伸。食品贮藏保鲜是一种不改变或轻微改变食品原来性状的加工技术。

食品贮藏保鲜既包括新鲜食品产后的流通过程，也包括食品加工原材料的保藏、食品加工产品的保藏过程。许多食品加工方法也是食品贮藏的手段。食品贮藏保鲜的目的在于解决种养殖业产后和水产捕捞后延长产品销售期并将产品输送至消费者手中的保质问题，解决工业和商业的原料及产品的保质问题。另外，食品贮藏保鲜本身还会产生附加值。例如从国外进口的热带水果、长期贮藏的蒜薹和苹果、夏季短期贮藏的茭白、提前采收冷藏的杨梅等都可以产生高的附加值；从产地运往国内大城市或国外的食品，应用保鲜手段通过网络销售的生鲜食品，都可以产生较高利润；等等。这主要与果蔬产品生产具有一定的季节性和区域性有关，通过贮运保鲜手段可以消除这种季节性和区域性的差别，满足各地消费者对各种果蔬商品的消费需求，从而达到调节市场、实现周年供应的目的。水果蔬菜、活水产品等的贮运保鲜难度大、风险高，故其成功时利润也很高。目前国内外食品贮藏保鲜本身已经形成一个很大的产业。

二、国内外食品贮藏保鲜的历史

食品贮藏保鲜从古到今就有。我们一般把流通中鲜活易腐的食品的保质技术称为保鲜技术；而把食品存放一段时间，或使食品能够存放一段时间的技术，称为贮藏技术。晚唐诗人杜牧有诗："一骑红尘妃子笑，无人知是荔枝来。"这可以体现古代新鲜食品长距离流通保鲜是多么不容易。食品贮藏保鲜技术在古代主要是用于粮食贮藏，其他一些易腐食品主要采用晒干、盐腌、糖腌等方式。近代用罐藏、冻藏、添加化学防腐剂等方法将食品保存起来。但这些方法大多能耗大，处理后的产品在风味、质地、安全等方面有令人不满意的地方。最初的食品加工是从食品贮藏领域发展出来的。古代我国的粮食仓库主要是用于防鼠，粮食也利用晒干来防虫防霉。各国古代虽然主食不同，但主食食品或其原料一般都耐贮藏，这样才能周年供应，人类才能生存。那时贮藏食品是为了以后食用。

三、我国食品贮藏保鲜的现状、问题和发展

我国的果蔬业已具相当规模。我国的果品和蔬菜总量分别达 1.2 亿吨和 5 亿吨。蔬菜、水果已由卖方市场转为买方市场。由于气候关系，我国主流水果中的苹果、梨、枣等主要分布在北方，而柑橘、香蕉、芒果等主要分布在南方，水果的南北运输任务非常繁重，蔬菜的南北调动也是越来越多。另外，我国热带水果进口、蔬菜出口比较频繁。这些都意味着果蔬流通、贮藏、保鲜压力很重。我国粮食生产能力超过 5 亿吨。作为周年供应的主粮，粮食需要大量贮藏。我国水产品过去采用干制和冷冻技术来贮运，现在人们要求食品鲜活。鲜活运输成了水产品产后的主流方式，模拟海水技术、运输中充氧技术、控温技术得到很大发展。我国加工品贮藏问题也比较突出，特别是一些高脂肪食品容易氧化变质，高含水食品容易发霉。例如月饼时间性很强，生产也很集中，往往提前生产，流通销售中需要保质技术。我国现在普遍应用添加吸氧剂等技术来延长保质期，从而取得很好的经济意义。

食品贮藏保鲜，特别是农产品贮藏保鲜，已经从解决剩余农产品问题，通过季节差来获得利润，向解决生鲜食品物流运输保质难题转化。在采前反季节栽培技术影响下，传统贮藏技术的重要性相对下降，而流通贸易中的食品保质技术的地位不断上升。制冷技术的出现是食品贮藏保鲜领域中最重要的进步。气调保鲜技术和冷链的普及，高速公路的发展，使新鲜果蔬、肉类、水产品的保鲜和运输得到很大发展。近几年来我国农产品采后也逐渐减少贮藏，开始注重流通及流通中的保鲜问题。采后操作体系开始逐步向机械化过渡，产品开始实施质量管理工程，产品质量和信誉有了比较大的提高。国家食品安全法、国家食品卫生标准等的出台和修订，有机食品、绿色食品等的发展，HACCP、GMP 等的普及，各种监管部门合并成市场监管局以加强执法力度，都促进了食品的安全保障。

我国农副产品批发市场的经营主体是千百万个体户和小企业。拥有批发市场的公司主要靠出租摊位和冷库等盈利。这与发达国家大型公司经营生鲜食品贮藏、流通、销售的差异极大。我国目前缺少政府设立的采后技术推广体系。从事食品贮藏保鲜的小企业和商贩只能依靠自己的经验进行经营。这使他们的技术提高得非常缓慢，也使他们缺少大资金进行现代化经营。我国农产品产后过去比较重视技术体系，现在也开始建立信息系统和服务体系。例如大、中城市的农产品大型批发市场普遍建立了互联信息网，提供农产品的即时行情，以及发布一些信息。移动互联网的发展，淘宝、拼多多等平台的出现，促进了生鲜食品网上订购和快递的发展，也促进了生鲜食品保鲜技术和保温包装技术的发展。除了网上大量新鲜食品销售商家，目前市场上已经出现一些基于互联网的新型公司，例如盒马生鲜，采取规模采购、低温保鲜运输、保鲜包装处理、快速分销的模式。

我国食品贮藏保鲜现在还面临的问题主要有：(1)行业问题：如何做好网上商家生鲜食品的快递和传统批发的结合。(2)技术问题：①微生物导致腐败的情况还是很普遍；②化学反应、生理代谢、物理变化导致生鲜食品的劣变问题，仍然有待解决。

(3)设备普及化问题。

由于食品差异很大,采用保鲜技术的差异也很大。食品应该分为两类:

(1)具生命的食品。①植物性食品,主要有易腐的新鲜果蔬、耐藏的粮油。②动物性食品,主要有容易死亡的活的水产品、较耐贮藏的鲜蛋。

(2)无生命的食品。①生鲜食品,主要有宰杀后的动物、新鲜乳品。②加工食品,分三类:一是不容易败坏可长期贮藏的加工食品,例如干制食品、腌制食品、糖制食品、罐制食品、冷冻食品、焙烤食品、多脂肪食品、食品发酵物;二是有一定贮藏性能的加工食品,例如半干半潮食品;三是容易败坏的加工食品,例如散装熟食。

食品贮藏保鲜学是一门应用科学,知识面涉及很广。因此,不仅要学习食品贮藏保鲜的基本理论、基本技术,还应注意各相关学科的发展,学会与生产实践相联系,应用所学知识解决生产中的实际问题。

第一章　食品贮藏保鲜原理技术和设备

第一节　物理技术贮藏保鲜

一、低温保鲜贮藏法

(一)低温防腐的基本原理

微生物(细菌、酵母和霉菌)的生长繁殖和食品内固有酶的活动常是食品腐败变质的主要原因,自溶就是酶活动下出现的组织或细胞解体的一种现象。食品冷藏就是利用低温以控制微生物生长繁殖和酶活动的一种方法。通过此种方法可以达到远途运输和短期或长期贮藏的目的。

1. 低温对微生物的影响

任何微生物都有一定的正常生长和繁殖的温度范围。温度愈低,它们的活动能力也愈弱。当温度降低到最低生长点时,它们就停止生长并出现死亡。许多嗜冷菌和嗜温菌的最低生长温度低于0℃,有的可达－8℃(见表1-1)。例如蔬菜中有些细菌最低生长温度为－6.7℃,因此贮藏于0℃低温下也常有腐烂。

表1-1　部分常见真菌和细菌的最低生长温度

菌名	学名	最低生长温度/℃
灰绿曲菌	*Aspergillus glaucus*	5
黑曲菌	*Aspergillus niger*	10
灰绿葡萄孢	*Botrytis cinerea*	－5
大毛霉	*Mucor mucedo*	－2
乳粉孢	*Oidium lactis*	2
灰绿青霉	*Panecillium glaucum*	－5
黑根霉	*Rhizopus nigricans*	5
毕赤氏酵母	*Pichia sp*	－5
高加索乳酒酵母	*Suceharomyces Kefiri*	－2

续　表

菌名	学名	最低生长温度/℃
圆酵母	*Torula sp*	−6～−5
乳酸杆菌	*Lactobacillus sp*	−4
肉毒杆菌	*Clostridium botulinum*	10
大肠杆菌	*Escherichia coli*	2～5
荧光杆菌	*Pseudomonas fluorescens*	−8.9～−5

当温度降到最低生长温度，再进一步降温时，微生物就会死亡。冻结或冰冻介质最易促使微生物死亡。在−5℃过冷介质中荧光杆菌数量无显著变化，但在同温度的冷冻介质中会有大量死亡。在更低温度下冻藏的食品的细菌残留率可能高于在较高温度下冻藏的食品（见表1-2）。

表1-2　不同冻藏温度对冻鱼贮藏期中细菌残留率的影响

贮藏期/天数	细菌残留率/%		
	−18℃	−15℃	−10℃
115	50.7	16.8	6.1
178	61.0	10.4	3.6
192	57.4	3.9	2.1
206	55.0	10.0	2.1
220	53.2	8.2	2.5

（1）低温对酶活性和代谢反应的影响

酶是生物催化剂，酶的活性与温度有关。大多数酶的适宜温度为30～40℃，动物体内的酶需稍高的温度，植物体内的酶需稍低的温度。当温度超过适宜温度时，酶的活性就受到抑制；当温度达到80～90℃时，几乎所有酶的活性都遭到了破坏。酶活性受到抑制或破坏，会导致微生物受到抑制或死亡。

酶的活性随温度而发生的变化，常用温度系数Q_{10}衡量，Q_{10}为温度增加10℃后的化学反应率除以原来温度的化学反应率。大多数酶活性化学反应的Q_{10}值在2～3范围内。这就是说温度每下降10℃，酶活性就会削弱为原来的1/2～1/3。在正常情况下，微生物细胞内各种生化反应总是相互协调一致。但各种生化反应的温度系数Q_{10}各不相同，因而降温时，这些反应将按照各自的温度系数（即倍数）减慢，破坏各种反应原来的协调一致性，影响微生物的生活机能。温度降低愈低，失调程度也愈大，以致微生物的生活机能受到抑制，甚至达到致死的程度。

低温对酶并不起安全的抑制作用，酶仍能保持部分活性，催化作用并未停止，只是非常缓慢而已。例如胰蛋白酶在−30℃下，仍然有微弱的反应，在−20℃下脂肪酶仍能引起脂肪水解。但是一般来说，如将温度维持在−18℃以下，酶的活性已经受到很大程度的抑制，食品保鲜时间也将随之延长。为了将冷冻（或速冻）、冻藏和解冻过程中食品内不良变化降低到最低的程度，食品常经短时预煮，预先将酶的活性完全破坏掉，再行冻制。预煮时常以过氧化酶活性被破坏的程度作为所需时间的依据。低温还能降低化学反应速度，这是抑制代谢或不良反应的次要因素。

(2)脱水作用和冰晶机械性破坏作用

冷却时介质中冰晶体的形成会促使细胞内原生质或胶体脱水。自由水减少(类似脱水干燥)，大量转化为非溶剂的冰晶，这显著抑制了酶的反应，降低了化学反应速度，胶体内溶质浓度的增加也常会促使蛋白质变性。这些都会显著抑制微生物生长。同时，冰晶体的形成还会使微生物细胞遭受到机械性破坏，所以对微生物有一定的致死作用。

2. 影响低温致死微生物的因素

(1)温度的高低

在冰点以上，微生物仍然具有一定的生长繁殖能力，虽只有部分能适应低温的微生物和嗜冷菌逐渐增长，但最后也会导致食品变质。对低温不适应的微生物则逐渐死亡。这就是冷藏食品仍会出现不耐久藏情况的原因。

稍低于生长温度的温度或冻结温度对微生物的威胁最大。例如－5～－2℃，会导致微生物的活动受到抑制或几乎全部死亡。当温度冷却到－25～－20℃时，微生物细胞内所有酶的反应几乎全部停止，并且还延缓了细胞内胶质体的变性，此时，微生物的死亡速度比在－10～－8℃时反而缓慢得多。

(2)降温速度

食品冻结前，降温愈速，微生物的死亡率也愈大。这是因为迅速降温过程中，微生物细胞内新陈代谢未能及时迅速重新调整。食品冻结时情况恰好相反，缓冻将导致大量微生物死亡，而速冻则相反。这是因为缓冻时，食品温度长时间处于－12～－8℃(特别在－5～－2℃)，并形成量少粒大的冰晶体，对细胞产生机械性破坏作用，还促进蛋白变性，以致微生物死亡率相应提高。速冻时食品在对细胞威胁性最大的温度范围内停留的时间甚短，同时温度迅速下降到－18℃以下，能及时终止细胞内酶的反应和延缓胶质体的变性，故微生物的死亡率也相应降低。一般情况下，食品速冻过程中微生物的死亡数仅为原菌数的50%左右。

(3)结合水分和过冷状态

急速冷却时，如果水分能迅速转化成过冷状态，避免结晶并成为固态玻璃质体，这就有可能避免因介质内水分结冰所产生的破坏作用。这样的现象在微生物细胞内原生质冻结时就有出现的可能，当它含有大量结合水分时，介质极易进入过冷状态，不再形成冰晶体，这将有利于保持细胞内胶质体的稳定性。细菌的芽孢和霉菌孢子中的水分含量比较低，其结合水含量比较高，因而它们在低温下的稳定性也就相应的较高。

(4)介质

高水分和低 pH 值的介质会加速微生物的死亡，而糖、盐、蛋白质、胶体、脂肪对微生物则有保护作用。

(5)贮期

低温贮藏时微生物数量一般总是随着贮存期的增加而有所减少，但是贮藏温度愈低，减少的量愈少，有时甚至没减少。贮藏初期（最初数周内），微生物减少的量最大。一般来说，贮藏一年后微生物死亡数将为原菌数的60%～90%。在酸性水果和酸性食品中微生物数的减少量比在低酸性食品中更多。

（6）交替冻结和解冻

理论上认为交替冻结和解冻将加速微生物的死亡，实际上效果并不显著。

3. 低温对食品品质的影响

对于有生命的食品，低温需要保持其生命，一般仅仅使用冰点以上的低温，此时，冷却和冷藏的主要作用是抑制酶的活性和代谢反应等，有明显的保鲜作用。对于部分无生命的食品，不但使用冰点以上低温，也使用更低温度。冻结和冻藏不但能抑制酶活力和代谢反应，还能把自由水转化为冰晶，冰晶具有机械性破坏作用等。这种破坏性对很多食品品质并无明显影响，但对少数无生命的食品有一定副作用，例如猪肉冷冻后，会出现细胞膜破损，蛋白质变性，汁液流失等现象。

（二）机械冷藏库

食品冷藏库（refrigerated warehouse）是用人工制冷的方法对易腐食品进行加工和贮藏，以保持食品食用价值的建筑物，它是冷藏链的一个重要环节。

1. 冷藏库的类型

（1）按冷藏库容量分类，我国商业系统冷藏库可分为四类，见表1-3。

表1-3　冷藏库的容量分类法

规模分类	容量/吨	冻结能力/（吨/天）	
		生产性冷藏库	分配性冷藏库
大型冷藏库	10000以上	120～160	40～80
大中型冷藏库	5000～10000	80～120	40～60
中小型冷藏库	1000～5000	40～80	20～40
小型冷藏库	1000以下	20～40	<20

（2）按冷藏库设计温度分类：①高温冷藏库，－2℃以上；②低温冷藏库，－15℃以下。对于室内装配式冷藏库，分类见表1-4。

表1-4　装配式冷库的分类

冷库种类	L级冷库	D级冷库	J级冷库
冷库代号	L	D	J
库内温度/℃	－5～5	－18～－10	－23

（3）按使用性质分类

①生产性冷藏库。主要建在食品产地附近、货源较集中的地区。冷冻加工能力大，并设有一定容量的周转用冷藏库。

②分配性冷藏库。一般建在大中城市，作中转运输和贮藏食品之用。冻结量小，冷藏量大，而且要考虑多种食品的贮藏。

③零售性冷藏库。一般建在城市的大型副食商店内，供临时贮藏零售食品之用。特点是库容量小，贮藏期短，库温随使用要求不同而异。在库体结构上，大多采用装配式组合冷藏方式。

2. 冷藏库的组成与布置

(1)冷藏库的组成

冷藏库是一建筑群，主要由主体建筑和辅助建筑两大部分组成。按照构成建筑物的用途不同，主要分为冷加工间及冷藏间、生产辅助用房、生活辅助用房和生产附属用房四大部分。

①冷加工间及冷藏间。

冷却间：用于对进库冷藏或需先经预冷后冻结的常温食品进行冷却或预冷，加工周期为12～24h，产品预冷后温度一般为4℃左右。

冻结间：用来将需要冻结的食品状态由常温或冷却速降至－15℃或－18℃，加工周期一般为24h。冻结间也可移出主库而单独建造。

冷却物冷藏间：又称高温冷藏间，主要用于贮藏鲜蛋、果蔬等有生命食品。若贮藏冷却肉，时间不宜超过14～20天。

冻结物冷藏间：又称低温冷藏间或冻藏间，主要用于长期贮藏经冻结加工过的食品，如冻肉、冻果蔬、冻鱼等。

冰库：用以储存人造冰，解决需冰处于旺季和制冰能力不足的矛盾。

冷间的温度和相对湿度，应根据各类食品冷加工或冷藏工艺要求确定，一般按冷藏库设计规范推荐的值选取，如表1-5所示。

表1-5　冷间的使用温度和相对湿度

冷间名称	温度/℃	相对湿度/%	适用食品范围
冷却间	0		肉、蛋等
冻结间	－23～－18 －30～－23		肉、禽、冰蛋、蔬菜、冰淇淋等 鱼、虾等
冷却物冷藏间	0 －2～0 －1～1 0～2 2～4 1～8 11～12	85～90 85～90 90～95 85～90 85～90 85～90 85～90	冷却后的肉、禽 鲜蛋 冰鲜鱼、大白菜、蒜薹、葱头、胡萝卜、甘蓝等 苹果、梨等 土豆、橘子、荔枝等 柿子椒、菜豆、黄瓜、番茄、菠萝、柑等 香蕉等
冻结物冷藏间	－20～－15 －23～－18	85～90 90～95	冻肉、禽、兔、冰蛋、冻果蔬、冰淇淋等 冻鱼、虾等
冰库	－10～－4		块冰

②生产辅助用房。

装卸站台:供装卸货物用。公路站台高出回车场地面 0.9～1.1m,与进出最多的汽车高度相一致;它的长度按每 1000t 冷藏容量 7～10m 设置,其宽度由货物周转量的大小、搬运方法的不同而定。铁路站台高出钢轨面 1.1m。

穿堂:运输作业和库房间联系的通道,一般分低温穿堂和常温穿堂两种,分属高、低温库房使用。目前,冷藏库中较多采用库外常温穿堂。

楼梯、电梯间:多层冷藏库均设有楼梯、电梯间,一般按每 1000t 冷藏量配 0.9～1.2t 电梯容量设置。楼梯是生产工作人员上下的通道,电梯是冷藏库内垂直运输货物的设施。

过磅间:专供货物进出库时工作人员司磅记数使用的房间。

③生活辅助用房。主要是生产管理人员的办公室或管理室,生产人员的工间休息室、更衣室,以及卫生间等。

④生产附属用房。包括制冷机房、变配电间、水泵房、制冰间、整理间、氨库等。

(2)冷藏库的布置

①冷藏库的平面布置。

低温冷藏间和冻结间:通常将冻结间单独建造,中间用穿堂连接。

冻结物冷藏间和冷却物冷藏间:多层冷藏库把同一温度的库房布置在同一层上;冻结物冷藏间布置在一层或一层以上的库房内;冷却物冷藏间若布置在地下室,则地坪不须采取防冻措施,若布置在地上各层,则可减少冷量的损失。

②冷藏库的垂直布置。

单层冷藏库和多层冷藏库:小型冷藏库一般采用单层建筑,大、中型冷藏库单层和多层建筑都有。多层冷藏库一般把冻结间布置在底层,以便于生产车间的吊轨接入冻结间,把制冰间布置在顶层,有利于冰的入库和输出,制冰间的下层为储冰库,冰可通过螺旋滑道进入储冰库。地下室可用作冷却物冷藏库或杂货仓库。为了减少冷藏库的热渗透量,无论是多层冷藏库还是单层冷藏库,都应建成立方体式的,尽量减小围护结构的外表面积,其长宽比通常取 1.5∶1 左右。

冷藏库的层高:目前国内冷库堆货高度在 3.5～4m,单层冷藏库的净高一般为 4.8～5m,采用巷道或吊车码垛的自动化单层冷库不受此限。多层冷藏库的冷藏间层高应≥4.8m,当多层冷藏库设有地下室时,地下室的净高不小于 2.8m。储冰间的建筑净高,当用人工堆码冰垛时,单层库的净高应为 4.2～6m,多层库的净高应为 4.8～5.4m,如用桥式吊车堆码冰垛时,则建筑净高应不小于 12m。

3. 冷藏库的隔热和防潮

(1)冷库隔热防潮的意义

为了减少外界热量侵入冷藏库,保证库内温度均衡,减少冷量损失,冷藏库外围的建筑结构必须敷设一定厚度的隔热材料。实践证明,防潮层的有无与质量好坏对于围护结构的隔热性能起着决定性作用。若防潮层设计和施工不良,外界空气中的水蒸气就会不断侵入隔热层以至冷库内,最终将导致围护结构的损坏,严重时甚至整个冷库建筑报废。

(2)隔热防潮的方法

当冷藏库建筑结构中热导率较大的构件(如柱、梁、板、管道等)穿过或嵌入冷库围护结构的隔热层时,会形成冷桥。冷桥在构造上破坏了隔热层和隔气层的完整性与严密性,容易使隔热材料受潮失效。若墙、柱所形成的冷桥跑冷严重,还会引起墙基等冻胀,危及冷库建筑的安全。

有两种方法可以消除冷桥的影响:①隔热防潮层设置在地坪、外墙及屋顶上,把能形成冷桥的结构包围在其里面,称为外置式隔热防潮系统,特点是隔热防潮性能最佳,造价较便宜;②与外置式相反,隔热防潮层设置在地板、内墙、天花板上,称为内置式隔热防潮系统,当墙壁和天花板需要经常清洗时常采用这种结构。

(3)常用的隔热材料与防潮材料

通常对低温隔热材料有以下要求:热导率小,热稳定性好,吸湿性强,含湿量少,密度小且含有均匀的微小气泡,不易腐烂变质,耐火性和耐冻性好,无臭无毒,价格低廉,资源丰富,例如聚氨酯泡沫塑料是常见的冷库隔热材料。

冷库隔热防潮材料

(三)食品冷却与冷藏

冷却与冷藏是食品保鲜的常用方法。冷却是冷藏的必要前处理,是一个短时的换热降温过程,冷却的最终温度在冰点以上。冷藏是冷却后的食品在低温下保持食品不变质的一种贮藏方法。对于果蔬食品的冷藏,应该使其生命的代谢过程尽量缓慢进行,延迟其成熟期的到来,保持其新鲜度。对于动物性食品的冷藏,应该弱化食品中微生物的繁殖能力,降低其自身的生化反应速率,这可作为暂时贮藏或冻结与冻藏的前处理。

1.食品冷却中的传热

基本传热方式与食品种类和形状、所用冷却介质等有关。导热主要发生在食品的内部、包装材料、用固体材料作为冷却介质的冷加工中;对流主要发生在以气体或液体作为冷却介质的加工和冷藏中;辐射主要发生在仅有自然对流或流速较小的冷加工和冷藏中。实际上常以一种或两种为主、其他为辅的传热方式。

(1)传热方式

①导热。

食品内部的导热问题:食品冷却时,其表面温度首先下降,并在表面与中心部位间形成温度梯度,在此梯度的作用下,食品中的热量逐渐从其内部以导热的方式传向表面。当食品的平均温度达到冷藏入库规定的温度时,冷却过程结束。

食品外部包装材料的导热问题:在带有包装的食品的冷却过程中,包装材料的导热问题应该考虑进去。

②对流。

采用气体或液体作为冷却介质时，食品表面的热量主要由对流换热方式带走，其传热速率方程为：$Q=\alpha A\Delta T$

式中，α——对流表面传热系数，单位为 $W/(m^2 \cdot K)$；

A——与冷却介质接触的食品表面积，单位为 m^2；

ΔT——食品表面与冷却介质间的温度差，单位为 K。

对流表面传热系数与冷却介质种类、流动状态、食品表面状况等许多因素有关，几种常见冷却方式下的对流表面传热系数见表 1-6。

表 1-6 几种常见冷却方式下的对流表面传热系数

冷却方式	$\alpha/W \cdot (m^2 \cdot K)^{-1}$
空气自然对流或微弱通风的库房	3～10
空气流速小于 1.0m/s	17～23
空气流速大于 1.0m/s	29～34
水自然对流	200～1000
液氮喷淋	1000～2000
液氮浸渍	5000

③辐射。

在空气自然对流环境下，辐射换热是很小的。

(四)冷库的案例和管理

1. 果蔬冷库案例

机械制冷利用机械动力（压缩机）将低温的物质（制冷剂）输入高温物质的环境中（果蔬库），将高温物体（果蔬）中的热量带走，如此循环往复从而降低高温物质的温度。机械冷藏是在有良好的隔热条件下，在永久性贮藏库内通过机械制冷装置，进行人工调节和控制，创造适宜的食品贮藏条件。果蔬冷库一般由制冷机房、贮藏库、缓冲间和包装场四部分组成，其中制冷机械主要包括制冷压缩冷凝机组和换热器（冷风机）两大部分。果蔬冷库一般采用冷风机降温方式，不采用盘管式降温方式。中小型冷库一般用氟利昂作为制冷剂，大型冷库则多用氨制冷。制冷剂常用氨或二氯二氟甲烷。氨是最早成功使用的制冷剂，主要用于大型压缩机，氨对金属有腐蚀作用。二氯二氟甲烷又可简称为 F-12 或氟利昂 12，主要用于小型冷冻机及空气调节装置，一旦溅到人体即会引起皮肤溃烂。冷藏库内的冷冻压缩系统主要由电动压缩机、蒸发器、调节阀和冷凝器等部件所组成。制冷剂在常温高压下为液体，当减压后在蒸发管内吸收热量变气态，引起库体降温。循环到压缩机变高温高压液体，经冷凝器冷却变常温高压液体。这样不断循环，进行降温。通常库内还装有自动温度控制器。用氨作为制冷剂时，应特别注意蒸发器，如果蒸发器漏气，库内果蔬的保鲜就会受到很大影响。另外，蒸发器会不断地结霜，要经常自动或人工"冲霜"，否则也会影响冷却效果。

目前国内果蔬机械冷库大多为多层式，通常都是 4 至 5 层，每层高 4.5～5.0m，净空高 4m。用电梯作垂直式运输，再行堆码。这种建筑节约土地，但造价很高，自动堆码程度低。国外现在大多建筑单层式冷库可高达 30m。单层冷库的优点是施工快、造价低、自动堆码效率高；缺点是耗冷量大、占地面积大。单层冷库内设有金属货架十多层，用自动码垛装卸机行驶于两架之间，进行水平和垂直运输，自动将货物起放到指定的货架上。为便于机械操作，一般有防撞柱和卷门（见图 1-1）。

图 1-1　冷库的防撞柱和卷门

2. 微型冷藏库案例

现在产地有很多微型冷库，库容 60～200m^3。由贮藏间、机房、缓冲间（或者没有缓冲间）三部分组成，库体主要为土木结构，建筑方式类似于普通民房。有的为玻璃纤维外层或彩钢板外层的隔热板搭建，内含保温材料，一般为聚氨酯发泡料（保温材料也可能用膨胀珍珠岩、聚苯乙烯泡沫板），辅以相应的制冷设备，投资成本较低。在浙江的杨梅、茭白、香菇等食品的农村产地，城市的果品、水产、鲜肉批发市场等地大量应用。其贮藏期短的为 1 周，长的为 2 个月。

3. 真空冷却

真空冷却是一种特殊的降温方式，主要有两种：(1)利用减压，使水分变成水蒸气，吸收热量，从而使食品温度快速下降，达到冷却的目的，这种形式主要用于表面积大的叶菜类新鲜食品的预冷；(2)把真空和制冷机组结合起来的设备，其使用更加广泛，可用于预冷也可以用于减压低温贮藏，甚至可用于冷冻干燥。后者的真空冷却设备主要由真空槽、捕水器、制冷机组、真空泵和测控系统等组成。如果用于果蔬冷藏，应该加增湿器。

4. 机械冷藏库的使用和管理

(1)库房和包装物消毒及预冷

果蔬采收包装前，首先要对库房和包装物进行消毒。可在库房内将包装物如纸箱、木箱或果筐堆码整齐，每立方米空间用 5～20g 硫黄燃烧熏蒸，时间 24～48h。熏硫后要打开进、排气口通风。另外，也可喷布 40%石灰水或 4%福尔马林溶液进行消毒杀菌。

(2)库内堆放

果蔬在库内堆放,要合理布局,做到既不浪费空间,又有利于管理和通风换气。所以,为了保持库内气流的通畅和循环,预留通道或夹道不要同气流方向垂直,果筐与库壁之间留出10～40cm的间隙,垛与地面应有5～10cm的通风间隙,果箱(筐)与果箱之间也应保持适当间隙,以利散热与排出二氧化碳等有害气体。冷库一般是天花板和侧壁降温,码垛时最上部的果蔬要加盖覆盖物以免冻害。在现代化的冷库中,常将包装好的产品堆在载货托板或配有可拆架框的托板上,用叉车搬运、码垛。为使库内空气流动通畅,货垛应距离墙壁约30cm,垛与垛间、垛内各容器间也应留适当空隙。垛顶与天棚或吊顶冷风筒间应留约80cm的空间层,因为与冷风筒太近容易使产品受低温伤害。

(3)温度管理

多数果蔬适合于贮藏在接近它们本身冰点的低温中。而原产于热带、亚热带地区的果蔬,一般不太耐低温,在不适当的低温下,时间一长就将发生冷害,故应该先确定贮藏温度。

冷库中应力求库温稳定,且各部位的温度应均匀一致。这就要求库体应有良好的隔热性和密闭性,制冷量能满足热负荷高峰期的需要,冷却管应有良好的导热性和足够的散热面积并在库内配置合理,产品装载适当。为保持库温稳定,最好在果蔬入库前先经预冷。未经预冷的产品应分批入库,每天入库量约为总容量的10%,否则一次性地带入过多的田间热,库温难以回降,温度波动太大。为了防止气流停滞出现死角,可以在局部位置用鼓风机增加风速。但是风速不宜太大,鼓风时间也不宜持续太长,否则产品将明显失水,这对贮藏很不利。

冷却管结霜是冷库管理的主要问题。一般冷库冷却管的温度比库温低10～15℃,总是在0℃以下,这就导致冷却管表面不断地结霜。结霜严重地阻碍了制冷效应的发挥和破坏了恒定库温的维持。要想阻止结霜,就得缩小库温和冷却管表面的温差,然而果蔬冷藏库由于湿度很高,库温与其露点仅相差1℃左右。要缩小到这样小的温差而又要保证足够的制冷量,就得把冷却管的散热面积增大许多倍。只有夹套式冷库具备这样的优点。对于一般冷库来说,很难做到这样,因此真正切实可行的办法是定期除掉管壁的霜。冲霜的基本方法是加热冷却管,使霜迅速融解。冲霜周期要短,速度要快。周期短,霜不至于结得太厚;速度快,霜不会变成冰壳更难消融,对库温波动的影响就小一些。贮藏期间还要每天对库内进行多点定时温度检测,掌握温度变化并加以调控。果蔬出库后应逐渐升温,骤然升温会降低果实品质,使果蔬易于发汗,表面结露造成腐烂,而且会缩短货架期。

(4)湿度管理

结霜是造成湿度低的主要原因。冲霜只能解决温度问题,不能解决湿度问题,这是因为融解的水被排出库外,不会变成蒸汽回到空气中去。目前加湿方法主要是在库内喷雾,雾粒越小越好,喷出后很快就汽化,不致成水滴而沾湿产品,还能吸收一些汽化热有助于制冷。主流的加湿方法是使用超声加湿器。另外水逆向加湿器也有此功能,用细塑料丝织物绕在防水架上做成纤丝室,用过冷水或冷溶液喷淋纤丝，空气吹风机向上吹，从而提供良好的热交换并使空气为水饱和。当库内湿度过高时，可通过通风换气，予以降低。

(5)通风换气

果蔬贮藏中，要注意通风换气，及时排除果蔬在贮藏中呼吸释放出的二氧化碳和其他刺激性气体如乙烯、乙醛、乙醇等，防止其积聚促进果实的成熟和衰老。在贮藏初期，要求每1～2天通风一次，通风宜选择温度较低的早上或晚上进行；贮藏中后期，一般每10～15天进行一次，也可结合降温一并进行。

(6)乙烯脱除

对乙烯高度敏感的果蔬需要脱除乙烯。除掉冷藏库内乙烯的最好方法是装乙烯脱除器(含有贵金属的催化器)。

(7)检查与记录

冷藏库的温度、湿度管理，要专人负责。面积较大的库体，各部位的温、湿度有可能不同，宜选用有代表性的位置放置温、湿度计，每日定时检查记录，作为调控温、湿度的依据。平时注意观察，果蔬应在品质劣变前出库销售，以免造成损失。在贮藏当中也可能有个别果实提前发霉腐烂，应及时拣出坏果，以免影响周围好果。

二、气调贮藏保鲜

(一)概况

1. 概念

气调贮藏是指任何农产品在一个不同于周围大气(如21%O_2，0.03%CO_2)的环境中贮藏。按技术水平分两种方法。

(1)控制气调，CA(Control Atmosphere Storage)

设置在自然呼吸或人工条件下产生低浓度O_2和(或)高浓度CO_2的气体环境，然后在整个贮藏期内通过一系列测量和调整来加以控制，气体的组成浓度一直保持在恒定的某一水平。该气调方式的一般使用场合被限制于固定式贮藏库、批量海运和具有气调能力的运输容器中。

(2)修饰气调，MA(Modified Atmosphere Storage)

在其贮藏期内不进行气体测量和调节。所需的气体靠呼吸作用或预充混合气体来产生。这种混合气体组成被期望在整个贮藏期内有效。这个定义被用来描述零售包装的农产品，即通常所说的包装气调，MAP(Modified Atmosphere Packaging)。这是通过用具有适合气体交换特性的包装材料，来实现气体控制目标。包装气调(MAP)是一门正在迅速发展的技术。其可用于海运容器，即用这个方法给运载集装箱充入混合气体并使其维持整个旅程。活性MA(Active MA)是指通过人为一次性调节气体组成浓度或在系统内部加入O_2、CO_2或C_2H_4吸收剂来调节气体组成浓度，使系统维持一定的浓度水平，达到延长产品寿命的目的。自发MA(Generative MA)是对果蔬产品而言的，它是指利用果蔬本身的呼吸作用消耗O_2，呼出CO_2，使系统内部O_2浓度降低，CO_2浓度升高，从而反过来抑制果蔬的呼吸作用及乙烯产生,达到延缓果蔬成熟衰老的目的。自发 MA 与活性 MA 的根本区别在于系统内部气体浓度达到平衡时所需的时间长短不一样。活性 MA 虽然会增加投资,但是它可快速建立气调环境,因此效果要比自发 MA 好。

2. 气调应用

(1)果蔬气调保鲜

气调保鲜起源于果蔬保鲜。气调保鲜降低了果蔬的呼吸强度,延长了果蔬的活体寿命,从而延长了其货架期。此类产品既可用 CA 技术,也可用 MA 技术,前者主要用于长期贮藏,后者用于短期贮藏及长途运输。目前我国市场上的配菜,也就是切割蔬菜,就是使用一种 MA 保鲜技术。还有超市里的包装西芹也是一种 MA 保鲜蔬菜。

(2)肉类气调保鲜

这类产品采用气调保鲜主要是为了抑制微生物的腐败作用。此类产品贮藏寿命不长,所以强调的是延长产品货架寿命。此类产品通常使用 MA 技术。气调包装可以延长鲜肉的保质期,如一般鲜肉货架寿命在 14℃时只有 24h,而在 75%O_2+25%CO_2 环境中时货架寿命可达 120~144h。肉类气调包装内需要高 O_2 浓度的原因是要维持肉的鲜红色。高浓度 O_2 存在时,氧合肌红蛋白呈现鲜红色。气体浓度配比与鲜肉气调保鲜货架期的关系见表 1-7。

表 1-7 气体浓度配比与鲜肉气调保鲜货架期的关系

气体配比	货架期(14℃)
0%O_2+100%CO_2	100h
25%O_2+75%CO_2	96h
50%O_2+50%CO_2	72h
75%O_2+25%CO_2	144h
100%O_2+0%CO_2	48h

(3)焙烤类气调保鲜

此类产品常运用 MA 技术,例如面包、蛋糕、饼干处于高浓度的 CO_2 环境时可以抑制微生物的生长(主要是霉菌),延缓发霉时间。月饼等烘烤食品保质期仅 15 天,而使用吸氧剂抑制霉菌,可延长其保质期至原来的 8 倍。另外充气可以防止食品之间的挤压碰撞,维持较好的外观形状,有利于销售。

(4)其他制品气调保鲜

如米、面之类的谷物食品采用 MA 保鲜技术,可以防霉、防止陈化。

(二)气调贮藏的原理

食品的气调保鲜基本原理是:在一定的封闭体系内通过各种调节方式得到不同于正常大气组成或浓度的调节气体(通常组成为低浓度 O_2、高浓度 CO_2、N_2、CO),以此来抑制食品本身引起的食品劣变的生理生化过程或抑制作用于食品的微生物活动过程。

1. 抑制微生物

高浓度CO_2对大多数微生物都有抑制作用，且大多数的腐败微生物都是好氧的，因此可利用低浓度O_2和高浓度CO_2的调节气体对肉、鱼、禽等易发生腐败变质的食品进行保鲜处理，这样能延长货架寿命。对于含水较高的焙烤制品等，气调能很好抑制霉菌生长。

假如某种果蔬能够经受高浓度的CO_2而未受其伤害，那么可以使用10%以上CO_2的气调来降低多种腐败性细菌的活性。芦笋在5℃以上易遭受细菌性软腐病害，而7%CO_2能使之减轻，低于5%的CO_2则无效；达到或超过10%则产品会受伤害。如果在芦笋的贮运过程中不能应用气调，则可把冷却了的嫩茎在20%CO_2中处理24h，这样也能减轻随后的软腐病。

作为寄主的果蔬，在成熟和衰老的过程中对病原菌的抵抗力逐渐降低，而提高CO_2浓度或降低O_2浓度能抑制果蔬的成熟和衰老，从而提高其抗病能力，以减少腐烂。低浓度O_2和高浓度CO_2可以延缓和减轻果蔬的腐烂败坏程度。蒜薹在限气贮藏中，一旦薄膜袋破裂，茎苞和薹梢便很快变黑长霉，这是破裂后CO_2浓度降低、O_2浓度增高的缘故。

2. 抑制不良化学变化

焙烤食品的油脂氧化、酶促褐变的加工品褐变与氧有关，填充不含O_2（通常为纯N_2或N_2+CO_2）的充气包装可以延缓此类产品的氧化变质过程。但是果蔬有生命，不可O_2浓度过低，CO_2浓度过高。

3. 抑制生理代谢

对于有生命的食品，气调贮藏能够降低呼吸强度（减少能量消耗），阻止绿色果蔬的叶绿素降解（与黄化相关），阻止原果胶的分解（与硬度有关），抑制乙烯的产生（成熟催化剂），从而使果蔬后熟过程减慢。气调贮藏对果蔬的效果有：降低了果蔬的呼吸强度，减少了营养物质的消耗，有利于果蔬的营养品质的保持；抑制果蔬内源激素乙烯的产生，延缓果蔬的后熟和衰老过程，有利于保鲜；控制果蔬贮藏中病原菌的生长和活动，减少腐烂消耗，提高好果率；延缓果蔬叶绿素降解过程，减轻酶褐变；发挥后续作用，使出库果蔬有较长的货架期。

(1)抑制呼吸

对于有生命的食品，例如果蔬、谷类、蛋，CO_2浓度的增大和O_2浓度的减小对呼吸作用和其他代谢作用分别会产生极大的影响。例如20℃时的香蕉，正常空气中的呼吸强度是$3\%O_2+5\%CO_2+92\%N_2$中的5倍。呼吸作用的消耗能量减少，成熟、衰老就慢。气调对果蔬和蛋类的呼吸影响很大。果蔬的O_2浓度减少到10%以下才会对呼吸作用产生一些阻滞。

发生无氧呼吸时的O_2的临界浓度与多种因素有关。①与温度有关，温度越高，O_2的临界浓度越大。②与种类有关，不同的果蔬对低O_2浓度的忍耐量差别很大。③与贮藏时间有关，较短的贮藏期允许较低的O_2临界浓度。④与CO_2的浓度有关，贮藏环境缺乏 CO_2 或 CO_2 浓度较低时，果蔬能较好地忍耐较低的 O_2 浓度，对低 O_2 浓度反应很好。当 CO_2 浓度过高时，也会产生类似无氧呼吸的作用。不同品种的果蔬对 CO_2 浓度的增大有不同的反应，其差别比对 O_2 浓度减小的反应的差别大很多。

气调抑制呼吸有后效，这也有利于延长产品的货架寿命。气调不但降低果蔬的呼吸强度，还推迟呼吸跃变的启动。降低环境中的 O_2 浓度，可能造成有效 ATP 减少，从而使跃变的启动推迟；增加 CO_2 浓度则可能降低细胞 pH 值，从而降低酶活性。

(2)维持正常色泽

绿叶蔬菜的叶绿素在低浓度 O_2 下，或高浓度 CO_2 下破坏较少，能更好地保持绿色。低浓度 O_2 和含有 15%CO_2，能抑制马铃薯在日光下变绿。

气调抑制果蔬褐变。结球生菜在 2～5℃的贮藏或运输中，其球叶的中肋常发生褐变。2%O_2 或 6%O_2 气调贮藏，可以减轻病情，但如果 O_2 低于 1%，产品会受伤，高于 8%则气调无效；高浓度 CO_2 不仅不能防止这种病害，还会引起另外的障碍。褐变的主要原因是酚类物质的生物氧化，绝大多数酚类物质在天然状态下以苷或酯的形态存在，在贮藏或衰老时，这些物质发生水解，在组织中积累有毒物质，使细胞致死，或成为酶褐变反应的底物。正常的细胞内部保持着还原状态，不会发生褐变；而当细胞受伤，例如割伤、烫伤、冻伤及病害损伤和由不合适的贮藏条件所引起的生理损伤等都会使细胞内部的这种还原态受到破坏，从而迅速发生褐变。降低 O_2 浓度会抑制多酚氧化酶的活性，因此可以抑制蔬菜组织的褐变。如果有足够的 O_2 以供氧化，无论是在与空气接触的表面，还是在组织内部，都可以发生褐变。低浓度 O_2 能减轻果蔬褐变程度，但由高浓度的 CO_2 和过低浓度的 O_2 招致代谢失常，也会产生组织褐变。

(3)维持硬度

高浓度 CO_2 能抑制果胶质的分解，保持果蔬较硬的质地，防止果蔬变软，抑制不溶性的原果胶向果胶转化。同时也抑制木质化，防止芦笋等老化。芦笋的老化主要是纤维增加而变硬。气调贮藏时，在 10%～14%CO_2 和高湿度条件下，这种硬化过程可以得到缓解。此时温度不可高于 4℃，以免发生伤害。这种作用在绿花椰菜上更为明显。绿花椰菜在 10%CO_2 中组织变得比采时更嫩，在 5℃下贮藏 2 周后组织的“抗切入力”仅为采收时的 70%～80%。这可能是气调提高了组织酸度的结果，贮存 2 天就可以体现出来。但一旦转入空气环境中，其组织马上又会变硬。

(4)减轻冷害

冷害是指在冰点以上不适宜低温所造成的生理病害，气调贮藏可以减轻冷害是因为排除了组织内积累的乙醛、乙醇等对组织有毒的物质。用气调贮藏的果蔬的乙醇和乙醛的含量要比贮藏在空气中的含量低得多，这也正是气调环境中果蔬耐藏性好的原因之一。气调并非通过促进不饱和脂肪酸合成减轻冷害。脂类在大多数果蔬中含量不到 1%，它们集中在果蔬表面的保护皮层和细胞膜中。较长时间贮藏在

较高浓度 CO_2 下，产品中游离脂肪酸相对增加，角质层物质的生物合成加强，硬蜡合成加强，不饱和化合物的数量减少。但当降低 O_2 浓度时，各种生物合成过程都减慢了，不饱和脂肪酸的生物合成亦受到抑制，角质层蜡的生物合成过程也缓慢多了。值得注意的是，易遭冷害的作物采用气调贮藏时必须避免冷害温度，因为低浓度 O_2 和高浓度 CO_2 常常会加重作物的冷害敏感性。

(5)抑制乙烯生物合成延缓果蔬后熟

抑制乙烯的生物合成会延缓果蔬的成熟。在适宜的低温条件下，降低 O_2 浓度，可以抑制乙烯的产生，减弱乙烯的生物作用；利用高 CO_2 浓度也能阻止乙烯产生和拮抗乙烯生理效果，延缓果蔬的成熟和衰老过程，达到延长果蔬贮藏寿命的目的。因此，用于气调贮藏的果蔬应在尚未进入呼吸跃变期时采收，已经充分成熟了的果蔬，气调作用有限。乙烯加速蔬菜成熟和叶子脱落，而 CO_2 延缓蔬菜成熟和叶子脱落。无论是乙烯的生物合成作用，还是表现乙烯的生物作用，必须有高浓度的 O_2 分压。降低 O_2 分压会导致以上过程减慢。在 O_2 含量较低时，可补充少量乙烯以促进果蔬成熟。

(6)其他生理

降低 O_2 的浓度会抑制淀粉向糖转化，有助于较经济地消耗碳水化合物。但有时候低 O_2 浓度会增强碳水化合物的厌氧分解。

(三)气调贮藏技术

1.影响气调贮藏的因素

(1) O_2 浓度

气调库采用外部气体发生器，使库内的 O_2 迅速地下降到所需的低浓度，然后保持住这个浓度。低浓度 O_2 主要有如下作用：①降低呼吸强度和底物的氧化作用；②延缓叶绿素分解；③减少乙烯生成量；④提高抗坏血酸保存率；⑤使溶性果胶物质分解变慢；⑥提高不饱和脂肪酸的比率；⑦延缓后熟，延长产品的贮藏寿命。

当 O_2 浓度高于正常空气的含量时，并不一定会促进产品后熟，然而低 O_2 浓度则肯定有抑制后熟的作用。果蔬呼吸产生的 CO_2，随空气中 O_2 含量下降而减少，但达到某个最低点后，如果 O_2 含量继续下降，则 CO_2 因无氧呼吸发酵作用反而增多。这个 O_2 的临界浓度因果蔬种类而不同，O_2 临界浓度为 2%～2.5%。在这个浓度以上，从普通空气的 21%下降过程中，呼吸和后熟的受抑制作用并不是直线式变化的；在 O_2 浓度达 7%以上时，呼吸和后熟虽有所改变，但不明显；到 7%以下则有明显变化。所以 O_2 浓度抑制呼吸的阈值(无 CO_2 存在时)约为 7%。有些作物，如绿熟番茄或香蕉，可用极低浓度 O_2(<1%)或绝氧作短时间处理，可使后熟受抑，且转入空气中后后熟仍较缓慢。在实际应用时需要先实验，各水果和蔬菜气体要求见图 1-2。

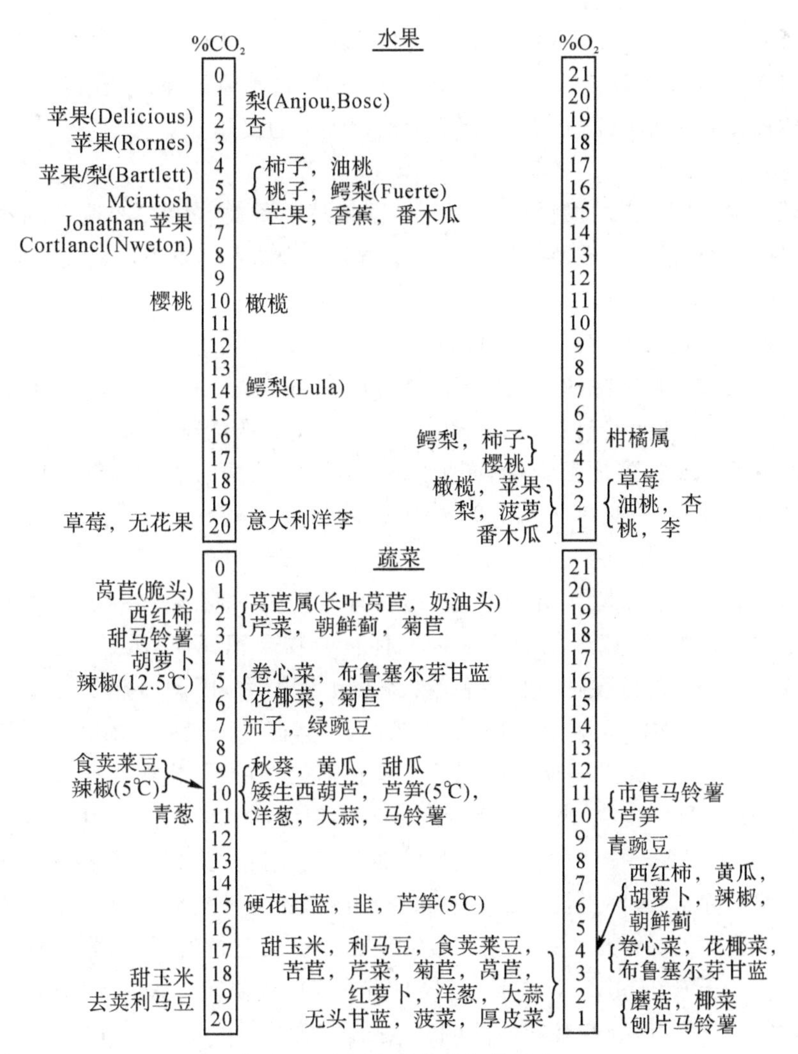

图 1-2　水果和蔬菜的气体要求

(2)CO_2 浓度

过量的 CO_2 则由空气洗涤器除去。CO_2 浓度增高，溶于细胞的或与细胞中某些成分结合的 CO_2 也增多。CO_2 浓度增高的生理反应有如下方面：①降低果蔬成熟过程中的某些合成反应，如蛋白质、色素的合成；②抑制某些酶的活性，如琥珀酸脱氢酶、细胞色素氧化酶等；③干扰有机酸代谢，尤其是积累的琥珀酸；④减少挥发性物质的生成；⑤使果胶物质分解缓慢；⑥抑制叶绿素的合成而褪绿，尤其是采收早的蔬菜；⑦改变不同糖类间的比例，如板栗经过低温和高浓度 CO_2 贮藏后会变甜。

适量 CO_2 会抑制某些真菌孢子的萌芽生长，但需要 CO_2 浓度高达 20%～50% 才起到抑制作用。而这样高浓度的 CO_2 是大多数果蔬所不能忍受的，细胞会被杀死，反而有助于真菌的侵染。许多果蔬在 CO_2 浓度达到或超过 15%时风味就会恶化，可能是积累了乙醛、乙醇所致，可能引起褐变或其他中毒症状。因此在气调贮藏过程中有时宁愿单独应用低浓度的 O_2 也不使 CO_2 积累，以避免风险。对有些确能忍受高浓度 CO_2 的产品，也可作短时间的高浓度 CO_2 处理，以减少运输中的变质损耗。如短时25%～35%的CO_2对菜豆无不良影响，又可阻止真菌和细菌生长；菠菜在10%CO_2中可避免黄化，甚至可忍受40%的CO_2，其他如辣椒、蘑菇、黄秋葵等也可在运输前作高浓度CO_2处理，以减少运输过程中的损耗。

(3)温度

降低环境温度可以减缓呼吸作用。根据果蔬的种类、品种、产地和成熟度等不同条件，气调贮藏的温度有所差异。气体调节贮藏通常都与低温贮藏配合起来。

(4)相对湿度

在气调贮藏过程中，空气中较高的相对湿度也是维持所贮藏的果蔬品质的重要因素之一。通常气调贮藏的温度比普通冷库贮藏高1℃。在产品贮藏所要求的高相对湿度下，由于绝热而不易出现水分的凝结。空气中维持较高的相对湿度，可使果蔬中的水分不至于过多地散失，因而果蔬新鲜壮实、抗病力强。气调大库的相对湿度要比普通库高些，一般在90%～93%为最佳。

(5)乙烯

果蔬在贮藏过程中除排出CO_2外，还有其他气体，如乙烯和一定量的芳香物质等。在贮藏过程中，果蔬产生的许多挥发性化合物会积聚起来，最常见的是乙烯。当乙烯积累到一定的浓度时，就会降低果蔬的贮藏寿命，因此一定要加以分离。虽然低浓度O_2或增加CO_2贮藏，可减少乙烯的产生，但是一般用乙烯吸附剂和脱乙烯机来分离乙烯。脱乙烯机是利用高温并在催化剂的作用下，将循环通过的气体中的乙烯氧化，放出CO_2和水，来达到降低库内乙烯浓度的目的。同时也抑制α-法呢烯的积累等，防止苹果虎皮病的发生，延长贮藏寿命。目前，大型现代化苹果气调库均安装有乙烯脱除机，国际上流行乙烯脱除洗涤器和乙烯催化脱除器。在气调和冷藏中均有必要脱除乙烯。也可以利用贮藏室外面的空气进行通风，因为大气中的乙烯浓度通常都低于0.01mL/L。但是，通风只有在室内外温差不大时才能运用，如果温差很大，则户外空气必须先冷却后才能引入贮藏室。

臭氧(O_3)是消除乙烯的很好的氧化剂。它易于由大气中的O_2通过放电或紫外线照射产生。因为它是气态，所以易于与乙烯混合，并使之氧化成CO_2和水。使用臭氧时必须采取一些预防措施，因为它是活性很强的物质，能够腐蚀贮藏库中制冷设备的金属管道和部件。即使在较低的浓度下，也易于使产品受到伤害，并对人体有毒。这些问题的存在使臭氧的使用一直受到很大的限制。在国外，使用臭氧时的这些困难已通过利用两种特定波长的紫外线照射加以克服。引入波长为185nm和254nm的辐射线，就能产生原子氧，原子氧比臭氧更活泼，能够更迅速地与引入反应室内的乙烯和其他挥发性化合物反应，而多余的原子氧则迅速变成O_2。另外可用高锰酸钾($KMnO_4$)来消除乙烯，由于高锰酸钾是不具挥发性的，所以能够把它与所贮藏的产品隔开，以排除化学损伤的危险。为了有效地消除乙烯，必须使贮藏环境的气体尽量与高锰酸钾接触，通常采用的方法是将高锰酸钾的饱和溶液涂在一种惰性的、多孔性的无机载体上。例如，在美国，利用多孔的三氧化二铝经过高锰酸钾溶液处理，然后干燥至4%～5%的含水量。据报道，该物质1g就能吸附30mL的乙烯。乙烯被三氧化二铝吸附后，受到高锰酸钾的氧化，便失去了它原有的生物作用。

(6)贮藏前化学处理来防腐和防生理病

冷藏和气调贮藏常结合化学处理，以延长贮藏期。用二苯胺(DPA)杀菌剂浸泡防止出现真菌引起腐烂的问题；为对付苹果虎皮病，运用乙氧基喹啉抗氧化剂。但在处理前，应查询当地是否允许处理及允许处理的浓度。

(7)环境因素的综合影响

环境因素对所储藏产品的影响，大致可分为两种情况。①是相互促进作用，促进正的或负的效应，例如低浓度的 O_2 抑制呼吸和后熟、衰老，加上适量 CO_2 则作用更好。某种蔬菜因 CO_2 浓度过高而中毒，温度太低则中毒更加重了。②是相互弥补或抵消作用。例如由于控制了合适的气体成分，气调贮藏的温度可比常规冷藏的温度稍微提高一些，这样可更好地防止冷害，且不会因温度提高促进后熟衰变。

2. 气调注意事项

气调贮藏并不适用于所有的果蔬，例如对于组织致密的根菜类蔬菜效果就不大；另外，气调贮藏中气体组成的调节和要求相当严格，如果气体组成不当或管理不严，甚至可能招致惨重损失。而所谓的气体组成，特别是 O_2 和 CO_2 的适宜指标，不仅因作物种类而异，且随品种、产地、年份而不同。绿花椰菜是高度适于气调贮藏的蔬菜，只有在 O_2 浓度低于 0.25%或 CO_2 超过 20%时才对其有伤害，而与其亲缘极近的花椰菜，在 5%CO_2 的环境中即受伤害，其对低浓度 O_2 也同样极为敏感。带荚嫩豌豆，在 0℃下经 MA 贮藏后，煮熟时变黄褐色并有明显酸味。在气调贮藏中有机酸的累积可能是由于呼吸消耗的酸减少。胡萝卜等在气调贮藏时有琥珀酸积累，特别是在 CO_2 高浓度时积累最多。而这种酸的累积对细胞是有毒害的。琥珀酸的累积是由于琥珀酸氧化酶对高浓度的 CO_2 敏感，当 CO_2 浓度超过 0.03%时，琥珀酸脱氢酶活性受到抑制而导致这一现象发生。这种情况属于气调所产生的副作用之一。

(四)气调贮藏的设备

目前生产上常用的气调贮藏设备有两类：气调库和薄膜气调。

1. 气调库

质轻、气密、隔热性能好的彩色镀锌聚氨酯(聚苯乙烯)夹心板，简称彩镀夹心板，已广泛用于气调库的围护结构；空气分离技术的最新成果——膜分离技术和膜分离材料(中空纤维膜分离)，也已被移植到气调设备上；电子计算机在制冷、气调装置的自动控制和运行管理中，实现了温、湿度和气体成分的自动检测和自动调节，使气调贮藏更容易操作。

气调库设备主要包括库体和门(隔热隔气，耐一定压力)、压力平衡设备、制冷设备、制氮机或脱氧机、CO_2 吸附机、除乙烯机、加湿器、电脑自动控制系统、O_2 和 CO_2 分析测试仪。参数检测和调控设备主要有各种探测器、加湿器、CO_2 洗涤器、制氮机、乙烯脱除机、PLC 电脑控制系统等。

现代化气调库内要求的贮藏参数(温度、湿度、CO_2、O_2、C_2H_4)的调控均由计算机自动控制系统完成，所形成的气体环境演变和维持是一个动态和连续的过程。气调库在建筑结构上分为砖混结构和组合式结构。组合式气调库全部壁板使用预制夹心板或聚氨酯泡沫塑料，板块裁截组装后，可以形成任意大小的气调库。这两种材料具有良好的隔热、防潮性和气密性。气调库贮藏设备主要有隔热、制冷等方面的结构，基本与常规冷库相同，只是为了调气，密封程度要好。库内的气体成分、贮藏温度和湿度能够根据设计水平自动精确控制。

(1)库体结构

①贮藏室

把总贮藏室分成多个小贮藏室是可取的，但这会提高成本。如果采用大贮藏室，应在 2～3 天内装满同样或相应种类的农产品，当取空贮藏室后，水果在 5～7 天内被分级包装后运往市场。在英国，一般苹果贮藏室容量大约为 100t，即在 50～200t；在欧洲大陆，容量约为 200t，而蔬菜在 200～500t；在北美，容量更大，一般在 600t 左右。在贮藏室设计中要考虑布局和间距，前者要考虑箱子要求，后者要考虑空气循环效果。

在欧洲，气调贮藏室一般采用带金属外壳的绝热面板，并附有密封锁定系统。气密结合处通常涂上一层柔韧可塑的油漆。在地面与墙及墙和天花板结合处也采用这种措施。应特别注意密封所有内部设备和管道电线的入口。去除冷凝水的排水管道设计应确保水分排出而不破坏贮藏室的密封性。

在北美，常采用木质框架、木质胶合板、混凝土块或倾斜的混凝土墙。库体用聚氨酯(表面涂上防火剂)来密封和绝热。为能迅速降温并保持库内温度的相对稳定，气调库的围护结构应具有良好的隔热性。气密层的材料和结构有多种，早先大多用镀锌铁片或薄钢板焊接密封，后来用高密度胶合板和铝箔夹心板以达更好的气密性。但这些隔汽层(热侧)容易出现裂缝而透进水汽，以致隔热层内凝水而腐蚀铁板。近年来则采用预制夹心板(两面用金属板或胶合板，中夹 10cm 厚的聚苯乙烯泡沫塑料)或硬质聚氨酯泡沫塑料，同时起到隔热、隔汽、保证气密性三方面的作用。

②气密门

每个气调间都要设置一个气密门。门扇应有良好的隔热功能和气密性，其内部用钢骨架支撑，表面用彩镀钢(铝)板封闭，中间的空隙用聚氨酯泡沫塑料发泡填充。在气调库封门后的长期贮藏过程中，一般不允许随便开启气密门，以免引起库内温度、特别是气体成分的波动。为方便管理人员观察了解水果的贮藏质量，并能在不开启气密门的情况下，进库检修和取水果样品检验，通常在气密门的下部再设置一个小门。小门的洞口尺寸为 600mm×600mm。小门门扇的外框为金属构件，中间用双层玻璃镶嵌，透过玻璃就可清楚地观察到库内门口处摆放的水果样品。取水果样品时，通过小门出入。为防止两层玻璃之间的空气所含水蒸气结露，应事先在玻璃夹层的空隙中放置干燥剂。为保证小门关闭后门缝处不漏气，在门的周围采用橡胶密封垫。当门关上时，用螺杆拧紧来密封。一些新式门的密封采用打气密封方式。

气调间的门洞尺寸，应满足库内运输堆码机械出入库房的要求，其宽度和高度分别不得小于 2m 和 2.5m。气密门扇通常做成滑动启闭式，在门洞旁的外墙面上，装有上下两根水平导向滑轨，滑轨的形状、构造应能承受门扇重量，控制门扇运动轨迹，保持门扇在运动过程中的稳定，不摇晃摆动、不脱轨。门扇上装有上下滑轮，分别搁置在上下滑轨上，依靠滑轮在滑轨上滚动来带动门扇左右移动。在开关过程中，受滑轨构造的控制，门扇始终悬空并与墙面保持一定的间隙，这样可避免门密封条与墙面、地面的摩擦。只有当门扇完全关闭时，受滑轨的控制和门扇的自重的影响，门扇才有一个落座在地坪上和紧贴门框的动作。门扇的内侧和下侧装有密封条，门扇的左右两侧和门框的相应部位装有扣紧装置，封门时，用扣紧装置把门扇紧紧地扣在门框上，并借助密封条将门缝封死。在门扇下落、扣紧及相反的过程中，门下侧的密封条要与地面摩擦，这也是气密门不宜频繁地开闭的一个原因。

为防止叉车在出入库门时碰撞门扇、门框和门口处的设备支架，应在门洞内外设置防撞柱。防撞柱用直径为300mm左右的钢管制成，管内用钢筋混凝土填实，高出地坪表面600mm左右。防撞柱应在库内地坪施工时与地坪一道做。

旧式气调库或用冷藏库改建的气调库，气密门常用双道门。外面的一道门就是普通的冷藏门；内面的一道门通常用钢门，钢门上开有活动小门，其作用同上述的玻璃中空小门。外门起隔热保温作用，内门起气密作用。与上述的气密门相比，这种门的造价较低，用冷藏库改建气调库时，增加一道钢门就可以了，不用换门。缺点是开库或封库时操作比较麻烦。

气密门只是在水果入库和出库时开启，在长期的贮藏过程中一直是封闭的。因此，门口处库内外的热湿交换没有冷藏库那样频繁和严重，没有必要在门洞上方安装空气幕和在门洞内侧设置回笼间。由于气调间的冷却设备通常安装在门洞内侧的上方，在入、出库期间，开门时进入库内的热空气很快被冷却设备吸入并冷却，对围护结构不会带来霜、露损害。

③观察窗

观察窗镶嵌在技术走廊内的气调间外墙上，为固定式、双层玻璃中空透明窗。形状有方、有圆，圆形采用半球形，球面向库内凸，可增大观察视线范围，大小为500mm×500mm或相同尺寸的直(球)径。每个气调间一般只设一个观察窗。透过该窗，可以观察库内水果蔬菜的贮藏情况，以及冷却设备、加湿设备的运行状况和制冷盘管上冰的增加状况。观察窗中心距技术走廊地坪1.5m左右，堆放水果时，靠近窗口的包装物应低于窗口，否则会挡住视线。国外有些贮量很大的气调库，索性将观察窗改为带固定观察口的气密门，门的宽窄高低以能通过一人为限。必要时，管理人员可以从此门进入库内，沿库内专门架设的高空走道巡视情况和检修设备。这给管理工作带来极大的便利。

④安全阀

安全阀是为保障围护结构的安全而专门设置的安全装置。安全阀由连通的内腔和外腔组成。内腔用管道与库内相通，外腔与大气相通。使用时，往腔中注入一定高度的液体，形成液封，将内外腔隔断，库内的压力因某种原因升高或降低时，围护结构两侧就会形成压差，一旦压差值大于液柱高时，库内外的气体就会通过安全阀窜流，直到压差值等于或小于液柱高为止。安全阀的这种作用，把库内外的压差始终控制在某一范围内。安全阀的内腔上，还装有库内气体取样阀和显示库内外压差值的U形微压计。安全阀的安装位置很重要。因为冷却设备运行时，强迫库内气体循环流动，造成库内各点的气体压力不一致。如将安全阀装在气压过大或过小的地方，都可能引起安全阀误动作，造成不必要的气体窜流，引起库内气体成分波动。通常，将安全阀装在气流干扰较小的位置，才能较准确地反映库内外的真实压差，如冷风机背面的墙壁上。此阀门可将压力限制在设计的安全范围内，典型的压差范围是±190Pa。许多传统的冷库设计的最大承受压差为±125Pa，因此在没有根本修改时不适于当气调室用。

图 1-3 为一种简化的液封式安全阀。除此之外，还有机械式安全阀，其构造原理类似于压缩机的吸、排气装置。吸排气阀片的开关动作压差值，在出厂时都经过严格的调定，当库内外的压差值超过调定值时，阀片会自动开启，进行排气或吸气。安全阀与库内连接的管道的通径大小与气调间的容积有关。当库内外压差超过规定值时，应保证能在很短的时间内完成库内外气体的窜流。通常采用内径为 100mm 的管道。调节安全阀的液柱高度，就能改变拟保持的库内外最大压差。液柱高度应根据工艺要求和围护结构实际所能承受的压力来确定，必须严格控制，不能随便增大或减小。假如将液柱高度增大，有可能使库内外压差超过围护结构的承受能力，造成围护结构变形和损坏；如将液柱高度降得过低，虽然有利于保障围护结构的安全，但又会引起安全阀频繁动作，造成库内气体成分波动。

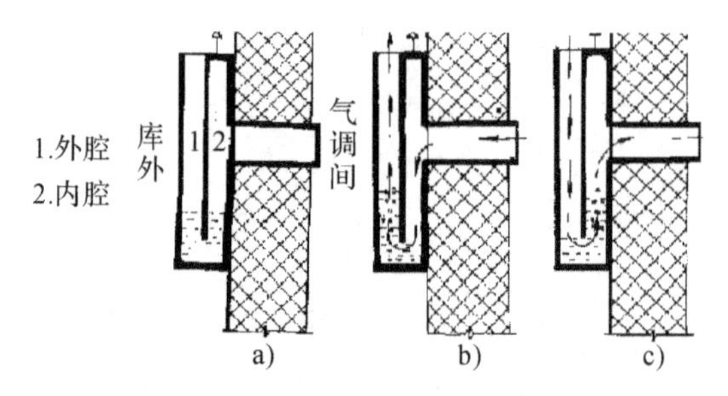

图 1-3　液封式安全阀及其构造原理

水果冷藏工艺要求贮藏温度控制的静态偏差不超过±0.5℃，这个标准同样适用于水果的气调贮藏。大多数水果的冷藏和气调贮藏的贮藏温度不会低于 0℃。如将气调间的贮藏温度设定为 0℃，±0.5℃的温度波动就意味着围护结构两侧的压差可达 18.7mmHg。实际上，由于围护结构不可能达到绝对气密状态，当库温由 0℃波动±0.5℃时，围护结构两侧的压差值将小于 18.7mmHg，根据贮藏温度波动的静态偏差要求，同时又考虑到减少安全阀的气体窜流，给围护结构的承压能力设有一定的安全系数，将安全阀的液柱高度定为 20mmHg 是较为合适的。

⑤调气袋

气调贮藏室是完全密封的，因为受结构的限制，室内气压差不应超过 180Pa。调气袋可用来消除或缓解库内外压差。只要贮藏温度稍有波动，但还未达到静态偏差值时，所产生的压差就可以随时用调气袋来调节，使库内外的压差减小或趋向于零，消除或缓解压差对围护结构的作用力。

调气袋要用气密性好且具有一定抗拉强度的柔性材料制成，例如用不透气的橡胶布或塑料复合布等。调气袋通常装在围护结构顶和屋面板之间的空隙里，上端吊在屋架上，并使其自然垂悬，下端留有一小口，用管道使其与库内相通。当库内压力稍高于大气压力时，库内部分气体进入调气袋；当库内压力稍低于大气压力时，调气袋内的气体便自动补入气调间。调气袋把库内温度变化所引起的压力变化，转换为气体体积的变化，从而消除和缓解库内压力变化对围护结构的气密层和结构本身带来的不利影响。

调气袋的容积可以用理想气体状态方程式和气体状态变化过程方程式来计算。查利定理说明了压力恒定时体积直接与绝对温度成比例。在典型的气调贮藏中，在放满农产品时，气体体积几乎是空库体积的70%。如果在0℃时气温上升1℃，其体积变化ΔV为：$\Delta V=\Delta T\times V/T=1\times 0.7\times V/(0+273)=0.26\%V$(空库体积)。有的资料提出调气袋的容积按气调间的公称容积的1%～2%确定。

调气袋试压和检漏

(2)典型的降氧设备

商业气调贮藏所采用的具有代表性的降氧设备有以下几种。

①碳分子筛制氮机。这是目前国内主要的降氧设备。它用焦炭分子筛进行物理吸附，焦炭分子筛是煤经精选、粉碎、成型、干燥、活化和热处理等工艺加工而成的，是一种新型高效的、非极性和疏水性吸附剂，具有超微孔的结晶结构。焦炭分子筛能进行氧氮分离。它对不同气体分子具有不同的吸附能力，同时，不同直径的分子在其微孔中扩散的速度存在差异。分子筛对氧、氮的吸附率存在差异，短时间内直径较小的氧分子的扩散速度较快，而直径较大的氮分子扩散速度较慢。两者相差400倍，氧分子被分子筛大量吸附。故只要选择最佳的吸附时间进行切换，就可以获得源源不断的富氮。国内生产的用于气调贮藏的碳分子筛制氮机的吸附压力一般控制在0.3MPa。

②中空纤维制氮机。用聚砜、乙基纤维素、三醋酸纤维素、磺化聚砜及聚硅氧烷—聚砜等制作中空纤维膜复合膜。中空纤维制氮机的膜分离器的原理是根据气体对膜的渗透系数不同，把渗透系数大的气体称为“快气”，把渗透系数小的气体称为“慢气”。混合气体中的快气组分富集在膜的低压侧；慢气组分富集在膜的高压侧。当压缩空气从一端进入分离芯的中空纤维管内，O_2(快气)从管内很快透过管壁富集在管与钢壳的间隙内。由于两端头的管间隙被封死，O_2只能从中部的出口排出，N_2(慢气)则穿过中空纤维管由另一端的富N_2口输出。中空纤维管本身有一定的耐压强度，超过耐压强度就会使中空纤维管损坏。因此压缩空气的压力(表压)一般应限制在1MPa之内。

(3)降CO_2设备

气调贮藏要控制的另一个指标是CO_2浓度。增加气调库内的CO_2浓度，完全依靠水果蔬菜呼吸时所释放的CO_2。适量的CO_2对水果有保护作用，能取得良好的贮藏保鲜效果。但是CO_2浓度过高，又会对水果造成伤害。因此，脱除、洗涤过量的CO_2，调节和控制CO_2浓度，对水果蔬菜的贮藏保鲜是十分重要的。

能吸收CO_2的物质很多，有液态的，也有固态的。在气调贮藏中曾使用的吸收剂有消石灰、水、乙醇胺溶液、碱溶液和盐溶液等，现在已经被碳酸钾、分子筛等代替。

①碳酸钾吸收装置。该装置采用碳酸钾溶液作为吸收剂。碳酸钾与CO_2反应，生成结构极易分解的碳酸氢钾。不稳定的碳酸氢钾可在常温下用空气再生。碳酸钾溶液无毒、无气味，且在正常工作温度下对普通钢材无腐蚀作用。倘若不被污染，则可无限循环使用。即使掺杂了灰尘等沉积物，也可以过滤后使用。碳酸钾吸收装置的构造和工作过程与水吸收装置类似。由于碳酸钾溶液具有吸收CO_2量大、可用空气再生及使用寿命长等许多优点，碳酸钾吸收装置得到普遍应用。

②活性炭吸附装置。气调库CO_2吸附装置常用活性炭。活性炭具有多孔结构，因而吸附表面较大。气调贮藏所采用的活性炭，是一种经特殊浸渍处理过的活性炭，可用空气在一般温度下再生，而且再生后滞留在多孔结构空隙中的O_2很少。普通的活性炭，由于其吸附O_2的能力大，再生后滞留在体内的O_2多，当再次与库内气体接触吸附时，其体内滞留的O_2会跟随气体进入库房，使库内O_2浓度上升。而经特殊浸渍处理过的活性炭，只能将库内过量的CO_2吸附并排出，不会使库内O_2浓度升高。以活性炭做吸附剂的CO_2吸附装置在工作时，吸附和脱附交替进行。库内气体被抽至吸附装置中，经活性炭将其所含的CO_2吸附后再送回库房；当活性炭吸附达到饱和状态(或吸附固定时间)后，停止吸附并用空气再生。再生时，将空气抽入吸附装置，使被吸附的CO_2脱附，并随空气排至室外。为加快CO_2的脱除速度，进行连续吸附，可采用双室吸附装置，一个室进行吸附的同时，另一个室进行再生，然后两个室进行同步切换。同步切换由控制装置和多路阀(或阀门组)完成。

早期吸收CO_2设备

(4)硅橡胶袋气调装置

硅橡胶袋气调装置是法国人发明的，已在法国的气调库中得到广泛应用。它属于膜分离范畴，是利用硅橡胶织物的单面硅胶涂层，针对混合气体中各组分气体有选择性渗透的特性，制成气体交换—扩散装置。采用该装置的气调库，不用另设降O_2和脱除CO_2的装置，而依靠水果的呼吸耗O_2，即自然降O_2；待库内CO_2浓度上升到某一浓度值后，才启用该装置，对库内的气体成分进行调节和控制。该装置中唯一的机电设备，是一个普通的封闭式风机。该装置具有设备简单、操作管理简便、耗能少、投资和运行费用低、可靠性强等许多优点。如果配合快速降氧装置使用，就能取得更加理想的贮藏效果。

这种装置可直接装在穿堂或技术走廊的墙面上，不需设置气调机房，从而节省占地面积，而且还可缩短气调管道。

①硅橡胶膜。硅橡胶膜是硅橡胶涂层在织物表面凝固后的产物。硅橡胶是一种有机硅高分子聚合物，由具有取代基的硅氧烷单体聚合而成，如聚二甲基硅氧烷基硅酮橡胶。各单体以硅氧链相连接，形成柔软易曲的长链，诸长链间以弱电性交连在一起。这种结构使它具有特殊的透气性。当硅橡胶膜两侧的 O_2、CO_2 和 N_2 浓度不一样时，各气体从浓度高的一侧，通过硅橡胶膜向浓度低的一侧渗透，并且各气体的渗透速度和方向彼此独立，互不干扰。CO_2 的渗透系数最大，N_2 渗透系数最小。硅橡胶膜的这一特性，对于气调贮藏十分有利，在气密充分的条件下，库内的 CO_2 浓度由水果蔬菜呼吸而越来越高，可以利用硅橡胶膜的这一特性来脱除过量的 CO_2，同时又不会引起库内 O_2 浓度太大的波动(透过膜的 O_2 量小)。这样，就能将库内的气体成分调节到所要求的“双低气体浓度指标”。早年用过中科院兰州化物所研制的 FC-8 型布基硅橡胶膜，目前认为三甲基硅橡胶膜透气性最好。

②硅橡胶袋气调装置。将硅橡胶做成袋，装上微压计、加气阀(当库内缺氧时，给库内加氧用)、调节阀(根据库内 CO_2 浓度过量多少，调整袋投入运行的数量)。硅橡胶袋气调装置安装在库外。硅橡胶袋气调的保鲜效果稍差一些，主要是因为从开始气调到气体成分达到规定值时所需的时间较长，其中自然降氧约需 10 天时间，启动硅橡胶袋气调又需 10～15 天。其达到规定指标比快速降氧方式要多 20 天左右。如果以快速降氧加 CO_2 脱除气调方式贮藏 7～8 个月的水果保鲜质量为标准，则硅橡胶袋气调方式的贮藏保鲜期为 5～6 个月，纯粹自然降氧气调方式的贮藏期更短(库内 O_2 和 CO_2 分别调节到 12%和 9%左右)。

(5)除乙烯装置

乙烯的分子结构有碳碳双键的存在，使乙烯具有很大的活性。利用乙烯的这一特性，可以通过加成反应，将双键打开而除掉；也可以用吸附法除乙烯。

①加成反应：乙烯容易与卤素进行加成反应，在室温下即可顺利进行。如将含有乙烯的气体通入溴中，即可生成 1,2-二溴乙烷；又如在采用催化剂和一定的温度和压力条件下，乙烯与氯进行加成反应，生成 1,2-二氯化烷。乙烯碳碳双键的活泼性还表现为容易氧化。如用碱性的、稀的、冷的高锰酸钾水溶液做氧化剂，则打开双键，氧化生成乙二醇。以特殊的活性银(含有氧化钙、氧化钡和氧化锶)作催化剂，乙烯可被空气中的氧直接氧化，生成环氧乙烷。

②吸附：用吸附剂虽能吸附乙烯，但因库内乙烯浓度太低，实践证明吸附效果不大。

将高锰酸钾溶液浸泡多孔材料，如碎砖块，然后将吸收高锰酸钾溶液的材料直接放入库内。也可以采用活性氧化铝作为载体，吸收高锰酸钾，然后用像前述的消石灰吸收 CO_2 的闭式循环系统清除乙烯。化学除乙烯法虽简单，但存在除乙烯效率低，需经常更换多孔载体材料等缺陷。

气调库的除乙烯装置是根据上述的乙烯在催化剂和高温下，与 O_2 反应生成 CO_2 和水的原理制成的。该装置的核心部分是选用的催化剂，以及一个从外到里能形成 15℃—80℃—150℃—250℃的温度梯度的变温度场电热装置。它能使除乙烯装置的进、出口温度不高于15℃，使中心的氧化反应温度达到250℃。这样才能得到较理想的反应效果而又不给库房增加热负荷。为进一步降低进入库内气体的温度，除乙烯装置的气体进出为间断交替式，即进入出气管道每隔几分钟调换一次，进气管改为出气管，出气管改为进气管。据报道，该装置可将猕猴桃贮藏间的乙烯浓度控制在0.02ppm以下。此外，该装置由于中心部位的温度高，在除乙烯的同时，还能对库内气体进行高温杀菌消毒，可大大减少水果在贮藏中的霉变。该装置还能除掉水果蔬菜所释放的酯类、醛类、酮类和烃类等挥发性物质，减轻芳香气体对水果所产生的促成熟、促衰老的不良影响。

上述各种除乙烯的方法，只有高锰酸钾溶液和空气氧化除乙烯装置具有实用性。

(6)加湿设备

气调库的加湿主要采用超声波加湿器雾化后喷出方式。

(7)气体成分检测装置

检测装置的设置是为了准确及时了解库内气体成分的变化。根据检测结果来决定是否要对库内气体成分进行必要的调节，以使库内气体成分始终稳定在所要求的范围内。

①奥氏气体分析仪：用于O_2和CO_2浓度检测，原理是气体吸收引起体积变化。

②O_2和CO_2气体测定仪：用于O_2和CO_2浓度检测，其原理是氧电极(O_2)和惠斯顿电桥(CO_2)。其速度快，用气少。

③气相色谱仪：用于O_2、CO_2和乙烯浓度的检测，微量的乙烯只有用气相色谱仪之类的精密气体分析仪器才能测出来。测乙烯时用氢焰；测O_2、CO_2时用热导。

(8)气调保鲜贮藏库实时测控系统

现代气调库为了稳定运行，添加了气调库环境因子实时测控系统。该主从式系统以PC机为上位机，以单片机系统为下位机，实现了对温度、湿度、氧气、二氧化碳多路模拟量信号的数据采集，以及压缩机、加湿机等执行机构的状态信号的自动监测和控制。

2. 薄膜气调

气调贮藏包括气调库贮藏(CA)和自发(塑料袋、塑料大帐等)气调贮藏(MA)。调节气体成分贮藏，又叫控制大气贮藏法，是人为改变贮藏环境中气体成分的贮藏方法，目前被世界果蔬商所广泛采用。

(1)薄膜帐(袋)气调保鲜法原理

该方式主要是依靠果实本身的呼吸作用达到降O_2、增大CO_2浓度的目的，并利用塑料薄膜对气体的透性，改变贮藏环境气体组成，实现自发气调。硅窗帐(袋)即镶嵌有一定面积的硅橡胶膜的塑料大帐或塑料袋。通过硅橡胶膜对气体分子的选择通透，自发调节塑料帐(袋)内的气体组成比例。由于硅橡胶膜的型号和帐(袋)贮果量的不同，使用硅橡胶膜时，其面积大小一定要经过实验和计算来确定。例如，贮量为1000kg的大帐，硅窗袋的面积以0.3～0.6m^2为宜。在5～10℃条件下可使O_2保持在2%～4%的浓度，CO_2保持在3%～5%的浓度。硅窗袋一般采用0.06mm厚的聚乙烯薄膜制成规格32cm×36cm×79cm(放在筐或木箱内)，中部胶粘硅窗。硅

橡胶膜对 CO_2 的通透性比 O_2 大5～6倍，因此，它有自动调节帐内气体成分的功能。为了准确掌握帐内气体成分变化，每1～2天应取气体做一次测定，若发现 CO_2 浓度过高，应及时补充新鲜空气，调节帐内气体成分。薄膜包装贮藏可以减少水分蒸腾，保护产品，防止机械损伤。

(2)薄膜大帐封闭系统

①塑料薄膜大帐气调法：在产品堆垛的上下四周用薄膜包围封闭。利用塑料薄膜对 O_2 和 CO_2 有不同渗透性和对水透过率低的原理来抑制果蔬在贮藏过程中的呼吸作用和水分蒸发作用。由于塑料薄膜对气体进行选择性渗透，袋内的气体成分自然地形成气调贮藏状态，从而推迟果蔬营养物质的消耗和延缓衰老。产品一般都先用容器包装再堆成垛，或堆放在菜架上，先在垛底或架底铺垫底薄膜，码垛或放上菜架。产品摆放好后，罩上薄膜帐子，将帐子和垫底膜的四边叠卷、压紧即可。在这种方式中，蔬菜的贮藏量少则一二千斤，多则可达万斤以上。可将这种封闭垛设置在普通的冷藏室内。由于果蔬呼吸作用仍然存在，帐内 CO_2 浓度会不断升高，其控气方法主要是每隔几天测定气体浓度，进行换气。将封闭袋口打开，换入新鲜空气，再行封闭。放风周期的长短按允许的 O_2 低限或 CO_2 高限而决定。在每个放风周期内，O_2 和 CO_2 都有一次大幅度变动。也可在包装内放入消石灰以降低帐内 CO_2 浓度，在包装内放入小袋装的铁粉以降低帐内 O_2 浓度，由此可调节所需的合适的气体成分，从而减少人工定期放风次数。

②大帐充 N_2 降 O_2 气调法：用真空泵抽除富氧的空气，然后充入 N_2，抽气、充气过程交替进行，以使帐内 O_2 含量降到要求值，所用 N_2 的来源一般有两种：一种用液氮钢瓶充氮；另一种用碳分子筛制氮机充氮。

③硅橡胶膜大帐气调法：根据不同的果蔬及贮藏的温湿条件，选择面积不同的硅橡胶织物膜热合于用聚乙烯或聚氯乙烯制成的贮藏帐上，作为气体交换的窗口，简称硅窗。硅橡胶膜对 O_2 和 CO_2 有良好的透气性和适当的透气比，一般对 O_2 和 CO_2 的渗透率比为1∶6，渗透系数比聚乙烯大200～300倍。选用合适的硅窗面积制作的塑料帐，其气体成分可自动衡定在 O_2 含量为3%～5%，CO_2 含量为3%～5%。国内外在水果和蔬菜贮藏上，都有硅窗袋出售和应用，其可包装2.5～20kg。这是MAP的一种方法。在硅窗贮藏法中，所需用硅窗的面积可用下式进行计算：

$$S=\frac{M\cdot r_{CO_2}}{P_{CO_2}\cdot Y}$$

式中：S——硅窗面积(米^2)；

M——贮藏物重(吨)；

r_{CO_2}——放出 CO_2 量[升/(吨·天)]；

P_{CO_2}——硅窗对 CO_2 的渗透系数；

Y——该贮存物理想的 CO_2 浓度。

(3)小包装MAP(Modified Atmosphere Packaging)保鲜

与大帐保鲜原理类似，但是小包装一般不换气，因此需要选择合适的包装薄膜。在小包装MAP保鲜中，新鲜果蔬的薄膜包装是一个动态系统，同时发挥着产品呼吸和薄膜渗气两种主导作用。所谓产品呼吸，即消耗 O_2 而释放出 CO_2、C_2H_4、H_2O 及其他挥发物，从而改变了包装内部原先的气体组成，并在包装内外出现分压差。由于每种气体组分在包装内外都有一定的分压差，它们都要通过薄膜来进行内外交换，即薄膜透气。产品呼吸和薄膜渗气都受到诸多变动因素的影响。影响呼吸的变动因素有产品种类、品种、数量、成熟度、温度、气体（O_2 和 CO_2）分压、乙烯浓度、光照及其他因素；影响气体透过薄膜的变动因素有薄膜性质、成分、结构、厚度、面积、温度及气体种类和内外分压差等。

透气性关系到包装系统内能否保持比较适宜的气体组成。不同的薄膜其特性差异很大，有人认为，薄膜的透气性取决于其结构中结晶部分同非结晶部分的比例及薄膜材料对气体分子的溶解性。气体在渗透过程中，首先是气体分子在高分压一侧被吸附并溶解在薄膜表面，然后沿着薄膜内聚合部分的空隙扩散，移动到另一侧逸出。气体扩散所通过的那些空隙，就是薄膜中非结晶的松弛部分，气体分子在结晶部分是不能通过的。而各种不同的薄膜因其加工工艺不同，其结构中结晶比例不同，亦即密度不同。根据上述气体渗透原理，非结晶部分比例大的低密度薄膜要比结晶部分比例大的高密度薄膜透气性大。对于常用的聚乙烯薄膜而言，密度在 0.91～0.94 者为低密度和中密度薄膜，其透气较大；密度在 0.94～0.97 者为高密度薄膜，透气较小。薄膜材料对气体分子的溶解性，是影响薄膜透气的另一重要因素。溶解性越大，薄膜的透气性也越大。气体通过薄膜的渗透作用，遵循费克—亨利定律，可用下述公式来表示：$N/t=Pg\cdot A(P_1-P_2)/T$

式中：N/t——气体渗透速度（厘米^3/秒）；

Pg——气体渗透系数（厘米^3·厘米/厘米^2·秒·厘米汞柱）；

A——薄膜面积（厘米^2）；

P_1-P_2——薄膜两侧气体分压差（厘米汞柱）；

T——薄膜厚度（厘米）。

根据费克—亨利定律，混合气体中的各组分，渗透速度和方向互不干扰。一种气体对一种薄膜的渗透系数是恒定的，但随温度上升而增大。不同的气体对同一种薄膜的渗透系数往往相差很大，少至几倍多至几十倍，一般是 $CO_2>O_2>N_2$，这对果蔬的贮藏保鲜是极为重要的。

MAP 气调时，根据果蔬所需的 CO_2 和 O_2 及呼吸强度，使呼吸产生的 CO_2 和薄膜透出的 CO_2 相等就可以了。果蔬贮藏所需的包装材料应该是那些透气性较高而透湿性较低的薄膜，如低密度聚乙烯、聚氯乙烯、聚丙烯等。贮运和零售小包装最常用的是低密度聚乙烯。贮运包装用的聚乙烯其厚度一般为 0.03～0.06mm，零售包装用的更薄些，目前国内外用于零售小包装的聚乙烯薄膜其厚度仅 0.01～0.03mm，但薄膜太薄很易破裂，对限气贮藏（MA）不太可靠。

包装系统内外气体交换的另一重要措施是在封闭薄膜上有供气体自由通过的孔道。常用的办法是应用打孔薄膜，孔径为几微米至几毫米。孔径大小和开孔数目依作物种类和使用条件、要求等来调节，直至能满足换气要求。然而，不论孔径多大，打孔总是破坏了薄膜特有的选择透气性，气体移动变成了单纯的扩散过程，薄膜对不同气体不再有选择性。因此，当达到扩散平衡时，包装内外 O_2 和 CO_2 的分压差基本相同，即包装内的气体组成不是低浓度 O_2 高浓度 CO_2，就是高浓度 O_2 低浓度 CO_2，且两者之和接近 21%。

薄膜包装贮藏的方式可大致分为如下几种：

①衬垫包装。在纸箱或木箱内铺衬薄膜(或用薄膜袋)，将果蔬装入后将薄膜边角或袋口折叠但不密封，保持一定的通气性以防止果蔬因蒸腾脱水失鲜。

②袋装。用薄膜袋装产品，扎紧袋口或热合封闭。袋的大小规格不一，小袋装果蔬 200～300g，直接作为零售包装；大袋可装 20～30kg，用于运输或贮藏。因袋子封闭，故对果蔬同时起着保持水分和限气贮藏(MA)的作用。

③紧缩包装。不少聚合薄膜，如聚乙烯、聚氯乙烯、聚苯乙烯等，在制作过程中可使之具有热收缩性。使用这种薄膜包装单个果蔬，如整理好的甘蓝、花椰菜、黄瓜等，或以成套筒状包封用托盘装的蔬菜，甚至可以将蔬菜包在纸匣外面。然后在热合机中于 130℃左右放置几秒钟，薄膜便紧缩并紧贴于被包装物。这种包装方式既起到和袋装同样的作用，还可使产品固定而在搬动和处理中不致滚动受伤。

(4)存在问题

①果蔬需要的是透气性很足的薄膜，然而目前市售的包装薄膜几乎很少符合要求，因而需要研制出透气性高而又价格低廉的新型薄膜。聚氯乙烯薄膜的透气性较小，加上早期生产的聚氯乙烯薄膜的增塑剂毒性争议，因而很少应用。最近日本生产一种新型塑料薄膜叫作醋酸乙烯树脂(EVA)，其透气性和透湿性都比低密度聚乙烯好，这是一种较理想的贮藏包装用膜，用它来包装果蔬，袋内不会出现水滴，也比较不易发生 CO_2 中毒。

②只有耐低浓度 O_2 和高浓度 CO_2 力强的果蔬才较适合于薄膜包装，特别是那些贮运期长的果蔬。

③置于冷库的封闭系统，其内部温度总要稍高于库温，这是因为有薄膜的阻隔，产品的呼吸热散逸较慢。由于封闭系统内外存在着一个温差，封闭薄膜正处于热冷的界面上，加上封闭薄膜的透湿性很低，薄膜的内侧面会有水珠凝结。这种凝水滴落入果蔬中，将会促使病菌扩大感染果蔬。

④由于不能使包装系统直接取得最适气体组成，必须要研究出简单有效的人工和自动调气措施。

⑤薄膜贮存法所采用的薄膜几乎全部为人工合成的多聚物。目前这类多聚物存在一个普遍的问题，即难以被微生物所分解，会产生较多垃圾。

三、调压贮藏保鲜

调压贮藏包括减压贮藏和加压贮藏。

(一)减压贮藏

1957 年，Workman 和 Hummel 等同时发现，一些果蔬在冷藏的基础上减压，可明显地延长其贮藏寿命。1963年，美国的Burg等人提出了完整的减压贮藏理论和技术，此后，许多国家相继开展了研究，应用范围也从最先试用的苹果迅速扩大到其他果蔬产品。减压贮藏在其他食品上的保鲜效果有限，成本较高，因此基本没有应用。

减压贮藏是气调贮藏的发展，是一种特殊的气调贮藏方式，又叫"低压贮藏(LPS)"和"真空贮藏"。其关键是把产品贮藏在密闭的空间内，抽出部分空气，使内部气压降到一定程度，并在贮藏期间保持恒定。

1. 减压贮藏原理

(1)低氧效果

减压稀释了库内 O_2 浓度(降低了 O_2 气压)，所以减压贮藏是低浓度 O_2 贮藏，其作用和性质与气调贮藏中降低 O_2 的浓度相同。另外，在减压的环境中，产品内部的 CO_2 浓度远远低于正常空气中的水平，因而从根本上消除了 CO_2 中毒的可能性。

(2)减少乙烯和有害气体

减压不但抑制果实内乙烯的生成，还把果实上已释放的乙烯从环境中排除，从而达到贮藏保鲜的目的。另外，减压贮藏促进了其他挥发性的产物如乙醛、乙醇、α-法呢烯等向外扩散，降低了因其存在造成的果实生理伤害。现代的减压气流法能不断更新空气，使各种气味的物质不会在空间中累积，这就使得通常互有干扰不宜混放的产品可以同贮在一起，只要混贮的产品所要求的温度、湿度和减压程度相同就行。

(3)降温

减压贮藏与真空冷却原理相同，可迅速排除产品带来的田间热。

(4)持续效果

经过减压处理后的产品移入正常空气中，其后熟仍然较缓慢，延长了货架寿命。

(5)抑菌性

减压对抑制微生物的活动和孢子形成有一定效果，减轻了某些传染性疾病的危害。

2. 存在问题

(1)失水过大

因为低压长时间贮藏，水分在低压下容易蒸发，因此果蔬类失水问题严重。

(2)香气差

有的蔬菜经过减压后味道和香气较差，后熟不好，甚至有过急剧减压使青椒果实开裂的报道。

(3)抑制乙烯产生能力弱

减压贮藏只有低 O_2 效应，没有气调贮藏中积累 CO_2 的效果。正常空气的大气压是101kPa，减压贮藏库的气压维持在6.7～13.3kPa的低气压。减压贮藏对乙烯的消除是有限的。过大的乙烯基础量会降低减压贮藏的效果，所以减压贮藏的苹果必须在乙烯大量生产以前(跃变前)采收，入库前进行预冷。减压贮藏期可达到8～

10个月。

(4)设备成本和能耗高

整个减压贮藏系统中机械设备成本及能源消耗费用较大，其技术要求高，需要较大的资金投入，需加湿器、气流计和真空泵等设备。减压室多采用钢结构，也可用钢筋混凝土制作而成，成本较高。国内外有一定的应用，主要用于真空预冷，在长期贮藏方面的大规模商业性应用还不多。

3.减压贮藏的机械设备和操作

设备主要有真空表、加水器、阀门(平时关闭，在补偿水时开启)、温度表、隔热墙、真空调节器、空气流量计、加湿器、减压贮藏室、真空节流阀、真空泵、制冷系统。

所贮产品在密闭冷却的减压室内，用真空泵抽气，抽到要求的低压(绝对压力4～400mmHg)，同时经压力调节器输入新鲜空气。进入减压室的空气通过加湿器以提高湿度(相对湿度80%～100%)。整个系统不间断地连续运转，即不断抽气和输入空气，果蔬就不断得到新鲜、潮湿、低压、低氧的空气。保持压力恒定，气流速度为每小时所更换气体体积的1～4倍，这样就能除去果蔬的田间热、呼吸热和代谢所产生的乙烯、CO_2、乙醛、乙醇等不利因子，使果蔬长期处于最佳的近休眠状态，使产品始终处在恒定低温低压的新鲜湿润气流之中。该方法通过加湿，能较好地解决果蔬的失重、萎蔫等问题，使水分得到保持，同时也使维生素、有机酸、叶绿素等营养物质的消耗得到控制，这样一来不仅贮藏期比一般冷库延长2～3倍，出库后货架期也明显增加。

(二)高压贮藏

增加压力使贮存物外部大气压高于其内部蒸汽压，适当增压能阻止果蔬水分和营养物质向外扩散，减缓呼吸速度和成熟速度，延长果蔬贮藏期。其抗菌效果与微生物类型及水果中的天然成分有关，有机酸有助于提高高压保鲜技术的效果。其适合与冷藏技术结合使用，可使葡萄在5℃下保存5个月，草莓在8℃下保存30天。但是制备高压设备成本高，技术还未普遍应用。

四、辐射贮藏保鲜

辐射贮藏法是利用放射性同位素产生的射线去照射食品，最常见的放射性同位素是钴-60和铯-137；或由能量在百万电子伏以下的电子加速器产生的电子流进行处理，达到贮藏保鲜食品的目的。钴-60和铯-137能发生γ-射线，γ-射线是穿透力极强的电离射线，当它穿过有机体时，会使其中的水和其他物质电离，生成游离基或离子，从而干扰或杀死微生物，但会影响到果蔬机体的新陈代谢过程，严重时则能杀死果蔬细胞，更高剂量可能引起食品化学变化。电子加速器产生的电子流穿透力弱，但也能起电离作用。电离辐射能产生杀虫、杀菌、调节生理生化功能等效应，因此可以用于食品保藏，但辐射量不能高。目前欧美各国均不同程度地利用钴-60保鲜肉类、蔬菜和粮食等食品；我国也在使用钴$_{-60}$照射糖炒板栗、调味品等，杀死败坏菌，也有用于抑制马铃薯、洋葱、大蒜等蔬菜发芽。实践证明用适当剂量照射后,能有效地对不宜加热灭菌的食品进行杀菌和抑制蔬菜幼芽的萌发,从而能使其保持较长的贮藏期。当前唯一不利的因素是消费者不太喜欢辐照食品,特别是在发达国家。在美国等国家,辐射处理食品要贴专门的标签。但其在生食食品防止寄生虫等危害方面有一定优势,例如处理生食三文鱼。

(一)电离辐射保鲜的机理

1. 杀菌、杀虫

辐射处理能杀死生鲜肉、新鲜蔬菜表面的细菌。例如,0.25 千戈瑞(kGy)的辐照足以控制马铃薯的疫霉属病菌;2.74～4.65kGy 的辐照能杀死洋葱上的灰霉菌、番茄上的交链孢菌。辐射处理对虫的控制只需 0.2～0.5kGy,其有一定的实践应用。然而,辐射的剂量一定要符合所在国家的法律和规定。其杀菌所需剂量较大,而杀虫所需剂量很低,因此其在杀昆虫或线虫方面有优势。

2. 抑制发芽、乙烯生成和后熟

电离辐射之所以能抑制蔬菜植物器官发芽,是因为辐射破坏了分生组织,核酸和植物激素的代谢受到了干扰,核蛋白发生变性,以及等电点转向酸性等。其抑制发芽的剂量很低,一般 0.03～0.1kGy 就有抑制发芽效果。

很多蔬菜例如青椒、黄瓜、番茄等经过适当剂量的电离辐射后,一般都表现出呼吸跃变后延、叶绿素分解减慢、后熟被抑制等现象,这对蔬菜的贮藏保鲜是极为有利的。这种现象可以用“修复反应”解释。

蔬菜经过适当剂量的辐照后,乙烯的变动与呼吸的变动基本是平行的。辐射最终会抑制内源乙烯的产生,从而也抑制了蔬菜的后熟。

(二)影响食品辐照效果及条件控制

1. 辐照剂量

根据食品辐照的不同目的及特点,FDA、IAEA、WHO 把食品辐照分为 3 类。

(1)耐藏辐照

耐藏辐照主要目的是降低食品中的微生物及其他生物数量,延长新鲜食品的后熟期及保藏期(如抑制发芽、推迟成熟、消灭昆虫、寄生虫灭活)。该过程的实现是植物组织中酶改变的结果。这种延长货架寿命的处理有时叫作“辐照保鲜”,所用的辐照剂量为 5kGy 以下。

(2)辐照巴氏杀菌

肉类、家禽、海产品等固态食品采用的辐射巴氏杀菌消毒法是一种能消除病毒外的致病生物及微生物的实用方法。这种通过辐射灭活食品中致病细菌和寄生虫,改善食品卫生品质的处理叫作“辐射灭菌”。其中等剂量应用非常类似于加热巴氏消毒法,因此也叫辐射巴氏消毒法,它能使食品中检测不出特定的无芽孢的致病菌(如沙门氏菌),这种处理能减少存活强的非孢子形态致病微生物的数量。产品通常在辐照处理后继续冷冻。所用的辐照剂量范围为 5～10kGy。

(3)辐照阿氏杀菌

辐照阿氏杀菌所使用的辐照剂量可以将食品中的微生物数量减少到零或有限个数(减少微生物数量到灭菌点)，经过这种辐照处理后，食品在无再次污染的条件下达到一定的储存期，剂量范围为 10kGy 以上。

2. 食品接受辐照时的状态

有污染性的微生物、害虫等种类与数量，食品的生长发育阶段、成熟状况、呼吸代谢的快慢等因素，对辐照效应影响很大。

3. 辐照过程的环境条件

(1)氧气

氧的存在可使微生物对辐照的敏感性增加 2～3 倍，对辐照化学效应生成物也有影响，因此辐照过程中维持 O_2 压力的稳定是获取均匀辐照效果的条件之一。

(2)温度

适当提高辐照时的温度，减低辐照剂量，可达到同样的杀菌、杀虫效果；冻结点以下的低温辐照，大大减少了肉类辐照产生的异味，减少了维生素的损失。

(3)孢子萌发

适当加压加热，使细菌孢子萌发，再使用较小的剂量，可以把需要高剂量辐照才能杀灭的孢子杀死。

(4)水分或盐分变化

这一变化会影响辐照加工肉类和禽类时对病菌的灵敏度。

4. 辐照与其他保藏方法的协同作用

杆状菌及梭菌等孢子形式的细菌经过辐照后对热的反应更灵敏，即使实际接受的辐照量仅仅只有巴氏辐射剂量，在少量辐射中幸存下来的非孢子形式的病菌也已受到严重的破坏，并且变得对热的反应更灵敏。

(三)食品辐照技术特点

辐照可以在常温或低温下进行，处理过程中食品升温很小，有利于维持食品的质量；射线(如 γ-射线)的穿透力强，可以在包装下及不解冻的情况下辐照食品，杀灭食品内部的害虫、寄生虫和微生物。辐照过的食品中不会留下任何残留物。与食品冷冻保藏等方法相比，辐照保藏方法能节约能源，可以改进某些食品的工艺，提高食品的质量。根据不同产品及不同辐照目的，要选择控制好合适的辐照剂量。

1. 食品辐照保鲜优点

(1)节约能源

据国际原子能机构(IAEA)统计，每吨冷藏食品能耗为 3.2×10^{8}J，热杀菌法能耗为 1.1×10^{9}J，而辐照法仅为 2.2×10^{7}J。辐照法要比常规方法节能十几倍到几十倍。

(2)具有保鲜能力

辐照方法属于冷加工范畴，可以在常温或者低温下进行，在食品辐照过程中一般升温很小。大多数蔬菜、水果保鲜所需剂量为0.1～1kGy,在辐照中通常升温最高不超过1℃。辐照可使食品保持其原有的色香味。

(3)穿透力强

钴-60的γ射线在水中的半减弱层为11cm水层,其可以在包装下及不解冻的情况下辐照食品,能杀灭食品内部病菌、害虫和其他微生物,特别适用于那些无法加热、蒸煮、熏制的食品。

(4)安全卫生

食品辐照不存在残留毒性,也不会产生感生放射性,不会污染环境。辐照处理过的食品在密封条件下几乎可无限期保存。

(5)改善食品品质

辐照过的牛肉鲜嫩可口,辐照过的大豆易于消化吸收,脱水食品经辐照后烹饪时间缩短,辐照面粉可改进其烘烤质量等。经辐照后的酒可加速其醇化过程,酒中的酯、酸、醛等有所增加,酮类化合物减少,甲醇、杂醇含量降低,酒的口味醇和,涩辛辣味减少,香味变浓。用0.89kGy和1.33kGy剂量辐照的两种白兰地酒,存放3个月后品尝鉴定,其酒质相当于3年老酒。抗生素的辐照降解作用也很明显。

(6)操作简便,易于实现自动化

操作人员只要根据辐照要求确定工艺参数,将食品由传输系统送入辐照区,经一定时间辐照后即可,整个操作可用微机控制,实现高度自动化。

2.存在问题

(1)组织褐变

组织褐变属于辐射损伤,其程度随剂量而增高。植物活组织褐变大都是酶褐变,是酚类物质在氧化酶催化下的变化结果。经过照射后的蔬菜中酚类物质异常增多,多酚氧化酶或过氧化物酶活性增强,因此,组织褐变是辐射伤害最明显、最早表现出的症状。

(2)剂量限制

电离辐射目前主要用于抑制块茎、鳞茎类植物发芽,推延蘑菇开伞等。由于剂量低,已在世界上很多国家推广应用。目前,对食品的处理剂量不超过10kGy,常见的是8kGy。

(四)食品的辐照应用

1.蔬菜水果类

蔬菜、水果在采摘后,生命活动仍然继续,有的有休眠期。土豆、洋葱采后会发芽。土豆发芽后,会产生毒性很强的龙葵素而不能食用。洋葱一旦发芽,就由鳞茎抽出叶子,耗干营养物质,并使洋葱腐烂。电离辐射可降低或抑制酶的活性,破坏发芽。以土豆为例,吸收0.1kGy的剂量后,土豆常温保存300天仍不发芽,而未经辐射处理的土豆在常温下储存40天,发芽率达到100%,无法食用。

0.1～4kGy的照射可使多种水果、蔬菜延迟成熟,减少腐烂。中美洲各国用0.25～0.35kGy的剂量照射未成熟的香蕉,可使其成熟期推迟16天,用0.25kGy的剂量照射芒果，可使其成熟期推迟16天。美国用2kGy或更高的剂量照射草莓，使草莓在5℃下延长货架时间5～8天。

2. 粮食类

造成粮食损耗的原因是昆虫危害和霉菌活动。0.1～0.2kGy的辐照剂量使昆虫不育，1kGy的辐照剂量使昆虫几天内死亡，3～5kGy的辐照剂量使昆虫立即死亡；抑制谷类霉菌的辐照剂量为2～4kGy，小麦和面粉的杀虫剂量为0.2～0.75kGy，焙烤食品的抑菌剂量为1kGy。

3. 畜禽水产及制品

(1)非深度杀菌

非深度杀菌主要目的是抑制致腐微生物的生长繁殖，适用于鱼类、贝类等水产品的储存和运送过程中的保鲜。低剂量辐照鱼类通常结合低温(3℃)储藏。淡水鲈鱼，在1～2kGy剂量下，延长储藏期5～25天；大洋鲈鱼在2.5kGy剂量下，延长储藏期18～20天；牡蛎在20kGy剂量下，延长储藏期几个月。

(2)针对性杀菌

针对性杀菌主要目的是杀灭畜禽、鲜肉、蛋品、水产品中的沙门氏菌。沙门氏菌对热的反应不灵敏，但对辐射敏感性高，使用辐照杀菌效果良好。用1.5～10kGy的辐射剂量可以消灭或明显地减少单核细胞李斯特氏菌、沙门氏菌、葡萄状球菌等细菌病原体。如果产品接受了2.5kGy的剂量照射，大肠杆菌、沙门氏菌、葡萄状球菌细胞几乎将全部被杀死。

肉品的辐照贮藏

(3)灭菌

有2种食品要求灭菌而不是消毒。一是商业的灭菌食品，它要求在冷冻的情况下辐照，供应有严重免疫缺陷的病人；二是货架稳定性食品，即在室温下可以长期储存而不会变质的商品。灭菌的目的是杀灭肉类及其制品中所有的微生物，使其数量是原来的$1/10^{12}$，所需剂量范围为10～60kGy。这种无菌食品可供特殊用途使用，例如用于有免疫缺陷的病人、野营者、宇航员、军人等。

4. 香辛料和调味料

天然香辛料容易生虫长霉，未经处理的香辛料，霉菌数量为10^4cfu/g以上。传统的加热方式易导致香味挥发，辐照处理可控制昆虫的侵害，又能减少微生物的数量。10～15kGy剂量辐照用尼龙/聚乙烯包装的胡椒粉、五香粉，产品可保藏6～10个月，未见生虫、霉烂，调味品色香味、营养成分没有显著变化。

5. 果蔬的检疫处理

国际贸易法及各国的安全法规常要求对进口的果蔬(特别是热带和亚热带果

蔬)进行安全处理,以杀灭果蝇等传染性疾病病原体。常规用二溴乙烷、溴甲烷、环氧乙烷等气体熏蒸,一些国家不允许这些物质使用。辐射杀灭果蝇所需的剂量(0.15kGy)不会改变大多数果蔬的物理化学性质,0.1kGy的低剂量可以防止大多数种类的果蝇卵发育成为成虫。国际上已确定防止所有昆虫虫害的检疫可靠性保证剂量为0.3kGy。

五、食品包装贮藏保鲜

(一)食品防氧包装

1.真空包装

真空包装是把被包装食品装入气密性包装容器,在密封之前抽成真空,使密封后的容器达到预定真空度的一种包装方法。

(1)真空包装保质机理

低氧对需氧微生物有抑制作用,能减慢油脂氧化,抑制果蔬褐变,抑制果蔬、粮食、蛋的呼吸作用。

(2)真空包装制约因素或抽成真空缺陷

食品受压力易缩团;酥脆食品易碎,例如油炸土豆片;形状不规则食品表面会产生皱褶;尖角食品会刺破包装材料。

(3)食品真空包装容器

容器有金属罐、玻璃瓶、塑料复合膜。

2.充气包装

充气包装是一种在包装内充填一定比例的理想气体的包装方法。其目的主要是破坏微生物生存条件。

(1)充气包装保质机理

充气包装主要是O_2、N_2、CO_2的作用。O_2在保鲜上扮演很重要的角色。高浓度O_2对于红色肌肉护色非常重要,但也有促进脂肪氧化的缺点。低浓度O_2减慢有生命食品的呼吸,降低无生命食品的氧化。N_2作为填充气体,其含量上升,O_2等含量下降,从而形成抗氧化状态,抑制呼吸作用。另外,可以填充空间、防止挤压等。CO_2具有抑制呼吸作用,其溶于水能产生弱酸,对油脂及碳水化合物有较强的吸附作用。

(2)充气包装使用特点

充气包装适用于怕压、易碎、尖角等食品。另外也适用于有特殊要求的某些食品。例如对于生肉、果蔬,主要采用高浓度O_2或低浓度O_2,O_2特别重要;对于控制微生物,主要利用高浓度CO_2;对于保持香气、防止脂肪氧化,主要应用N_2。

(3)充气包装技术分类

对加工食品或没有生命的食品进行一次性充气,或一次性换气,相对比较简单。薄膜渗透内外O_2和CO_2浓度变化遵守费克—亨利定理。渗透速度=渗透系数×面积×气体压差/厚度。果蔬等有生命的食物的充气包装,因为呼吸作用,包装内气体浓度会变化。MAP气调包装(修饰气调包装)和CAP气调包装(控制气调包装)比较复杂。后者添加吸氧剂,吸收CO_2,或CO_2释放剂,或其他气体发生剂等。对于果蔬大多使用MAP,其呼吸比较弱,气体在一定时间基本保持稳定。果蔬也可以使用CAP,通过加一些辅助物质调节袋内气体浓度,使透气更合理,使袋内O_2和CO_2浓度变化基本等同于呼吸作用。

(4)充气包装的容器

容器一般是覆膜密封的塑料盒子、塑料杯子、复合塑料薄膜袋等。

3.脱氧包装

脱氧包装是在包装容器内添加脱氧剂,使包装内O_2浓度下降,延长食品贮藏时间的方法。其不必在食品中加入脱氧剂,从而使食品更加安全。一般用于加工食品。主要有铁系脱氧剂、亚硫酸盐系脱氧剂、有机脱氧剂。

(1)低氧保质机理

低氧可以防止食品氧化,也可保持食品的香味和滋味,抑制霉菌和好氧细菌的危害。一般需要O_2浓度<0.1%,才有较好的保鲜效果。

(2)常用脱氧剂

①铁系脱氧剂:成分主要有铁粉、碱、盐、载体。1克铁,消耗300cm^3氧。缺点:有氢产生,速度慢。

②亚硫酸盐系脱氧剂:主要是连二亚硫酸盐,加氢氧化钙、活性炭等。1克连二亚硫酸钠,消耗130cm^3氧。缺点:虽快但能力不强,产生二氧化碳。

③葡萄糖氧化酶:用于蛋液、果汁等特定液体产品。

(3)脱氧剂的反应特性

①脱氧剂的脱氧速度:亚硫酸盐系脱氧剂1h内可以使O_2浓度降低到1%;铁系脱氧剂要12～24h。

②脱氧剂反应速度与温湿度关系:温度高,湿度大,速度快。

③脱氧剂反应类型:自力反应型,本身有水,接触氧气就反应;水分依赖型,本身没有水,吸收水分后,再吸收氧气反应。

(4)脱氧剂使用技术要点

①食品包装对脱氧剂的要求:对人安全,不和被包装物反应,根据脱氧要求选择类型。

②使用的方法:采用透气小袋对脱氧剂进行包装(例如棉纸、滤纸、淋膜纸、无纺布、涂塑纤维),再添加于食品隔氧包装袋内。

③使用剂量:在计算量基础上,再加15%～20%的剂量。可以配合O_2指示剂使用:粉红色,O_2浓度低于0.1%;雪青色,O_2浓度为0.1%～0.5%;蓝色,O_2浓度大于0.5%。

④使用温度和湿度:在5～40℃,温度越高,脱氧越快,湿度越高,脱氧越快,但太湿不方便使用。

⑤包装材料和容器:脱氧对材料的隔氧性要求很高,另外吸氧后会产生负压,注意包装是否因为变形导致食品结构损坏、美感下降等。

⑥脱氧剂使用前的保藏:要严格隔绝O_2,防止使用时已经失效。

⑦选择适合的脱氧剂：根据食品降氧时间要求，选择快速或慢速型脱氧剂。根据食品干燥程度，选择自发型脱氧剂或需要吸收食品水分后的脱氧剂。

(5)包装材料和设备

①高阻隔性材料：真空镀铝、聚酯、尼龙、聚偏二氯乙烯、乙烯-乙烯醇共聚物的薄膜阻气性比较好，但黏合性差。大多采用复合材料。

②机械设备：真空包装机械主要有室式真空包装机(单室式、双室式)、带式真空包装机、旋转台式真空包装机(自动化好，可以和填充结合)、热成型真空包装机(自动化好，可以和制袋结合)、插管式真空包装机。充气包装机械主要有气体冲洗式设备(自动制袋机改装，氧气浓度高，在2%～5%)、真空补偿式设备(室式、插管式)。

(二)食品防潮包装

1.湿度对食品品质的影响

食品中的水分分为自由水和结合水。自由水容易流失，加热、干燥会除去食品中的自由水。结合水比较稳定。

(1)物理变化

失水或吸水会引起食品质构的变化。干燥或失水会引起蜜饯结晶，导致果蔬萎蔫，影响冷冻或加热杀菌的传热效率等。而吸水会导致蜜饯发烊、饼干软化等。

(2)化学变化

冰冻食品的失水导致空隙增加，促进油脂氧化，水分参与活体食物的机体代谢，失水会导致果蔬呼吸加强甚至褐变，活体鱼虾死亡，蛋白质分解等。而干制蔬菜吸水，会促进非酶褐变。

(3)生物变化

微生物滋生与水分关系很密切。根据水分活度(Aw)，食品可以分三类：①Aw大于0.85的食品，微生物很容易生长，保质期在1周以内。②Aw在0.65～0.85的食品，有一定抑菌能力，保质期大概在1周至1月。③Aw小于0.65的食品，微生物基本不会危害食品。

2.包装食品的湿度变化原因

(1)包装材料的透湿性

这是影响密封包装内湿度变化的关键。一些加工食品如软罐头、茶叶等，都使用高阻透性包装材料，防止食品吸水变质，或者使用其来防止包装内食品湿制品或食品鲜品失水。果蔬类食品如果采用阻隔湿度很强的材料，会导致袋内出现冷凝水，从而启动腐烂，故其一般采用透湿包装。

(2)包装材料两侧的水蒸气压差

这是水分转移的原始驱动力。

(3)环境温湿度变化

湿度是直接影响因子，温度是间接影响因子。升高温度，塑料等材料透湿率会上升，另外升高温度，空气可容纳的含湿量也会变高。

3. 防潮包装设计

设计首先要考虑如何维持保证食品质量的临界水分。这首先需要了解该食品变质或保持最佳品质等的水分含量或 Aw 值，然后根据包装材料的透湿特性，选择合适的材料包装。

(1)包装对水蒸气的隔阻性

①防潮包装设计的基本参数。

基本参数主要有食品因素：食品含水量、食品质量、食品表面积、产品保质期。

包装材料因素：材料透湿度、材料厚度、包装面积、密封程度等。

环境因素：湿度差、环境温度。

防潮包装材料的透湿性可以根据费克定理测定。扩散速度＝系数×面积×压差/厚度。测定方法：取面积为 $1m^2$ 的一定厚度薄膜或袋子，测定厚度，在 40℃和相对湿度 90％的条件下，薄膜一边放置无水氯化钙，24 小时后测定吸水量。

②防潮包装设计步骤。

允许透过包装材料的水蒸气量：$q=W(C_2-C_1)$。其中 W——被包装物质量(g)，C_2——被包装物允许的最大含水量(％)，C_1——被包装物的含水量(％)。

包装材料允许的透湿度：$Q_v=q/St$。其中，S——包装材料的有效面积(m^2)，t——防潮包装的有效期(24h)。

确定实际条件下的透湿度：$Q_\theta=DS\Delta pt/\delta=RK_\theta\Delta h$。$D$——扩散系数，$\Delta p$——包装材料两边蒸气压差，$\delta$——包装材料厚度(mm)，$R$——特定条件的透湿度，$K_\theta$——在温度 θ 时的温度影响系数，Δh——包装内外的湿度差(％)。

根据食品要求选择材料：$R=W(C_2-C_1)/StK_\theta\Delta h$。

核算实际的防潮有效期：$t=W(C_2-C_1)/S[R]StK_\theta\Delta h$，$[R]$是实际包装材料的 R 值，非理论值。

(2)内装吸潮剂的防潮包装设计

①防潮设计方法：设定渗入水分完全由吸潮剂吸附，计算确定封入吸潮剂的量：$W=SRK_\theta\Delta ht/(C_2-C_1)$。

②吸潮剂使用方法及注意事项：本身透湿小，密封好的吸潮剂，尽量缩小包装；吸潮剂放在透湿好的小袋中；吸潮剂本身处于有效状态，如果吸潮剂已经吸水，可以通过烘箱或阳光暴晒，去水后使用；吸潮剂应无毒，无不良气味，并标明不能食用。

4. 常用防潮包装材料的应用

常用防潮包装材料主要有金属、玻璃、陶瓷、复合薄膜、聚乙烯、聚丙烯、防潮玻璃纸等。防潮设计主要针对复合薄膜、塑料薄膜、防潮玻璃纸等。陶瓷因为密封相对较难，可能也需要防潮设计。对于密封的金属、玻璃，其对水分阻隔能力很强，所以不需要设计。但是如果密封不是很好，可能还是需要添加一定量的吸潮剂。

(三)食品隔光包装

光线照射对食品质量有一定影响，主要是紫外线会引起油脂氧化、花色苷褪色等问题，一般食品都希望隔绝光线照射，但是绿色蔬菜存在暗衰老现象，适当的弱光有一定的抑制衰老的作用。红外线、微波对食品品质影响不大，可用于加热食品，并对食品进行杀菌或脱水等。例如绿色蔬菜用绿色薄膜袋包装，牛肉用红色薄膜袋包装。

1. 光照对食品的影响

紫外光会引起油脂的氧化酸败；使色素发生变化，产生变色；促进维生素降解，特别是维生素 C 和维生素 B_2；引起氨基酸和蛋白质变化。紫外线也会引起色氨酸、胱氨酸、甲硫氨酸、酪氨酸分解，特别是色氨酸对紫外线异常敏感。

2. 光的渗透和能量

食品在吸收光线后其温度就会因受热而高于周围环境的温度。食品温度是否升高，取决于被包装食品的光线吸收能力、光照强度和热传导能力。

光照密度向食品内层渗透规律按照 Lamber-Beer 定律：$I_x = I_i \times e^{u_x}$。I_x——光线透入食品内部 X 深处的密度，I_i——光线照在食品表面的密度，e^{u_x} 中的 u——特定成分的食品对特定波长的光波的吸收系数。

食品对光的吸收与光波的波长有关，短波光透入食品浅，长波光透入食品深。光如果不被食品吸收，对食品变质就没有影响。

在敞开的冻藏食品销售柜中，柜顶和柜壁的热辐射能力对冻藏食品表面质量的影响非常明显，在这种情况下要想保持低温必须耗费很多能量。

3. 食品包装材料避光方法

(1)材料种类：塑料、玻璃、金属、纸张、陶瓷对光线的阻隔性差异极大。金属几乎隔绝一切光线，陶瓷有一定的隔绝光线作用，塑料、玻璃、纸张隔光性能相对较差。因此，常选用复合材料。

(2)材料厚度：厚度越大，隔光效果越好，如果使用金属，因为隔光极强，故与厚度几乎没有关系。其他材料可以通过选择包装厚度来达到需要的光照度。

(3)材料色泽和印刷装潢：在包装材料中加色，或印刷时将光线遮挡、吸收或反射，减少或避免光线直接照射食品。

(四)食品抑菌和隔菌包装

1. 微生物对食品品质的影响

微生物是导致食品腐烂、发霉而失去食用价值甚至出现毒素的主要原因。当然也有乳酸菌和酵母菌等作为工业生产菌，产生发酵食品。但是乳酸菌对于鲜牛奶，酵母菌对于鲜果汁，都是腐败菌。

微生物对食品的污染分两种。①食品一次污染：在大自然环境中作为食品原料的动植物，本身带有微生物，这是微生物的一次污染，食品、环境、包装袋上都有微生物。②食品二次污染：食品原料从在自然界被采集到加工成食品，到最后被食用为止的过程中经受微生物的污染；食品包装对控制食品二次污染起主要的作用。

2. 包装对微生物的作用

(1)包装材料的选用

①材料种类对隔离微生物起关键作用。金属、玻璃、塑料、陶瓷都能够很好阻隔微生物,只有纸类材料隔离微生物能力很差。一些隔菌很好的材料有时也会发生隔菌失败的情况,主要原因是密封问题。

②包装材料需要耐受食品侵蚀和环境因素破坏。例如密封黏合受到少量乙醇作用,出现层分离;铁罐受低 pH 作用生锈,导致渗漏;亲水塑料和玻璃纸受水分影响,隔绝性能下降;等等。

(2)包装小环境对微生物的影响

①O_2 和 CO_2:可能抑制一些菌也可能促进一些菌。低浓度 O_2 包装抑制好氧菌,例如霉菌、酵母菌、好氧细菌都难以繁殖,但是会促进厌氧菌的生长繁殖,从而引起微生物种群的变化。高浓度 CO_2 会抑制很多菌的生长繁殖。

②水分:包装产生冷凝水,会促进微生物生长。果蔬保鲜上普遍存在这一问题。

(3)包装污染会造成微生物变化

包装污染主要是包装材料引起。例如纸、塑料、玻璃等接触空气中的微生物。

3. 包装隔菌的应用

包装具有隔菌和抑制某些菌的作用,但是不能完全抑制由微生物引发的食品腐败问题。常与其他方法结合使用。例如与加热杀菌结合使用,与低温冷藏冷冻结合使用等。

六、其他物理保鲜技术

(一)微波保鲜技术

微波是指频率在 300M～30GHz 的电磁波,20 世纪 60 年代出现了食品微波杀菌技术,但是那时技术不稳定,到 20 世纪 80 年代末,微波杀菌保鲜技术得到完善,在加工食品中逐步得到应用。目前微波杀菌常见的有两个专用频率:915MHz 和 2450MHz。

1. 微波保鲜技术原理

微波保鲜技术原理为利用其热效应和非热效应,主要通过极性分子的极化和翻转,使食品中的微生物体内的蛋白质变性,使生理活性物质发生变异或破坏,使细胞膜和质膜等破裂,从而导致生物体生长发育异常,直至死亡。

2. 微波保鲜技术和应用

微波灭菌的热力温度特性是对内部传热快,但是食品外部的温度可能比较低。微波灭菌工艺主要有:间歇处理、连续处理、多次快速处理。

目前应用微波进行食品保鲜已大规模的应用。例如欧洲使用微波对切片面包杀菌防霉保鲜,使其保鲜期由原来的 3～4 天延长到 30～40 天;对盒装茄汁鱼块、牛肉等做微波杀菌保鲜处理，储于冷藏柜中，使其保存42天以上仍风味不变，该生产线加工量为1500kg/h。在我国利用微波处理月饼、豆腐、水产品、牛奶都获得成功，其保鲜期延长几倍至几十倍，而且色香味和营养成分都比一般热力杀菌食品好。目前微波保鲜技术对有些肉食品的保鲜效果不明显，对某些食品的营养成分也有一些影响。

3. 微波保鲜设备

微波处理系统主要是由微波发生器、波导管连接器和处理室组成，能够以食品内极微小的温度差异，对连续流动的食品进行快速的杀菌处理。

(二)超高压贮藏保鲜

超高压食品贮藏保鲜技术是将食品密封于弹性容器或置于无菌压力设备中，用100MPa(约987个大气压)以上超高压处理一段时间，从而达到杀菌保鲜、保存食品的目的。20世纪90年代末，超高压技术开始应用于食品加工保鲜业，利用超高压可以杀死食品内的各种微生物。超高压处理是一个纯物理过程，处理时间短，效果好，杀菌均匀，操作安全，温度升高值小，耗能低，污染少。目前，已经被大规模地应用于食品工业中。

1. 超高压保鲜原理

(1)超高压保鲜灭菌的机理

超高压保鲜灭菌机理在于破坏食品内菌体蛋白中的非共价键，如氢键、二硫键和离子键等，使蛋白质的高级结构被破坏，促使蛋白质的凝固和酶的失活。超高压还造成菌体细胞膜破裂，使菌体内的化学组分外流，从而导致食品内部的细菌、真菌、寄生虫、病毒等生物被杀死。

(2)保持和提高品质

超高压能破坏高分子的氢键、离子键、盐键，但对共价键影响小，尤其对食品中色素、维生素、氨基酸、多肽、有机酸、果糖、香味物质、活性成分等的破坏作用较小，能较好保持产品的原有风味。经超高压处理的功能食品，能较好地保持功能因子的活性。超高压通过破坏次级键，使结合在一起的直链淀粉松开，从而使淀粉变成糊状，打开了蛋白质的结构，使蛋白质变成胶凝状，出现了部分类似陈米变新米的现象。超高压技术可用来改善食品的组织结构或生成新型食品。

2. 超高压处理技术和应用

食品杀菌时所用的超高压力一般在200M～600MPa，多种生物体经200MPa以上加压处理即会出现生长迟缓，甚至死亡的现象。一般情况下，寄生虫的杀灭和其他生物体相近，只要低压处理即可杀死；病毒在稍低的压力下可失活；无芽孢细菌、酵母、霉菌的营养体在300M～500MPa压力下可被杀死；而芽孢杆菌属和梭状芽孢杆菌属的芽孢比其营养体对压力具有更强的抵抗力，需采用更大的压力才会被杀灭。压力处理的时间与压力成反比，压力越大，则处理所需的时间越短。

将存放1年以上的陈米吸水润湿后，放在50M～300MPa高压下处理10分钟，能提高煮制米饭的黏度，降低其硬度，改善光泽和香气，使其具有新米的口味。

在对某些高黏度热敏性食品进行杀菌处理时，食品中的维生素C的保存率可达95%以上。超高压处理土豆色拉、猪肉时可以杀死全部芽孢菌。肉食品、果汁进行超高压杀菌保鲜处理既不会破坏食品原有的成分结构和风味，又能有效地杀灭食品中的微生物。邹小欠等人研究认为，300MPa超高压结合复合保鲜剂(0.05%茶多酚+0.005%Nisin(乳胶链球菌素)+0.005%ε-聚赖氨酸+0.005%溶菌酶)处理能有效提高腌制生食泥螺的品质和食用安全性。

3. 超高压设备

超高压设备包括加压机和耐压容器。加压方式主要有两种：一是泵加压，即将液体食品原料泵置入耐高压容器中，随着液体的不断加入，容器内压力逐渐增大；二是活塞加压，先将食品原料置于高压容器中，后推动活塞使高压容器容积变小，逐步增压。

(三)高压脉冲电场贮藏保鲜

高压脉冲电场是高压直流电源将220V交流电通过变压器变成几十千伏的交流电，然后经过整流变成高压直流电，再经过脉冲发生器形成高压脉冲。20世纪60年代出现了高压脉冲电场杀菌。高压脉冲保鲜技术是一种非热食品杀菌技术，当把液态食品作为电介质置于电场中时，食品中微生物的细胞膜在强电场脉冲作用下被电击穿，产生不可修复的穿孔或破裂，使细胞组织受损，导致微生物失活，避免了加热引起的蛋白质变性和维生素破坏，主要用于液态、半固态食品的杀菌保鲜。

1. 高压脉冲电场保鲜原理

(1)电磁场对细胞膜的影响

脉冲电场(Pulsed Electric Fields，PEF)产生磁场，这种脉冲电场和脉冲磁场交替作用，使细胞膜透性增强，振荡加剧，膜强度减弱，因而膜被破坏，膜内物质容易流出，膜外物质容易渗入，细胞膜的保护作用减弱甚至消失。PEF破坏微生物细胞膜结构，根据损伤严重性分为两种：①电穿孔；②电崩溃。细胞膜的电穿孔是指细胞在PEF作用下出现的细胞膜失稳并在细胞膜上形成小孔的现象。此时细胞质膜通透性大幅增强，细胞内的渗透压高于细胞外的渗透压，最终导致细胞膜的破损。细胞膜的电崩溃是指当电场强度增大到一个临界值时，细胞膜的通透性剧增，膜上出现许多小孔，使膜的强度降低；进一步的作用使细胞膜产生不可修复的大穿孔，使细胞破裂、崩溃，导致微生物失活。还有认为介质产生等离子体和其剧烈膨胀产生的冲击波导致细胞破裂。

(2)离子对细胞内物质的影响

电极附近物质电离产生的阴、阳离子与膜内生命物质的作用，阻断了膜内正常生化反应和新陈代谢过程等的进行，从而杀死菌体。脉冲电场会影响蛋白质基团间的静电相互作用和带电基团的定位，扰乱蛋白质氨基酸残基间的电场分布和静电相互作用，导致电荷分离，从而影响蛋白质的结构(二级和三级)，这可能导致酶失活。脉冲电场两极发生的电化学反应，会导致自由基上升，引起细胞脂质氧化。

(3)产生臭氧和自由基

液体介质电离产生臭氧,臭氧有强烈的氧化作用,能与细胞内物质发生一系列反应,具有强烈杀菌作用。对于果蔬,臭氧还有分解乙烯、延缓果蔬衰老作用。

臭氧杀菌

2. 高压脉冲电场保鲜技术和应用

(1)杀微生物营养体效果好

PEF 处理技术对指示微生物的营养体细胞有较好的杀灭作用,但芽孢表现出较强的耐受性。指示微生物有枯草芽孢杆菌、德氏乳杆菌、单核细胞增生李斯特氏菌、荧光假单胞菌、啤酒酵母、金黄色葡萄球菌、嗜热链球菌、大肠杆菌、霉菌和其他酵母等。高压脉冲电场对食品中的酵母、格兰氏阴性菌、格兰氏阳性菌、细菌孢子等菌类有明显的抑制作用,抑菌效果可达到 4～6 个对数周期。

(2)影响高压脉冲电场杀菌的因素

影响 PEF 杀菌的因素主要有加工因素、产品因素和微生物特征因素。PEF 加工因素:电场强度、处理时间、脉冲频率、脉冲宽度、脉冲形状、样品流速、初始温度。产品因素:产品成分、导电性、离子强度、pH、水分活度、黏度。微生物特征因素:微生物种类、生长条件、生长时期。

(3)高压脉冲电场对食品组分的影响

①PEF 对酶和蛋白质结构和功能的影响:PEF 会引起蛋白质变性,从而影响食品品质。

②PEF 对食品脂质组分的影响:在用 PEF 处理食品过程中,电极中的铁、铬、镍、锰等金属物质会少量释放到食品中,说明电化学反应必然发生;电化学反应的产物,例如一些自由基、活性氯、活性氧等很可能引发脂质产生过氧化产物。

③PEF 对食品碳水化合物组分的影响:经 PEF 处理后淀粉颗粒表面会出现明显的小孔和凹坑,淀粉在 PEF 作用下发生了分子结构破坏和重排,但是 PEF 对小分子碳水化合物,例如脱脂牛乳中乳糖含量、葡萄汁中还原糖含量几乎没有影响。

(4)PEF 对食品其他组分的影响

花色苷(矢车菊素-3-O-葡萄糖苷)在 PEF 作用下可发生降解,吡喃环断裂生成查尔酮。经 PEF 处理后橙汁中维生素 C 的保留量随场强、处理时间增大而减小。经 35kV/cm PEF 处理后橙汁中维生素 C 的保留率在 87%以上。PEF 处理技术对食品中的类胡萝卜素影响很小。用 40kV/cm PEF 处理牛乳和橙汁及处理后的贮藏期(4℃保存 81 天)内,维生素(维生素 H、叶酸、维生素 B5 和核黄素)能保留 90%以上。经 PEF 处理后橘汁的总酸、总糖、维生素 C 变化很小,气味物质损失率仅为 3%。

3. 高压脉冲电场系统设备和操作

PEF 系统设备主要包括五部分:电源装置、脉冲发生装置(包括电容和控制开关)、样品处理室、冷却系统、温度测定系统。它有较高的电场强度(10kV/cm～50kV/cm),较短的脉冲宽度(0～100μs)和较高的脉冲频率(0～2000Hz),可以组成连续杀菌和无菌灌装的生产线。

基本操作:将液体食品送入相互平行的两个脉冲管间,触点接通后电容器通过一对碳极放电,当液体食品(如牛奶、果汁等)流经高压脉冲电场时,处理时间非常短,一般在几微秒到几毫秒之间,最长不超过1秒即完成杀菌,此时食品温度无明显变化(<10℃)。

(四)高压静电场保鲜

高压静电场是一种人工综合效应场,普通低压电源(220V)经电子线路处理后产生高频矩形波,再经整流、滤波、多谐振变换和多级倍压整流电路等,变换成连续可调的稳定直流高电压。目前,高压静电场技术初步应用于果蔬贮藏与保鲜。

1.高压静电场保鲜原理

(1)静电场对膜电位和电子传递体的影响

静电场通过改变果蔬细胞膜的跨膜电位,进而影响其生理代谢,使其能存放更久。电场改变了果蔬细胞膜的跨膜电位,线粒体内的ATP合成与膜电位差有关。静电场抑制果蔬呼吸系统中电子传递体的传递,降低氧化磷酸化水平和其他代谢水平,从而达到保鲜的目的。果实的果皮带正电,果芯带负电,外加电场,促进电荷分布发生变化,生物体内氧化还原反应主要以2价和3价铁离子的转化来进行,铁离子有可能充当电子传递体。

(2)静电场对组织中水分的影响

高压静电场对果蔬的水分及代谢过程进行不同程度的影响。静电场通过使果蔬内部水分发生共鸣现象,引起水结构及水与酶的结合状态发生变化,最终导致酶的失活或活性下降而达到保鲜目的。一般自由水的结构仅能保持10^{-11}～10^{-12}秒,随时发生着变化,有静电场时,水也能发生共鸣现象,成为活化水或活性化水。

(3)空气电离产生负氧离子和臭氧的影响

高压静电场可使空气电离产生空气负氧离子和一定程度的臭氧。空气负氧离子可使果蔬进行代谢的酶钝化,从而降低呼吸强度,减少乙烯的生成;臭氧经分解可放出新生态原子氧,具有极强的消毒杀菌作用,降低果蔬霉烂率,臭氧还可抑制或延缓果蔬内有机物的水解,从而延长果蔬贮藏期。

2.高压静电场保鲜应用

目前国内已经进行了用高压静电场处理红星苹果、鸭梨、西瓜、桃、黄瓜、甜椒的试验,都获得较好的保鲜效果。例如用80kV/m高压静电场处理红星苹果1min,用100kV/m高压静电场处理冬枣40min,都获得很好的保鲜效果。应用静电产生臭氧的方式处理蜜瓜,处理后可使蜜瓜腐烂率下降94%,效果十分明显。经高压静电场处理的番茄,其果实维生素C含量、酸度、质量损失明显减小。用60kV/m高压静电场处理番茄60min,其保鲜效果最明显。用静电场处理果蔬还起到消毒灭菌的作用,腐烂率显著降低。

3. 高压静电场保鲜设备

静电处理装置一般采用直流高压发生器输出高电压，再将其加在具一定间距的两平行铝板上，形成一定强度的电场。静电保鲜技术目前还只能用于小批量的果蔬保鲜处理。

(五)磁场贮藏保鲜

对放入其中的磁体有磁力的作用的物质叫作磁场。电场和磁场是紧密联系、相互依存的两个侧面，变化的电场产生磁场，变化的磁场产生电场。磁场分高、低频磁场。强度大于2T(特斯拉)的交变磁场为高频磁场，强度不超过2T的为低频磁场。

1. 磁场贮藏保鲜原理

生物在磁场下储存，会产生生理甚至遗传方面的变化。酶和电子传递链有电子或金属离子，在外加磁场的作用下，酶的活性及电子传递受到限制，导致代谢强度下降，这会导致果蔬或微生物的代谢发生紊乱。

2. 磁场贮藏保鲜应用

对于加工食品，使用磁场杀菌保存产品，在强度不超过2T的交变磁场作用下，微生物大多数被杀死。磁场对食品营养成分和风味无任何不良影响。例如邢诒存等人采用频率为416kHz、强度为40T的磁场处理酸奶、橘子汁，处理后，其所含微生物几乎全被杀灭。

对于果蔬，使用磁场能抑制代谢。例如用500GS强度的磁场处理的番茄的呼吸强度只有对照的一半，300GS强度的磁场对番茄的处理效果较好，能延长果蔬的货架期。

3. 磁场贮藏保鲜设备

目前磁场贮藏保鲜设备只有实验装置。将具有一定强度的永磁铁或电磁铁平行放置，利用其N极与S极之间所形成的磁场来处理食品。

七、细胞间水结构化气调保鲜技术

该技术是利用一些非极性分子(如某些惰性气体)在一定的温度和压力条件下，与游离水结合而形成笼形水合物结构的技术。例如使果蔬细胞间的水分参与形成结构化水，提高溶液黏度，从而延缓酶促反应速率，抑制水分蒸发。日本和我国对这方面有研究。

第二节　化学技术贮藏保鲜

食品化学保藏就是在食品生产、贮藏和运输过程中使用化学品来提高食品的耐藏性和尽可能保持食品原有质量的措施。添加化学保藏剂能在有限时间内保持食品原来的品质状态，属于暂时性的保藏方式，是食品保藏的辅助措施。其只能推迟微生物的生长，短时间内延缓食品内的化学变化。化学保藏剂必须严格按照食品卫生标准规定控制使用范围和用量，以保证食品的安全性。按照其保藏机理的不同，主要有三类，即防腐剂、抗氧化剂和保鲜剂。

一、食品防腐剂

防腐剂是指能抑制微生物引起的腐败变质、延长食品保藏期的一类食品添加剂。防腐作用的机理主要有以下几种：①通过使蛋白质变性而抑制微生物活动或杀灭微生物；②干扰微生物细胞膜的功能；③干扰微生物的遗传机理；④干扰微生物细胞内部酶的活力；⑤诱导活体食品产生抗侵染性；⑥破坏微生物对活体食品的侵染力。

（一）影响防腐剂防腐效果的因素

防腐剂的防腐效果受到许多因素的影响，如 pH 值、微生物状况、防腐剂的溶解性和分散性、混合使用、与其他处理联用等。

1. pH 值

常用的防腐剂大多是酸型防腐剂，其防腐效果受 pH 值的影响。pH 值越低，防腐效果越好。例如山梨酸对黑根霉起完全抑制作用的最小浓度在 pH 值为 6.0 时需 0.2%，而在 pH 值为 3.0 时仅为 0.007%，前者浓度是后者的 30 倍左右。这与未解离的分子较容易渗透微生物细胞膜有关。酸型防腐剂会引起蛋白质变性和抑制细胞内酶的活性。高 pH 值防腐剂也有利于抑制霉菌侵染，例如碱处理技术能抑制青霉菌生长。

2. 微生物状况

食品最初污染菌数、微生物的种类、是否有芽孢、是否形成细菌生物膜等情况对防腐剂的防腐效果有很大的影响。食品最初污染菌的数目越多，防腐剂的防腐效果就越差。因此，必须严格控制从原料到成品销售的整个流通过程的卫生状况。要根据食品中的微生物种类选择合适的防腐剂。不同的抑制对象，对防腐剂的要求差异极大。

（1）抑制活菌

食品的细菌和酵母侵染主要以活菌污染为主，防腐剂需要抑制活菌繁殖或杀死活菌，此时需要的剂量很大。防腐剂抑制霉菌菌丝生长，所需要的剂量也很大。

（2）抑制芽孢和孢子

芽孢的抵抗力较营养细胞更强，这将削弱防腐剂的防腐效果。细菌的芽孢萌发后才有危害，故此时只需抑制细菌芽孢萌发，所用剂量比抑制菌体低很多。对霉菌来说，抑制孢子萌发所需防腐剂的剂量，一般远低于抑制菌丝生长的剂量。食品的霉菌初次侵染一般与霉菌的孢子污染有关，防腐剂抑制孢子萌发可以较好地防止食品发霉，此时所用剂量很低。抑制霉菌产孢所用的剂量也比较低。

3. 防腐剂的溶解性和分散性

溶解性和分散性差的防腐剂很难均匀分布于食品中，这将导致食品中某些部位的防腐剂含量过少而起不到防腐作用，某些部位又因防腐剂含量过多而起反作用。

4. 混合使用

防腐剂单独使用应该按照GB2760《食品安全国家标准　食品添加剂使用标准》使用范围和剂量。如果复配，有同样或类似抑菌机理的防腐剂将累加剂量，合计总量不超过单独防腐剂的国家限量。例如苯甲酸及其钠盐与山梨酸及其钾盐的复配，其剂量将进行累加，累加后剂量不允许超过国标中苯甲酸的限量，也不允许超过山梨酸的限量。防腐剂复配时应该选择某方面有突出效果、优势互补的不同防腐剂。实际上，不同防腐剂之间的联用并不常见，而同类如山梨酸与其钾盐的联用，或防腐剂与增效剂的联用，例如防腐剂与食盐、糖联用，鱼精蛋白与乙醇联用等，则较为普遍。

5. 与其他处理联用

例如与加热处理联用可以增强防腐剂的防腐效果，使杀菌时间明显缩短。再如，在56℃时使酵母的营养细胞数减少一个对数循环需要180min，而加入0.5%的对羟基苯甲酸丁酯后仅需4min。防腐剂配合其他物理保藏手段如冷冻、包装等一起使用，也可收到良好的效果。

(二)常用化学防腐剂

目前，世界上用于食品保藏的化学防腐剂有30～40种。按其性质可分为有机防腐剂和无机防腐剂，其中以化学合成的有机防腐剂使用最广泛。

GB2760中食品防腐剂主要有：苯甲酸及其钠盐、山梨酸及其钾盐、丙酸及其钠盐或钙盐、对羟基苯甲酸酯及其钠盐(对羟基苯甲酸甲酯钠，对羟基苯甲酸乙酯及其钠盐)、脱氢乙酸及其钠盐、乙氧基喹、仲丁胺、桂醛、双乙酸钠、二氧化碳、乳酸链球菌素、乙萘酚、联苯醚、2-苯基苯酚钠盐、4-苯基苯酚、2，4-二氯苯氧乙酸、稳定态二氧化氯、纳他霉素、单辛酸甘油酯、硫黄及亚硫酸类(二氧化硫、焦亚硫酸钾、焦亚硫酸钠、亚硫酸钠、亚硫酸氢钠、低亚硫酸钠)、二甲基二碳酸盐(又名维果灵)、硝酸钠、硝酸钾、亚硝酸钠、亚硝酸钾、乙酸钠、乙二胺四乙酸二钠。

1. 合成有机防腐剂

(1)苯甲酸及其钠盐

苯甲酸难溶于水，易溶于乙醇，其钠盐易溶于水。其抑菌机理是使微生物细胞的呼吸系统发生障碍，使三羧酸循环(TCA循环)中乙酰辅酶A→乙酰乙酸及草酰乙酸→柠檬酸之间的循环过程难于进行，并阻碍细胞膜的正常生理作用。在酸性条件下防腐效果良好，以未解离的分子起抑菌作用，但对产酸菌的抑制作用较弱。一般pH值<5时抑菌效果较好，pH值在2.5～4.0时抑菌效果最好，当pH值由7降至3.5时，其防腐效力可提高5～10倍。苯甲酸钠对镰刀菌菌丝和欧式杆菌的抑制作用较弱，仅对真菌孢子萌发的抑制作用较强。

苯甲酸的抗菌性

(2)山梨酸及其钾盐

山梨酸难溶于水,易溶于乙醇,其钾盐易溶于水。其抑菌机制是损害微生物细胞中的脱氢酶系统,并使分子中的共轭双键氧化,产生分解和重排。山梨酸能有效抑制霉菌、酵母和好气性腐败菌,但对厌气性细菌与乳酸菌几乎无效。防腐效果随pH值的升高而降低,但其适宜的pH值范围比苯甲酸广,以pH值在6以下为宜,其也属酸性防腐剂。山梨酸是一种不饱和脂肪酸,能在人体内参与正常的代谢活动,最后被氧化成CO_2和H_2O。对镰刀菌菌丝和欧式杆菌抑制效果不好。

(3)对羟基苯甲酸酯类

对羟基苯甲酸酯类商品名为尼泊金酯类,难溶于水,易溶于乙醇,对霉菌、酵母和细菌有广泛的抗菌作用,但对革兰氏阴性杆菌及乳酸菌的作用较差。由其未电离的分子发挥抗菌作用,常在pH值4.0～8.0的范围内效果较好。其抗菌性强弱与烷链的长短有关,烷链越长,抗菌作用越强。其抗菌作用比苯甲酸和山梨酸强。300mg/kg剂量的该防腐剂对镰刀菌菌丝抑制率达到92%,完全抑制了其产孢和分生孢子萌发。500mg/kg剂量的该防腐剂对欧氏杆菌抑制率为96%,但国标允许其使用的剂量很低。

(4)脱氢醋酸及其钠盐

脱氢醋酸易溶于乙醇,难溶于水,其钠盐易溶于水。其对霉菌和酵母菌的作用较强,对细菌的作用较差。其对热的反应较稳定,适应的pH值范围较宽,但以酸性介质中的抑菌效果最好。其抑菌作用是由三羰基甲烷结构与金属离子发生螯合作用,通过损害微生物的酶系而起到防腐效果。80mg/kg的脱氢乙酸钠对镰刀菌菌丝生长的抑制率达到92%,可完全抑制镰刀菌产孢,其抑制效果极为显著,但对分生孢子萌发的抑制效果较弱,对欧氏杆菌的抑制效果较差。其为乳制品的主要防腐剂,常用于干酪、奶油和人造奶油的防腐。

(5)双乙酸钠

双乙酸钠易溶于水,呈酸性,带有乙酸味道。其抗菌作用来源于乙酸。乙酸可降低体系pH值,穿透强,使细胞内蛋白质变性,杀菌防腐力强。0.4%双乙酸钠对镰刀菌菌丝生长、产孢量的抑制率达90%以上,0.2%双乙酸钠可完全抑制其孢子萌发。0.1%双乙酸钠可完全抑制欧氏杆菌的生长。双乙酸钠对革兰氏阴性菌有较强的抑制效果。

(6)丙酸盐

丙酸盐易溶于水,属酸性防腐剂,在pH值较低的介质中抑菌作用强,对霉菌、需氧芽孢杆菌或革兰氏阴性杆菌有较强的抑制作用,对引起食品发黏的菌类如枯草杆菌的抑制效果好,对防止黄曲霉毒素的产生有特效,但是对酵母几乎无效。其已广泛用于面包、糕点、酱油、醋、豆制品等的防霉。

2. 无机防腐剂

(1)亚硫酸及其盐类

亚硫酸是强还原剂,除具有杀菌防腐作用外,还具有漂白和抗氧化作用。亚硫酸的杀菌作用机理是消耗食品中的 O_2,使好气性微生物因缺氧而致死,亚硫酸还能抑制某些微生物生理活动中酶的活性。亚硫酸对细菌的杀灭作用强,对酵母菌的作用弱。亚硫酸属于酸性防腐剂,以其未解离的分子起杀菌作用。亚硫酸的杀菌作用随 pH 值增大而减弱。当介质的 pH 值<3.5 时,亚硫酸保持分子状态而不发生电离,杀菌防腐效果最佳;当 pH 值为 7,亚硫酸浓度为 0.5%时不能抑制微生物的繁殖。亚硫酸及其盐类的水溶液在放置过程中易分解逸散 SO_2 而降低其使用效果,所以应该现用现配。亚硫酸及其盐类主要用于植物性食品的防腐。

(2)硝酸盐和亚硝酸盐

硝酸盐和亚硝酸盐是肉制品中常用的添加剂,可抑制引起肉类变质的微生物生长,尤其对梭状肉毒芽孢杆菌等耐热性芽孢杆菌的发芽有很强的抑制作用。另外,硝酸盐和亚硝酸盐可使肉制品呈现鲜艳的红色。

(3)稳定态二氧化氯

稳定态二氧化氯使用时加酸活化,再释放出二氧化氯气体,具有强烈刺激性和腐蚀性。对光、对热的反应极不稳定,易溶于水。二氧化氯具有杀菌、漂白等作用,在 pH 值 6.0~10.0 的范围内消毒效果最好,主要用于果蔬产品、水产品及其制品的防腐。300mg/L 次氯酸钠(NaClO)有效抑制了镰刀菌菌丝的生长,500mg/L NaClO 完全抑制了镰刀菌产孢。100mg/L NaClO 完全抑制了镰刀菌分生孢子萌发,500mg/L NaClO 对欧氏杆菌的抑制率为 98%。

(4)二氧化碳

高浓度的 CO_2 能阻止微生物的生长,还能抑制呼吸强度的增强和酶的活动。多数致病菌在果蔬成熟后期才能腐烂,适量 CO_2 可以推迟果蔬成熟,抑制果蔬中的抗病物质的快速下降,从而间接达到防止果蔬腐烂的目的。少数果蔬,例如草莓等,能耐 15%CO_2,高浓度 CO_2 可以直接抑制灰霉病菌等的繁殖,减少腐烂。害虫是粮食贮藏中的最大危害,15% CO_2 具有明显的防治害虫的效果。CO_2 能通过减少氧气抑制好氧性微生物尤其是革兰氏阴性菌的生长,并防止脂质氧化酸败。在同温同压下,CO_2 可以 30 倍于 O_2 的速度渗入细胞,对细胞膜和生物酶的结构及功能产生影响,使微生物细胞正常代谢受阻。引起鲜肉腐败的常见菌——假单胞菌、变形杆菌、无色杆菌等在 20%~30%浓度的 CO_2 中受到明显抑制。目前推荐使用的 CO_2 浓度:肉类,20%~30%;鱼类,40%~60%。但过高浓度的 CO_2 将导致肌肉色泽变暗,因此使用 CO_2 必须同时设定合理的 O_2 浓度。

3. 天然化学防腐剂

(1)纳他霉素

纳他霉素来源于纳塔尔链霉菌发酵产物,不溶于水,溶解于乙酸、稀盐酸、稀碱液,对氧气、紫外线极为敏感,不耐高温。其对霉菌、酵母抑制效果极好,但是对细菌、病毒抑制效果差。在 pH 值 5～7 时,其抑菌效果好。其产品一般与乳糖混合。

(2)乳酸链球菌素

乳酸链球菌素来源于乳酸链球菌发酵产物。是一种多肽,溶解于水。酸性下稳定,中性条件下加热会损失活性。其抑制革兰氏阳性菌效果很好,但是不能杀灭芽孢。人体食用后其被分解为氨基酸,安全性高。

另外,多酚类、黄酮类、壳聚糖、芳香油等物质具有较好的抑菌作用。

二、食品抗氧化剂

食品抗氧化剂是为了阻止或延迟食品氧化,延长贮存期的一类食品添加剂。其主要为了防止油脂及含脂食品的氧化酸败,防止肉类食品的变色,蔬菜、水果的褐变等。食用含有多量过氧化物的食品,有害人体健康。

(一)抗氧化剂的作用原理

油脂的氧化酸败是一个复杂的化学变化过程。含有不饱和脂肪酸的油脂,由于其结构上存在不饱和键,很容易和空气中的氧发生自动氧化反应,生成过氧化物,进而又不断裂解,产生具有臭味的醛或碳链较短的羧酸。

1. 清除自由基

脂类的氧化反应是自由基的连锁反应,如果能消除自由基,就可以阻断氧化反应。目前常用的防止食品酸败的抗氧化剂多为酚类化合物。

2. 螯合金属离子

某些金属如铜、铁等能催化脂类氧化。柠檬酸、EDTA、磷酸衍生物和植酸等,本身没有抗氧化作用,但都可以与金属离子形成稳定的螯合物,防止金属离子的催化作用。这些物质称为抗氧化剂的增效剂。

3. 清除氧

氧清除剂是通过除去食品中的氧来延缓氧化反应的发生,主要包括抗坏血酸、抗坏血酸棕榈酸酯、异抗坏血酸及其钠盐等。当抗坏血酸清除氧后,其本身就被氧化成脱氢抗坏血酸。

柠檬酸及其酯类常与合成的抗氧化剂合用,而抗坏血酸及其酯类则与生育酚合用。不同的抗氧化剂在不同油脂氧化阶段可以分别中止某个油脂氧化的连锁反应。抗氧化剂的溶解性、添加时间及隔氧包装与产品的抗氧化效果密切相关。

(二)常见的抗氧化剂

GB2760 中的抗氧化剂主要有:茶多酚(又名维多酚)、丁基羟基茴香醚(BHA)、二丁基羟基甲苯(BHT)、亚硫酸盐类、甘草抗氧物、4-己基间苯二酚、抗坏血酸类(抗坏血酸、抗坏血酸钠、抗坏血酸钙、抗坏血酸棕榈酸酯、D-异抗坏血酸及其钠盐)、磷脂、硫代二丙酸二月桂酯(DLTP)、没食子酸丙酯(PG)、迷迭香提取物、羟基硬脂精

(氧化硬脂精)、乳酸钙、乳酸钠、山梨酸及其钾盐、特丁基对苯二酚(TBHQ)、维生素E、乙二胺四乙酸二钠、乙二胺四乙酸二钠钙、植酸(又名肌醇六磷酸)、植酸钠、竹叶抗氧化物。按溶解性不同,抗氧化剂分为脂溶性、水溶性抗氧化剂。

1.脂溶性的抗氧化剂

(1)丁基羟基茴香醚(BHA)

BHA不溶于水,易溶于乙醇、油脂,用量超过0.02%时效果反而下降,不会与金属离子作用而着色。BHA除抗氧化作用外,还有相当强的抗菌力。BHA对动物性脂肪的抗氧化作用较之对不饱和植物油更有效。它对热的反应较稳定,可用于动物脂的焙烤制品的抗氧化,但具一定的挥发性,在煮炸制品中易损失。其也可用于食品包装材料中,是常用的抗氧化剂。

(2)二丁基羟基甲苯(BHT)

BHT不溶于水,易溶于乙醇、油脂,对热的反应相当稳定,抗氧化能力强,与金属离子反应不着色。对于不易直接拌和的食品,可将其溶于乙醇后作喷雾使用。BHT价格低廉,为BHA的1/8~1/5,是用量最大的抗氧化剂。

(3)没食子酸丙酯(PG)

PG难溶于水,微溶于植物油,在猪脂中溶解较多。PG会与铜、铁等金属离子发生呈色反应,使溶液变为紫色或暗绿色,对光的反应不稳定,会发生分解,耐高温性差。0.01%PG即能自动氧化着色,一般与BHA复配使用,或与柠檬酸、异抗坏血酸等增效剂复配,用量为0.005%。

(4)特丁基对苯二酚(TBHQ)

TBHQ微溶于水,能溶于乙醇、油脂,不与铁或铜反应发生颜色和风味变化,存在碱时转变为粉红色。TBHQ对其他抗氧化剂和螯合剂有增效作用。TBHQ优点是在其他酚类抗氧化剂都不起作用的油脂中有效,柠檬酸的加入可增强其活性。对蒸煮和油炸食品效果好,适用于土豆的抗氧化,但它在焙烤制品中的抗氧化持久力不强,除非与BHA合用。在油脂中,TBHQ一般与柠檬酸结合使用。

(5)生育酚混合物

生育酚混合物不溶于水,溶于乙醇、植物油,无异味、对热的反应稳定,在空气及光照下,会缓慢变黑。其耐紫外线较BHA和BHT强,对其他抗氧化剂有增效作用,可防止维生素A、β-胡萝卜素被紫外线分解,能阻止咸肉产生亚硝胺。生育酚混合浓缩物是目前国际上唯一大量生产的天然抗氧化剂,主要用于保健食品、婴儿食品和其他高价值的食品的抗氧化。

2.水溶性的抗氧化剂

(1)L-抗坏血酸(维生素C)

维生素C受光照逐渐变褐,干燥状态于相当稳定,在溶液中迅速变质,在pH值为3.4~4.5时稳定。其易溶于水、乙醇,呈强还原性,在碱性介质中或存在微量金属离子时,分解很快。维生素C作为抗氧化剂,可用于浓缩果蔬汁(浆)、小麦粉等的抗氧化。异抗坏血酸系抗坏血酸的异构体,抗氧化性较抗坏血酸强,价格较低廉,用于葡萄酒等的抗氧化。

(2)植酸

植酸的螯合能力比较强,在 pH 值为 6～7 时,它几乎可与所有的多价阳离子形成稳定的螯合物。阳离子螯合强弱依次为 Zn、Cu、Fe、Mg、Ca 等。植酸的螯合能力与 EDTA 相似,但比 EDTA 有更宽的 pH 值范围,在中性和高 pH 值下,也能形成络合物。植酸用于罐头特别是水产罐头的抗氧化,有抑制结晶与变黑等作用。

三、食品保鲜剂

食品保鲜剂并非严格的学术概念,而是商业上的俗称。能够防止新鲜食品脱水、氧化、变色、腐败的物质统称保鲜剂。它可通过喷、淋、浸、涂于食品的表面,或利用其吸附食品保藏环境中的有害物质,而对食品保鲜。食品保鲜剂分为食品直接接触类和非接触类。食品直接接触类的食品保鲜剂所使用成分需要符合食品添加剂 GB2760 国家标准规定。使用方式上有液体和气体两种。

(一)液体保鲜剂

1. 根据保鲜剂特性分类

根据保鲜剂特性可分为防腐剂、被膜剂、抗氧化剂、乳化剂、酸度调节剂、水分保持剂、护色剂。

(1)被膜剂

被膜剂是涂抹于食品外表,起保质、保鲜、上光、防止水分蒸发等作用的物质。GB2760 中被膜剂主要有:吗啉脂肪酸盐果蜡、普鲁兰多糖、松香季戊四醇酯、脱乙酰甲壳素(又名壳聚糖)、辛基苯氧聚乙烯氧基、硬脂酸(又名十八烷酸)、紫胶(又名虫胶)。其他还有可食用的蛋白质、食用油、可食用植物多糖类等。

(2)乳化剂

乳化剂是能使食品中互不相溶的油脂和水形成稳定的乳浊液或者乳化体系的物质,主要是甘油酯和脂肪酸酯类物质。

(3)酸度调节剂

酸度调节剂是维持或改变食品酸碱度的物质,主要是可食用的有机酸类。

(4)水分保持剂

水分保持剂是加入后保持食品内部持水性,改善食品的形态、风味、色泽等的一类物质。主要是磷酸盐和聚磷酸盐类物质。

(5)护色剂

护色剂是为了防止果汁等褪色,添加的一些金属螯合剂。

2. 根据食品保护功能分类

根据食品保护功能分类可分为防腐剂、涂被保鲜剂、延缓衰老剂、保脆剂等。

(1)涂被保鲜剂

涂被保鲜剂能阻隔微生物侵染，减少食品失水，抑制果蔬类食品呼吸代谢，包括蜡膜涂被剂、虫胶涂被剂、油质膜涂被剂及其他涂被剂。

(2)延缓衰老剂

延缓衰老剂能调节果蔬的生理活性，包括 2,4-二氯苯氧乙酸。

(3)保脆剂

硫酸铝钾、硫酸铝铵等能对腌菜等保脆。

3. 气体保鲜剂

气体保鲜剂主要有气体发生剂和气体吸收剂。

(1)气体发生剂

①乙烯发生剂：催熟水果，促进着色、脱涩。

②二氧化硫发生剂：熏蒸防腐。

③乙醇蒸气发生剂：气调辅助防腐。

④二氧化碳发生剂：在无生命食品气调中具有抑菌作用。

⑤香精油熏蒸剂：作为防腐保鲜剂。

(2)气体吸收剂

①CO_2 脱除剂：用于果蔬气调保鲜，防止 CO_2 过量导致的危害。

②脱氧剂：用于焙烤食品包装贮藏时去除 O_2，防止霉菌生长和减少氧化。

③脱水剂：用于饼干、薯片、茶叶、干制品等的贮藏，利用氯化钙脱去水分，保脆，防止吸水导致褐变、发霉等劣变。

④乙烯脱除剂：乙烯会诱发果蔬的成熟，采后施用乙烯脱除剂可抑制果蔬的呼吸作用，防止其后熟老化。物理吸附型乙烯脱除剂，成分为干燥的活性炭，用量为果蔬质量的 0.3%～3%。氧化吸附型乙烯脱除剂，成分为氧化剂，被覆于表面积大的多孔质吸附体的表面，如将高锰酸钾 5g，磷酸 5g，磷酸二氢钠 5g，活性氧化铝颗粒(三氧化二铝)80g，制成粒径 2～3mm 的小颗粒，用量按果蔬质量比为 0.6%～2%。触媒型乙烯脱除剂，以钯或银作为催化剂，用于仪器通过中心部位加温，出口降温，以气体循环方式脱除乙烯。

第三节　生物技术贮藏保鲜

利用生物方法保鲜和防腐，可以减少化学试剂使用，从而减少污染，降低危险。目前很多化学杀菌剂被禁止在食品上使用。生物保鲜方法在生鲜食品的保鲜贮藏上有一定意义。

一、利用天然生物物质

(一)利用外源天然抗菌物质

一些植物提取物对病菌有明显的抑制作用。例如，未成熟的油梨有一种双烯萜类物质，芒果有间苯二酚类物质，都能抑制炭疽病。日本柏树中的日柏醇能抑制灰霉病。Wilson 等人发现有 43 个科的植物对灰葡萄孢菌有拮抗作用。大蒜汁和洋葱汁能抑制柑橘的青绿霉菌的生长。将丁香、桂皮、花椒等的提取液制成保鲜剂和保鲜纸等，对多种水果均具有较好的保鲜效果。红棕榈、红百里香、樟树叶和三叶草的挥发油都能明显地抑制灰葡萄孢菌和展青霉的生长。乳酸菌产生的抗菌肽(NISIN)对很多革兰氏阳性细菌具有强烈的抑制作用。

(二)诱导植物产生抗病性

病菌侵染植物，植物会启动防御反应：

1. 合成木质素和羟脯氨酸糖以加厚细胞壁等。

2. 合成植物抗生素。

3. 合成蛋白质酶抑制剂和溶菌酶(几丁质酶和脱乙酰几丁质菌等)等抑制和分解病菌。

这些可以通过物理和化学处理来预先诱导。例如低剂量的紫外线 UV－C 照射葡萄后有助于抑制灰霉病。王向阳等人用苹果汁液，涂抹另一个苹果，可以抑制苹果腐烂。蒋跃明等人对枯草杆菌培养液的上清液进行高温灭菌，然后较好抑制了荔枝的霜疫霉病。

(三)天然涂膜物质

1. 微生物多糖

微生物在生长过程中产生并分泌到胞外的多糖类物质。目前短梗霉多糖、普鲁兰多糖、黄原胶、结冷胶有良好的保鲜效果。蜈蚣藻多糖与卡拉胶复配在保鲜杨梅上能取得较好效果。用寡糖素处理枣子，低温贮藏 40 天，好果率达 80.6%。

2. 动植物高分子物质

壳聚糖、鱼精蛋白等物质本身有很强的抑菌作用，同时能够成膜，减少水分损失，已经在食品保鲜上使用。

二、利用拮抗菌控制病害

(一)利用本身存在的拮抗菌

将浓的柑橘洗果液接种培养基，仅出现酵母菌和细菌，将洗果液稀释后培养，则出现了病原性霉菌。这说明柑橘果实表面的拮抗菌自发地抑制了病原菌的生长，因此，柑橘在清洗后贮藏腐烂会更快，因为洗果去除了附生的拮抗菌。苹果的果实及叶上分离的枝顶孢菌，也能完全抑制灰葡萄孢菌生长。进一步提高果蔬表面已存在的拮抗菌的拮抗能力，使果蔬表面环境有利于拮抗菌而不利于病原菌生长，增强其对病原菌的竞争抑制作用，从而控制果蔬采后发生病害。这将是一个有希望的保鲜方法。例如，在苹果表面喷洒 L-天冬酰胺，让其促进有益菌的生长。另外，喷洒 2-脱氧葡萄糖可抑制病原菌的葡萄糖代谢，从而控制苹果的青霉病。

1. 添加制备的拮抗菌

目前较成熟的拮抗菌是酵母菌，另外还有细菌中的少数芽孢杆菌属和假单胞杆菌属。培养后人工添加于采后果蔬用于病害防治，取得了一定效果。采后利用红酵母抑制草莓灰霉病，抑制率可以达到 75%～85%。也有一些用于采前，例如采前在草莓的花或幼果表面喷施拮抗类酵母(*Aureobasidium pullulans*)悬浮液，能显著降低草莓果实采后灰霉病的发生率；将拮抗菌枯草杆菌(*Bacillus subtilis*)混入果蔬涂膜材料中，能抑制桃的褐腐病。

从柠檬表面分离得到的德巴利汉逊酵母(*Debaryomyces hansenii*)对柑橘青霉病、绿霉病和酸腐病有明显的防治效果。嗜油假丝酵母(*Candida oleophila*)对草莓和苹果灰霉病、番木瓜炭疽病、柚子绿霉病有良好的防治效果，钙离子可促进这种效果。隐球酵母属(*Cryptococcus*)和红酵母属(*Rhodotorula*)、丝孢酵母(*Trichosporon*)对灰葡萄孢霉、黑曲霉、青霉菌都有很好的抑制作用。柑橘表面接种季也蒙毕赤酵母(占领空间争夺养分，还诱导伤口组织合成植保素二甲氧基香豆素和东莨菪苷原)从而抑制青霉病。果蔬体内存在大量具有抗菌活性的组分，其或可以被诱导出来。

2. 拮抗菌保鲜的机理

(1)竞争作用

拮抗菌与病原菌都依靠果蔬中的营养和空间生存，两者存在竞争关系。例如季也蒙毕赤氏酵母和灰霉病菌。

(2)寄生作用

一些拮抗菌可以寄生在病原菌中，依靠病原菌提供的营养生存。其主要是合成几丁质酶和β-1,3-葡聚糖酶，这是一些菌后期反应，但不是拮抗菌发挥保鲜作用的主要作用机制。

(3)诱导作用

在一些拮抗菌的诱导下，果蔬的抗病能力会得到一定的提高。柠檬形克勒克酵母(*Kloeckera apiculata*)能诱导柑橘果实对意大利青霉产生抗性。

(4)杀菌作用

一些拮抗菌可以产生杀菌物质杀死病原菌。枯草芽孢杆菌代谢产物能抑制指状青霉，并且促进植物产生 PPO 酶、POD 酶。

三、改造基因获得耐贮藏品种

利用遗传转化的方法将抗病基因引入果蔬是培育抗病新品种一劳永逸的方法。目前已有多种抗病基因被分离与克隆，其中几丁质酶基因在植物抗病基因工程中应用最为广泛。几丁质酶不仅能催化几丁质(真菌细胞壁的主要成分)水解，还能分解肽聚糖(细菌细胞壁的主要成分)。转几丁质酶基因的植物抗病性明显提高。另外还有转入细胞分裂素合成基因，阻止蔬菜采后失绿；利用基因敲除技术，敲除分解细胞壁的果胶酶基因、衰老激素乙烯合成基因，从而延迟果蔬衰老。但是这些技术因为人们抵触转基因而受到很大限制，目前有很多研究，但是难以应用。目前人们还在利用传统的杂交等育种技术改造基因，获得耐贮藏品种。

四、酶保鲜

酶保鲜指直接添加酶。溶菌酶可以分解很多细菌，而葡萄糖氧化酶可以分解葡萄糖，降低 O_2 含量，两者都已经在食品保鲜上实际使用。

第四节　食品品质检测和保鲜方法安全性

一、食品品质指标和评价

食品品质有感观品质、风味成分、营养素等指标，食品安全有农药残毒、重金属含量、微生物污染等指标。品质指标是一种俗称，指与产品质量有关的主要指标，包含了感官、部分营养、部分理化等指标。

(一)感观品质和风味成分指标

感官质量是指运用人体的感觉器官，对食品进行质量优劣的评价，包括外观质量评价和内在质量的品尝鉴定两方面的内容，综合了视觉、嗅觉、味觉、触觉和听觉感知的信号。食品的感官指标，例如外形、色泽、滋味、气味、均匀性等往往是描述和判断产品质量最直观的指标。

感官指标不仅体现对食品享受性和可食用性的要求，而且还综合反映对食品安全性的要求。一般食品的感官特性被分为5类。

1.外观(视觉)

仅仅以视觉观察色泽、光滑度、透明度、缺陷、腐烂程度、大小和形状等指标，属于外观品质，例如对新鲜果蔬观察打分。涉及多个感知信号的多项或综合评价才是感官品质。

外观检测主要有评估打分和仪器检测两类。不同食品所使用的仪器检测指标差异很大。例如大米的外观品质指标主要有：粒形、碎米率、整精米率、透明度、碾精度、垩白粒率、垩白度、黄米病斑率、裂纹率、大米留胚率、糯米的阴米率、异品种和杂质等。而果蔬的外观品质指标主要有：大小、形态、色泽、光泽度、转色百分率、褐变面积、斑点面积等。各类食品都有自己的特定指标。常见的检测方式有用分级流水线或分级卡分选果蔬大小，或用尺子测量大小，用色差仪测定色泽等。

食品最重要的感官品质是色香味。外观中色泽非常重要。食品的色泽主要有叶绿素、类胡萝卜素、血红素、花青素、红曲色素等。有机物质能吸收光线是因为含有π键,其激发电子所需的能量比较低。含有此π键的物质在紫外光区和可见光区内(200～700 nm)具有吸收峰,这种含有π键的基团叫发色团。属于这种基团的有碳和碳、碳和氧、碳和硫、氮和氮、氮和氧之间的双键。

如果物质只含有一个这样的基团,那么其吸收的波段在200～400 nm,还是无色。如果分子有两个或两个以上发色团,形成共轭体系,那么可以使其吸收峰向长波方向移动,从而显示出颜色。有些基团本身吸收波段在紫外区,但与发色基团连接时,会使整个分子对光波的吸收向长波方向移动,从而使这些物体显色。这些基团被称为助色团。食品贮藏中色泽的主要变化,是结合离子的变化,例如叶绿素的镁离子被替代,血红素的铁离子变价。而花色苷的褪色是由于π键的变化。

2. 气味(嗅觉)

食品挥发性物质被嗅觉感受到,产生气味。令人愉悦的气味是香气,厌恶的气味是臭气。香气一般指鼻子感受外界气体,食品进入口腔咀嚼过程会产生挥发性物质,并与滋味结合。广义的风味包含嗅觉的香味和味觉的滋味,狭义的风味仅包含香气、留香、浓郁。

人对气味的受体在五官中是最多的。香味对于食品的品质非常重要。其评价也分两种,一是嗅觉评价,二是仪器测定。目前已经开发电子鼻检测气体,这仪器采用10根左右的不同气敏电极分析气味成分,用化学计量法综合分析信息后,再输出评价结果,适用于与参比食品的比较。另外就是用气相色谱(GC)、气质色谱(GC-MS),气质离子漂移色谱(GC-IMS)等检测。GC需要标准品,用于定量;GC-MS根据数据库,可以分析各种气味成分;GC-IMS类似GC-MS,可惜缺少庞大的数据库。GC-IMS和电子鼻属于快速检测仪器。

官能团和气味有关,含有醇羟基(—OH)、醚基(—O—)、巯基(—SH)、硫醚基(—S—)、氨基($—NH_2$)、羰基(>C=O)、羧基(—COOH)、酯基(—COOR)等官能团的化合物,都有各自类似的气味。在同系物中,通常都是低碳原子数成员的气味强烈,高碳原子数成员气味则逐渐减弱。例如低级酯类,通常都具有水果香气味,高级酯类则无气味。气味与分子结构和同分异构体也有关系。活体食品贮藏中气味变化主要与生理代谢有关,非生命食品存在化学变化,香气基团都是走向更加稳定的基团。

3. 滋味(味觉)

滋味也叫口味。按中国传统说法,味有酸、甘、苦、辛、咸五种基本味(原味),而在西方则有酸、甜、苦、咸四种原味。在食品科学界,一般把后者作为基本味。按照习惯,把单纯性的味觉分为酸、甜、苦、辣、咸、涩等类型。美国化学家(沙伦贝格,Shallenberger)对食品的酸味、甜味、咸味、苦味形成机理进行了解释。

在食品贮藏保鲜过程中,这些物质的滋味可以通过口腔品尝打分,也可以使用仪器检测。滴定有机酸代表酸味,或用pH仪测定pH值了解酸度。用折光仪测定可溶性固形物,代表糖度;也已经开发了近红外建模无损检测果蔬的糖度。用比重计测定盐的浓度。苦味、辣味、鲜味、涩味需要用高效液相色谱仪（HPLC）等仪器检测对应成分含量。另外水分虽然没有味道，但是对品质影响极大，用烘干法或者用仪器测定水分活度。

味形成机理

4. 流变（触觉）

流变指在外力作用下物体的变形和流动。食品流变指食品在应力（损伤）、温度（热处理）、湿度（吸水、失水）、衰老（细胞壁降解）等作用下产生的与时间有关的变形和流动，主要有黏度、稠度、质地等概念。

（1）黏度和稠度

黏度是阻碍流体流动的性质，是体现物质内摩擦力的总和，是流动阻力的一种量度，也被称为剪切黏度或者剪切依赖性黏度。稠度是对物质本身所处状态的描述，两者并不一样，比如有的东西很稠但是不黏，但针对流动讲，绝大多数情况下，两者要表达的意思基本是一致的。大部分液体食品是非牛顿流体，流体在获得能量克服一个屈服应力值以后，流动才能发生。黏度是流体食品的质量指标。常见的指标是剪切黏度，特殊情况下测定延伸黏度、体积黏度。食品稠度的测定一般用黏度计代替。

（2）质地

质地指食品的结构性质，与人的触觉有关。当我们对食品用手握、压、挤，用嘴咬、嚼时，会获得一定的感受，这种感受与视觉、味觉、嗅觉和听觉相结合，使我们对食品及其质地有了更深一层理解。例如对于饼干、梨，食用时要求脆，不可以发绵。脆度是关键指标。对于固体食品质地的指标有硬度、脆度、剪切力、弹力等，这些都可以使用质构仪检测。

5. 声音（听觉）

咀嚼食品时，一些固体食品会产生声音。作为品质指标，声音目前缺少检测。不过一些果蔬成熟度可以通过声音判断出来。例如用手敲击西瓜，根据声音可以知道西瓜是否成熟，因此人们开发出超声波仪器检测西瓜成熟度。

（二）营养指标

蛋白质、脂肪酸、淀粉、必需氨基酸、不饱和脂肪酸、功能因子、维生素 C 含量等都是营养指标。不同食品差别很大，例如绿叶蔬菜，我们关注的营养指标是维生素 C，所以其一般是必须检测的指标，而对叶菜的脂肪含量，一般都不检测，因为其含量很少，并非是摄入脂肪的主要食物来源。对于保健食品，需要关心的是功能因子的含量变化。因此，在食品贮藏过程中需要检测的营养指标主要根据有关标准及行业对该类食品检测的惯例确定。

(三)理化指标

食品品质和营养指标只是揭示食品的状态,尚不足以揭示食品发生变化内在的原因。所以,在食品保鲜上还会检测一些代谢指标、化学变化指标。例如检测果蔬呼吸强度、可溶性蛋白含量、细胞膜电渗漏性(相对电导率)、自由基含量、抗氧化酶活力等。

还有一些食品理化指标,例如挥发性盐基氮含量是动物性食品腐败变质的指示性指标,其氮含量越高,表明氨基酸被破坏得越多,营养价值等越差,国标中已经将其作为鱼类和肉类贮藏期限的限制因子。此时,实际上有机胺类含量很高,这些成分对人体有一定毒性,但是又不如那些危害性很大的毒物。在这类食品的贮藏保鲜中,对这些指标都是检测的。

二、食品安全指标

危害食品安全的主要原因:一是种养殖业使用农药、兽药等带来的残毒;二是土壤、大气环境和水体被污染等导致产出食物含有大量重金属和其他有害物质;三是致病微生物污染,菌体或菌产生的毒素对人体带来危害;四是食品加工或贮藏过程中产生的有害物质;五是包装有害物质对食品的迁移。目前普遍检测的是是否产毒和污染。

(一)农药、兽药等残留检测

主要采用 GC、HPLC 等测定农药、兽药的残留。也有一些快速检测试剂盒,采用胶体金免疫检测等。但是很多农药、兽药存在检测难度大、成本高、反馈不及时的问题。因此加强国家标准建设,进一步规范对农药、兽药、食品添加剂、塑料添加剂等的使用。使用 HACCP 体系,采用登记化学品使用记录,以及建设有机食品、绿色食品等方式。目前也在开发研究一些新的快速检测技术。但是除了食品添加剂外,农药、兽药一般是产前使用,在食品贮藏保鲜过程一般不会增加,因此贮藏过程中较少进行检测。

(二)重金属、有害有机物等污染检测

GB2762《食品中污染物限量》对食品中的一些重金属、有害无机物或有机物进行定量。重金属等在食品贮藏保鲜过程中不会增加,因此保鲜时一般也不进行过程检测。只有叶菜在施氮肥后,亚硝酸盐有可能超标,对部分腌菜或部分叶菜食品有进行检测。

(三)致病菌污染检测

根据 GB29921《食品中致病菌限量》的要求和 GB2761《食品中真菌毒素限量》的要求,按照国标有关标准的方法对这些菌和毒素进行检测。其他有一些条件致病

菌，例如蜡样芽孢、枯草芽孢之类的细菌，或指示菌大肠杆菌等，是否检测根据具体食品的标准或者根据科学研究、生产监控等需要来确定。食品贮藏时，根据危害可能性，果蔬类较少测定，水产类较多检测。

其他有害生物检测。有些水产寄生虫，例如异尖线虫感染率较高，三文鱼等水产生食风险较大与其有关，验收时可能检测，但贮藏保鲜过程中一般不检测。水产品中还容易爆发诺如病毒、甲肝病毒等引起食源性安全问题。但是这些病毒对实验室要求高、病毒检测难度大，故贮藏保鲜过程中一般没有检测其变化。

三、贮藏保鲜环境因子的仪器检测

贮藏保鲜环境因子主要有温度、湿度、气体成分、生物因子。

1. 温度

食品保鲜温度的检测是最普遍的，目前已经有各种各样的检测仪器，如红外测温仪、温度自动记录仪等。很多库房贮藏食品，都是温度设置后自动运行的。

2. 湿度

绝对湿度是指每单位容积的气体所含水分的重量，一般用 mg/L 作指标。相对湿度是指绝对湿度与该温度饱和状态水蒸气含量之比，用百分数表达。目前食品贮藏保鲜上测定的大多是相对湿度。有很多检测相对湿度的仪器，一些先进库房也有湿度检测加湿自动控制系统。

3. 气体成分

(1) CO_2 浓度检测

CO_2 浓度检测设备有手持检测仪，原理是惠斯通电桥，精确度达千分之几或PPM 级别(百万分比浓度)的，缺点是基线零点可能会变，每年应该用标准气体校正。气相色谱的热导检测器也可以检测 CO_2 浓度，其较准确。还有使用氯化钡的 CO_2 浓度滴定法。

(2) O_2 浓度检测

O_2 浓度检测设备有手持检测仪，原理是氧电极，缺点与二氧化碳手持检测仪类似。气相色谱的热导检测器也可以检测 O_2 浓度，其较准确。还有国标方法——奥氏气体仪检测法，原理是焦性没食子酸与气体中的氧气发生化学反应生成氧化物，通过气体中氧含量的减少计算气体氧的含量。

4. 生物因子

加工食品通过包装隔离了外界生物因子，但是生物因子对一些新鲜食品贮藏保鲜有很大的影响。一些食品败坏菌虽然不产毒，但是导致食品败坏发生的可能性很大。这些菌反而是贮藏保鲜检测的重点。例如在果蔬保鲜中测定灰霉病、青霉病等。一般都是应用一些常规的微生物检测方法，科学人员也研究了电子鼻检测、GC-IMS 等快速检测的方法。

四、食品贮藏保鲜方法的安全性

（一）化学保鲜食品安全性

食品化学保藏主要包括加入人工合成或天然的食品添加剂。人们喜欢天然防腐剂而不喜欢人工合成防腐剂，化学保鲜食品的安全问题来自以下5方面。

1. 少数不法商贩添加国标外的化学品

这需要严格监管和通过食品法科普。苏丹红事件，晒制鱼干喷敌敌畏、新鲜水产品加甲醛，甚至杨梅喷甲醛事件都有出现。

2. 超范围或超剂量添加国标内的合成或天然添加剂

加入添加剂的问题是超出使用范围和使用剂量。腌菜中防腐剂超标很普遍，特别是苯甲酸和山梨酸因为类似的防腐原理，两者所加的量是累计的，很多食品检测出来只是单一不超标。

3. 食品添加剂所含微量的杂质影响安全性

生育酚类抗氧化剂安全性很高，但在化学合成维生素E的过程中也可能有带入少量影响其安全性的不明物质。山梨酸盐作为食品添加剂是很安全的，但也发现山梨酸盐中有杂质对人有少量危害。

4. 有的添加剂对特定的人有副作用

苯甲酸和苯甲酸盐在体内无积累，但对于肝功能衰弱者不适宜。添加亚硫酸盐对于有哮喘的人有一定风险。

5. 天然成分中的单一物质添加于食品

国标规定可以使用大豆卵磷脂，有黑豆花色苷。而人们可能在食品中添加了鸭蛋的卵磷脂、黑米花色苷色素，这是违反国标的，也可能带来安全隐患。因为你提取方法可能不符合要求，例如黑米提取时一般添加盐酸作为加工助剂，盐酸在产品中是否完全去除并不清楚。还有鸭蛋中的卵磷脂和甾醇成分是平衡的，经常食用单一成分会带来身体的负担。

化学保藏剂的添加剂量由我国食品添加剂使用卫生标准所规定，在安全的使用范围内，化学保藏剂并不会对人们产生威胁。

（二）辐照保鲜食品安全性

食品辐照是指利用射线照射食品（包括原材料），延迟新鲜食物某些生理过程（发芽和成熟）的发展，或对食品进行杀虫、消毒、杀菌、防霉等处理，达到延长保藏时间，稳定、提高食品质量目的的操作过程。

1. 辐射源和防护

辐射源有放射性同位素钴-60（^{60}Co），铯-137（^{137}Cs）。我们常把高能电子枪也归纳在辐照源里。辐照方法的实现需要较大投资及专门设备来产生辐射线（辐射源）

并提供安全防护措施，保证辐射线不泄露。

2. 辐照食品的安全性

任何食品当其总体平均吸收剂量不超过 10kGy 时，没有毒理学危险，不需要做毒理学试验，同时在营养学和微生物学上也是安全的。这个结论已经为世界食品法规委员会认可，因而 10kGy 剂量被称为国际安全线。

(1)放射性的安全

辐射能杀死快速增长的虫害、腐败菌和病源菌，而对食品本身影响较小，因为它们的细胞不倍增。因此抑菌强，对食品影响小。

(2)毒性的安全

食品经辐照会产生特定的辐射分解产物，但是吸收剂量少时，美国农业部的结论是：没有理由要考虑辐照中产生的特定辐射分解产物。

(3)微生物的安全

多次的辐照可能会引起微生物变种，从而使其产生抗辐射性。理论上说可能有这方面的风险，但是实际上食品辐照不会产生新的病原体。

(4)使用对象的安全

根据 GB18524《食品安全国家标准　食品辐照加工卫生规范》要求，辐照食品种类应在 GB14891 国家标准规定的范围内，不允许对其他食品进行辐照处理。这样避免了某些未知问题。

3. 其他安全问题

鱼类等水产品对某些放射性核素有很强的富集作用，以致超过安全限量造成对人体健康的危害。

环境中放射性核素通过牧草、饲料、饮水等途径进入禽畜体内，储留于组织器官中，半衰期长的锶-90、铯-137 及半衰期短的锶-89、钡-140 等对动物会造成污染，是食物链中重要的核素。这些核素还可进入奶及蛋中，这两种都是婴幼儿及病人的重要食物，环境中放射性核素通过各环节的转移最终均会到达人体，在人体内储留造成潜在的危害。

放射性核素可引起动物多种基因突变及染色体畸变，即使小剂量也对遗传过程发生影响。人体通过食物摄入放射性核素一般剂量较低，主要考虑慢性及远期效应。

4. 食品辐照标识(food irradiation)

根据 GB18524《食品安全国家标准　食品辐照加工卫生规范》标识规定，辐照食品的标识应符合 GB7718《食品安全国家标准　预包装食品标签通则》和 GB14891 国家标准的规定，经电离辐射线或电离能量处理过的食品，应在食品名称附近标示“辐照食品”；经电离辐射线或电离能量处理过的任何配料，应在配料表中标明辐照信息。

5. 辐照食品监管

卫生部负责组织辐照食品安全性评估，组织制定辐照食品有关标准、目录和检验方法。环境保护部负责辐照装置单位辐射安全许可和监督管理，辐照人员资格审定和培训管理。质检总局负责规范辐照食品标签管理，按照有关标准、目录和检验方法对经辐照装置单位加工处理的食品、食品生产单位使用的辐照食品原料进行监督管理。

重视发挥有关行业协会的积极作用，共同做好辐照食品的监管工作。除了进出口检验检疫部门之外，国内监管部门现在没有对市场辐照食品使用剂量开展检查。辐照产品很普遍，只是因为消费者的接受原因，很多厂家并未在辐照食品包装上明确标注“辐照食品”字样，大多数标注了“辐照食品”的产品，字体一般都较小，有的品牌则在外包装上用小字标明“本产品脱水菜、香辛料采用国际惯用辐照杀菌技术处理”，如果不仔细观察，很难发现。大多企业自己没有辐照食品检测仪，根本没办法知道哪些食品经过辐照，很多方便面企业都是从外面买回脱水蔬菜、胡椒粉、辣椒粉、姜粉等调味料单品再回厂里混合加工成调料包，然而这些调味料往往在进厂前都已经过辐照。辐照还可能被不法分子用于处理腐败变质或不符合质量安全标准的食品，国家严禁用辐照加工手段处理劣质不合格的食品。一般情况下食品不得进行重复照射。

辐照食品标志

辐照食品检测仪

(三)气调保鲜食品安全性

气调包装贮藏通过调节包装内气体成分，减少 O_2，增加 CO_2 或 N_2 来抑制食品中的霉菌、酵母和好氧细菌，阻止脂肪氧化，推迟果蔬成熟，降低代谢速度，延缓果蔬衰老，其保鲜效果是公认的，也已经广泛使用于商业。气调贮藏被认为是最安全的保鲜方法，甚至可以用于有机食品。从使用的气体成分来看，确实很安全。然而，使用不同于大气的成分，也会导致生成不同的微生物。特别是气调并不能完全抑制微生物的生长繁殖，也不能抑制活体食品的代谢。因此，会存在两方面的安全问题。

1. 促进厌氧菌繁殖

蔬菜色拉经气调包装贮藏后，李斯特菌增加，这是一种致病性细菌。其原因是气调包装的内部高湿度和适当的厌氧环境，促进了李斯特菌生长。如果是肉制品，气调也需要注意肉毒杆菌繁殖等的风险。因此，气调应该结合低温贮藏，利用低温抑制致病菌和腐败菌，或者结合其他抑菌方法。目前有结合辐射、热处理、高压电磁场等的综合抑菌方法。

2. 改变代谢产生未知物质

厌氧环境导致果蔬等活体食品的无氧呼吸加强，逆境也使果蔬启动抗逆生理代谢，莽草酸生成途径增加，会改变食品的正常成分。气调如果适当抑制果蔬代谢，那么只是推迟成分变化，降低代谢，延缓衰老，经过长期实践是安全的。如果气调贮藏食品出现异味，则放弃使用。对于过去没有使用气调贮藏的一些特菜或真菌蔬菜，更要注意安全。

(四)加工食品的安全性

现代加工食品相对比较安全，但是传统的腌制、发酵、干制食品在贮藏时需要注意其安全性。

1. 腌制食品安全

腌制食品主要是发霉问题。虽然腌制食品使用了高盐，但是还是不足以抑制霉菌和酵母的生长，只要有氧气，霉菌就繁殖，可能会有很多致病菌，例如曲霉属、青霉属等，这些菌可能会产毒素。因此，应采用真空包装隔绝氧气。一些产品为了抑制霉菌繁殖，有的使用加热杀菌方式，有的使用防腐剂(产品为了保脆，不适合加热杀菌的，只能用防腐剂)，这又可能带来防腐剂超标问题。还有腌制蔬菜，如果在一周左右食用，可能因为硝酸根降解出现亚硝酸盐超标问题。传统火腿、腌鱼也都存在长霉菌和腐败问题。

2. 发酵食品安全

发酵食品主要有酒类、酱油、米醋、酸奶、泡菜等。酒类(米酒)、酱油、米醋都有使用曲霉、根霉、毛霉等发酵，分解淀粉，分解蛋白质。很多曲霉都是产毒的。酸奶、泡菜利用乳酸菌发酵比较安全，但是目前一些企业生产的腌菜发酵池卫生不好，常有曲霉、青霉、野生酵母危害，有的也可能少量产毒。在这些产品的贮藏中，如果不能抑制霉菌生长，将可能导致曲霉属真菌污染和繁殖，产生真菌毒素，带来食品安全问题。

3. 干制食品安全

动物类食品干制速度慢，干制过程容易产生霉菌感染。植物类食品则很少有霉菌出现。但是干制品贮藏中，因为吸收水分，出现褐变和发霉的情况是很常见的。特别是现在的鳗鱼干、墨鱼干等为了口味更好，往往含水分更高，因此更容易发霉。因此对这些干制品常进行冷冻贮藏。

(六)包装上的食品安全性

食品贮藏保鲜会使用包装。包装成分可能会迁移到食品中。包装容器及包装材料的有害物质主要是陶瓷中的重金属、金属容器中的铅等，塑料中的稳定剂、增塑剂、单体、溶剂、催化剂等，纸张中的荧光剂。这些有害物质可能会转移到食品中。

1. 塑料安全问题

塑料安全性主要涉及部分单体、部分塑料添加剂、溶剂残留、催化剂残留的毒性，另外其热解产物也可能有毒。

(1)塑料种类

①聚氯乙烯(PVC)：主要安全性问题是未参与聚合的氯乙烯单体、塑料添加剂(特别是增塑剂)、热解产物可能会转移到食品中。氯乙烯单体是一种致癌物质。

②聚苯乙烯(PS)：主要安全问题是苯乙烯单体及甲苯、乙苯和异丙苯等溶剂可

能会转移到食品中。聚苯乙烯容器储存牛奶、肉汁、糖液及酱油等可产生异味。

③聚对苯二甲酸乙二醇酯(PET):在聚合中使用含锑、锗、钴和锰的催化剂容易残留。

聚乙烯(PE)、聚丙烯(PP)、聚碳酸酯塑料(PC)安全性较好,基本无毒。

(2)塑料添加剂

①增塑剂:为了使塑料柔软,添加量很大。邻苯二甲酸酯类是应用最广泛的一种,其毒性较低。

②热稳定剂:为了使塑料耐高温,一般添加热稳定剂。大多数为金属盐类。铅盐、钡盐和镉盐对人体危害较大,不能用于食品包装,但是农用和工业用的塑料可能有这些成分。食品包装材料常用有机锡稳定剂,其毒性较低。

③抗氧化剂:食品包装上使用的材料有 BHA、BHT 等,非食品包装材料有双酚 A 等抗氧化剂,对人有害。另外抗静电剂、润滑剂、着色剂并非添加剂安全性关注重点。关键是不能使用非食品用塑料材料。

2. 橡胶制品安全性

橡胶可分为天然橡胶和合成橡胶两大类。

(1)天然橡胶存在添加剂残留问题。

(2)合成橡胶有单体和添加剂残留问题。

橡胶制品主要有硫化促进剂、抗氧化剂和增塑剂,如二硫化氨基甲酸盐。硫化促进剂有致畸倾向。其他促进剂例如醛胺类、胍类、硫脲类、噻唑类、次磺酰胺类和秋兰姆类促进剂等大多具有毒性。防老剂中萘胺类化合物,如 8-萘胺具有明显的致癌性,能引起膀胱癌。橡胶制品可能接触酒精饮料、含油的食品或高压水蒸气而溶出有毒物质,造成食品安全问题。

3. 涂料安全性

(1)溶剂挥干成膜涂料。例如过氧乙烯漆、虫胶漆等,与食品接触常可溶出,造成食品污染。加入的增塑剂也可污染食品。严禁采用多氯联苯和磷酸三甲酚酯等有毒增塑剂。溶剂也应选用无毒者。

(2)加固化剂交联成膜树脂。成膜树脂主要为环氧树脂和聚酯树脂,常用固化剂为胺类化合物。其毒性主要来自单体环氧丙烷和未反应的固化剂,如乙二胺、二乙烯三胺等。用作罐头内壁涂料时,应控制游离酚的含量。

(3)环氧成膜树脂。其不耐浸泡,不宜盛装液态食品。接触酸性食品、金属盐类或防锈漆中的红丹(Pb_3O_4)会溶入食品。

(4)高分子乳液涂料。其以聚四氟乙烯树脂为代表,多涂于煎锅或烘干盘表面,以防止烹调食品黏附于容器上。其卫生问题主要是聚合不充分,可能会有含氟低聚物溶于油脂中。另外加热超过 280℃,会使其分解产生挥发性很强的有毒害的氟化物,造成烹饪加工中的安全性问题。

4. 陶瓷、搪瓷安全性

其安全问题主要是由釉彩而引起,釉的彩色主要由硫镉、氧化铬、硝酸锰表现。

用搪瓷食具容器装食品，特别是酸性食品，釉料中的重金属移入食品中会带来危害，常见的为铅、镉、锑。

5. 金属包装材料安全性

(1)铝制品。主要卫生问题在于回收铝的制品。杂质金属常见有锌、镉和砷。

(2)不锈钢。有铅、铬、镍、镉和砷杂质，乙酸中容易溶解出来。

6. 玻璃制品安全性

应注意原料的纯度，在4%乙酸中溶出的金属主要为铅。而高档玻璃器皿(如高脚酒杯)制作时常加入铅化合物，其质量可达玻璃重量的30%，存在较突出的卫生问题。

7. 包装纸安全性

不能用非食品用纸包装食品，包装纸主要有4个问题。

(1)存在荧光增白剂。

(2)回收制作的纸存在化学污染和微生物污染。

(3)浸非食品级蜡的包装纸中多环芳烃，例如苯并(α)芘。

(4)彩色或印刷图案中存在油墨的污染等。彩色油墨可能含有多氯联苯，容易向富含油脂的食物中移溶。

8. 复合包装材料安全性

其主要是黏合剂问题，它常含有甲苯、二异氰酸酯(TDI)。蒸煮食物时，可以使TDI移入食品，TDI水解可以产生具有致癌作用的2,4-二氨基甲苯(TDA)。

食品接触的包装需要符合GB 4806.1～11国家标准，材料分别涉及通用、搪瓷、陶瓷、玻璃、树脂、塑料、纸、金属、涂料、橡胶、奶嘴。其添加剂要符合GB9685-2016《食品安全国家标准　食品接触材料及其制品用添加剂使用标准》。

第五节　标准法规和进出口流通要求

一、国外食品标准和法规

食品贮藏与保鲜的标准和法规分两方面，一种是食品安全方面的标准(例如添加剂、农药等标准)，食品接触塑料包装材料、食品标签等标准，这些标准在欧洲也常被称为横向指令。还有一种是具体某种食品的贮藏保鲜标准，例如苹果冷藏标准、冷库操作规范等，也称纵向指令。

(一)国际食品标准与法规

国际食品标准与法规主要有国际食品法典，国际标准化组织、其他国际组织制定的法规，发达国家食品标准与法规。这些标准，有小部分会涉及食品贮藏、保鲜、运输、预处理、品质、包装、销售、安全等。

1. 国际食品法典

1962年,国际食品法典委员会(CAC)由联合国粮农组织(FAO)和世界卫生组织(WHO)联合成立。这是政府间协调食品标准的国际组织。CAC制定了一套系统的食品安全质量标准与法规,指导各国建立科学有效的食品管理体系。食品法典制定范围包括:食品农药残留、添加剂、污染物最高限量的标准,危害分析(HA)与关键控制点(CCP)标准,与健康有关的标识标准(过敏源、营养标识、日期标记、有机标识、清真标识等),商品/产品标准,产品质量标识等。中国CAC协调小组由卫生部、农业部、其他有关各部组成,对外联络点设在农业部。

2. 国际标准化组织(ISO)

这是世界上最大、最权威的标准化机构,由各国标准化团体组成,制定国际标准。我国现在以国家标准化委员会参加。ISO标准格式:规范的标准名称+编号。编号格式:ISO+标准号+[杠+分标准号]+冒号+发布年号。例如ISO9000是一族标准的统称,是由ISO/TC176指定的所有国际标准,是关于品质管理和品质保证的技术标准。

3. 其他国际组织

从事食品及相关产品标准化的国际组织还有国际乳制品联合会(IDF)、国际葡萄与葡萄酒局(IWO)、国际动物健康组织(OIE)、国际植物保护联盟(IPPC)、联合国食品添加剂专家委员会(JECFA)等。

(二)部分发达国家食品标准与法规

对我国影响较大的发达国家食品标准主要有美国、欧盟、日本的食品标准。这些都是国家标准,具有强制性。

1. 美国食品药品监督管理局(FDA)

作为主要的食品安全监管部门,FDA管理食品和药品,制定了大量食品法规。美国农业部食品安全与检查局(FSIS)主要负责畜产品的安全卫生,发布了《联邦肉类检查法》《禽肉检查法》《蛋类产品检查法》等很多法律法规。

2. 欧盟食品安全局

欧盟食品安全局2002年成立,负责制定欧盟内食品法规,同时负责输欧食品的安全。欧盟食品安全法律体系非常健全,食品安全标准也很严格。其中农药最大残留限量(MRLs)问题是目前我国食品出口遇到的主要问题之一。2002年《食品安全基本法—178/2002号法规》制定了一系列食品安全规范要求,涵盖了动物营养、标签、营养、生物技术、新型食品、化学品安全、生物安全等方面的内容。但是欧盟食品安全标准过多,产生费用过高。近来欧盟大幅简化食品安全标准,修改了官方监管、动物卫生、植物卫生和植物繁殖材料等四个方面的内容,使操作更加智能化,管理食品更加安全。例如,2019年12月14日,为确保欧盟食品和饲料法、动物健康和福利规则、植物卫生和植物保护产品规则的实施而颁布的官方控制法规(EU) 2017/625 的主要内容正式实施,该法规废止并代替了(EC) No 854/2004、(EC) No 882/2004 法规。

3. 日本食品安全

日本食品安全由食品安全委员会、厚生劳动省和农林水产省共同负责。食品安全委员会负责协调。厚生劳动省有食品安全局负责食品的加工和流通领域的食品安全,农林水产省有消费安全局负责农副产品生产的质量安全。两者共同检测食品质量和安全。日本食品安全标准,主要有投入品标准(农药、兽药、饲料添加剂,采用肯定列表管理)、生产方法标准(有机食品等的标准)、产品品质标准、质量标志标准、日本食品安全法制法规(特殊标准)。特殊标准有:转基因食品批准、允许进口和禁止进口的冷冻果蔬,新鲜未煮过的果蔬和谷类、肉和肉产品进口,强制性环境和饲料评估等。日本食品的质量标识制度很发达也很成熟,这是 JAC 制度(日本农业标准制度)的基石之一。

(三)有关保鲜标准

以辐照食品为例,有 CAC/RCP 19-1979,Rev. 2-2003《食品辐照加工推荐性国际操作规范》,CODEX STAN 106-1983,Rev. 1-2003《辐照食品通用标准》,CODEX STAN 231-2001《辐照食品检测通用方法》等。

二、我国食品标准与法规

需要遵守或影响食品保鲜的标准和技术规范有很多。一是与食品安全有关的标准,这是国家强制性的标准;二是与具体食品的贮藏保鲜有关的标准,主要是一些国家推荐标准、行业标准、地方标准、团体标准。

1. 强制性国家卫生标准

强制性标准主要涉及食品安全规范和卫生指标。

(1)广泛应用面的标准

广泛应用面的标准主要有 GB2760《食品添加剂使用标准》、GB2761《食品中真菌毒限量素》、GB2762《食品中污染物限量》、GB2763《食品中农药最大残留量限量》、GB 31650《食品中兽药最大残留限量》、GB 29921《食品中致病菌限量》。另外还有食品包装有关的标准,例如 GB 4806. 1—2016《食品接触包装材料(通用)》,GB 4806. 3～11,分别为搪瓷、陶瓷、玻璃、树脂、塑料、纸、金属、涂料、橡胶制品标准。GB9685《食品接触材料及其制品用添加剂使用标准》。

①产前标准:食品生产涉及产前种养殖业,所以也会涉及产前的部分安全卫生标准,例如 GB11607《渔业水质标准》、GB13078《饲料卫生标准》、GB15618《土壤环境质量　农用地土壤污染风险管控标准》等。

②致病菌及其毒素标准:食品贮藏保鲜后的品质必须符合食品中致病菌限量标准的要求。大部分食品有沙门氏菌、金黄葡萄球菌指标。肉制品还有单核细胞增生

李斯特氏菌指标，牛肉制品和生食果蔬制品有大肠埃希氏菌O157:H7指标。水产制品及其调味料有副溶血性弧菌指标。小麦和大豆贮藏后的黄曲霉毒素不可以超过5μg/kg，大米贮藏后不可以超过10μg/kg，玉米和花生贮藏后不可以超过20μg/kg的限量。苹果贮藏后展青霉毒素不可以超过限量。

③化学品使用标准：在采前和采后对果蔬保鲜使用农药，必须符合残留量限量要求。动物食品保鲜也需要符合食品中兽药最大残留限量要求。水果蔬菜保鲜，可以使用食品添加剂中的果蔬表面处理剂，但是必须符合使用范围和剂量要求。叶菜贮藏后的亚硝酸盐含量不可以超过限量。

④包装标准：需要符合一系列食品接触包装材料标准。

(2)特定领域强制性卫生标准

例如辐照保藏领域有一些强制性标准。例如GB18524《食品辐照加工卫生规范》，还有GB14891.1～8中经过辐照的干果果脯类、香辛料类、新鲜水果蔬菜类、熟畜禽肉类、豆类谷类及其制品、花粉、冷冻包装畜禽肉类、猪肉卫生标准。另外还有多个辐照食品不同方法鉴定的强制性标准。

2. 国家其他标准

其他标准主要有国家推荐性标准、行业标准、地方标准、团体标准。这些标准往往有很多具体操作的技术。

(1)国家推荐标准

例如GB/T8867《蒜薹简易气调冷藏技术》，GB/T29372《食用农产品保鲜贮藏管理规范》、GB/T26432《新鲜蔬菜贮藏与运输准则》、GB/T23244《水果和蔬菜气调贮藏技术规范》，另外还有黄瓜、鲜食葡萄、芦笋、杏冷藏运输技术规范等。

(2)行业标准

行业标准有农业部行业推荐标准，例如NY/T 2000《水果气调库贮藏通则》，另外还有猕猴桃、茄果类、蓝莓保鲜贮运技术规程等。商务部行业推荐标准(SB/T)，例如SB/T10447《水果和蔬菜　气调贮藏原则与技术》，SB/T11028《柑橘类果品流通规范》，SB/T11099《食用菌流通规范》，另外还有蒜薹保鲜贮藏技术规范、瓜类贮运保鲜技术规范等。供销合作行业推荐标准(GH/T)，例如GH/T1129《青椒冷链物流保鲜技术规程》，GH/T1130《油菜、蒜薹冷链物流保鲜技术规程》，GH/T1071《茶叶储存通则》等。林业行业推荐标准(LY/T)，例如LY/T1651《松口蘑采收及保鲜技术规程》，另外还有黑木耳、板栗贮藏保鲜技术规程等。

(3)地方标准

地方标准有DB32/T3347《果蔬保鲜库名称及型号编制规则》，另外还有猕猴桃鲜果、石榴、蓝莓、梨、甘薯、松茸、杏鲍菇、香菇、平菇、双孢菇、马铃薯和柑橘贮藏保鲜技术规程，白沙枇杷冷藏保鲜技术规范，牛肉胴体分级及保鲜等。

(4)团体标准

团体标准有中国商业联合会标准，例如T/CGCC26—2018《食品用酒精保鲜剂》，T/MYXGY006—2018《蒙阴蜜桃贮藏保鲜操作规程》，T/CAS293—2017《水果保鲜柜通用要求》，T/ZNAZJSXH002—2019《冷藏保鲜库管理标准》，T/JCJXLJ

02—2019《生姜采收、贮藏及保鲜技术规程》,T/NTJGXH 072—2019《双孢蘑菇纳米包装保鲜技术规程》,T/NTJGXH 074—2019《金针菇纳米包装保鲜技术规程》,T/HNLM 001.3—2019《怀宁蓝莓 第3部分:采后保鲜贮运技术规程》,T/CCAA 0021—2014《食品安全管理体系 运输和贮藏企业要求》。

3.辐照食品标准案例

(1)国家推荐标准(GB/T)

国家推荐标准有范围广泛的标准,例如γ辐照装置的辐射防护与安全规范、γ辐照装置食品加工实用剂量学导则、辐照处理等。还有针对具体食品的标准,例如香料、调味品、脱水蔬菜、枸杞干、葡萄干、熟畜禽肉类、速溶茶、桂圆干、冷却包装分割猪肉、干香菇、红枣、苹果、糟制肉食品、花粉、谷类制品、大蒜、豆类、空心莲的辐照杀虫杀菌标准。

(2)行业标准

行业标准有农业部行业推荐标准(NY/T),例如茶叶、冷冻水产品、泡椒类食品、软罐头、豆类、谷类、马铃薯、热带水果等的辐照杀菌技术规范。出入境检验检疫行业推荐标准(SN/T),例如进出口辐照包装容器及材料卫生标准、苹果蠹蛾辐照处理技术指南、进出口辐照猪肉杀囊尾蚴的最低剂量、进境水果检疫辐照处理基本技术要求等。生态环境部保护标准(HJ),例如HJ 979—2018《电子加速器辐照装置辐射安全和防护》。

(3)地方推荐标准(DB/T)

地方推荐标准包括可冲调谷类方便食品、食用菌类、干制海产品、洋葱、淀粉酶、金针菜、大蒜、笋干等辐照杀菌技术规范。

(4)团体标准

团体标准有中国核学会标准(T/CNS),例如T/CNS 9-2018《食品辐照—用电离辐射处理食品的辐照过程的开发、确认和常规控制要求》。

三、绿色食品要求和采后技术

在1992年11月,中国绿色食品发展中心成立,隶属农业部。其后,全国有29个省、市、自治区及部分地区组建了绿色食品委托管理机构,从而形成了管理组织网络。绿色食品标志是质量证明商标,注册人是中国绿色食品发展中心。该中心专门负责组织实施全国绿色食品工程。

(一)绿色食品定义

绿色食品指经中国绿色食品发展中心认定,许可使用绿色食品标志的无污染的安全、优质、营养食品。

(二)绿色食品必须具备的条件

1.产品或产品原料的产地必须符合农业部制定的绿色食品生态环境标准。

2.农作物种植、畜禽饲养、水产养殖及食品加工必须符合农业部制定的绿色食品生产操作规程。

3.产品必须符合农业部制定的绿色食品质量和卫生标准。

4.产品外包装必须符合国家食品标签通用标准,符合农业部特定的绿色食品包装、装潢和标签规定。

(三)绿色食品分A级和AA级两类

AA级绿色食品比A级绿色食品要求更高。AA级绿色食品生产条件与有机食品基本相同。A级绿色食品的生产,仍可使用高效、低毒、低残留的农药及化肥和其他化学药品。

(四)绿色食品的生产标准

绿色食品要求按照中华人民共和国农业行业标准生产。生产需要按照:NY/T 391-2013《绿色食品 产地环境质量》、NY/T 394-2013《绿色食品 肥料使用准则》、NY/T 393-2013《绿色食品 农药使用准则》等综合性标准,或具体产品标准。

(五)绿色食品的采后技术要求

绿色食品采后操作需要符合NY/T 392-2013《绿色食品 食品添加剂使用准则》、NY/T 658-2015《绿色食品 包装通用准则》、NY/T 1055-2015《绿色食品 产品检验规则》、NY/T 1056-2006《绿色食品 贮藏运输准则》。部分绿色食品需符合NY/T 1891-2010《绿色食品 海洋捕捞水产品生产管理规范》、NY/T 393-2013《绿色食品 农药使用准则》等。标准可在食品伙伴网下载。

绿色食品标志

四、有机食品要求和采后技术

英国、瑞典、南非、美国和法国的5个单位代表于1972年11月5日在法国发起成立了国际有机农业运动联合会(IFOAM),现在成为当今世界上最广泛、最庞大、最权威的一个国际有机农业组织。国际有机农业运动联盟下设四个专业委员会,另有一秘书处设在德国,是常务办事机构。

我国有机食品的历史首先从出口企业开始,1994年国家环境保护总局有机食品发展中心(简称OFDC)成立。2003年改称为南京国环有机产品认证中心(OFDC),获得IFOAM的国际认可。2004年,OFDC获得中国国家认证认可监督管理委员会(CNCA)批准,2005年通过了中国合格评定国家认可委员会(CNAS)认定,2006年获得国际有机认可委员会(IOAS)认可。OFDC标准也被确认为等同于欧盟

EEC2092/91 的标准。另外，我国还有农业部中绿华夏有机食品中心（COFCC）和原国家技术监督检验局（GAQS）开展的有机食品认证。

（一）有机食品定义

有机食品（Organic Food）来自有机农业生产体系。国际有机农业运动联合会（IFOAM）给有机食品下的定义为：根据有机食品种植标准和生产加工技术规范而生产的、经过有机食品颁证组织认证并颁发证书的一切食品和农产品。其在动植物生产过程中不使用化学合成的农药、化肥、生长调节剂、饲料添加剂等物质，以及基因工程生物及其产物。

（二）有机食品必备条件

1. 原料必须来自有机农业生产体系，或采用有机方式采集的野生天然产品。

2. 在整个生产过程中必须严格遵循有机食品生产、采集、加工、包装、贮藏、运输标准。

3. 生产者在有机食品的生产和流通过程中，有完善的质量控制和跟踪审查体系，有完整的生产和销售记录档案。

4. 必须通过独立的有机食品认证机构的认证。

（三）有机食品生产的基本要求

1. 生产基地在最近三年内未使用过农药、化肥等违禁物质。

2. 种子或种苗来自于自然界，未经基因工程技术改造过。

3. 生产基地应建立长期的土地培肥、植物保护、作物轮作和畜禽养殖计划。

4. 生产基地无水土流失、风蚀及其他环境问题。

5. 作物在收获、清洁、干燥、贮存和运输过程中应避免被污染。

6. 从常规生产系统向有机生产系统转换通常需要两年以上时间，新开荒地、撂荒地至少经 12 个月才有可能获得颁证。

7. 在生产和流通过程中，必须有完善的质量控制和跟踪审查体系，并有完整的生产和销售记录档案。

（四）有机食品的标准

国际有机农业和有机农产品的法规与标准主要分为 3 个层次。

1. 联合国粮农组织（FAO）与世界卫生组织（WHO）制定的《食品法典》

其主要参考了欧盟有机农业标准 EU2092 及国际有机农业运动联盟（IFOAM）的基本标准。其具体内容包括定义、种子与种苗处理、过渡期、化学品使用、平行生产、收获、贸易和内部质量控制等内容。此外，标准还对有机农产品的检查、认证和授权体系做了非常具体的说明。

2. 国际有机农业运动联盟（IFOAM）的基本标准

该标准属于国际性非政府组织制定的有机农业标准。许多国家在制定有机农业标准时参考其基本标准。IFOAM 的授权体系（即监督和控制有机农业检查认证机构的组织和准则）IOAS（Independent Organic Accreditation Service）标准和其基本标准一样。

3. 国家层次标准

我国有 HJ/T80—2001 有机食品技术规范，另外还有众多具体产品的有机食品生产技术规范，例如 CAC/GL 32—1999 有机食品生产、加工、标识和销售指南。欧盟有机农业条例 EU2092 及其修改条款。美国、日本等也有类似标准。例如 The Organic Trade Association's American Organic Standards Guidelines for the Organic Industry Version 2：2003 美国有机食品标准；CAN/CGSB 32.310—2006 Organic Production Systems General Principles and Management Standards 加拿大有机食品国家标准。

（五）有机食品加工的基本要求

1. 原料必须是来自已获得有机认证的产品和野生（天然）产品。

2. 已获得有机认证的原料在终产品中所占的比例不得少于 95%。

3. 只使用天然的调料、色素和香料等辅助原料和《OFDC 有机认证标准》允许使用的物质，不用人工合成的添加剂。

4. 有机产品在生产、加工、贮存和运输的过程中应避免污染。

5. 加工、贸易全过程必须有完整的档案记录，包括相应的票据。

有机食品贮藏保鲜也是需要符合有机食品加工的基本要求，例如使用的保鲜剂需要天然的，可以使用非合成的 CO_2 和 N_2 保鲜，审批后也可以使用乙烯催熟等。运输时，不允许有机食品和普通食品一起运输。

有机食品标志

五、食品进出口流通要求

农产品进出口必定碰到的一关是动植物检疫和化学残留检查。当今世界贸易关税不断下降，各国政府对保护自身农业利益和农产品市场非常重视，所以动植物检疫已成为各国政府保护农业生产安全和农产品市场的重要手段之一。

（一）概况

1. 概念

检疫一词是指为了防止人类疾病的流行与传播所采取的检查防范措施，这种起源于对人类疾病传播进行防范的手段，后来扩展到动物和植物及其产品中，就产生了动植物检疫。虽然动植物检疫来源于卫生检疫，它们的性质均属于法规防范范畴，但它们的目的和任务却迥然不同。

动植物检疫是指为了防止危险性动植物病虫害由国外传入或由国内传出，由国家特定的动植物检疫机关根据有关的法律规范，对进出本国国境的动植物、动植物产品、其他检疫物、装载上述物品的容器和包装物，以及来自疫区的运输工具实施的检查，以及采取的相应处理措施。

2. 检疫组织

世界性动植物检疫组织主要有国际兽疫局(OIE)和国际植物保护公约组织(IPPC)。OIE成立于1924年，其总部设在法国首都巴黎。IPPC成立于1951年，是联合国粮农组织(FAO)的下设组织，该组织制定了植物检疫要求和措施，以防止植物及其产品在国际流通中传播有害生物和疾病。其制订的《国际植物保护公约》，对宗旨、责任、范围、检疫证书、进出口货物的要求、国际合作、运用范围、争议解决等重大问题均做出了明确的规定。区域性动植物检疫组织主要有：亚太植保委员会、东南亚和太平洋地区植物保护委员会等。

3. 动植物检疫条款

动植物检疫条款是农产品对外贸易合同中的重要条款。在农产品贸易合同中，除应有产品名称、品质、数量、包装、价格条件、支付方式、运输、保险、履约时间和地点、索赔和仲裁等条款外，还必须根据检疫法规签订检疫条款，以作为动植物检疫机关进行检查检疫、出证、放行、通关的依据。

(1)检疫条款所列明的检疫要求：

①根据双方国家签订的检疫协定或单项检疫条款。

②根据本国(尤其是进口国)检疫法规。

③考虑当前世界相关的病虫害流行的状况。

(2)进口植物或植物产品时，检疫条款一般做出下列规定：

①进境的植物或其产品不能携带输入国规定的危险性病、虫、杂草。

②输入的植物或植物产品应符合双方签订的植物检疫协议、协定或备忘录及贸易合同中的规定。

③引进种子、种苗或其他繁殖材料，必须办理输入国的审批手续。

④输入的植物或植物产品必须出具输出国官方检疫部门的“检疫证书”。

证书必须写明该植物、植物产品或繁殖材料已经严密检疫检验，未发现有关协议或合同中规定的病、虫、杂草，符合合同检疫条款的规定；经过熏蒸处理的植物产品还应注明处理的日期、方式，使用的药剂及熏蒸的时间。

合格的动植物检疫证书，是农产品顺利通关、结汇和对外索赔的重要凭证。动植物检疫有助于打破某些国家多年设置的对一些动植物及其产品禁止入境的法令，为农产品的出口开辟更广阔市场。

(二)动植物检疫

1. 植物检疫对象

(1)进出境植物检疫范围

对通过贸易、科技合作、赠送、援助、携带等各种方式进出口的植物、植物产品和其他检疫物都应实施检疫，其中检疫最多的是贸易性产品。植物是指栽培植物、野生植物及其种子、种苗及其他繁殖材料等；植物产品是指来源于植物未经加工或者虽经加工但仍有可能传播病虫害的产品；其他检疫物是指动物疫苗、血清、诊断液、动植物废弃物等。

(2)植物产品分为十八类商品

①粮谷类(包括粮食加工品)，②豆类(包括各种豆粉)，③木材类(包括各种木制品、垫木、木箱)，④竹、藤、柳、草类，⑤饲料类，⑥棉花类，⑦麻类(包括麻加工品)，⑧油籽和油类，⑨烟草类，⑩茶叶和其他饮料原料类，⑪糖和制糖原料类，⑫水果类，⑬干果类，⑭蔬菜类(包括速冻、盐渍蔬菜和食用菌)，⑮干菜类，⑯植物性调料类，⑰药材类，⑱其他类。

水果蔬菜有大量的病虫检疫对象，例如果蝇是全世界最主要的检疫虫害，梨火疫病是主要的检疫病害等。每个国家对这些病虫的检疫都很重视。例如美国加州柑橘难以出口到中国，我国柑橘难以出口到澳大利亚，主要都是受限于植物检疫。即使进口国本身有检疫对象病虫害，也禁止他国携带该类检疫对象病虫害的果蔬进口，因为害怕带进新的检疫对象病虫变种。只有该国不生产这种果蔬时，植物检疫才相对比较松。

(三)化学残留检查

进出口食品需要检测化学残留，主要是针对农药、兽药。出口食品要按照进口国要求执行。例如日本在2006年6月为加强食品(包括可食用农产品)中农业化学品(包括农药、兽药和饲料添加剂)残留管理而制定食品中残留农业化学品肯定列表制度，简称“肯定列表制度”(Positive List System)。涉及的农业化学品残留限量标准包括“沿用原限量标准而未重新制定暂定限量标准”“暂定标准”“禁用物质”“豁免物质”和“一律标准”五大类型。其中“一律标准”是对未涵盖在上述标准中的所有其他农业化学品制定一个统一限量标准：均不得超过0.01mg/kg。在“肯定列表制度”出台之前，日本只对目前世界上使用的700余种农业化学品中的350种农业化学品进行了登记或制定了限量标准。实行后，日本几乎对所有农业化学品在食品中的残留都做出了规定，设限数量之广，检测数目之多，限量标准之严格，可以说前所未有。中日农业化学品残留限量标准差异大，对早期中国出口日本的食品冲击很大。例如中国的蜂王浆、烤鳗出口都受到很大的影响。

(四)进出口检疫处理方法

1.物理学处理方法

①速冻。其是在0℃以下的低温条件下，使商品急速冰冻的一种方法，在－17℃或以下速冻，在－17℃下储藏和运输，达到除害的目的。

②蒸汽热处理。包括蒸汽热杀虫和蒸汽热消毒灭菌两种方式，是用热和湿的综合作用实现杀虫及灭菌的目的。温度一般为46～47℃。有些国家不允许用化学杀虫处理的，常改用此法。

③微波处理。微波加热可用于处理少量的农副产品，多适用于旅检工作。

另外还有一些较少使用的处理方法，例如电离辐射处理，用钴-60γ-射线防治害虫。通过低温处理冷藏处理使昆虫生理功能失调，新陈代谢被破坏，最后死亡。干热处理，干热杀灭携带的有害生物。经热水处理杀死寄主植物上感染的线虫、细菌和螨类。

2. 化学(熏蒸)处理方法

熏蒸技术是一种采用熏蒸药剂在密闭的场合下杀死害虫、病菌及其他一切有害生物的技术措施。熏蒸药剂是指在所要求的温度和压力下，能产生以足够的气体浓度杀死有害生物的一种化学药剂，这种分子状态的气体，能穿透到被熏蒸的物质中去，并能在熏蒸后的很短时间内通风散气，扩散出去。熏蒸剂的种类不多，世界上使用过的有 20 多种。目前我国常用的仅七八种。水果蔬菜的检疫上一般用溴甲烷。

(1)影响熏蒸效果的主要因素

①温度对熏蒸效果的影响很大。当温度增高时，药剂的挥发性增高，昆虫的呼吸量增大。在温度高于 10℃时，随着温度的增高，熏蒸效力也相应提高。用溴甲烷熏蒸，温度在 25℃以上时，有效杀虫浓度 $12g/m^3$，密闭 24h，一般可以达到 100%的效果；温度在 10℃以下时称为低温熏蒸，此时货物对熏蒸剂的吸附量增加，削弱了熏蒸剂的扩散穿透能力，同时也降低了昆虫的呼吸频率，增强了抗毒能力。因此，一般不提倡低温熏蒸。但仍有一些国家要求出具低温熏蒸证明，这时应该提高用药量，增加密闭时间，提高库温，改用能在低温下挥发、起到杀虫作用的药剂，以达到熏蒸杀虫的目的。

②货物的类别和堆存的方式也是关键因素。堆放要有利于熏蒸药剂的穿透。

③密闭程度影响熏蒸效果。尤其是在投药时，熏蒸帐幕或容器内的压力增加，稍有漏气就会损失大量的熏蒸剂气体而降低用药浓度，削弱药剂的渗透能力。

④空气中的湿度对熏蒸效果有次要的影响。

(2)常用熏蒸药剂的性能及应用

熏蒸药剂选择按照 IPPC 国际植物检疫措施标准-ISPM 43《使用熏蒸作为植物检疫措施的要求》附录 1。植物检疫熏蒸处理主要应用溴甲烷、磷化铝等。溴甲烷的沸点较低和不被许多材料大量吸附而使其可用于低温熏蒸，这一点是其他许多熏蒸剂所不及的。当温度低于 4℃时，其仍可对多种商品进行熏蒸。磷化铝主要用于谷类杀虫。环氧乙烷作为杀菌熏蒸剂，已被广泛用于皮张、纸制品等的熏蒸灭菌。

3. 中国鸭梨出口澳大利亚的检疫技术

中国鸭梨能否取得出口澳大利亚的资格，其关键问题是植物检疫问题，为使中国鸭梨顺利出口到澳大利亚等发达国家，中国就澳方提出的 18 种潜在高风险性检疫性有害生物名单进行了科学、严格而又细致的检疫技术工作，使中国鸭梨最终于 1999 年顺利出口到澳大利亚。

在每年度中国鸭梨出口检疫工作中，中国鸭梨花期及果实潜伏性病害的检测工作是全年鸭梨出口检疫工作中的关键性技术工作，其检测操作过程是否科学、合理、有效及检测结果对该年度中国鸭梨是否能够顺利出口至关重要。花期和果实潜伏性主要检测黑星病、黑斑病、褐腐病病害。逐步做到鸭梨出口生产基地生产管理的技术规范化、标准化，使鸭梨病虫害的发生率降低到最低限度，鸭梨果实农药残留及综合质量达到出口检疫要求。

检疫时记录受浸染果实的数量和出口果园号码，从病害症状部位分离病菌，确认症状和病原菌是否对应。在每年度的果实潜伏浸染病害检测记录上必须签有负责此项工作的并由 AQIS(澳大利亚检疫服务处)认可的中方植物病理专家亲笔签名。潜伏病害的检测结果需立即提供给 AQIS。

国家标准网站和部分食品保鲜有关网站

第二章　果蔬贮藏保鲜原理和技术

第一节　果蔬贮藏保鲜原理

一、果蔬产品的分类、营养成分和结构

(一)果品的分类

果品通常根据果实构造及其生物学特性而划分。

(1)仁果类

仁果类果树都属于蔷薇科。果实是假果，食用部分是由肉质的花托发育而成。如苹果、梨、山楂、海棠果、沙果、木瓜等。

(2)核果类

核果类果树也都属于蔷薇科。果实是真果，有明显的外、中、内三层果皮。外果皮薄，中果皮肉质为主要的食用部分，内果皮硬化而成为核，故称为核果。如李、杏、桃、杨梅、樱桃等。

(3)浆果类

果实含丰富的浆液，故称为浆果。如葡萄、猕猴桃、柿、香蕉等。

(4)柑橘类

柑橘类果实是由若干枚子房联合发育而成。其中外果皮革质，含有许多油胞，内含芳香油，这是其他果实所没有的特征；中果皮疏松，呈白色海绵状；内果皮向内折叠形成瓤瓣，内生汁泡。如柑橘、柠檬、柚子、橙等。

(5)坚果类

食用部分是种仁，在食用部分外面有硬壳。如椰子、板栗、核桃、巴旦杏(扁桃)、银杏等。

(6)聚合果、复果类

聚合果是由一朵花中许多离生雌蕊聚生在花托上，以后每一个雌蕊形成一个小果，许多小果聚集在同一花托上而形成的果实，如草莓等。复果是由几朵花或许多花聚合发育形成一体的果实，又称聚花果，如菠萝、无花果、凤梨等。

(二)蔬菜的分类

采后蔬菜的分类法有植物学分类法和食用器官分类法。

1.植物学分类法

植物学分类法是按自然系统分类,即根据植物学的形态特征,按科、属、种和变种进行分类,采用全世界统一的双命名法命名。人类栽培的蔬菜在植物界中大概分布于20多科50多属中,其中绝大多数属于种子植物,双子叶和单子叶的都有。在双子叶植物中,以十字花科、豆科、伞形科、茄科、葫芦科、菊科为主。在单子叶植物中,以百合科、禾本科为主。

植物学分类可以明确科、属、种间在形态、生理上的关系,以及在遗传上、系统发生上的亲缘关系。凡同科属的蔬菜,系统相近,其生物学特性也相似。在蔬菜栽培和采后处理时,在对病虫害的防治上也有共同的地方,因为许多病原可以相互传染。现将各种蔬菜依植物学分类法列举如下。

(1)菌藻植物门

①伞菌科:香菇、草菇、平菇。

②木耳科:木耳、银耳。

(2)种子植物门

①双子叶植物纲。

睡莲科:莲藕、芡实、莼菜。

十字花科:大头菜、榨菜、雪里蕻、包心芥菜、皱叶芥、大叶芥、结球甘蓝、球茎甘蓝、抱子甘蓝、花椰菜、青花菜、萝卜、芜菁、芜菁甘蓝、小白菜、大白菜、芥蓝、乌塌菜、辣根、荠菜、豆瓣菜等。

藜科:菠菜、叶用甜菜(牛皮菜)、根用甜菜(红菜头)。

苋科:苋菜、千穗谷(粒用苋)。

落葵科:落葵。

菱科:菱。

葫芦科:黄瓜、甜瓜、西瓜、南瓜、冬瓜、瓠瓜(葫芦)、丝瓜、苦瓜、佛手瓜等。

锦葵科:冬寒菜、黄秋葵。

豆科:豇豆、菜豆、豌豆、蚕豆、莱豆、扁豆、刀豆、豆薯、大豆等。

楝科:香椿。

伞形科:胡萝卜、香芹菜、芹菜、根芹菜、水芹菜、芫荽(香菜)、茴香、美国防风。

菊科:莴苣、菊芋、朝鲜蓟。

茄科:马铃薯、茄子、辣椒、番茄。

旋花科:甘薯、蕹菜。

唇形科:草石蚕。

蓼科:食用大黄。

②单子叶植物纲。

泽泻科:慈姑。

蘘荷科：姜、蘘荷。

百合科：金针菜(黄花菜)、百合、大葱、大蒜、韭菜、洋葱、石刁柏(芦笋)、韭葱、细香葱、薤(藠头)等。

天南星科：芋、蒟蒻(魔芋)。

香蒲科：蒲菜。

薯蓣科：山药、大薯。

莎草科：荸荠。

禾本科：竹笋、茭白、甜玉米。

2.食用器官分类法

按照食用部分的器官形态，蔬菜可分为根、茎、叶、花、果菜类等五类。这种分类法是指种子植物，不包括食用菌等特殊形态的蔬菜。

这种分类法的优点是蔬菜供食用的器官类型相同，可以了解彼此在形态和生理上的关系，凡食用器官相同的，其生物学特点也大致相同。

(1)根菜类

肉质直根：萝卜、胡萝卜、根用芥菜、芜菁、芜菁甘蓝、根用甜菜等。

块根菜：豆薯、葛等。

(2)茎菜类

①地上茎类。

嫩茎：莴苣、茭白、石刁柏、竹笋、菜薹等。

肉质茎：榨菜、球茎甘蓝等。

②地下茎类。

块茎类：马铃薯、菊芋。

根状茎类：藕、姜。

球茎类：荸荠、芋、慈姑等。

(3)叶菜类

普通叶菜：菠菜、雪里蕻、苋菜、小白菜、叶用甜菜、生菜(叶用莴苣)等。

结球叶菜：大白菜、结球甘蓝、结球莴苣、包心芥菜等。

香辛叶菜：葱、韭菜、芹菜、茴香、芫荽等。

鳞茎类：洋葱、大蒜、胡葱、百合、藠头等。

(4)花菜类

包括花椰菜、朝鲜蓟、韭菜花、金针菜等。

(5)果菜类

瓠果类：南瓜、黄瓜、冬瓜、瓠瓜、苦瓜、丝瓜、西瓜、甜瓜、佛手瓜等。

浆果类：番茄、茄子、辣椒等。

荚果类：豇豆、菜豆、豌豆、蚕豆、莱豆、毛豆、刀豆、扁豆、绿豆等。

(三)果蔬产品的结构

1. 果实组织的来源

从植物学的角度来说,果实是由子房发育而成的,包括种子和包在种子外面的果皮。种子由胚珠发育而成,有些果实的可食部分为种子的种仁,如椰子、板栗、核桃等。果皮是由子房壁发育形成的,通常分为外、中、内三层。外果皮一般很薄;中果皮由薄壁细胞组成,结构上变化很多,有的肉质肥厚,是果实的可食部分,如李、杏、桃等;内果皮结构变化也很大,有的果实的内果皮木质化加厚,非常坚硬,如桃、李、杏等,有的内果皮向内折叠形成瓤瓣,内生汁泡,是果实的可食部分,如柑橘等,有的果实成熟时,内果皮分离成单个的浆汁细胞,如番茄、葡萄等。

果实只由子房发育而成的,称为真果,多数果实是这种情况。有些果实,除了子房外还有其他部分参与组成,如花托、花被以至花序轴,这类果实称为假果,如苹果、梨、山楂、海棠果、瓜类等。

还有些果实是聚合果,如草莓等,主要食用部分为肉质的花托,外带许多小瘦果。有的果实为聚花果,是由很多小果聚生而成的,如菠萝的果实是由许多花聚生在肉质的花轴上发育而成,无花果的肉质花轴内陷成囊状,囊内壁上着生许多小果。图 2-1 表示了几种果实与组织之间的关系。

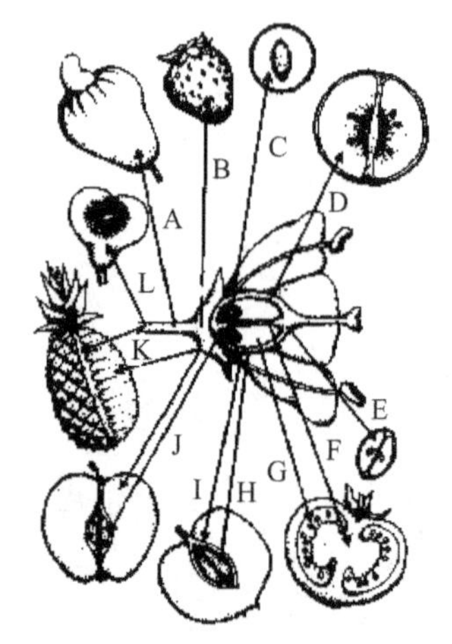

图 2-1　果实组织的发育来源(引用 Ron Wills 1998)

A:腰果;B:草莓;C:荔枝;D:甜橙;E:葡萄;F、G:番茄;H、I:桃;J:苹果;K:菠萝;L:无花果

2. 蔬菜组织的结构

人们食用的蔬菜,大多是植物中的一部分器官,很少是整株植物。植物器官各自具有植物形态学和解剖学的特征及作为蔬菜的独特性质。图 2-2 表示了几种蔬菜和植物组织的关系。

(四)果蔬产品的营养成分和风味物质

果蔬是人体所需维生素、矿物质的主要来源,也是提供淀粉、蛋白质、有机酸、芳香物质等有机物质的重要饮食,更是为人类提供柔软纤维的最佳保健食品。

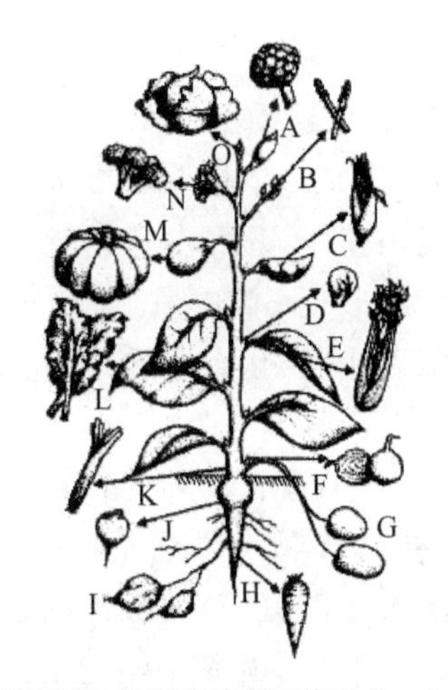

图 2-2　蔬菜组织的发育来源(引用 Ron Wills 1998)

A:朝鲜蓟;B:芦笋;C:玉米;D:抱子甘蓝;E:芹菜;F:洋葱;G:马铃薯;H:胡萝卜;I:甘薯;J:甜菜根;K:韭葱;L:菠菜;M:南瓜;N:绿花菜;O:生菜

1. 维生素

果蔬中含有多种多样的维生素,但与人体关系最为密切的主要有维生素 C 和胡萝卜素(维生素 A 原)。据报道,人体所需维生素 C 的 98%、维生素 A 的 57%左右来自于果蔬。

(1)维生素 C

果蔬是人体所需维生素 C 的主要来源。果蔬种类不同,维生素 C 含量差异较大,鲜枣、猕猴桃、山楂、辣椒、番茄、雪里蕻、草莓、花椰菜及柑橘类等果蔬的维生素 C 含量较高。柑橘中的维生素 C 大部分是还原型的,而在苹果、柿中氧化型占优势,所以在衡量比较不同果蔬维生素 C 营养时,仅仅以含量为标准是不准确的。

(2)维生素 A 原(胡萝卜素)

植物体中不含维生素 A,但有维生素 A 原即胡萝卜素。新鲜果蔬中含有大量的胡萝卜素,其本身不具维生素 A 生理活性,但在人和动物的肠壁及肝脏中能转变为具有生物活性的维生素 A。维生素 A 为脂溶性维生素,在人体内具有累积作用。不需要天天补充,但是若在短期内大量食用,会对人产生毒害作用。

维生素 A 和胡萝卜素比较稳定。但由于其分子的高度不饱和性,其在果蔬加工中容易被氧化,加入抗氧化剂可以得到保护。在果蔬贮运时,冷藏、避免日光照射有利于减少胡萝卜素的损失。绿叶蔬菜、胡萝卜、南瓜、杏、柑橘、黄肉桃、芒果等黄色、绿色的果蔬含有较多量的胡萝卜素。

此外果蔬中还含有维生素 B_2(核黄素)、维生素 B_1、维生素 E、维生素 K 等,它们对人体也具有重要的营养价值。

2. 矿物质

矿物质是构成人体组织结构的重要组分,是调节生理功能和维持人体健康的物质。矿物质维持人体内体液渗透压和 pH 的平衡,许多矿物离子还直接或间接地参与人体内的生化反应。人体缺乏某些矿物元素时,会产生营养缺乏症,因此矿物质是人体不可缺少的营养物质。

矿物质在果蔬中分布极广，占果蔬干重的1%～5%，平均值为5%，而一些叶菜的矿物质含量可高达10%～15%，是人体摄取矿物质的重要来源。果蔬中矿物质的80%是钾、钠、钙等金属成分，其中钾元素可占其总量的50%以上，磷酸和硫酸等非金属成分占20%，这些金属元素进入人体内后，与呼吸释放的HCO_3^-离子结合，可中和血液中过多的酸而维持酸碱平衡，因此果蔬被称为“碱性食品”。而相对来说，谷物、肉类和鱼、蛋等食品中，磷、硫等非金属成分含量很高，会在体内形成磷酸、硫酸而增加体内的酸性；同时这些食品富含淀粉、蛋白质与脂肪，它们经消化吸收后，其最终氧化产物为CO_2，CO_2进入血液会使血液pH值降低，故又称之为“酸性食品”。过多食用酸性食品，会使人体液、血液的酸性增强，易造成体内酸碱平衡的失调，甚至引起酸中毒，因此为了保持人体血液、体液的酸碱平衡，在鱼、肉等动物食品消费量不断增加的同时，还需要增加果蔬的食用量。

食品矿物质中，钙、磷、铁与人体健康关系最为密切，人们通常以这三种元素的含量来衡量食品的矿物质营养价值。果蔬中含有较多量的钙、磷、铁，尤其是在某些蔬菜中的含量很高，是人体所需钙、磷、铁的重要来源之一。例如菠菜、芹菜、甘蓝、白菜及胡萝卜等含有很多的铁盐，绿叶蔬菜含有丰富的钙，洋葱、丝瓜、茄子含有较多的磷。钙不仅是人体必需的营养物质，而且对果蔬自身的品质和耐贮性的影响也非常大。许多果蔬的生理病害如苹果水心病、苦痘病、红玉斑点病、大白菜干烧心等都与缺钙有关，采前喷钙和采后浸钙处理都有助于提高果蔬的品质与耐贮性。

3. 碳水化合物

果蔬中的碳水化合物包括糖、淀粉、纤维素、半纤维素、果胶物质等，是果蔬干物质的主要成分。

(1)糖

糖是反映果蔬味道的重要物质成分，它不仅使人感到味甜，供给人体所需要的热能，也是果蔬从生长到衰老过程中变化最明显的物质之一。果蔬中所含的糖主要是蔗糖、葡萄糖和果糖。水果含糖量较高，而蔬菜中除西瓜、甜瓜、番茄、胡萝卜等含糖量稍高外，大多都很低。大多水果的含糖量在7%～18%，蔬菜的含糖量大多在5%以下。

仁果类中果糖含量较多，葡萄糖和蔗糖次之；核果类中蔗糖含量较多，葡萄糖、果糖次之；浆果类主要含葡萄糖和果糖；柑橘类蔗糖含量较多，占总糖的60%以上。常见果蔬糖的种类及含量见表2-1。果蔬甜味的强弱除了与含糖种类与含量有关外，还受含糖量与含酸量之比(糖/酸比)的影响，糖酸比越高，甜味越浓，反之酸味越浓，如红星、红玉苹果的含量糖基本相同，红玉苹果含酸量约为0.9%，而红星苹果的酸含量在0.3%左右，故红玉苹果食之有较强的酸味。

表 2-1　常见果蔬糖的种类及含量

果实	糖(g/100g 鲜重)		
	葡萄糖	果糖	蔗糖
苹果	2	6	4
香蕉	6	4	7
樱桃	5	7	0
海枣	32	24	8
葡萄	8	8	0
橙(汁)	2	2	5
桃	1	1	7
梨	2	7	1
菠萝	2	1	8
番茄	2		0

果蔬在贮藏过程中,糖分消耗量越慢,果品蔬菜质量就越好,说明贮藏条件合适。反之,在贮藏期中,呼吸作用所消耗的糖分越多,降低越快,果品蔬菜质量就越差,说明贮藏条件不合适。

(2)淀粉

虽然果蔬不是人体所需淀粉的主要来源,但某些未熟的果实如香蕉、苹果及地下根茎菜类、豆类含有大量的淀粉。成熟的香蕉淀粉几乎全部转化为糖,在非洲和某些亚洲国家与地区香蕉常常作为主食来消费,是人们获取膳食能量的重要渠道;土豆在欧洲某些国家与地区也是不可缺少的食品,更是当地居民膳食淀粉的重要来源之一。

淀粉不仅是人类膳食的重要营养物质,淀粉含量及其采后变化还直接关系到果蔬自身的品质与贮运性能的强弱。富含淀粉的果蔬,淀粉含量越高,耐贮性越强。而对于青豌豆、菜豆、甜玉米这些以幼嫩的豆荚或籽粒供鲜食的蔬菜来说,淀粉含量的增加意味着品质的下降。一些富含淀粉的果实如香蕉、苹果,在后熟期间淀粉会不断地水解为低聚糖和单糖,食用品质增强。采后的果蔬光合作用停止,淀粉等大分子贮藏性物质不断地被消耗,最终会导致果蔬品质与贮藏、加工性能的下降。淀粉的含量与果蔬的品质及耐贮性密切相关,因此淀粉含量又常常用作衡量某些果蔬品质与采收成熟度的参考指标。

(3)纤维素和半纤维素

纤维素、半纤维素是植物细胞壁中的主要成分,是构成细胞壁的骨架物质,它们的含量与存在状态,决定着细胞壁的弹性、伸缩强度和可塑性,在细胞中起着支持和保护的作用。幼嫩的果蔬中的纤维素,多为水合纤维素,组织质地柔韧、脆嫩,老熟时纤维素会与半纤维素、木质素、角质、栓质等形成复合纤维素,使组织变得粗糙坚硬,食用品质下降。

纤维素、半纤维素是影响果蔬质地与食用品质的重要物质，同时它们也是维持人体健康不可缺少的辅助成分。纤维素、半纤维素、本质素等统称为粗纤维，虽然它们不具营养功能但能刺激肠胃蠕动，促进消化液的分泌，提高蛋白质等营养物质的消化吸收率，带走肠道中多余和有毒的物质(环芳烃、霉菌素、亚硝胺)，防止它们过长时间停留在肠中对肠壁产生侵害作用，同时还可以防止或减少如肥胖、便秘、肠癌等许多疾病的发生，是维持人体健康必不可少的物质。人体所需的膳食纤维主要来自于果蔬。

(4)果胶

果胶物质是植物组织中的重要成分，也是反映果蔬质地的重要物质。果胶物质沉积在植物的细胞初生壁与中胶层中，起着黏结细胞个体的作用。果胶物质有三种形态，即原果胶、可溶性果胶与果胶酸，在不同生长发育阶段，果胶物质的形态会发生变化。

原果胶存在于未熟的果蔬中，是可溶性果胶与纤维素缩合而成的高分子物质，不溶于水，具有黏结性，它在胞间层与蛋白质、钙、镁等形成蛋白质—果胶—阳离子黏合剂，使相邻的细胞紧密地黏结在一起，赋予未熟果蔬较强的硬度。随着果实成熟，原果胶在原果胶酶的作用下，分解为可溶性果胶与纤维素。可溶性果胶是由多聚半乳糖醛酸甲酯与少量多聚半乳糖醛酸连接而成的长链分子，存在于细胞汁液中，相邻细胞间彼此分离，组织软化。但可溶性果胶仍具有一定的黏结性，故成熟的果蔬组织还能保持较好的弹性。

当果实进入过熟阶段时，果胶在果胶酶的作用下，分解为果胶酸与甲醇。果胶酸无黏结性，相邻细胞间没有了黏结性，组织弹性消失，果胶物质形态的变化是导致果蔬硬度下降的主要原因。在生产中硬度是影响果蔬贮运性能的重要因素。人们常常借助硬度来判断某些果蔬，如苹果、梨、桃、杏、柿、番茄等的成熟度，确定它们的采收期，同时硬度也是评价它们贮藏效果的重要参考指标。

(5)有机酸

果蔬中有多种有机酸，其中柠檬酸、苹果酸、酒石酸分布最广，是水果中主要有机酸。蔬菜的含酸量相对较少，除番茄外，大多尝起来都感觉不到酸味的存在，但有些蔬菜如菠菜、茭白、苋菜、竹笋含有较多量的草酸，由于草酸会削弱人体对钙的吸收利用能力，食用过多有害。常见果蔬中的主要有机酸种类见表 2-2。

表 2-2　常见果蔬中主要有机酸的种类

名称	有机酸种类	名称	有机酸种类
苹果	苹果酸	菠菜	草酸、苹果酸、柠檬酸
桃	苹果酸、柠檬酸、奎宁酸	甘蓝	柠檬酸、苹果酸、琥珀酸、草酸
梨	苹果酸、柠檬酸(果心)	石刁柏	柠檬酸、苹果酸
葡萄	酒石酸、苹果酸	莴苣	苹果酸、柠檬酸、草酸
樱桃	苹果酸	甜菜叶	草酸、柠檬酸、苹果酸

续　表

名称	有机酸种类	名称	有机酸种类
柠檬	柠檬酸、苹果酸	番茄	柠檬酸、苹果酸
杏	苹果酸、柠檬酸	甜瓜	柠檬酸
菠萝	柠檬酸、苹果酸、酒石酸	甘薯	草酸

不仅有机酸的含量影响风味品质，而且有机酸也是果蔬呼吸作用的基质之一，在贮藏过程中果蔬的酸度由于呼吸作用的结果，而逐渐降低。如番茄经贮藏之后由酸而变成甜酸，原因就在于此。含酸量下降的速度与果实的种类和贮藏温度等有密切关系。

(6)含氮物质

果蔬中含氮物质主要是蛋白质，其次是氨基酸、酰胺及某些铵盐和硝酸盐。一般果蔬中蛋白质和氨基酸含量不多。

(7)芳香物质

果品蔬菜中普遍含有的挥发性芳香油称为挥发油，又称精油，是果蔬具有香味和其他特殊气味的主要原因。芳香物质主要有：酯、内酯、醇、酸、醛、酮、萜和烃等。各种果实中的上述不同成分引起不同的芳香气味。水果的香味物质以酯类、醇类和酸类物质为主，而蔬菜则主要是一些含硫化合物和高级醇、醛、萜等。

果蔬经过贮藏之后，其所含的挥发油往往由于挥发和酶作用分解而含量降低。如贮藏温度高，贮藏时间长，则挥发油损失多。所以果蔬在比较低的温度条件下贮藏，可减少挥发油的损失。果实在贮藏中散发出来的芳香气味，积累过多将加速果实的成熟与衰老，对贮藏不利。

(8)色素物质

①叶绿素

果蔬呈现绿色是因为含有叶绿素。果蔬的叶绿素主要是由两种结构相似的叶绿素 a($C_{55}H_{72}O_5N_4Mg$)和叶绿素 b($C_{55}H_{70}O_6N_4Mg$)组成的。叶绿素 a 呈蓝绿色，叶绿素 b 为黄绿色，通常它们在植物体内以 3∶1 的比例存在。叶绿素脂溶性强，也容易降解，是衡量绿色蔬菜新鲜度的重要指标。摄入叶绿素可以减少黄曲霉毒素的吸收。

②类胡萝卜素

类胡萝卜素广泛地存在于果蔬中，是一类脂溶性的色素，其颜色表现为黄、橙、红。果蔬所含类胡萝卜素达 300 多种，但主要的有胡萝卜素、番茄红素、番茄黄素、辣椒红素、辣椒黄素和叶黄素。番茄红素、番茄黄素存在于番茄、西瓜、柑橘、葡萄柚等果蔬中。各种果蔬中均含有叶黄素，它与胡萝卜素、叶绿素共同存在于果蔬的绿色部分中，只有叶绿素分解后，果蔬才能表现出黄色。辣椒黄素、辣椒红素存在于辣椒中，黄皮洋葱中也有，辣椒黄素表现为黄色或白色。

β-胡萝卜素具有很强的抗氧化作用，能高效淬灭单线态氧，清除人体内自由基。当β-胡萝卜素与靶细胞特定的受体相结合时，可直接拮抗致癌物质，弱化其致癌作用。胡萝卜素可修复受损组织，并调动免疫系统，增强机体的免疫功能，还可减弱化疗的反应。类胡萝卜素还有利于抗坏血酸的保存，因为它能使抗坏血酸氧化酶失去活性，从而减少抗坏血酸的损失。

③花青素

花青素是一类水溶性色素，以糖苷形式存在于植物细胞液中，呈现红、蓝、紫色，是一种感光色素，充足的光照有利于花青素的形成，花青素的形成和累积还受植物体内营养状况的影响，营养状况越好，着色越好，着色好的水果风味品质也越佳。所以，着色状况也是判断果蔬品质和营养状况的重要参考指标。花青素是羟基供体，同时也是一种自由基清除剂，它能和蛋白质结合防止过氧化，也能淬灭单线态氧，还有利于人体内抗坏血酸的保存。

④黄酮类色素

黄酮类色素也是一类水溶性的色素，呈无色或黄色，以游离或糖苷的形式存在于果蔬中。

比较重要的黄酮类色素有圣草苷、芸香苷、橙皮苷，它们存在于柑橘、芦笋、杏、番茄等果蔬中，是维生素P的重要组分，维生素P又称柠檬素，具有调节毛细血管透性的功能。橙皮苷存在于柑橘类果实中，是柑橘皮苦味的主要来源。

⑤其他风味营养成分

在一些果蔬中，还存在一些特殊的营养物质。如辣椒、生姜及葱蒜等蔬菜含有大量的辣味物质。适度的辣味具有增进食欲、促进消化液分泌的功效。它们的存在与这些蔬菜的食用品质密切相关。十字花科蔬菜富含芥子油苷，芥子油苷的降解产物具有抗癌作用。

二、果蔬产品采后生理和化学变化

果蔬在采收之前是活的生物实体，在采收之后，因为仍然继续进行代谢作用并保持其生理体系，所以也还是活体。采收前的果蔬，由于呼吸作用和蒸腾作用，其消耗由植株所含的水量、光合作用产物（主要是蔗糖和氨基酸）及矿物质的流动来补充。而采收后的产品，呼吸作用和蒸腾作用继续进行，然而由于水、光合产物和矿物质的正常来源断绝了，产品就完全依赖自己贮藏的养料和水分生存。当所需物质无法及时供应时，变质就开始了。

（一）呼吸作用特点

呼吸是生命存在的重要条件和标志。从总过程看，呼吸是一种气体交换过程，即生命吸进氧气而放出二氧化碳，但这只不过是整个呼吸代谢中无数过程的起点和终点。在全部呼吸过程中，植物体内有50多个生物化学反应在进行，生命通过这50多个反应获得生长、发育、做功所需的能量并获得合成生物体本身结构的各种营养物质。水果、蔬菜采后同化作用基本停止，呼吸作用成为新陈代谢的主导，它直接联系着其他各种生理生化过程，也影响和制约着产品的寿命、品质变化和抗病能力。随着贮存时间的延长，果蔬体内的营养物质将愈来愈少，果蔬呼吸越强则衰老得越快。因此，控制和利用呼吸作用这个生理过程来延长贮藏期是至关重要的。

1. 呼吸作用

(1)有氧呼吸和无氧呼吸

呼吸作用是在许多复杂的酶系统参与下，经由许多中间反应环节进行的生物氧化还原过程，其能把复杂的有机物逐步分解成简单的物质，同时释放能量。呼吸途径有多种，主要有糖酵解、三羧酸循环和磷酸戊糖支路等。

有氧呼吸通常是呼吸的主要方式，是在有氧气参与的情况下，将本身复杂的有机物(如糖、淀粉、有机酸及其他物质)逐步分解为简单物质(水和 CO_2)，并释放能量的过程。葡萄糖直接作为底物时，可释放能量 2817.7kJ，其中的 46%以生物形式(38 个 ATP)贮藏起来，为其他的代谢活动提供能量，剩余的 1521.6kJ 以热能形式释放到体外。无氧代谢(发酵)累积的产物对植物体有害。

无氧呼吸是指在无氧气参与的情况下将复杂有机物分解的过程。这时，糖酵解产生的丙酮酸不再进入三羧酸循环，而是生成乙醛，然后还原成乙醇。

有氧呼吸的反应方程式为：

$$C_6H_{12}O_6 + 6O_2 + 38ADP + 38H_3PO_4 = 6CO_2 + 38ATP(304kcal) + 44H_2O + 1544kJ \quad ①$$

厌氧呼吸反应方程式为：

$$C_6H_{12}O_6 = 2C_2H_5OH + 2CO_2 + 87.9kJ \quad ②$$

园艺产品在采后的贮藏条件下，放在容器和封闭的包装中时，埋藏在沟中的产品积水时，通风不良或其他氧气供应不足时，都容易产生无氧呼吸。无氧呼吸对于产品贮藏是不利的，一方面无氧呼吸提供的能量少，以葡萄糖为底物，无氧呼吸产生的能量约为有氧呼吸的 1/32，在需要一定能量的生理过程中，无氧呼吸消耗的呼吸底物更多，使产品更快失去生命力。另一方面，无氧呼吸生成的有害物乙醛、乙醇和其他有毒物质会在细胞内积累，造成细胞死亡。因此，在贮藏期应防止产生无氧呼吸。但当产品体积较大时，内层组织气体交换差，部分进行无氧呼吸也是对环境的适应，即使在外界氧气充分的情况下，果实中进行一定程度的无氧呼吸也是正常的。

(2)与呼吸有关的几个概念

呼吸强度(Respiration Rate)：也称呼吸速率，它指一定温度下，一定量的产品进行呼吸时所吸入的氧气或释放的二氧化碳的量，一般单位用 O_2 或 CO_2 mg(mL)/kg×h(鲜重)来表示。由于无氧呼吸不吸入 O_2，一般用 CO_2 生成的量来表示更确切。呼吸强度高，说明呼吸旺盛，消耗呼吸底物(糖类、蛋白质、脂肪、有机酸)多而快，贮藏寿命不会太长。

呼吸商(Respiration Quotient，RQ)：也称呼吸系数，它是指产品呼吸过程释放 CO_2 和吸入 O_2 的体积比。$RQ=V_{CO_2}/V_{O_2}$，RQ 的大小与呼吸底物和呼吸状态(有氧呼吸、无氧呼吸)有关。果蔬的液泡内贮存着大量的有机酸，这些有机酸可以渗透到线粒体内用作三羧酸循环的氧化底物。不同的氧化底物所消耗掉的氧气量不同，脂肪酸较多(RQ 为 0.7)，苹果酸较少(RQ 为 1.3)，而葡萄糖氧化生成的二氧化碳量则与其消耗掉的氧气量相等。

以葡萄糖为底物的有氧呼吸，$RQ=6mol\ CO_2/6mol\ O_2=1$，

以含氧高的有机酸为底物的有氧呼吸，$RQ>1$，

以含碳多的脂肪酸为底物的有氧呼吸，$RQ<1$。

呼吸商的测量能对呼吸底物的类型提供某种线索，即低的呼吸商意味着某种脂肪代谢，高的呼吸商则意味着某种有机酸代谢。通过生长和贮存期间呼吸商的变化，可以了解到被代谢的呼吸底物类型发生了何种变化。

实际上 RQ 值更多的是与呼吸状态即呼吸类型有关。当无氧呼吸发生时，吸入的氧气少，即 RQ 值>1，RQ 值越大，无氧呼吸所占的比例也越大。

RQ 值还与贮藏温度有关。如夏橙或华盛顿脐橙在 0～25℃范围内，RQ 值接近 1 或等于 1；在 38℃时，夏橙 RQ 值接近 1.5，华盛顿脐橙 RQ 值接近 2.0。这表明高温下可能存在有机酸的氧化或有无氧呼吸，也可能二者兼而有之。在冷害温度下，果实发生代谢异常，RQ 值杂乱无规律。例如黄瓜在 13℃时 RQ=1；在 0℃时，RQ 值有时小于 1，有时大于 1。

呼吸热：呼吸热是呼吸过程中产生的，除了维持生命活动以外而散发到环境中的那部分热量。以葡萄糖为底物进行正常有氧呼吸时，每释放 1mg CO_2 相应释放近似 10.68J 的热量。由于测定呼吸热的方法极其复杂，园艺产品贮藏运输时，常采用测定呼吸速率的方法间接计算它们的呼吸热。

在夏季，当大量产品采后堆积在一起或长途运输缺少通风散热装置时，由于呼吸热无法散出，产品自身温度升高，进而又刺激了呼吸，放出更多的呼吸热，加速产品腐败变质。因此，贮藏中通常要尽快排除呼吸热，降低产品温度。但在北方寒冷季节，环境温度低于产品要求的温度时，产品利用自身释放的呼吸热进行保温，防止冷害和冻害情况的发生。

呼吸温度系数：在生理温度范围内，温度升高 10℃时的呼吸速率与原来温度下的呼吸速率的比值即呼吸温度系数，用 Q_{10} 来表示。它能反映呼吸速率随温度而变化的程度，一般果蔬 $Q_{10}=2\sim2.5$，这表示温度升高 10℃时，呼吸速率增加了 1～1.5 倍。该值越高，说明产品呼吸受温度影响越大。研究表明，园艺产品的 Q_{10} 在低温下较大。

呼吸高峰：在果实的发育过程中，呼吸强度随发育阶段的不同而不同。根据果实呼吸曲线的变化模式(图 2-3)，可将果蔬分成两类。其中一类，在其幼嫩阶段呼吸旺盛，随果实细胞的膨大，呼吸强度逐渐下降，开始成熟时，呼吸强度提升，达到高峰(称呼吸高峰)后，呼吸强度下降，果蔬衰老死亡。伴随呼吸高峰的出现，体内的代谢发生很大的变化，这一现象被称为呼吸跃变，这一类果蔬被称为跃变型或呼吸高峰型果蔬。另一类在发育过程中没有呼吸高峰，呼吸强度在采后一直下降，该类果蔬被称为非跃变型果蔬。表 2-3 归纳了果实的两种呼吸类型。

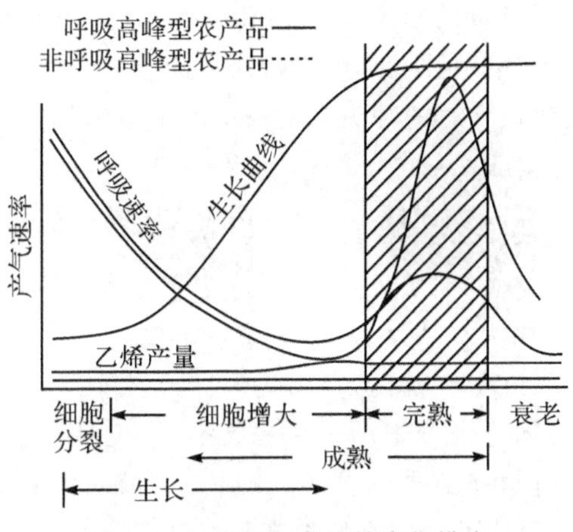

图 2-3　果实呼吸曲线的变化模式

表 2-3　两种呼吸类型的果实

呼吸高峰型水果	非呼吸高峰型水果
苹果(*Malus domestrica*)	樱桃:甜(*Prunus avium*)　酸(*Prunus cerasus*)
杏(*Prunus armeniaca*)	
鳄梨(*Persea americana*)	黄瓜(*Cucumis sativus*)
香蕉(*Musa sp.*)	葡萄(*Vitis vinifera*)
紫黑浆果(*Paccinium corymbosum*)	柠檬(*Citrus limon*)
南美番荔枝(*Annona cherimola*)	菠萝(*Ananas comosus*)
费约果(*Feijoa sellowiana*)	温州蜜柑(*Cifrus unshu*)
无花果(*Ficus carica*)	草莓(*Fragaria sp.*)
猕猴桃(*Actinidia deliciosa*)	甜橙(*Citrus sinensis*)
芒果(*Mangifera indica*)	树番茄(*Cyphomandra betaceo*)
香瓜(*Cucumis melle*)	
番木瓜(*Carica papaya*)	
西番莲果(*Passiflora edulis*)	
桃(*Prunus persica*)	
梨(*Pyrus communis*)	
柿(*Diospyros kaki*)	
李(*Prunus sp.*)	
西红柿(*Lysopersicon esculentum*)	
西瓜(*Cifrullus lanatus*)	

一般原产于热带、亚热带的果实如油梨和香蕉，在跃变顶峰时的呼吸强度分别为跃变前的3～5倍和10倍，且跃变时间维持很短，很快完熟而衰老。原产于温带的果实如苹果、梨等在跃变顶峰时的呼吸强度只比跃变前增加1倍左右，跃变时间维持也长，成熟较慢，因而更耐藏。

伪跃变现象

跃变呼吸作用增强原因

呼吸跃变期是果实发育进程中的一个关键时期，对果实贮藏寿命有重要影响。它既是成熟的后期，同时也是衰老的开始，此后产品就不能继续贮藏。生产中要采取各种手段来推迟跃变果实的呼吸高峰以延长贮藏期。

(3)影响呼吸强度的因素

①内部因素。

种类与品种：在蔬菜的各种器官中，生殖器官新陈代谢异常活跃，呼吸强度一般大于营养器官，所以通常以花的呼吸作用最强，叶次之，这是因为营养器官的新陈代谢比贮藏器官旺盛，且叶片有薄而扁平的结构，分布大量气孔，气体交换迅速；散叶型蔬菜的呼吸强度要大于结球型，因为叶球会变态成为积累养分的器官；根茎类蔬菜如直根、块根、块茎、鳞茎的呼吸强度相对最小。呼吸强度除了受器官特征的影响外，还与其在系统发育中形成的对土壤环境中缺氧的适应特性有关。有些产品采后进入休眠期，呼吸更弱。果实类蔬菜介于叶菜和地下贮藏器官之间，其中水果中以浆果呼吸强度最大，其次是桃、李、杏等核果。苹果、梨等仁果和葡萄呼吸强度较小。同一类产品，不同品种之间呼吸也有差异。一般来说，晚熟品种生长期较长，积累的营养物质较多，呼吸强度强于早熟品种；夏季成熟品种的呼吸强度比秋冬成熟品种强；南方生长的品种比北方的要强。品种和产地对呼吸强度的影响见图2-4。

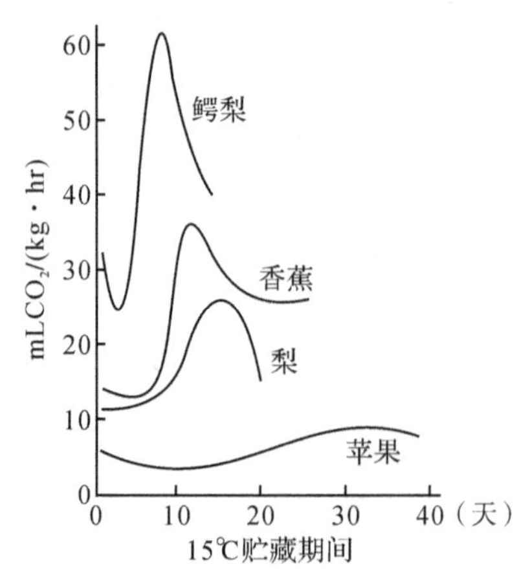

图2-4　品种和产地对呼吸强度的影响

成熟度：幼嫩组织处于细胞分裂和生长阶段，其代谢旺盛，且保护组织尚未发育完善，便于气体交换而使组织内部供氧充足，呼吸强度较大，随着生长发育，呼吸强度逐渐下降。成熟产品表皮保护组织如蜡质、角质加厚，新陈代谢缓慢，呼吸就较弱。在果实发育成熟过程中，幼果期呼吸旺盛，呼吸强度随果实长大而减弱。

②外部因素。

温度：呼吸作用是生物化学反应，对温度极为敏感。在一定的温度范围内，温度与呼吸作用的强弱成正比关系。在 0～30℃范围内，温度与呼吸的加速是指数关系，可以用呼吸温度系数 Q_{10} 来表示。当温度高到 45℃时，果蔬的呼吸强度明显下降。当温度达到 55℃时，果蔬正常的生理机能就受到破坏。当生命活动变慢以至停止时，腐生的细菌以很快的速度在果蔬体内繁殖，果蔬立即腐烂。反之，当温度降低时，酶蛋白的活力也很低，呼吸作用减慢，营养消耗很少，有利于延长寿命。同时由于低温下，细菌不易在果蔬体内繁殖，更有利于果蔬保鲜。由于不同果蔬要求不同的贮存温度，确定贮藏温度应遵循如下两条原则：一是以不出现低温伤害为限度，通常采用正常呼吸的下限作为贮存温度；二是绝对不可以将不同种类的果蔬放在同一温度条件下贮存，因为各种果蔬的下限温度各不相同，见图 2-5。贮藏期温度的波动会刺激产品体内水解酶活性，加速呼吸。如在 5℃恒温下贮藏的洋葱、胡萝卜、甜菜的呼吸强度分别为 9.9、7.7、12.2mg CO_2/(kg·h)，若是在 2℃和 8℃隔日互变而平均温度为 5℃的条件下，呼吸强度则分别为 11.4、11.0、15.9mg CO_2/(kg·h)。因此在贮藏中要避免库体温度的波动。

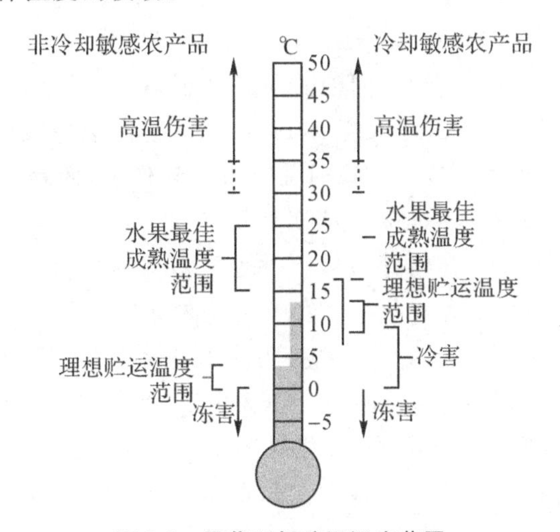

图 2-5　果蔬理想贮运温度范围

气体的分压：贮藏环境中影响果蔬产品的气体主要是 O_2、CO_2 和乙烯。O_2 分压和 CO_2 的分压对果蔬的呼吸强度有着显著的影响。空气中含 N_2 78%，O_2 21%，CO_2 0.03%，还有其他一些稀有气体。对于一个大气压的空气而言，含量为 21%的 O_2 就是其 O_2 分压。改变空气中氧分压的大小，会直接影响果蔬的呼吸强度。O_2 分压越高，细胞的氧化代谢作用越强，物质消耗越快，果蔬越容易衰老。适当降低空气中的 O_2 分压(10%以下)，就能明显降低果蔬氧化代谢作用，减少果蔬体内物质消耗和能量损失，因而，减慢了果蔬的自然衰老，使其在较长的时间内保持相对鲜嫩的状态。

一般空气中 O_2 是过量的，在 O_2 含量＞16％而低于大气中的含量时，对呼吸无抑制作用；在 O_2 含量＜10％时，呼吸强度受到显著的抑制；当 O_2 含量＜5％～7％时呼吸强度受到较大幅度的抑制，但在 O_2 含量＜2％时，常会出现无氧呼吸，产生生理伤害，时间一长，细胞就会死亡，由此将引起寄生菌或腐生菌的滋生而使果蔬腐烂。产生生理伤害的原因是2％的 O_2 分压使果蔬呼吸产生乙醛和乙醇。由于每种果蔬对 O_2 分压的敏感性不同，应根据不同果蔬的生物学特征及对 O_2 的要求来确定 O_2 分压的高低。要严格控制 O_2 分压的下限值，在不低于下限值的前提下，O_2 分压越低，贮存效果越好。贮藏中 O_2 浓度常维持在2％～5％，一些热带、亚热带产品需要 O_2 浓度在5％～9％的范围内。

空气中的 CO_2 浓度为0.03％，高于此浓度的 CO_2 对果蔬的呼吸必有抑制作用。CO_2 浓度愈高，呼吸代谢强度愈小。近年来，高浓度 CO_2 在果蔬保鲜中已广泛应用，并已取得较好的效果。CO_2 对果蔬的保鲜功能表现在它能保持蔬菜的绿色和维持果实的硬度等方面。CO_2 能对抗乙烯的产生并阻止乙烯发挥作用，防止果蔬过熟。但是 CO_2 的高浓度也是有极限的，浓度过高的 CO_2 会引起异常代谢，使果蔬产生生理障碍。常见的生理障碍是使果蔬的表皮（尤其是果实）出现不规则的褐斑，细胞内部累积乙醛和乙醇，进而使果蔬中毒死亡。大量的实验证明，在利用高于空气的 CO_2 含量贮存果蔬时，要特别注意控制 CO_2 的浓度，不要超过该果蔬的 CO_2 浓度要求的上限值，超过此值会出现 CO_2 伤害。一般是 CO_2 分压不要高于 O_2 分压，否则果蔬易受到伤害；当然，CO_2 分压不能比 O_2 分压低得太多，否则保鲜作用就不明显。对于多数果蔬来说，适宜的 CO_2 浓度为1％～5％，过高会造成生理伤害，但产品不同，差异也很大，如鸭梨在 CO_2 浓度＞1％时就受到伤害，而蒜薹能耐受8％CO_2 以上，草菇耐受15％～20％CO_2 而不发生明显伤害。

含水量：果蔬在水分充足时呼吸旺盛并处于植株的挺直状态；而在水分不足时呼吸减弱，整个植株也处于萎蔫状态。由于果蔬本身含水丰富，作为贮存用的果蔬，采收之前不宜灌水，采收后在入库前要在阴凉之处将果蔬表面的浮水晾干，使其稍稍萎蔫一些再入库，但切不可过于萎蔫。在大白菜、菠菜、温州蜜柑中已经发现轻微的失水有利于抑制呼吸。一般来说，在相对湿度（RH）高于80％的条件下，产品呼吸基本不受影响；过低的湿度则影响很大。如香蕉在RH低于80％时，不产生呼吸跃变，不能正常后熟。

机械损伤：损伤会引起呼吸加快以促进伤口愈合。损伤程度越高，呼吸越强。例如，茯苓夏橙从61cm和122cm高处跌落到地面，呼吸强度增大10.9％～13.3％。在运输过程中受伤严重的马铃薯，在贮存时会发热，这就是呼吸增强的表现。另外，受伤使伤口细胞破裂，细胞中的糖、蛋白质、维生素等营养物质流出细胞，聚集在伤口处，为微生物生长提供良好的条件，使各种微生物大量繁殖，这是果蔬受伤后呼吸强度增大和发热以至腐烂的主要原因。为此，应尽可能地避免机械损伤。

乙烯：可刺激果蔬采后的呼吸作用，加速衰老。

对果蔬采取涂膜、包装、避光等措施，采取辐照、应用激素等处理，均影响产品的呼吸作用。

(4)呼吸与耐藏性和抗病性的关系

果蔬在采后仍是生命活体，具有抵抗不良环境和致病微生物的特性，才使其损耗减少，品质得以保持，贮藏期得以延长。产品的这些特性被称为耐藏性和抗病性。耐藏性是指在一定贮藏期内，产品能保持其原有的品质而不发生明显不良变化的特性；抗病性是指产品抵抗致病微生物侵害的特性。生命消失，新陈代谢停止，耐藏性和抗病性也就不复存在。新采收的黄瓜、大白菜等产品在通常环境下可以存放一段时间，而炒熟的菜的保质期则明显缩短，说明产品的耐藏性和抗病性依赖于生命。

呼吸作用是采后新陈代谢的主导，正常的呼吸作用能为一切生理活动提供必需的能量，还能通过许多呼吸的中间产物使糖代谢与脂肪、蛋白质及其他许多物质的代谢联系在一起，使各个反应环节及能量转移之间协调平衡，维持产品其他生命活动能有序进行，保持耐藏性和抗病性。通过呼吸作用还可防止对组织有害的中间产物的积累，将其氧化或水解为最终产物，进行自身平衡保护，防止代谢失调造成的生理障碍，这在逆境条件下表现得更为明显。

呼吸与耐藏性和抗病性的关系还表现在，当植物受到微生物侵袭、机械伤害或遇到不适环境时，能通过激活氧化系统，加强呼吸而起到自卫作用，这就是呼吸的保卫反应。呼吸的保卫反应主要有以下几方面的作用：采后病原菌在产品有伤口时很容易侵入，呼吸作用为产品恢复和修补伤口提供合成新细胞所需要的能量和底物，加速愈伤，避免病原菌感染；在抵抗寄生病原菌侵入和扩展的过程中，植物组织细胞壁的加厚、过敏反应中植保素类物质的生成都需要加强呼吸，以提供新物质合成的能量和底物，使物质代谢根据需要协调进行；腐生微生物侵害组织时，会分泌毒素，破坏寄主细胞的细胞壁，并透入组织内部，作用于原生质，在细胞死亡后加以利用，其分泌的毒素主要是水解酶，植物的呼吸作用有利于分解、破坏微生物分泌的毒素，削弱其毒性，从而抑制或终止侵染过程。

然而呼吸作用旺盛将造成品质下降，新陈代谢的加快将缩短产品寿命，造成耐藏性和抗病性下降，其营养物质消耗加快。因此，延长果蔬贮藏期首先应该保持产品有正常的生命活动，不发生生理障碍，能够正常发挥耐藏性、抗病性的作用；在此基础上，维持缓慢的代谢，才能延长产品寿命，延长贮藏期。

(二)蒸腾作用与失鲜

1. 失重和失鲜

果蔬的含水量很高，大多在65%～96%，某些瓜果类如黄瓜可高达98%，这使得这些鲜活果蔬产品的表面具有光泽并有弹性，组织呈现坚挺脆嫩的状态，外观新鲜。水分散失主要造成失重（包括水分、挥发性物质、CO_2 损失）和失鲜。水分蒸散是失重的重要原因，例如，苹果在2.7℃冷藏时，每周由水分蒸散造成的重量损失约为果品重量的0.5%，而呼吸作用仅使苹果失重0.05%；柑橘在贮藏期失重的75%由失水引起，25%是呼吸消耗干物质所致。失鲜是产品质量的损失，表面光泽消失，形态萎蔫，外观失去饱满、新鲜和脆嫩的质地，甚至失去商品价值。许多果实失水高于5%就引起失鲜。不同产品失鲜的具体表现有所不同。如叶菜失水很容易萎蔫、变色、失去光泽；萝卜失水，外表变化不大，内部糠心；苹果失鲜不十分严重时，外观变化也不明显，表现为果肉变沙。

2. 失水对代谢和贮藏的影响

多数产品失水都对贮藏产生不利影响，失水严重还会造成代谢失调。果蔬萎蔫时，原生质脱水，促使水解酶活性增强，加速水解，并加速营养物质的消耗，削弱组织的耐藏性和抗病性，加速腐烂。例如萎蔫的甜菜腐烂率显著提高，萎蔫程度越高，腐烂率越高。失水严重时，细胞液浓缩，某些物质和离子（如 NH_4^+）浓度增高，也能使细胞中毒。过度缺水还使脱落酸（ABA）含量急剧上升，时常增加几十倍，加速营养物质脱落和产品衰老。

但某些果蔬产品采后适度失水可抑制代谢，并延长贮藏期。例如大白菜、柑橘等，收获后轻微晾晒，使组织轻度变软，利于码垛，减少机械损伤。洋葱、大蒜等采收后进行晾晒，会使其外皮干燥，抑制呼吸。另外，采后轻度失水还能减轻柑橘果实的浮皮病。

3. 水分蒸散的影响因素

(1)内部因素

水分蒸散过程是先从细胞内部开始，到细胞间隙，再到表皮组织，最后从表面蒸散到周围大气中的。因此，产品的组织结构是影响水分蒸散直接的内部因素，包括以下几个方面。

①表面积比：即单位重量或体积的果蔬具有的表面积。因为水分是从产品表面蒸发的，所以表面积比越大，蒸散作用就越强。

②表面保护结构：水分在产品的表面的蒸散有两个途径，一是通过气孔、皮孔等自然孔道，二是通过表皮层。气孔的蒸散速度远大于表皮层。表皮层的蒸散因表面保护层结构和成分的不同差别很大。角质层不发达，保护组织能力差，极易失水；角质层加厚，结构完整，有蜡质、果粉则利于保持水分。

③细胞持水力：原生质亲水胶体和固形物含量高的细胞有高渗透压，可阻止水分向细胞壁和细胞间隙渗透，利于细胞保持水分。此外，细胞间隙大，水分移动的阻力小，也会加速失水。

除了组织结构外，新陈代谢也影响产品的蒸散速度，呼吸强度高、代谢旺盛的组织失水较快。

(2)贮藏环境因素

①空气湿度。空气湿度是影响产品表面水分蒸腾的主要因素。表示空气湿度的常见指标包括：绝对湿度、饱和湿度、饱和差和相对湿度。绝对湿度是单位体积空气中所含水蒸气的量（g/m^3）。饱和湿度是在一定温度下，单位体积空气中所能最多容纳的水蒸气量。若空气中水蒸气超过此量，就会凝结成水珠，温度越高，容纳的水蒸气越多，饱和湿度越大。饱和差是空气达到饱和尚需要的水蒸气量，即绝对湿度和饱和湿度的差值，其直接影响产品水分的蒸腾。贮藏中通常用空气的相对湿度（RH）来表示环境的湿度，RH 是绝对湿度与饱和湿度之比，反映空气中水分达到饱

和的程度。在一定的温度下，一般空气中水蒸气的量小于其所能容纳的量，存在饱和差，也就是其蒸气压小于饱和蒸气压。鲜活的园艺产品组织中充满水，其蒸气压一般是接近饱和的，一旦高于周围空气的蒸气压，水分就蒸腾，其快慢程度与饱和差成正比。因此，在一定温度下，绝对湿度或相对湿度大时，饱和差小，蒸腾就慢。

②温度。不同产品蒸腾速度的快慢随温度的变化差异很大(见表2-4)。温度的变化主要是造成空气湿度发生改变而影响到表面蒸腾的速度。环境温度升高时饱和湿度增高，若绝对湿度不变，则饱和差上升而相对湿度下降，产品水分蒸腾加快；温度降低时，由于饱和湿度低，在同一绝对湿度下，水分蒸腾速度下降甚至结露。库温的波动会在温度上升时加快产品蒸散，而降低温度时，不但减慢产品蒸腾，而且往往造成结露现象，不利于贮藏。温度高时，饱和湿度高，饱和差就大，水分蒸散快。因此，在保持了同样相对湿度的两个贮藏库中，产品的蒸散速度也是不同的，库温高的蒸散更快。此外，温度升高，分子运动加快，产品的新陈代谢旺盛，蒸腾也加快。产品见光可使气孔张开，提高局部湿度，也促进蒸腾。

表2-4　不同种类的果蔬随温度变化的蒸腾特性

类型	蒸腾特性	水果	蔬菜
A型	随温度的降低蒸腾量急剧下降	柿子、橘子、西瓜、苹果、梨	马铃薯、甘薯、洋葱、南瓜、胡萝卜、甘蓝
B型	随温度的降低蒸腾量也下降	无花果、葡萄、甜瓜、板栗、桃、枇杷	萝卜、花椰菜、番茄、豌豆
C型	与温度关系不大，蒸腾作用强烈	草莓、樱桃	芹菜、芦笋、茄子、黄瓜、菠菜、蘑菇

③空气流动。在靠近果蔬产品的空气中，蒸散使水汽含量较多，饱和差比环境中的小，蒸腾减慢，在空气流速较快的情况下，这些水分被带走，饱和差又升高，就不断蒸散。

④气压。气压也是影响蒸腾的一个重要因素。在一般的贮藏条件之下，气压是正常的一个大气压，对产品影响不大。采用真空冷却、真空干燥、减压预冷等减压技术时，水分沸点降低，蒸腾加快。此时，要加湿以防止果蔬失水萎蔫。

4. 抑制蒸散的方法

对于容易蒸散的产品，可用各种贮藏手段防止水分散失。生产中常用以下措施。

(1)直接增加库内空气湿度。用自动加湿器向库内喷雾或水蒸气，以增加环境空气中的含水量。

(2)提高产品外部小环境的湿度。用塑料薄膜或其他防水材料包装产品，在包装前，一定要先预冷，使产品的温度接近库温，然后在低温下包装；否则，在高温下包装，低温下贮藏，将会造成结露，加速产品腐烂。用包果纸和瓦楞纸箱打孔薄膜包装比不包装堆放失水少得多，一般不会造成结露。

(3)采用低温贮藏是防止失水的重要措施。低温下饱和湿度小，饱和差很小，产品失水缓慢。

(4)用给果蔬打蜡或涂膜的方法也有阻隔水分从表皮向大气中蒸散的作用。

(三)采后成熟衰老生理

果实发育过程可分为三个主要阶段,即生长、成熟和衰老。虽然这三个阶段没有明显的界线,但一般而言,生长包括细胞分裂和以后的细胞膨大,当产品达到大小稳定这一时期,果实内部物质发生极明显的变化,从而使产品可以食用。生长和成熟阶段合称为生长期。

果实生长曲线呈S和双S型原因

果实在开花受精后的发育过程中,完成了细胞、组织、器官分化发育的最后阶段,充分长成时,达到生理成熟(Maturation,有的称为"绿熟"或"初熟")阶段。果实停止生长后还要进行一系列生物化学变化逐渐形成本产品固有的色、香、味和质地特征,然后达到最佳的食用阶段,称完熟(Ripening)。我们通常将果实达到生理成熟或完熟阶段的过程都叫成熟(包括了生理成熟和完熟)。达到食用标准的完熟过程既可以发生在植株上,也可以发生在采摘后,采后的完熟过程称为后熟。生理成熟的果实在采后可以自然后熟,达到可食用品质,而幼嫩果实则不能后熟。例如绿熟期番茄采后可达到完熟状态以供食用,若采收过早,果实未达到生理成熟状态,则不能后熟着色而达到可食用状态。生长和成熟统称为发育阶段。植物的根、茎、叶、花及变态器官从生理上不存在成熟问题,只有衰老问题。园艺学上,一般将产品器官细胞膨大定型、充分长成,由营养生长开始转向生殖生长或生理休眠,或根据人们的食用习惯达到最佳食用品质,称产品已经成熟。衰老定义为由合成代谢(同化)的生化过程转入分解代谢(异化)的过程,从而导致组织老化、细胞崩溃及整个器官死亡的过程。果实中最佳食用阶段以后的品质劣变或组织崩溃阶段称为衰老。这三个阶段很难明确地划分。衰老是果蔬生命史中一个活跃的生理阶段,常常表现为叶柄、果柄、花瓣等器官的脱落,叶绿素的消失,组织硬度的降低,种子或芽长大,释放特殊芳香气味,萎蔫、凋谢、腐烂等。

果蔬除了在开始发芽或再生长的情况以外,一般不表现出那种激发的代谢活动的突然增强。在发芽期间,除了明显的解剖学上的变化以外,常常还发生重要的营养成分的化学变化。首先是脂肪和淀粉迅速转变成糖;其次是维生素C的增加,这在维生素C的摄取量不够丰富的饮食中是极有价值的;还有大量的有机酸的生成及丰富的柔软纤维的提供。

果蔬可以在不同的时期采收,有些是未成熟的,有些是成熟的,皆可作为食品上市销售。凡是未成熟阶段采摘的蔬菜,例如豆类和甜玉米,其代谢活动都强,常附带着其非种子部分(如豆荚的果皮)。而完全成熟时采收的种子和荚果,则由于其含水量低,代谢速率也慢。供人们当鲜菜食用的种子是在其含水量约为70%时采收的;而休眠种子则是在其含水量低于15%时采收的。鳞茎、根和块茎是一些含有养料贮备物的贮藏器官，这些贮备物为其本身的重新生长所必需，即供繁殖之用。收获之后，其代谢速率低，在适宜的贮藏条件下，休眠期也较延长。食用的花、芽、茎和叶的代谢活动有很大差异，因而腐败速率也有很大不同。茎和叶往往迅速衰老，从而失去它们的食用和营养价值。

1.果蔬衰老中的变化

(1)叶柄和果柄的脱落

脱落是叶柄或果柄的离区形成特殊细胞层的结果。在叶柄、果柄脱落之前，离区细胞中已有许多变化。由于细胞分裂，形成横穿叶柄基部的一层砖状细胞，在脱落时这些细胞代谢活动十分活跃，从而引起细胞壁或胞间层的部分分解，造成细胞与细胞之间分离。叶片或果实自身的重量使其与维管束的联系折断，叶柄或果柄则从主茎上脱落下来。叶柄脱落后，在叶柄残茎上形成一层木栓以防止果蔬组织受微生物侵染及减少水分蒸发。例如大白菜贮藏中出现脱帮现象。所有的植物在衰老时都会发生这些变化，而且有严格的周期性。

(2)颜色的变化

蔬菜叶绿体内存在着叶绿素。叶绿素以一定结构形式在叶绿体内有秩序地排列着。采收前的蔬菜通过叶绿素捕捉阳光进行光合作用以制造食物；采收后的蔬菜失去光合作用的能力，叶绿体的功能随贮存时间的延长而丧失；叶绿体自身不能更新而被分解，叶绿素分子遭到破坏而使绿色消失。此时，其他色素如胡萝卜素、叶黄素等显示出来，蔬菜由绿色变为黄色、红色或其他颜色，从而失去了鲜嫩而衰老。要使贮存的蔬菜保鲜保绿色，必须采取防止叶绿体被破坏的有效措施。据报道，过氧化物酶和脂氧合酶参与了叶绿素的分解代谢。

果实的叶绿素消失与衰老叶片相同，有的与叶绿体破裂有关，有的在衰老时经过超微结构和功能的转变，变成有色体。在成熟香蕉和梨果实中，随着叶绿素消失，类胡萝卜素显露，并成为颜色的决定者。花色素苷为酚类物质，是构成另一类主要颜色的物质，果实中大量花色苷是一些花色素糖基化的衍生物。花色素苷对 pH 的反应敏感，在酸性条件下变红，在中性条件下变紫。花色素一般在成熟时大量合成。

(3)组织变软、发糠

采收后的果蔬，随着贮藏时间延长，其组织变软发糠是常见的现象。例如过冬后的萝卜，切开后没有多少水分，组织疏松，好似多孔的软木塞。

(4)种子及休眠芽的长大

一些果蔬除了可食用部分以外，可能存在种子及潜伏芽。这些器官是与延续子代相关联的，在不利的条件下，果蔬的其他部分会以自身器官的死亡来保证这一部分成活。例如黄瓜贮存一段时间后，其表皮变黄，果肉发糠，种子却在长大，这是果肉中的养料不断向种子转移的结果。使潜伏芽或种子处于休眠状态是十分重要的。

(5)风味变化

水果达到一定的成熟度后，会现出它特有的风味。而大多数蔬菜由成熟向老熟过渡时会逐渐失去风味。例如衰老的蔬菜味变淡，色变浅，纤维增多；幼嫩的黄瓜，稍带涩味并散发出浓郁的芳香，而当它向衰老过渡时，首先失去涩味，然后变甜，表皮渐渐脱绿发黄，到衰老后期则果肉发酸而失去食用价值。

采收时不含淀粉或含淀粉量较少的果蔬，如番茄和甜瓜等，随贮藏时间的延长，含糖量逐渐减少。采收时淀粉含量较高（1%～2%）的果蔬（如苹果），采后淀粉水解，含糖量暂时增加，果实变甜，达到最佳食用阶段后，含糖量因呼吸消耗而下降。通常果实发育完成后，含酸量最高，随着成熟或贮藏期的延长逐渐下降，因为果蔬贮藏更多利用有机酸为呼吸底物，其消耗比可溶性糖更快，贮藏后的果蔬糖酸比提高，风味变淡。未成熟的柿、梨、苹果等果实细胞内含有单宁物质，使果实有涩味，成熟过程中被氧化或凝结成不溶性物质，涩味消失。果实香味由许多物质引起，包括醇类、酸类、酯类、酚类、杂环化合物等。在一些情况下，典型果实的香味归功于特定的化合物的形成。

(6)萎蔫

果蔬组织内水分约占90%，叶菜类植物的挺直全靠体内水的压力，如果水压降低，这类植物就会枯萎。水直接参加果蔬生命活动中许多生物化学反应，它使蛋白质膨胀，使细胞器、细胞膜和酶得以稳定。正常鲜度的果蔬必须有正常的生命活动且保持细胞的膨胀状态，其所需的膨胀压力正是由水和原生质膜的半渗透性来维持的。

(7)果实软化

果实软化几乎是所有果实成熟时的明显特征。细胞壁内部结构的破坏，加上细胞壁物质大量降解，是果实质地变软的最初原因。这个过程主要是果胶质降解。由纤维素、半纤维素和果胶质构成的细胞壁结构被破坏发生较早，同时原果胶分解。多聚半乳糖醛酸酶(PG)催化由多聚半乳糖醛酸构成的果胶质水解，与果实软化关系密切。此时大量PG同工酶的出现是成熟时调节功能发挥作用的标志。成熟时一些能水解果胶物质和纤维素的酶类活性增强，水解作用使中胶层溶解，纤维分解，细胞壁发生明显变化，结构松散失去黏结性，造成果肉软化。有关的酶主要是果胶甲酯酶(Pectin Methylesterase，PME，PE)、多聚半乳糖醛酸酶(Polygalacturonase，PG)和纤维素酶(Endo-β-1，4-D-glucanase)。PE能从酯化的半乳糖醛酸多聚物中除去甲基，PG水解果胶酸中非酯化的1，4-α-D-半乳糖苷键，生成低聚的半乳糖醛酸。根据PG酶作用于底物的部位不同，可分为内切酶(Endo-PG)和外切酶(Exo-PG)。内切酶可随机分解果胶酸分子内部的糖苷键，外切酶只能从非还原末端水解聚半乳糖醛酸。由于PG作用于非甲基化的果胶酸，在PE、PG共同作用下便将中胶层的果胶水解。纤维素酶能水解纤维素、一些木葡聚糖和交错连接的葡聚糖中的β-1，4-D-葡萄糖苷键。

(8)细胞膜变化

果蔬采后劣变的重要原因是组织衰老或遭受环境胁迫时，细胞的膜结构和特性发生改变。膜的变化会引起代谢失调，最终导致产品死亡。细胞衰老时普遍的特点是正常膜的双层结构转向不稳定的双层和非双层结构，膜的液晶相趋向于凝胶相，膜透性和微黏度增强，流动性下降，膜的选择性和功能受损，最终导致产品死亡。这些变化主要是由于膜的化学组成发生了变化，表现在总磷脂含量下降，固醇/磷脂、游离脂肪酸/酯化脂肪酸、饱和脂肪酸/不饱和脂肪酸等几种物质比上升，过氧化脂质积累和蛋白质含量下降几方面。衰老中膜损伤的重要原因之一就是磷脂的降解。细胞衰老中，50%以上膜磷脂被降解，积累各种中间产物。磷脂降解的第一步是在磷脂酶D作用下转化成磷脂酸，此产物不积累，在磷脂磷酸酶作用下水解生成甘油二酯，然后在脂酰水解酶作用下脱酰基释放游离脂肪酸。脂肪酸在脂肪氧合酶作用下形成脂肪酸氢过氧化物，该物质不稳定，生成中经历各种变化，包括生成游离基。脂肪酸氢过氧化物在氢过氧化物水解酶和氢过氧化物脱氢酶作用下转变成短链酮酸、乙烷等，脂肪酸也可氧化降解产生CO_2和醛等。

(9)病菌感染

自然界的一切生物都对环境中的有害因素具备自卫能力，这就是所谓“适者生存”的自然规律。果蔬也是这样，新鲜的果蔬抗病菌感染的能力很强，例如用刀切割新鲜的马铃薯块茎，在切面会很快形成木栓层以防止块茎组织干燥及真菌的侵袭。然而随着果蔬贮存时间的延长，病菌浸染率直线上升，感病率高达80%，可见果蔬贮存时的病菌感染以至腐烂是与果蔬的衰老程度密切相关的。

2. 乙烯与果蔬生理发育的关系

(1)乙烯的生物合成

乙烯是植物激素，分子式为C_2H_4。大约0.1ppm浓度的乙烯就能对果蔬产生一定的生理作用。当果蔬的呼吸达到高峰期时，乙烯的产量也达到高峰；呼吸下降时，乙烯的产量也下降；而当果实进入衰老、开始变软时，乙烯急剧增加，比早期产量多几十倍，甚至几百倍。在果蔬衰老时增加的乙烯称为伤乙烯，这种乙烯的产生是细胞结构受破坏引起的。运输过程中果蔬组织受到机械损伤也会产生伤乙烯。

一个伤黄瓜引起一筐腐烂

乙烯生物合成途径

(2)乙烯在组织中的作用

①对果蔬呼吸的作用。

乙烯能刺激果蔬呼吸跃变期提前出现。跃变型果实成熟期间自身能产生乙烯，只要有微量的乙烯，就足以启动果实成熟。香蕉、甜瓜、甜橙、油梨成熟的乙烯阈值为0.1μg/g，梨、番茄成熟的乙烯阈值为0.5μg/g。随后内源乙烯迅速增加，达到释放高峰，此期间乙烯累积在组织中的浓度可高达10～100mg/kg。乙烯含量高峰常出现在呼吸高峰之前，或与之同步，只有在内源乙烯达到启动成熟的浓度之前采用相应的措施，抑制内源乙烯的大量产生和呼吸跃变，才能延缓果实的后熟，延长产品贮藏期。非跃变型果实成熟期间自身不产生乙烯或产量极低，因此后熟过程乙烯含量不明显。常见果蔬产品的乙烯生成量见表2-5。

表 2-5 常见果蔬产品的乙烯生成量[μL C_2H_4/(kg·h),20℃]

类型	乙烯产量	产品名称
非常低	≤0.1	芦笋、花菜、樱桃、柑橘、枣、葡萄、石榴、甘蓝、菠菜、芹菜、葱、洋葱、大蒜、胡萝卜、萝卜、甘薯、豌豆、菜豆、甜玉米
低	0.1~1.0	橄榄、柿子、菠萝、黄瓜、绿花菜、茄子、秋葵、青椒、南瓜、西瓜、马铃薯
中等	1.0~10	香蕉、无花果、荔枝、番茄、甜瓜
高	10~100	苹果、杏、油梨、猕猴桃、榴莲、桃、梨、番木瓜、甜瓜
非常高	≥100	番荔枝、西番莲、蔓蜜苹果

外源乙烯能诱导和加速果实成熟,使跃变型果实呼吸强度提高和内源乙烯大量生成,乙烯浓度的大小对呼吸高峰的峰值无影响,但浓度大时,呼吸高峰出现得早。乙烯对跃变型果实呼吸的影响只有一次,且只有在跃变前处理时才起作用。对非跃变型果实,外源乙烯在整个成熟期间都能促进呼吸强度提高,在很大的浓度范围内,乙烯浓度与呼吸强度成正比,当除去外源乙烯后,呼吸作用下降,恢复到原有水平,也不会促进内源乙烯增加(图 2-6)。

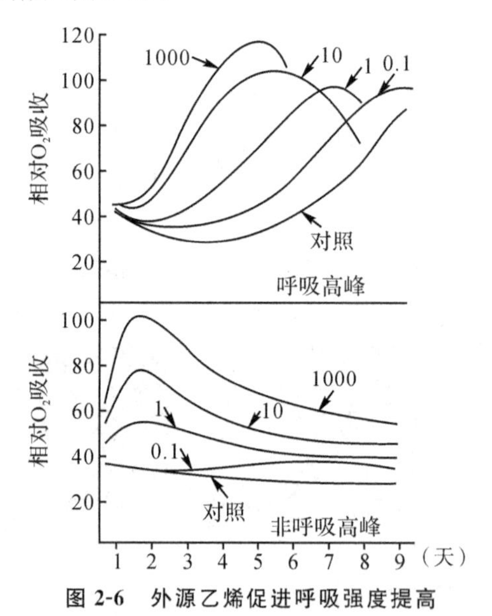

图 2-6 外源乙烯促进呼吸强度提高

②乙烯对生物膜的透性影响及酶蛋白合成的作用。

乙烯容易与类脂质发生作用,使半透膜的渗透性增大好几倍,从而加快了酶和底物在组织中的接触。经乙烯处理后会有蛋白酶、淀粉酶、ATP 酶、磷酸化酶、果胶酶等合成。另外,乙烯还能调节酶的分泌和释放,增强其活性,这些都大大促使果蔬的成熟与衰老。

③对核酸合成作用的影响。

果蔬在衰老发生时,组织内会有一种特殊酶蛋白产生,这种特殊酶蛋白的合成是受核酸控制的。而乙烯促进了核酸的合成,并在合成的转录阶段上起调节作用,导致了组织内特殊酶蛋白的合成,加速了果蔬的衰老。

④其他生理作用。

乙烯促进了成熟过程的一系列变化，其中最为明显的包括使果肉很快变软，产品失绿黄化和器官脱落。如仅 0.02mg/kg 乙烯就能使猕猴桃在冷藏期间的硬度大幅度降低；0.2mg/kg 乙烯就能使黄瓜变黄；1mg/kg 乙烯使白菜和甘蓝脱帮，加速腐烂。此外，乙烯还加速马铃薯发芽、使萝卜积累异香豆素，造成苦味，刺激芦笋老化合成木质素而变硬等。

(3)影响乙烯合成和作用的因素

乙烯是果实成熟和植物衰老的关键调节因子。贮藏中控制产品内源乙烯的合成和及时清除环境中的乙烯气体都很重要。乙烯的合成能力及其作用受自身种类和品种特性、发育阶段、外界贮藏环境条件的影响。

①果实的成熟度。

跃变型果实中乙烯的生成有两个调节系统：系统Ⅰ负责跃变前果实中低速率合成的基础乙烯，系统Ⅱ负责成熟过程中跃变时乙烯自我催化的大量生成。后者与成熟有关。两个系统的合成都遵循蛋氨酸代谢途径。

为何幼小果实对乙烯作用不敏感

非跃变果实中乙烯生成速率相对较慢，变化平稳，整个成熟过程只有系统Ⅰ活动，缺乏系统Ⅱ，这类果实只能在树上成熟，采后呼吸强度一直下降，直到衰老死亡，所以应在充分成熟后采收。

②伤害。

贮藏前要严格去除有机械伤、病虫害的果实，这类产品不但呼吸旺盛，易传染病害，还由于其产生伤乙烯，会刺激成熟度低且完好果实的很快成熟衰老，缩短贮藏期。干旱、淹水、温度等胁迫及运输中的震动都会使产品形成伤乙烯。

③贮藏温度。

乙烯的合成是一个复杂的酶促反应，一定范围内的低温贮藏会大大降低乙烯合成量。一般在 0℃左右乙烯生成力很弱，后熟得到抑制，随温度上升，乙烯合成加速。如荔枝在 5℃下，乙烯合成量只有常温下的 1/10 左右；许多果实中的乙烯合成速度在 20～25℃最快。因此，采用低温贮藏是控制乙烯生成的有效方式。

一般低温贮藏的产品其乙烯合成酶(EFE)活性下降，乙烯产生少，1-氨基环丙烷羧酸(ACC)积累，回到室温下，乙烯合成能力恢复，果实能正常后熟。但冷敏感果实于临界温度下贮藏时间较长时，如果受到不可逆伤害，细胞膜结构遭到破坏，EFE 活性就不能恢复，乙烯产量少，果实则不能正常成熟，使口感、风味或色泽受到影响，甚至使果实失去实用价值。

此外，多数果实在 35℃以上时，高温抑制了 ACC 向乙烯的转化，乙烯合成受阻，有些果实如番茄则不出现乙烯峰。近来发现用 35～38℃热处理方法能抑制苹果、番茄、杏等果实的乙烯生成和后熟衰老。

④贮藏气体条件。

乙烯合成的最后一步是需氧的，低 O_2 浓度可抑制乙烯产生。一般 O_2 浓度低于8%，果实中乙烯的生成和果实对乙烯的敏感性下降，一些果蔬在 3%O_2 中，乙烯合成量能降到正常空气中的 5%左右。如果 O_2 浓度太低或在低浓度 O_2 中放置太久，果实就不能合成乙烯或丧失合成能力。

提高环境中 CO_2 浓度能抑制 ACC 向乙烯的转化和 ACC 的合成，CO_2 还被认为是乙烯作用的竞争性抑制剂，因此，适宜的高浓度 CO_2 从抑制乙烯合成及乙烯的作用两方面都可推迟果实后熟。但这种效应在很大程度上取决于果实种类和 CO_2 浓度，3%～6%的 CO_2 抑制苹果乙烯的生成效果最好，浓度在 6%～12%效果反而下降，在油梨、番茄、辣椒上也有此现象。高浓度 CO_2 做短期处理，也能大大抑制果实中乙烯合成，如对苹果用高浓度 CO_2（$O_2$15%～21%，$CO_2$10%～20%）处理 4 天，回到空气中乙烯的合成能恢复，处理 10 天或 15 天，转到空气中乙烯回升变慢。

产品一旦产生少量乙烯，就会诱导 ACC 合成酶活性增强，造成乙烯迅速合成，因此，贮藏中要及时排除已经生成的乙烯。采用高锰酸钾等做乙烯吸收剂，方法简单，价格低廉。一般采用氧化铝为载体以增加反应面积，将它们放入饱和的高锰酸钾溶液中浸泡 15～20min，自然晾干。制成的高锰酸钾载体暴露于空气中会吸水失效，晾干后应及时装入塑料袋中密封，使用时放到透气袋中。乙烯吸收剂用时现配更好，生产上有采用多孔碎砖作为载体，用量约为果蔬的 5%。适当通风，特别是贮藏后期加大通风量，也可减弱乙烯的影响。使用气调库时，利用焦炭分子筛气调机进行空气循环可脱除乙烯，效果更好。

对于自身产生乙烯少的非跃变果实或其他蔬菜、花卉等产品，绝对不能与高产乙烯的跃变型果实一起存放，以避免其受到这些果实产生的乙烯的影响。同一种产品，特别对于跃变型果实，贮藏时要选择成熟度一致的产品，以防止成熟度高的产品释放的乙烯刺激成熟度低的产品，加速后熟和衰老。

⑤化学物质。

一些药物处理方式可抑制乙烯与受体的结合。1-MCP(1-甲基环丙烯)能阻止乙烯与受体结合，效果非常好。Ag^+ 能阻止乙烯与受体结合，抑制乙烯的作用，在花卉保鲜上常用银盐处理。

(4)微生物产生乙烯

近来发现一些微生物会产生乙烯，据报道，已有 100 多种微生物会产生乙烯，62%丝状菌、29%酵母菌、21%细菌、9%放线菌能够生产乙烯。例如指状青霉菌、链格孢霉菌都是果蔬采后致病菌，都会产生乙烯。细菌中的丁香假单胞菌致病变种是采前致病菌，也会产生乙烯。微生物产生的乙烯会促进果蔬进一步成熟和衰老，使其易受病菌侵染，还带来点状失绿等品质下降的危害。抑制植物乙烯产生的方法，一般也能抑制微生物产生乙烯。

3. 其他植物激素对果蔬成熟的影响

(1)脱落酸(ABA)

许多非跃变型果实(如草莓、葡萄、茯苓夏橙、枣等)在后熟中 ABA 含量剧增，且外源 ABA 促进其成熟，而乙烯则无效。苹果、杏等跃变型果实中，ABA 积累发生在乙烯合成之前，ABA 首先刺激乙烯的生成，然后再间接对后熟起调节作用。猕猴桃 ABA 积累后出现乙烯峰，外源 ABA 促进乙烯生成、加速软化，用 $CaCl_2$ 浸果显著抑制了 ABA 合成量的增加，延缓了果实软化。贮藏中减少 ABA 的生成量能更进一步延长贮藏期。

(2)生长素

生长素可抑制果实成熟。IAA(吲哚乙酸)必须先经氧化使浓度降低后，果实才能成熟。它可能影响着组织对乙烯反应的敏感性。幼果中 IAA 含量高，对外源乙烯无反应。自然条件下，随幼果发育、生长，IAA 含量下降，乙烯增加，最后达到敏感点，才能启动后熟。

(3)赤霉素(GA)

幼小的果实中赤霉素含量高，种子是其合成的主要场所，果实成熟期间合成水平下降。采后外源赤霉素明显抑制一些果实的呼吸作用和乙烯的释放。外源赤霉素对有些果实的保绿、保硬有明显效果。

(4)细胞分裂素(CTK)

细胞分裂素是一种衰老延缓剂，能明显推迟离体叶片衰老，但外源细胞分裂素对果实延缓衰老的作用不如对叶片那么明显。

激素相互作用

总之，许多研究结果表明果实成熟是几种激素平衡的结果。果实采后，GA、CTK、IAA 含量都高，组织抗性大，虽有 ABA 和乙烯，却不能诱发后熟，随着 GA、CTK、IAA 含量逐渐降低，ABA 和乙烯逐渐积累，组织抗性逐渐减弱，当 ABA 或乙烯达到后熟的阈值，果实后熟启动。

(5)微生物产生多种激素

一些微生物能合成 ABA，例如蔷薇色尾孢霉、灰葡萄孢霉菌、菜豆尾孢霉、瓦菌、赤松尾孢霉等。可可毛色二孢菌能产生茉莉酸酯，丁香假单胞菌可产生冠菌素。恶臭假单胞菌、固氮菌会产生 IAA。串珠镰孢霉会产生 GA，紫云英根瘤菌、地衣芽孢杆菌、巨大芽孢杆菌、枯草杆菌、假单胞菌都能合成 CTK。尾孢霉是果蔬采前主要病害，而灰葡萄孢霉菌是采后草莓和葡萄等主要致病菌。现已经发现 ABA 虽然能提高果蔬采后抗逆性，但是会给果蔬伤口或侵染点带来失绿，导致外观品质下降。抑制致病菌有利于减少点状失绿。

(四)采后休眠与再生长

1. 果蔬采后休眠

休眠是植物在长期进化过程中，为了适应周围的自然环境而产生的一个生理过程，即在生长、发育过程中的一定阶段，有的器官会暂时停止生长，以适应高温、干燥、严寒等不良环境，达到保持其生命力和繁殖力的目的。休眠器官包括种子、花芽、腋芽和一些块茎、鳞茎、球茎、根茎类蔬菜，这些器官形成后或植物结束田间生长时，体内积累了大量的营养物质，原生质内部发生深刻的变化，新陈代谢逐渐降低，生长停止并进入相对静止的状态。休眠期间，产品的新陈代谢、物质消耗和水分蒸发降到最低限度。因此，休眠使产品更具有耐藏性，一旦脱离休眠，耐藏性迅速下降。贮藏中需要利用产品的休眠延长贮藏期。

休眠期的长短与品种、种类有关。如：马铃薯休眠期为2～4个月，洋葱1.5～2个月，大蒜2～3个月，姜、板栗约1个月。蔬菜的根茎、块茎借助休眠度过高温、干旱时期，而板栗是借助休眠度过低温时期的。

(1)休眠的生理生化特性

休眠时的果蔬产品，根据其生理生化的特点可将休眠期分为三阶段。

①休眠前期(准备期)。该阶段是从生长到休眠的过渡阶段。此时产品器官已经形成，但新陈代谢还比较旺盛，伤口逐渐愈合，表皮角质层加厚，属于鳞茎类产品的外部鳞片变成膜质，水分蒸散下降，从生理上为休眠做准备。

②生理休眠期(真休眠、深休眠)。产品的新陈代谢显著下降，外层保护组织完全形成，此时即使给适宜的条件，也难以萌芽，是贮藏的安全期。这段时间的长短与产品的种类和品种、环境因素有关。如洋葱管叶倒伏后仍留在田间不收，有可能因为鳞茎吸水而缩短生理休眠期；低温(0～5℃)处理也可解除洋葱休眠。

③休眠苏醒期(强迫休眠期)。果蔬度过生理休眠期后，产品开始萌芽，新陈代谢逐步恢复到生长期间的状态，呼吸作用加强，酶系统也发生变化。此时，若生长条件不适宜，就生长缓慢，给予适宜的条件则迅速生长。实际贮藏中采取强制的办法，给予不利于生长的条件如通过温、湿度控制和气调等手段延长这一阶段的时间。因此，又称强迫休眠期。

在休眠期间的不同阶段，组织细胞和化学物质都发生了一系列的变化。在生理休眠期，组织的原生质和细胞壁分离，脱离休眠期后原生质重新紧贴于细胞壁上。用高渗透压蔗糖溶液使细胞产生质壁分离，可以判断产品组织所处的休眠阶段。正处于生理休眠状态的细胞呈凸形，已经脱离休眠状态的呈凹形，正在进入或脱离休眠状态的为混合形。胞间连丝起着细胞之间信息传递和物质运输的作用，休眠期胞间连丝中断，细胞处于孤立状态，物质交换和信息交换大大减少；脱离休眠期后胞间连丝又重新出现。在生理休眠期，原生质脱水，疏水胶体增加，这些物质，特别是一些类脂物质排列聚集在原生质和液泡界面，阻止胞内水和细胞液透过原生质，也很难使电解质通过，同时由于外界的水分和气体也不容易渗透到原生质内部，原生质几乎不能吸水膨胀，脱离休眠期后，疏水性胶体减少，亲水性胶体增加，原生质膨胀。在休眠准备期，合成大于水解，低分子(如糖、氨基酸)合成高分子化合物(淀粉和蛋白质等)。

植物的休眠现象与植物激素有关。休眠一方面是由于器官缺乏促进生长的物质，另一方面是器官积累了抑制生长的物质。如果体内有高浓度脱落酸(ABA)和低浓度外源赤霉素(GA)时，可诱导休眠；低浓度的ABA和高浓度GA可以解除休眠状态。GA、生长素、细胞分裂素是促进生长的激素，能解除许多器官的休眠状态。处于深休眠状态的马铃薯块茎中，脱落酸的含量最高，休眠快结束时，脱落酸在块茎生长点和皮中的含量减少4/5～5/6。马铃薯解除休眠状态时，生长素、细胞分裂素和赤霉素的含量也增长，使用外源激动素和玉米素能解除块茎休眠状态。

(2)延长休眠期的措施

植物器官在休眠期过后就会发芽，使得体内的贮藏物质分解并向生长点运输，导致产品重量减轻、品质下降。因此，贮藏中需要根据休眠不同阶段的特点，创造有利于休眠的环境条件，尽可能延长休眠期，推迟发芽和生长以减少这类产品的采后损失。

①温度、湿度的控制。

块茎、鳞茎、球茎类的休眠是由于要度过高温、干燥的时期。创造高温、干燥的条件有利于休眠，而潮湿、冷凉条件会使休眠期缩短。如0～5℃使洋葱解除休眠状态，马铃薯采后2～4℃能使休眠期缩短，5℃打破大蒜的休眠期。因此，采后先使产品愈伤，然后尽快进入生理休眠期。休眠期间，要防止受潮和低温，以防缩短休眠期。度过生理休眠期后，利用低温可强迫产品休眠而不萌芽生长。板栗的休眠是由于要度过低温时期，采收后就要创造低温条件使其延长休眠期，延迟发芽，一般要低于4℃。

②气体成分。

调节气体成分对马铃薯的抑芽效果不是很有效，洋葱可以利用气调贮藏，但由于气体参数与贮藏效果关系不稳定，以及成本上升，生产上很少采用。

③药物处理。

青鲜素(MH)对块茎、鳞茎有一定的抑芽作用。对洋葱、大蒜效果最好。采前2周将0.25%MH喷施到洋葱和大蒜的叶子上，药液被吸收并渗入组织中，转移到生长点，起到抑芽作用，0.1%MH对抑制板栗的发芽也有效。抑芽剂氯苯胺灵(CIPC)对防止马铃薯发芽有效。美国将CIPC粉剂分层喷在马铃薯中，密闭24～48h，用量为1.4g/kg(薯块)。

④射线处理

辐射处理对抑制马铃薯、洋葱、大蒜和鲜姜发芽都有效，许多国家已经在生产上大量使用。一般用60～150Gy γ-射线照射可防止发芽。应用最多的是马铃薯。

2.采后生长与控制

(1)采后生长现象及其对品质的影响

果蔬采收后由于中断了根系或母体水分和无机物的供给，一般看不到生长，但生长旺盛的分生组织能利用其他部分组织中的营养物质，进行旺盛的细胞分裂和延长生长，这会造成品质下降，并缩短贮藏期，不利于贮藏。如芦笋是在生长初期采收的幼茎，其顶端有生长旺盛的生长点，贮藏中芦笋会继续生长并木质化。蒜薹顶端薹苞膨大和气生鳞茎的形成，需要利用基部的营养物质，造成食用部位纤维化，甚至形成空洞。胡萝卜、萝卜收获后，在有利于生长的环境条件下抽茎时，由于利用了薄壁组织中的营养物质和水分，组织变糠，最后无法食用。蘑菇等食用菌采后开伞和轴伸长也是继续生长的表现，这些都将造成品质下降。

(2)延缓采后生长的方法

产品采后生长与自身的物质运输有关，非生长部分组织中贮藏的有机物通过呼吸水解为简单物质，然后与水分一起运输到生长点，为生长合成新物质提供底物，同时呼吸作用释放的能量也为生长提供能量来源。因此，低温、气调等能延缓代谢和物质运输的措施可以抑制产品采后生长带来的品质下降。此外，将生长点去除也能抑制物质运输而保持品质，如蒜薹去掉茎苞后薹梗发空的现象减轻，胡萝卜去掉芽眼，减少了糠心的出现，但形成的刀伤容易造成腐烂，实际应用时应根据具体情况采取措施。

有时也可以利用生长时的物质运输延长贮藏期。如菜花采收时保留 2～3 个叶片，贮藏期间外叶中积累养分并向花球转移而使其继续长大，充实或补充花球的物质消耗，保持品质。假植贮藏也是利用植物的生长缓慢以吸收养分和水分，维持生命活力，不同的是这些物质来源于土壤，而不是植物自身。

(五)抗病生物化学

防止植物传染病最根本的办法是培养并广泛采用抗病品种。另外，如何使果蔬能抵抗病菌感染、防止传染病，是采收后的果蔬贮存保鲜中的重要工作。

1. 种的免疫与品种的抗性

自然界存在大量的对植物危害极大的植物病原微生物，能够侵入植物的寄生微生物很多，但是每一种植物只对其中几种病菌是敏感的，对其余的则具有“种免疫力”。植物不能产生抗体，其抗病机制与动物不同。例如马铃薯对各种疫病的抗性是受相应的主抗性基因 R(resistance)所控制的，通过合成植物保卫素等抗病，其抗菌谱一般较窄。植物中除了具备由 R 基因制约的对抗性外，同时还有多基团抗性。其不能强烈抵抗特定寄生物，但能一定强度抵抗所有种族的寄生物，例如合成多酚等物质。

在植物体内存在着四道抵抗病原微生物的防御线：

第一道防线称为生理抵抗性，它使寄生物失去与植物接触的机会。例如，早熟品种的马铃薯能在疫病大面积传播之前就成熟和收获，避免了和寄生物的接触。

第二道防线是组织(体质)保护物质，这是在与寄生物接触之前在植物组织内就有的。起重要作用的是存在于植物保护组织内的抗生物质(植物杀菌素)，它是病原入侵的强大障碍。例如，马铃薯块茎有保护组织中的生物碱和酚类化合物的作用。这类化合物越多，植物组织的抗病力就越强。

第三道防线是组织(体质)保护物质的转化产物。当植物受到寄生物侵染时，酚类化合物酶促氧化所生成的产物——醌，其杀菌性能大大超过原来的酚。本来不具有抗生作用的化合物也可以转化成杀菌物质，例如，杀菌的蒜素可由蒜元酶促降解而产生。

第四道防线也是最强的一道防线，它由保护机制组成，在原来的组织中并不存在，而是受侵染时才新产生的。植物能够产生植物保卫素，使寄生物失去迫切需要的、存在于原植物细胞中的代谢产物。

上述这四道防线在某种程度上也是相对的，有时候在组织保护物质转化产物与新产生的植物抗毒素之间很难划出一条明显的界线。

2. 多酚类—多酚氧化酶系统的防御作用

酚类化合物在植物中普遍存在。多酚往往集中在植物的伤区和伤层。在植物受伤组织中积聚酚类化合物的原因有三个：

(1)合成酚类化合物的酶的产生。例如在受伤的植物组织中苯丙氨酸解氨酶出现活化或生成。

(2)酚类化合物从结合态(酯类、配糖类)中释放出来，并累积于植物的组织中。

(3)参加合成芳香族化合物变构酶的控制特性遭到破坏，致使反应产物的生成失去控制，生成大量酚类化合物。

有大量的实验结果表明，果蔬受感染后酚类化合物含量大量增加，很多学者认为抗病的品种与易感染的品种的区别就在于，抗病的品种受感染后在病灶区大量地聚积了多酚类物质。

多酚在酶促氧化过程中产生的醌类的杀菌性要比它本身强得多。在受伤的植物组织里多酚氧化酶的活性增强，这主要是由于酶的新的合成，其次也与细胞结构里酶的释放有关。

马铃薯酚醌转化

植物中广泛存在的多酚类—多酚氧化酶系统具有多种作用。它的防御作用在于削弱入侵寄生物的力量，保护植物组织，直到出观专一的杀菌力强的抗生素为止。

3. 植物保卫素的防护作用

植物保卫素是指在正常即健康的组织里没有，只有在遭到寄生微生物及其代谢物侵染后才产生的高等植物的抗生素物质。当植物受到某些化学物质作用后也可能产生保卫素。

植物保卫素是两个代谢系统——寄主植物和寄生物相互作用的产物，它的产生决定于寄主植物的基因，而不是寄生物。寄生物的代谢产物不参加植物保卫素分子的构成，而只是诱导植物保卫素的产生。当真菌的代谢物侵入后，在植物组织里形成的保卫素渗透到植物表面的传染点，其量逐渐增多，从而抑制病菌的生长，保护寄主植物。

不同种、属、科的植物由于它们的代谢特点的不同，所形成的植物保卫素在化学性质上有很大的区别。豆科的不同品种就是一个例子。例如，从豌豆里分离出来的是豌豆素；从菜豆里分离出来的是菜豆素；从大豆里分离出来的是氧化菜豆素。这些植物保卫素之间在结构上均有差异，但它们均属于同一类化合物——香豆酮并色酮类。

也有不少植物保卫素是由萜烯类化合物组成的。它们包括从西洋甘薯中分离出来的甘薯素;从马铃薯里分离出来的马铃薯二醇和马铃薯醛;从辣椒里分离出来的辣椒二醇等。许多茄科类作物被感染后也能产生马铃薯二醇或马铃薯醛等。

植物保卫素不具有病菌的专一性,植物保卫素的广谱作用在于它具有能破坏活机体内普遍存在的代谢中心环节的特性。产生植物保卫素是遗传特征的反映,但是在很大程度上也依赖于生物体的生理状态和外界环境。细胞内生命活动过程愈活跃,产生植物保卫素的能力也愈强,相应地其抗病性也就越强。在果蔬的贮藏过程中,其产生植物保卫素的能力逐渐降低,这与果蔬的抗病性的降低也是完全一致的。一般来讲,当外界因素有利于果蔬的贮藏时,它们产生植物保卫素的能力也较强;反之,产生植物保卫素的能力会越来越弱。因此,植物保卫素的活性成为蔬菜贮藏保鲜过程中衡量抗病性和生命力的重要客观指标之一。

4. 切断寄生物必需的代谢物质

植物抵抗传染病的机制有两种类型:(1)在植物组织里存在着抑制寄生物生长的物质;(2)在寄主组织里因缺少寄生物生活的必需物质而产生的抗性,即所谓的"不完全介质假说"。这种不完全介质,通常是指在原组织中缺少这种或那种代谢产物。在原组织中可能存在寄生物所必需的代谢产物,但是当受到感染后,代谢遭到严重破坏,其结果是代谢产物的消失。由此植物组织内产生了对寄生物的抗性。

马铃薯晚疫病与甾醇

三、果蔬产品采后生理失调

果蔬在贮藏过程中发生的病害,有些无传染性的称非传染性病害或非侵染性病害,是由于生理受到扰乱而引起的,又称生理病害。果蔬采收后出现生理失调可能是不利环境条件所致,特别是温度、气体成分不适宜或生长期营养不平衡引起。一切会引起生物体生理功能失常的环境条件都属于逆境。果蔬产品在采后贮藏期间遭受逆境时,会引起生理失调、组织损伤和崩溃,产生一系列非病原菌引起的伤害,导致食用品质和耐藏性下降或丧失。采后贮藏期间的逆境伤害主要是低温(包括冷害和冻害)和气体伤害。另外还有采前因素引起的生理失调。

(一)冷害

1. 冷害及其症状

低温是抑制果实代谢、延长贮藏期最为有效的措施之一。但有些产品,特别是一些热带、亚热带(包括某些温带)果蔬,由于系统发育处于高温、多湿的环境中,形成对低温的敏感性,即使是在冰点以上的低温中贮藏也会发生代谢失调而造成伤害，此现象被称为冷害，冷害将导致果蔬耐藏性和抗病性下降，造成食用品质劣变甚至食品腐烂。

易产生冷害的产品称为冷敏感产品，它们采后在冰点以上的一定低温下放置一段时间后，首先出现代谢障碍，外部表现出受害症状。表面的凹陷斑点几乎是所有产品产生冷害的早期症状，这是皮下细胞坏死、失水干缩塌陷的结果，在冷害发展的过程中会连成大块凹坑。另一个典型的症状为表皮或组织内部褐变，呈现棕色、褐色或黑色斑点或条纹，有些褐变在低温下表现，有些则是在转入室温下才出现。冷害还使许多皮薄或柔软的水果出现水渍状斑块，使叶菜失绿。受冷害的果实由于代谢紊乱不能正常后熟，一些产品（如番茄、桃、香蕉）不能变软，不能正常着色，不能产生特有的香味，甚至有异味。冷害严重时，产生腐烂，这是组织抗病性下降或细胞死亡，促进了病原菌活动的结果。

2. 冷胁迫下的生理生化变化

与采后正常温度下贮藏的产品相比，冷胁迫下果蔬代谢发生一系列相应的变化。主要有呼吸速率和呼吸商的改变。伤害开始时，产品呼吸速率异常增加，随着冷害加重，产品趋于死亡，呼吸速率又开始下降。受轻微冷害的果实从低温回到室温时，呼吸速率急剧上升，但代谢能够恢复正常而不表现冷害症状，受害严重则不能恢复，冷害症状很快发展。某些果实（如香蕉）受冷害后回到室温下，呼吸模式发生改变，不出现呼吸跃变，结果产品不能正常后熟。呼吸速率的变化可作为检验冷害程度的指标。果实受到冷害后，组织的有氧呼吸大大受到抑制，即使有足够的氧气也无法利用；无氧呼吸增强，表现为呼吸商增加，组织中乙醇、乙醛积累。

低温胁迫下，产品细胞膜受到伤害，透性增强，离子相对渗出率上升，贮藏温度越低，电解质渗出率越高，冷害越严重。这种变化的发生明显早于外部形态结构的变化，膜透性可作为预测冷害的指标。组织受伤程度较轻，回到室温细胞膜可自行修复，恢复正常；受伤严重，膜发生不可逆变化，透性大幅度增强，冷害症状则很快发展。

当冷敏感产品贮藏于临界温度以下时，乙烯合成发生改变。低温下乙烯形成酶系统（EFEs）活性很低，使得 ACC 积累而乙烯产量很低，果实从低温转入室温时，ACC 合成酶活性增强，ACC 含量很快上升，EFEs 活性和乙烯合成量则取决于产品受冷害的程度。由于 EFEs 存在于细胞膜上，其活性依赖于膜结构。冷害不十分严重时，转入室温 EFEs 活性也大幅度增强，乙烯产量增加，果实正常成熟；冷害严重，细胞膜受到永久伤害时，EFEs 活性不能恢复，乙烯产量很低，无法后熟达到所要求的食用品质。

冷害温度下，一些化学物质也发生变化。由于三羧酸循环发生混乱，丙酮酸和三羧酸循环的中间产物 α-酮酸（草酰乙酸和酮戊二酸）积累，丙酮酸的积累使丙氨酸含量迅速增加，这些现象在黄瓜、茄子、香蕉、甜椒中都被发现。遇冷胁迫时，脯氨酸的积累既反映了细胞结构和功能受损伤的程度，同时，也有其适应性的意义，采取一定措施提高其含量能起到保护作用。多胺对植物抗逆性有调节作用，已发现果实产生冷害时它们的含量增加。

3. 冷害机理

冷害机理主要是膜相变理论。冷害低温首先冲击细胞膜，引起其相变，即膜从相对流动的液晶态变成流动性下降的凝胶态。结果是：①膜透性增强，受害组织细胞中溶质渗漏造成离子平衡受到破坏。②脂质凝固，黏度增强，引起原生质流动减慢或停止，使细胞器能量短缺；同时引起线粒体膜相变，使组织的氧化磷酸化能力下降，造成 ATP 能量供应减少，能量平衡受到破坏。③膜结合酶的活性依赖于膜的结构，膜相变引起此类酶活化能增强，其活性下降，使酶促反应受到抑制，但不与膜结合的酶系统的活化能变化不大，从而造成两种酶系统之间的平衡受到破坏。离子平衡、能量平衡、酶系平衡的破坏导致了生理代谢的失调，积累了有毒的代谢产物，使组织发生伤害。若受害很轻，回到常温细胞膜能自行修复，恢复正常。若长时间处于冷害温度下，组织受到不可逆伤害，则出现冷害症状，导致品质下降或产品腐烂。

4. 影响冷害的因素

(1)产品的内在因素

果蔬产品采后低温贮藏时，是否会发生冷害及冷害的严重程度是由产品本身对冷反应的敏感性决定的。不同种类和品种的产品冷敏感性差异很大。

①与原产地有关。原产地为热带果蔬容易受冷害。例如，产于热带的香蕉、芒果、柠檬等在 10～13℃温度之下贮藏，常会出现冷害；在亚热带生长的番茄、茄子等一般在 7～10℃贮藏；原产于温带的一些果蔬产品不易受冷害，如苹果和梨常在 1℃下贮藏。

②与产地有关。生长在热带的油梨贮藏温度为 12℃，生长在亚热带的油梨贮藏温度为 8℃。生长期温度高的产品，对冷害更敏感，同一产区的同种产品，在夏季生长时对低温更敏感，如 7 月采收的茄子比 10 月的易受冷害。

③果蔬成熟度越低，对冷害越敏感。例如绿熟番茄在 8～12℃下贮藏，完熟的番茄可以在 1℃贮藏。

(2)贮藏的环境因素

产品冷害的发生首先与贮藏温度和时间密切相关。开始发生冷害的最高温度或不发生冷害的最低温度称为临界温度。一般来说，在临界温度以下，贮藏温度越低，冷害发生越快，温度越高，耐受低温而不发生冷害的时间越长。在某些情况下，0℃附近或稍低于临界温度时，冷害要比在中间温度下发生得晚。例如广东甜橙在 1～3℃和 10～12℃贮藏 5 个月后，冷害造成的褐斑很少，而 4～6℃和 7～9℃下的果实发病率高。

冷害产生包括两个过程：一是诱导伤害，二是症状表现。近 0℃的低温虽然很快诱导了生理上的伤害，但其代谢失调在低温下进行缓慢，使造成的症状表现被推迟，在中间温度下，冷害诱导虽然慢一些，但由于温度较高，代谢失调的变化加速，症状的表现反而早。

贮于高湿环境中，特别是相对湿度(RH)接近 100%时，会显著抑制果实受冷害时表皮和皮下细胞崩溃，使冷害症状减轻，而低湿则会加速症状的出现。对大多数产品来说，适当提高 CO_2 和降低 O_2 含量可在某种程度上抑制冷害，但也有些产品如番木瓜对气体无反应，甚至在黄瓜、甜椒中还发现低 O_2 和高 CO_2 含量加重冷害的现象。

5.冷害的控制

(1)温度调节

调节温度有利于减轻或避免冷害。

①低温预贮：采后在稍高于临界温度的条件下放置几天，增强抗寒性，可缓解冷害。

②逐渐降温法：低温贮藏前逐渐降低产品的温度，使其适应低温环境，有时比单用低温贮藏更好。这种方法只对呼吸高峰型果实有效，对非呼吸高峰型果实(如柠檬、葡萄柚)则无效。

③间歇升温：低温贮藏期间，在产品还未发生不可逆伤害之前，将产品升温到冷害临界温度以上，使其代谢恢复正常，从而避免出现冷害症状，但也要注意升温太频繁会加速代谢，反而不利于延长贮藏期。

④热处理：贮藏前在高温(30℃左右或以上)下处理几小时至几天，有助于抑制冷害。

(2)湿度调节

黄瓜、甜椒在 RH 为 100%时，凹陷斑减少。用塑料袋包装香蕉能减轻伤害，葡萄柚和黄瓜经打蜡凹陷斑也减少。高湿并不能减轻低温对细胞的伤害，只是降低了产品的水分蒸散，从而减轻了冷害的某些症状。

(3)气体调节

气调能否减轻冷害还没有一致的结论。部分产品种类和品种，如葡萄柚、西葫芦、油梨、日本杏、桃、菠萝等在气调中冷害症状都得以减轻，但黄瓜、石刁柏和柿子椒则反而加重。

(4)化学物质处理

氯化钙处理可减轻苹果、梨、油梨、番茄、秋葵的冷害症状，不影响成熟。乙氧基喹和苯甲酸能减轻黄瓜、甜瓜的冷害症状。红花油和矿物油能减轻在 3℃下贮藏的香蕉的失水和表面变黑症状。此外也有用 ABA、乙烯和外源多胺处理减轻冷害症状的报道。

6.冰温贮藏

有报道，梨在超低温即低于冰点但不至于形成冰晶下贮藏效果很好。可是实践表明，果蔬不能长时间处于超冷状态，否则细胞内容易出现冰的结晶。经过长时间在低于冰点温度下贮藏的果蔬，从外表看很好，但放置在较高温度下会迅速地褐变和失去原有的结构，但辣味品种的洋葱在冰冻状态下还能保持原样。

关于低于冰点的温度对植物组织的作用，可以分三个破坏时期，即冰冻时期、解冻时期和解冻后前期。急速冰冻比缓慢冰冻对植物更危险，同样地，迅速解冻比逐渐解冻危险性也更大。缓慢冰冻危害性之所以小一些的原因是在这种情况下，冰的形成大多在细胞之间，而急速冰冻时，冰在细胞内形成，故破坏性更大。不管是急速冰冻还是缓慢冰冻，所形成的冰结晶都能引起细胞壁的破裂，即使细胞壁没有破裂，低于冰点的温度也能引起细胞超微结构的破坏，随后便出现果蔬组织的病变。大量的实验证明，甚至在只低于冰点1℃的情况下，果蔬的长期贮藏都不可避免地要引起组织的冻伤或某些病变。

不同品种的蔬菜对低温的敏感性不一样。例如，西红柿对－0.5℃很敏感，甘蓝对－1℃不敏感，甜菜对－1.5℃也不敏感。

(二)其他生理病

1. 营养失调

植物营养元素的过多或过少，都会干扰植物的正常代谢而导致植物发生生理病害。在果蔬贮藏期由于营养失调而引起的病害主要是由氮、钙的过多或不足，或氮及钙的比例不适所造成的病害。所谓的“低钙病”，即由于钙的含量不足引起的病害。如苹果在贮藏期发生的苦痘病，苹果内 Ca^{2+} 的浓度若低于 110 mg/kg，呼吸速率明显加快，组织加速衰老，原生质及液泡膜崩解，表皮组织细胞下的薄壁细胞变成网状，最终果实内部组织松软，甚至果肉出现褐点，外部呈现凹陷病斑。若 Ca^{2+} 浓度高于110 mg/kg，则呼吸稳定，蛋白质及核酸的合成率也高，果实表现正常。鸭梨黑心病的发生，也与钙素营养及氮钙比等有关。苹果水心病的发生也是果实中的山梨糖醇、钙和氮三者不平衡所引起的。此外，大白菜干烧心病也是缺钙病害。缺钙是最常见的无机元素缺乏症。有些缺钙病害如番茄的花端腐烂，施用钙盐可以完全防治。对缺钙病害，一般在采收后用真空渗入法使 Ca^{2+} 进入苹果，它能显著地降低苹果苦痘病的发生率。

2. 气体伤害

在气调贮藏中由于气体成分控制不当，会造成 CO_2 浓度过高或 O_2 浓度过低伤害贮藏的果蔬的情况。如苹果受过高浓度 CO_2 的伤害后发生褐变。在以 NH_3 为制冷剂的冷库中，有时 NH_3 泄漏会引起代谢失调，苹果和葡萄红色褪去，番茄不能正常变红，组织破裂，蒜薹出现不规则的浅褐色凹陷斑；贮藏葡萄时，用 SO_2 熏蒸，当其浓度过高时，会引起毒害，造成果柄附近部位漂白，严重时出现水浸状。环境中乙烯浓度过高时，会引起生菜叶片出现褐斑。在贮藏过程中，果蔬本身的代谢产物(乙醛、乙醇、α-法呢烯氧化物等)在通风换气不良的情况下，积累过多会导致果蔬中毒。例如苹果虎皮病(褐烫病)，是苹果贮藏后期常见的一种病害，就是 α-法呢烯氧化物积累引起，常用药剂防治。药剂防治机械见图 2-7。

图 2-7　苹果二苯胺喷淋处理机械(引自 Ron Wills 1998)

3. 果蔬的成熟度不适

采收不适时，果蔬过熟或不成熟都会容易导致生理病害的发生。如苹果采收过晚常提高红玉斑点病及水心病的发生率，采收过早虎皮病发生早，而且因果实成熟度低，表皮蜡质或角质层未充分形成，水分蒸发快，果实易萎蔫，直接影响果品的贮藏质量和时间。

4. 蒸发失水

在贮藏期间果实因呼吸和蒸发失水而呈现萎蔫的现象是很普遍的，但其萎蔫的程度随品种而有差异。蒸发失水不但引起外观品质下降，有时还会引起生理病。例如缓慢而过度失水会引起宽皮橘萎缩型枯水病。

要防止果蔬采后生理失调须了解引起失调发生的代谢过程，并防止这种代谢过程的发生。化学防治是一种很有效的防止失调发生的方法，但不是唯一可行的方法。通过改善栽培管理、采收成熟度、采后管理技术，可以达到防止生理失调发生的效果。

(三)果蔬组织褐变的机理

1. 酚—醌变化和维生素 C 保护假说

创伤褐变是由儿茶酚的酶促氧化造成的。水果的组织褐变是酚类物质变化的直接结果。在有氧条件下，酚类物质经 PPO 催化被氧化为醌，醌通过聚合反应产生有色物质，导致组织褐变。

许多受冷害的水果，如香蕉、凤梨、青椒中，维生素 C 含量显著下降。正常环境下维生素 C 含量较高，可将醌类还原为酚类物质，从而避免了醌对细胞的毒害。而在低温贮藏或低湿情况下维生素 C 遭到破坏，使醌还原为酚的过程受到抑制，醌的积累导致组织褐变。

2. 乙醛毒害假说

正常组织仅含微量的乙醛和乙醇，但在进行无氧呼吸或 CO_2 积累的组织中，两者均大量产生。正常红玉苹果组织注入乙醛和乙醇一周后，乙醛引起组织的褐变。但梨果皮乙醛的积累不是发生在褐变的前期，而是在中期或后期。用乙醛毒害来解释褐变似乎是不够的。

褐变是引起褐变物质(乙醛、酚类物质等)和阻止褐变的因素(维生素 C、谷胱甘肽等)综合作用的结果。随贮藏时间的延长和环境条件的不适，果实还原能力下降，诱发酚类物质酶促氧化和组织褐变。

四、果蔬产品采后病理学

很多真菌会侵染水果和蔬菜，细菌会侵染蔬菜，引起果蔬采后损失。引起果蔬采后损失的主要微生物是链格孢属(*Alternaria*)、灰葡萄属(*Botrytis*)、炭疽菌属(*Colletotrichum*)、球二孢属(*Botryodiplodia*)、链核盘属(*Monilinia*)、青霉属(*Peni-*

cillium)、拟茎点霉属(*Phomopsis*)、根霉属(*Rhizopus*)、小核菌属(*Sclerotinia*),以及欧氏杆菌(*Erwinia*)和假单胞菌(*Pseudomonas*)。绝大部分微生物偏营腐生,对果蔬的侵染力较弱,一般侵入受伤的产品。只有少许病菌,例如炭疽菌属(*Colletotrichum*)能从完好的产品侵入。寄主与微生物之间的关系一般是专一的。例如青霉属(*Penicillium*)只侵入柑橘,展青霉(*Penicillium expansum*)只侵入苹果和梨,而不会侵入柑橘。经常存在一种或少数几种微生物侵入并破坏了组织,很快导致其他很多的侵入能力弱的微生物入侵,从而造成腐烂损失的情况。

(一)病害分类和侵染特点

1. 致病真菌

致病真菌分五个亚门:

(1)鞭毛菌亚门:疫霉属(*Phytophthora*)和霜疫霉属(*Peronophythora*),引起瓜类和茄果类疫病、荔枝霜疫霉病等。

(2)接合菌亚门:根霉属、毛霉属(*Mucor*),引起桃软腐病、葡萄根霉病等。

(3)子囊菌亚门:小丛壳属(*Glomerella*)、长喙壳属(*Ceratocystis*)、囊孢壳属(*Physalospora*)、间座壳属(*Diaporthe*)和链核盘属,引起许多果蔬的炭疽病、焦腐病、褐色蒂腐病、菌核病、褐腐病、黑腐病等。

(4)半知菌亚门:危害果蔬产品的真菌最多。例如:灰葡萄属,引起灰霉病;青霉属,引起柑橘和苹果青、绿霉病;镰孢霉属(*Fusarium*),是常见的瓜果腐烂病菌之一。链格孢属,可使苹果心腐,梨、白兰瓜及番茄等蔬菜发生黑斑;拟茎点霉属,危害柑橘、芒果、番石榴、鸡蛋果等水果,多先自蒂部发生,常称褐色蒂腐病;炭疽菌属,引起香蕉等的炭疽病。另外有曲霉属(*Aspergillus*)、地霉属(*Geotrichum*)、茎点霉属(*Phoma*)、壳卵孢属(*Sphaeropsis*)、球二孢属(*Botryodiplodia*)、聚单端孢霉属(*Trichothecium*)、小核菌属、轮枝孢属(*Verticillium*)等。

(5)担子菌亚门:果蔬采前危害导致品质下降,采后没有重要的病害。

2. 致病细菌

细菌主要危害蔬菜,可能与蔬菜细胞 pH 值较高有关。最重要的是欧氏杆菌中的一个种:胡萝卜欧氏杆菌(*Erwinia carotovora*),使大白菜、辣椒、胡萝卜等蔬菜发生软腐。另外有主要危害菌假单胞杆菌(*Pseudomonas*)和黄单胞杆菌(*Xanthomonas*)。

3. 病原菌的侵染特点

(1)菌源:果蔬贮运期间的病害,其菌源主要是:①田间无症状,但已被侵染的果蔬产品;②产品上污染的带菌土壤或病原菌;③进入贮藏库的已发病的果蔬产品;④广泛分布在贮藏库及工具上的某些腐生菌或弱寄生菌。

(2)侵染过程:果蔬腐烂菌在采前未成熟时和采后(包括采收、随后处理和市场操作)过程均会侵入,特别是采后的产品表面的机械伤容易被腐烂菌侵入。例如:指甲伤、割伤、擦伤、碰伤、昆虫刺伤会极大地促进侵染。产品的生理状况、表面状况、温度等都会影响侵染。了解侵染过程是很重要的，这样才能正确处理，从而控制和清除病菌的侵染。

侵染过程即“病程”，一般分接触期、侵入期、潜育期及发病期。①接触期是指从病原物与寄主接触开始，至其完成开始侵入前的准备。②侵入期指从病原菌开始侵入到其与寄主建立寄生关系。③潜育期指从病原菌与寄主建立寄生关系到呈现症状。④发病期指随着症状的发展，病原真菌在受害部位形成子实体，病原细菌则形成菌脓，它们是再侵染的菌源。

采前侵染：木瓜和芒果的炭疽病，香蕉的冠腐病，柑橘的蒂腐病，这些热带和亚热带的果蔬的病害的产生是由于病菌在采前侵入，当果实开始成熟和衰老，果实本身抗病性下降时，病菌开始扩散。侵染能力弱的真菌和细菌只能通过天然孔道如气孔等侵入，其开始时果实也不发病。

采后侵染：很多引起果蔬大量损失的微生物不能从完好的产品表皮侵入，而是从伤口侵入。采后预处理和包装经常使果蔬产生非常微小的伤口。虽然人眼看不出，但足够微生物侵入了。产品切口也常造成微生物侵入，引起果蔬茎端腐烂。在采后有些菌如小核菌属（*Sclerotinia*）和炭疽菌属（*Colletotrichum*）可以直接从表皮侵入。

（3）病害循环：病害循环指病害从前一生长季节开始发病到下一生长季节再度发病的全部过程。病原菌的越冬越夏、初侵染与再侵染、传染途径是病害循环的3个主要环节。

①越冬越夏：大多数菌源来自田间已被侵染的产品的贮运病害，其越冬越夏场所与果园、菜地里发病的病害相似；少数菌源来自贮藏库本身的贮运病害，其越冬越夏场所在贮藏库，库内的箩筐、盛器、工具。

②初侵染与再侵染：病原菌在植物开始生长后引起的最早的侵染，称“初侵染”。寄主发病后在寄主上产生孢子或其他繁殖体，经传播又引起的侵染，称“再侵染”，又称“重复侵染”。果蔬贮运病害中不少也有再侵染，不过它的再侵染是从产品到产品。再侵染最频繁的常是那些菌源来自贮藏库本身的贮运病害，这类病害的病原菌往往产孢最大、容易成熟、侵染过程短、适应环境范围广。

③传播途径：病害的传播途径有接触传播、水滴传播、土壤传播、震动传播、昆虫传播。采后的传播主要是接触传播和水滴传播。采后用薄膜袋单果包装和防止冷凝水可以很好地防治果蔬病害传播。

（二）主要病害及防治原理

果蔬产品在采后由于微生物引起的损失是严重的。特别是在热带地区，由于高温和高湿促进了微生物的快速生长，腐烂果实产生的乙烯会促进其他同一贮藏运输环境中的产品过熟和衰老。好的产品也会被腐烂产品污染，产品的损失包括腐烂本身实际损失及重新分类包装的经济损失。

1.影响微生物侵染的因素

环境是影响微生物侵染的最重要因素。高温、高湿会造成腐烂的快速发展。热带和亚热带果蔬的冷害，常造成微生物入侵，引起果蔬腐败。相反，低温、低氧、高浓度二氧化碳及适当的湿度环境能阻止微生物生长和限制腐败，其既是通过阻止果蔬成熟和衰老来削弱微生物的生长，也是直接影响微生物来限制腐败。此外，还有很多因素能影响果蔬受微生物的侵染。寄主组织，特别是组织的pH值、水果的pH值低于4.5时，主要受真菌侵染，许多蔬菜pH值高于4.5时，常受细菌危害。成熟的果实比不成熟的果实对病害更敏感。因此，用低温等来减缓果实成熟的处理，是可以阻止微生物生长的。地下贮藏器官，例如马铃薯和甘薯，能在受伤处形成愈伤组织，阻止采后腐败。马铃薯在商业化处理中，常在7～15℃，RH95%环境下，预贮10～14天，来促进愈伤组织形成。把柑橘放在30℃高温和90%湿度环境下几天，柑橘皮会不脆些，木质素会合成，这种愈伤过程(可能是干燥作用)，可以降低青霉病发生率。

2. 果蔬免遭传染病的特点

生长在果蔬上的微生物，按其危害的时间和地点可分为三类。

(1)第一类主要是腐生菌。对果蔬的危害只发生在贮藏期，而在果蔬的营养生长期则并不传染疾病。其只能使衰弱的植物发病，而对完好无损的健康植物组织却无能为力，这是因为这类微生物不能穿过未受损伤的外皮；然而一旦植物外皮受伤，这种微生物就能侵入并使植物发病。发病的机制是由于微生物能消耗植物组织的营养物质，使细胞代谢的所有环节遭到严重破坏，并用它们自己分泌的毒素和酶迅速将细胞杀死，然后在这块死的组织上生长发育。所有这类微生物侵染能力较差，但是致病力都很强。其整个发育周期可以在贮藏期间完成。其来源于贮藏室内空气中的孢子、收获时的土块和植物残渣所带的孢子。其具有软腐特性，如黑根霉、黑曲霉、指状青霉、胡萝卜软腐欧文氏菌等。

(2)第二类具有较强的寄生性，也营腐生，可称为兼性寄生物。其是在植物生长晚期(主要是在不良的气候条件下)传染果蔬，但严重危害果蔬仍是在贮藏期。它们在土壤上通常不能生长，它们需要有果蔬的残渣来完成一系列发育阶段。这些寄生物只能感染较弱的和受了伤的植物组织，但它们具有很强的致病力，一旦侵入植物组织就能很快引起生命活动的破坏和细胞的死亡。其主要有镰孢霉属、马铃薯晚疫病菌(*Phytophtora infestans*)、丝核菌(*Rhizoctonia*)、灰葡萄孢等。

(3)第三类只损害生长着的健壮的植物，具有明显的寄生性质。它们对果蔬的直接危害主要是在田间。在生长期间已被这组微生物感染的果蔬，在贮藏时很容易被前两类微生物感染。例如在田间被白粉病菌感染的白菜，在贮藏过程中，会遭到灰霉菌和细菌腐烂病的严重损害。

后两类微生物最大的特征是能够透过完整的表皮而侵入果蔬组织，而第一类微生物则不具有这种能力，因为它们缺乏相应的器官使之达到必要的渗透压去穿透角质层。第二类兼性寄生物虽然能通过未损伤的表皮组织侵入果蔬内部，但伤口的存在会更有利于它们的侵入。这类专一性较弱的微生物不产生任何渗透器官，而直接通过菌丝伸到果蔬组织中去。

果蔬对第一类微生物的抗性，主要是靠细胞壁木栓质化的强度，强度越大，越能抗拒寄生物的侵入。而对第二类微生物的抗性取决于杀菌物质，即以蔬菜本身组织产生的诱导抑制剂杀死所侵入的病菌，其中包括甾族化合物的羟基生物碱。第三类微生物专一性较强，在侵入植物体时产生一种所谓的加压器。借助于附着胞紧贴在寄主植物的表皮组织上，产生很大的压力而渗入里边。还有一些微生物则形成专门的营养器官——吸根，深入到细胞内，同时像真菌的菌丝一样在细胞之间发育。

3. 采后腐败的控制

(1)采前控制

一般控制采后的腐败，应在采前就开始。这样可以清除传染源。通过采前喷药，可以较好地控制潜伏浸染类型的病菌造成的腐败，如桃褐腐病。但采前用药，往往会形成果蔬抗药菌株，降低采后用同一种药的杀菌效果，如青霉菌。

采收时的处理一定要尽量减少机械伤，从而减少微生物侵入的机会。如柑橘不宜在雨后或很重的露水之后采收，因为此时果皮很脆，很容易造成机械伤。

(2)采后控制

许多物理和化学处理已用来控制果蔬采后的腐烂。侵染时间和侵染的发展程度是能否有效控制致病菌的关键。例如青霉菌和根霉菌从在采收时和其后的操作中造成的伤口侵入，其容易用杀菌剂表面处理来控制。而灰霉菌在采前几周，或在开花时侵入草莓，用此法将很难控制其危害。杀真菌剂一般推荐在采后24小时内应用，这样危害才能在致病菌建立侵染前得到控制。

图 2-8　果蔬蒸汽处理机(引自 Ron Wills, 1998)

物理处理是采后产品的腐烂可以用低温、高温、气调、适当的湿度、辐照、良好的卫生、伤口封闭物的形成而得到控制。低温处理和低温贮藏是最重要的控制采后腐烂的物理方法。其他一般作为低温处理的附加方法。这些方法的应用范围和程度与果蔬本身对之忍受性有关。例如许多热带和亚热带的果蔬对冷害敏感，不能置于很低的温度中。热带的水果常用热处理，例如香蕉用48～50℃热水处理，可以减少炭疽病危害，但一般与药剂结合使用。热处理较多用于出口时的杀虫，一般温度为47℃，处理时间为1～2h。紫外线处理有少量应用，用于表面杀菌。γ-射线也有少量使用，主要也是杀虫；杀菌一般需要10倍以上杀虫的剂量，很多国家允许使用，但消费者不爱买此产品限制了该技术的使用。气调也有一定的抑菌作用，但很少单独用于抑菌。用打蜡的方法，可以封闭伤口；用套袋方法，可以减少病菌二次侵染；控制湿度可以较好地控制发病率。真菌孢子萌发需要表面有水珠，鞭毛菌和细菌侵染需要表面有水。因此，湿度是保鲜中很重要的物理因子。

4. 化学处理

目前果蔬在用的化学处理，一般不被 GB2760 国家标准所允许，但还是普遍使用。在贮藏期常用的有下列几种。

(1)咪唑类杀菌剂

包括噻菌灵(Thiabendazole，TBZ)、苯菌灵(Benomyl，Benlate)、多菌灵(Carbendazol)、托布津(Topsin，Thiophanate)、甲基托布津(Thiophanate-Methyl)、咪鲜胺(Sportak)。一般用浓度 500～1000ppm 浸果，防治柑橘青、绿霉病效果好。它们能透过果蔬表皮角质层杀灭侵染的病原物，是高效、低毒、广谱的内吸性防腐剂。①托布津属于硫菌灵，分甲基托布津和乙基托布津。日本产的托布津有效成分含量为 50%～70%，国产托布津有效成分含量为 50%，采后的洗果浓度为 0.05%～0.1%。②多菌灵能抑制青、绿霉菌孢子萌发，使其芽管畸形，因其化学结构简单，生产工艺简便，成本低，在我国已大量投产，一般药剂的有效成分含量为 25%，推广使用浓度为 0.05%～0.1%。多菌灵抗菌机理与托布津是一样的。③苯菌灵(苯莱特)性能与硫菌灵、多菌灵相似，常用产品为美国杜邦公司生产的 50%可湿性粉剂，使用浓度为 0.025%～0.05%。④噻菌灵(特克多，涕必灵)是我国国标上唯一允许在柑橘上采后使用的杀菌剂，噻菌灵含 50%TBZ 的乳剂，其对柑橘青、绿霉病和蒂腐病效果较好。上述四种防腐剂在柑橘上一般与 2,4-D(滴丁酯原药)混合使用，2,4-D 能保持果蒂新鲜，防止蒂腐病。⑤咪鲜胺(施保克)是一种从德国进口的新咪唑类广谱杀菌剂，常用剂型为 25%乳油，适用于香蕉、芒果的采后防腐保鲜，对炭疽病有明显防治作用。

(2)抑霉唑(Imazalil)

其对柑橘青、绿霉病和链格孢菌引起的黑腐病等有防效。浸果浓度为 500～1000ppm。

(3)保鲜纸

保鲜纸就是在造纸的过程中加入防腐剂，或者在纸上涂布防腐剂、杀菌剂后制成的一种特殊的纸张。其作用是在包果后，通过纸张表面的药物与果品直接接触或依据纸张纤维内部和中间的药物的缓慢挥发和溶解来杀灭病原菌，控制病菌感染。同时，保鲜纸在某种程度上隔离了果与果之间的接触，中断了感染通道，可有效地防止病害蔓延。

(4)二氧化硫(SO_2)

SO_2 主要防治葡萄的灰霉病及用于仓库、用具熏蒸杀毒。

(5)乙膦铝(Fosetyl aluminum)

乙膦铝商品名 Aliette，对鞭毛菌类的侵染可以起保护及治疗作用。对防治绿霉病的效果也显著。

一些果蔬的农药处理

第二节　果蔬产品采后贮藏保鲜技术和设备

一、果蔬产品采后品质和质量管理

果蔬产品的质量主要是由(1)外观，包括大小、色泽、和形状；(2)缺陷情况；(3)口感或质地；(4)芳香；(5)营养价值决定。因此，果蔬产品采后要进行选果、分级、保鲜、检测的工作。

(一)采后影响品质因素

1. 采收

主要是采收机械伤及其引起的腐烂。另外有脏物污染、田间堆放时因为温度高引起品质下降、采收成熟度不适合等。

2. 运输和处理

不好路况和粗暴操作引起产品机械破坏；高温下运输引起品质下降；不适合包装(装得过多或过少)引起碰伤；温度变化引起冷凝水，使包装软化，从而使果蔬受伤。挑选和分级时未能去掉未成熟、过熟、过小、过大等果实，引起后面处理的问题。

3. 贮藏

贮前时间太长；贮藏条件不合适；贮藏时间太长；果蔬混合贮藏时，乙烯引起危害；低温引起冷害；高温高湿引起长霉长虫。

4. 市场

主要是条件不好引起果蔬继续生长(例如开花)，失水导致萎蔫，成熟(苹果变软)和衰老(蔬菜失绿变黄)等。

5. 化学残留

采前化学处理，采后用溴甲烷杀虫，SO_2 杀菌都会在果蔬上引起残留。

(二)化学残留和成熟度的检测

1. 化学残留的检测

随着全世界对食品安全和质量的不断重视，要求食品没有化学残留和污染得到人们普遍关注。化学残留指食品在产前用的化学药剂，没有全部清除或分解，带到采后造成危害。污染指产后在贮运、包装、加工等过程中接触有害物质造成危害。

澳大利亚农业与食品杀虫剂残留分析实验室每年大约分析6万个样品，包括谷物、水果、蔬菜、土壤、水、饲料、动物。分析的化学物主要有：有机磷、有机氯、合成除虫菊、除虫菊、氨基甲酸酯、杀真菌剂、除草剂、熏蒸剂八大类。分析的主要仪器是气相色谱仪和高效液相色谱仪。

然而对化学残留的检测难度大，成本高。澳大利亚对果蔬产品的安全性主要通过 HACCP 来解决，通过法律和喷药记录来解决。日本对进口的果蔬产品要进行化学残留的检测，但也是抽检，针对具体果蔬产品检测某一种或几种化学残留。我国一些大型蔬菜批发市场也有化学残留的检测，例如杭州勾庄蔬菜批发市场配备了有机磷测试设备。

2. 成熟度的检测

(1)破坏性内部品质检测

①硬度检测。一般用硬度计测量果蔬的硬度，硬度计适合硬度较大的果蔬测量，其误差也较大。应用质构仪(见图2-9)测定果蔬的硬度效果很好，可以知道整个加压过程果蔬的弹性。

图2-9　质构仪测定弹性系数(王向阳摄)

②化学测定。主要测定糖、酸和淀粉，其中糖、酸测定最为常用。在成熟过程中，水果一般淀粉减少，糖增加，酸减少。

(2)非破坏性内部品质检测

所谓非破坏性内部品质检测是在不损伤产品的前提下对其内部品质做出评价，并分出等级。目前国外已有少量实际应用非破坏性内部品质检测装置。

①光线。用可见光、近红外线、X射线照射果蔬可以知道成熟度。色差仪可以通过照射和反射，得知果蔬色泽。而色泽与许多果蔬成熟度有关。例如桃的糖度的测定，可利用不同成分含量的物体对近红外线的反射、吸收和透过量都不同的原理，将近红外线照射在桃子的果实上，测定其反射强度，从而计算出含糖量。这种装置利用光纤维束导管方式。导管为同心圆状双层构造，通过外圈向果实照射近红外线，中心圈则检测由果实内部散射和反射回来的光，只要手持光纤维束导管的光端将其接触到果实表面，在仪器上就会显示出糖度。涩柿的检测也可用此方法，涩柿之所以涩是因为有可溶状态的单宁物质，如果用高浓度 CO_2 等进行脱涩，可溶性的单宁则变成非可溶性物质，食用时涩的感觉就没有了。非可溶性的单宁在果肉中呈褐色

小颗粒状。当用可见光照射时,脱了涩的甜柿由于受非可溶性单宁颗粒的阻隔,透光性很差;而未脱涩的涩柿由于单宁呈可溶状态,光线易于透过,显得色红且透亮。西瓜可用X射线透视,健全的部分在图像上呈现黑色,空洞的部分呈现白色。由电子计算机计算出白色部分的面积,从而判断出是否为空洞果。

②气味。例如甜瓜成熟度的检测。甜瓜成熟时散发出一种有香味的气体,将对这种气体高度灵敏的感应器放在气体散出量最多的瓜脐部位检测,根据检测到的气体量的多少可以判断成熟度及是否为异常果、发酵果等。该仪器为便携式,适于田间采收之前检测用。英国Cranfield大学用电子鼻检测洋葱、大蒜等的气味。

③声波。例如西瓜空洞果的检测。敲诊的检测装置由高度测量部分、敲诊感应部分和声波解析部分等组成。西瓜首先经过高度测量,然后经3个声波,感应端根据其高度准确地接触到西瓜的赤道部位,再由一个锤状物敲击一下西瓜,其所发出的回声由感应端接收,并传递到电子计算机。正常的西瓜,声波呈有规律的衰减,而空洞果的波形是紊乱的。根据对波形的解析,不仅可判断出是否为空洞果,还可判断成熟度及果肉是否变质等。

(三)HACCP质量管理

HACCP是英文Hazard Analysis and Critical Control Point的缩写,称危害分析与关键控制点。HACCP是一种食品安全保证系统,近年来受世界各国重视并采用,作为食品行业的一种新的产品安全质量保证体系。

美国是最早应用HACCP原理的国家。欧共体(EC)于1993年对水产品的卫生管理实行新制度,也逐步采用实施HACCP管理制度。加拿大、日本、澳大利亚、新西兰、泰国等国家都相继发布其应用HACCP原理的法规和管理制度。现在,HACCP已成为世界公认的有效保证食品安全卫生的质量保证系统。HACCP在水产品和肉制品上应用最早。目前美国在对这些产品的进口时要求对方也执行HACCP。我国还没有推行HACCP制度,但少数出口企业迫于对方要求也有采用这种管理制度。例如浙江萧山的北极品水产有限公司对其产品虾实行HACCP制度。

HACCP介绍

1. HACCP系统

(1)HACCP基本原理

HACCP有七个基本原理:①危害分析;②确定关键控制点;③确定关键限值;④监控措施;⑤建立纠偏措施;⑥记录保持措施;⑦审核(验证)措施。

(2)HACCP计划的实施过程及要求

HACCP计划是由企业自己制定的。但企业制定的HACCP计划必须得到政府有关部门的认可，或参照规定制定。由于产品特性不同，HACCP计划也不相同。例如绿花菜的HACCP计划和蘑菇的HACCP计划就不一样。上游企业和下游企业的HACCP计划也不一样，包装绿花菜的企业的HACCP计划和运输绿花菜的企业的HACCP计划也不同。各国情况也有些不同。

在果蔬保鲜上，澳大利亚搞得很好，有70%果蔬采后企业成了HACCP企业。从采收后的包装场到运输公司，再到批发市场都有HACCP企业参与。整条HACCP链已经形成。澳大利亚企业获得HACCP过程包括：申请HACCP，HACCP培训，企业负责建立自己的HACCP计划，主管部门对计划实施情况进行评估，帮助企业按要求执行计划，生产人员负责控制、监督，保证准确地记录每个控制点，当发生偏差时，随时改正。一般要1～3年时间才能获得。下面大体介绍HACCP实施情况。某产品初次进行HACCP计划时比较复杂，以后同类产品就比较简单，一般培训后就容易制定。HACCP应用事例见表2-6。

HACCP计划的实施过程

表2-6　果蔬常见的化学残留超标HACCP应用事例

危机	关键控制点	引起危机原因	防止措施	关键限制	监控	纠偏措施
有残留的杀虫剂应用	是	采收间隔不足	坚持采前一定时期用药	坚持规定的时期	监控用药和采收日期	喷药记录
超过最大残留限制应用	是	杀菌剂比例过高	按推荐比例用药	推荐用药比例	喷药记录	喷药记录

二、果蔬产品采后商业化处理

蔬菜采收后品质下降的原因有：一方面是伴随自身的生命活动而发生的成分变化和消耗；另一方面是微生物、害虫等的侵染而造成的腐烂。有效的保鲜方法应同时控制这两方面原因。

果蔬的采后商业化处理是为保持或改进果蔬产品质量并使其从农产品转化为商品所采取的一系列措施的总称，它从采收开始，包括挑选、整理、分级、清洗、包装、预冷、贮藏、运输、催熟等。根据果蔬的特性和市场要求，有的选用全部措施，有的只选用其中几种处理。采后商业化处理，可改善果蔬的商品性状，做到清洁、整齐、美观，方便销售和食用，从而提高产品的价格和信誉。

（一）采收

采收是水果和蔬菜生产上的最后一个环节，也是采后商业化处理的第一个环节。采收前1～2周,必须停止灌溉,否则贮藏期间会造成大量腐烂。水果和蔬菜的采收成熟度与其产量、品质有着密切的关系。采收过早,不仅产品的大小和重量达不到标准,风味、品质和色泽也不好,有时还会提高某些生理病害的发病率。采收过晚,成熟过度,不仅品质下降,果肉松软发绵,而且果实还容易在采摘、搬运过程中损伤败坏,同时产品已经成熟衰老,不耐贮藏和运输。一般就地销售的产品,应在充分成熟时采收,即适当晚采收;而作为长期贮藏和远距离运输的产品,应该适当早些采收,一些有呼吸高峰的果实应该在达到生理成熟(果实离开母体植株后可以完成后熟的生长发育阶段)和呼吸跃变以前采收。例如苹果的早熟品种不耐贮运,应适当早采,晚熟品种则在脱落前尽可能晚采。具有后熟作用的果品,如洋梨、香蕉、菠萝等可适当早采,而必须在树上完成成熟过程的果品,如核果类,则必须到果实具备固有品质条件时方能采收。另外采收还必须根据国家标准,在使用农药后经一定的安全间隔期后采收,以防止食品农药残留。采收宜在上午露水干后或阴天进行,雨天不宜采收。采后果品应放在阴凉通风处。采果时用利刀割断果柄。采收时要特别重视无伤采收,做到精收细采,轻拿轻放,转运时轻装轻卸,以避免机械损伤。这是延长保鲜期、减少腐烂的关键措施。采后不宜装得过满,上沿留出2～3cm空隙,以防堆垛时压伤果实。机械伤是病原菌侵入果实的主要通道,是造成贮运中果实腐烂损耗的重要原因。

1.采收成熟度和采收期

判断水果和蔬菜成熟度的方法有下列几种。

(1)表面色泽变化

许多果实在成熟时,果皮都显示出其特有的颜色,因此,果皮的颜色可作为判断果实成熟度的重要标志之一。未成熟果实的果皮中有大量的叶绿素,随着果实成熟度的增高,叶绿素逐渐分解,底色便呈现出来(如类胡萝卜素、花青素等)。例如:甜橙果实在成熟时变橙黄色(类胡萝卜素),苹果、桃等变红色(花青素)。蔬菜产品的情况较为复杂。对一些果菜也常用色泽变化来判断成熟度。例如番茄、甜椒、茄子、西瓜、甜瓜、豌豆、甘蓝、花椰菜均可根据表面色泽变化判断是否进行采收。

(2)主要化学物质的含量

水果和蔬菜的主要化学物质如糖、淀粉、有机酸、可溶性固形物含量可以作为衡量品质和成熟度的标志。可溶性固形物中主要是糖分,其含量高标志着含糖量高、成熟度高。总含糖量与总含酸量的比值称“糖酸比”,可溶性固形物与总酸的比值称为“固酸比”,它们不仅可以用来衡量果实的风味,也可以用来判断成熟度。例如甜橙、苹果、梨、枣、柠檬、猕猴桃、青豌豆、甜玉米、菜豆、马铃薯、芋头可以根据主要化学物质的含量确定采收期。

(3)质地和硬度

一般未成熟的果实硬度较大,达到一定成熟度后才变得柔软多汁。只有拥有适当的硬度,在最佳质地时采收,产品才能够耐贮藏和运输。例如番茄、辣椒、苹果、梨、桃、李、杏的成熟度可根据硬度判断,进而选择是否采收。一般情况下,蔬菜不测其硬度,而是用坚实度来表示其发育状况。例如甘蓝的叶球和花椰菜的花球都应该在充实坚硬、致密紧实时采收。但是也有一些蔬菜坚实度高表示品质下降，如生菜、芥菜应该在叶变得坚硬以前采收，黄瓜、茄子、凉薯、豌豆、菜豆、甜玉米等都应该在幼嫩时采收。

(4)果梗脱离的难易度

有些种类的果实在成熟时果柄与果枝间常产生离层，稍一震动就可脱落，此类果实离层形成时表明果实达到品质最好的成熟度，如不及时采收就会造成大量落果。

(5)果实形态

果实必须长到一定的大小、重量和充实饱满的程度才能达到成熟。不同种类、品种的水果和蔬菜都具有固定的形状及大小特点。例如香蕉未成熟时，果实的横切面呈多角形，充分成熟时，果实饱满、浑圆，横切面为圆形。

(6)生长期和成熟特征

不同品种的水果和蔬菜由开花到成熟有一定的生长期和成熟特征。例如苹果可以根据生长期采收；一些瓜果可以根据其种子的变色程度来判别成熟度，种子从尖端开始由白色逐渐变褐、变黑是瓜果充分成熟的标志之一；豆类蔬菜可以根据种子膨大硬化情况采收；西瓜可根据瓜秧卷须枯萎情况采收；冬瓜、南瓜可根据表皮“上霜”情况采收。还有一些产品生长在地下，可以从地上部分植株的生长情况判断其成熟度，例如当洋葱、马铃薯、芋头、姜的地上部分变黄、枯萎或倒伏时，为最适采收期。叶菜类如菠菜、白菜、芹菜、散叶莴苣等，以植株有一定大小时陆续收获为宜。甜椒、茄子、黄瓜、丝瓜、苦瓜等以嫩果供食的蔬菜可在果实充分膨大稍前一点采收。多次连续采收的果菜类采收间隔期约3～5天，盛期约间隔1～2天。

总之，蔬菜与水果不同，其食用部分是植物的不同器官，而且有些蔬菜的食用部分是幼嫩的叶片或叶柄，采收成熟度要求很难一致，难以给出统一的标准。

2. 果蔬的采收方法主要有人工采收和机械采收

我国水果和蔬菜目前大都用人工采收。多次采收的蔬菜在国外一般先人工采收，最后机械采收。机械化采收可显著提高效率，但产品损伤较大。国外加工用的果蔬或坚果类果品和马铃薯、胡萝卜等蔬菜常用机械采收。

水果和蔬菜的采收时间应选择晴天，一般要避免在雨天和正午采收。

(1)人工采收

作为鲜销和长期贮藏的果蔬最好人工采收，其能精确地掌握成熟度和减少机械损伤，但在一些发达国家，雇用劳力的成本很高，为提高经济效益其大量使用机械采收。我国现在雇工成本比较低，可以人工采收，但未来劳力成本会上升。为了提高采收的工作效率，要手工操作和使用机械相配合。

采收的机械伤对采后保鲜影响很大，因此，为了有效地防止水果和蔬菜的机械损伤，保证产品质量，要对新手进行培训，使他们了解产品的质量要求，尽快达到应有的操作水平和采收速度。例如苹果和梨都要求带果柄采收，失掉了果柄，产品就得降低等级，造成经济损失。不少果蔬产品需要用剪刀剪取，以使切口光滑易于愈合，减少病害侵染。采收工作应十分仔细，做到轻摘轻放，以免造成损伤，降低产品的商品价值和耐贮运性。

图 2-10　草莓采收筐(王向阳摄)

图 2-11　柑橘采收筐(王向阳摄)

人工摘采时,应先剪齐指甲,或戴上手套,减少机械伤。对果实的果柄与枝条不易脱离的,需要用采果剪采收。例如柑橘多用复剪法采收,即两刀剪平果梗。苹果和梨成熟时,其果梗和短果枝间产生离层,采收时以手掌将果实向上一托,果实即可自然脱落。果实采后装入随身携带的特制帆布袋、篮、筐、篓、箱中,包装容器内要加上柔软的衬垫物,以免损伤产品。装满后将果实放入大木箱内。

同一棵树上的果实,由于花期的参差不齐或者生长部位不同,不可能同时成熟,分期进行人工采收既可提高产品品质,又可提高产量。采收时要避免采收后等待时间太长。

(2)机械采收

机械采收适用于那些成熟时果梗与果枝间形成离层的果实,一般使用强风压或强力振动机械,迫使果实由离层脱落,在树下布满柔软的帆布篷和传送带,承接果实并将果实送到分级包装机内。目前,美国使用机械采收樱桃、葡萄和苹果。机械采收的效率高,节省劳动力。美国用有 80 个钻头的气流吸果机,每株树吸果 7～13min,可采收 60%～85%的果实。根茎类的蔬菜使用大型犁耙等机械采收,可以大大提高采收效率,豌豆、甜玉米、马铃薯均可以用机械采收,但要求成熟度一致。加工用的水果和蔬菜也可以用机械采收,机械采收前可喷洒果实脱落剂,例如放线菌酮(Cycloheximide)、维生素 C、萘乙酸等药剂。

(3)采收机器人

番茄收获机器人技术已经应用。番茄收获机器人的通用性、可靠性、工作效率、采摘质量与机械手性能等方面已经得到完善,未来类似产品可能会进一步上市。

图 2-12　瓜采收辅助设备(王向阳摄)

图 2-13　马铃薯采收机(王向阳摄)

(二)采后处理

1. 挑选、修整和卸果

在国外采后处理一般在包装房生产线上完成。通过挑选和修整,剔除有病、虫、伤及不符合商品要求的个体,叶球类蔬菜除去非食用的废弃部分,可使产品整齐美观,便于包装和运输,一般多采用人工挑选和修整方式,也可结合分级进行机械化作业。此时要轻拿轻放,避免造成新的损伤。挑选和修整是果蔬采后处理的第一个环节,无论是用于贮藏加工还是直接进入流通领域,采收之后都要经过严格的挑选和细致的修整。水果和果菜类蔬菜的挑选和修整较为简单,只要求齐肩剪平果柄或只留短柄;叶菜类的蔬菜修整较为复杂,要求剥去无食用价值的帮叶,切平根部,还应去掉影响商品价值的其他叶梗或杂物。

无论用流水法或干式法卸果都必须小心地倒出。用湿法卸果时可利用流动的加氯水(100～150ppm)来移送娇嫩的产品而减少碰伤和擦伤。像苹果等会浮在水上,而像处理梨等果品时要在水中加入盐类,以增加水的比重,确保果品能浮起来。使用干式法卸果时,用加衬垫的斜面或传送带可减少对产品的损害。

一种旋转台可用于包装各种园艺产品。果实沿着一条输送带送入,或者不用输送带时,直接将果实倒在台上,由工人在各自的位子上拣选并装入箱子。在供果传送带的下面加一条等果传送带,便于处理剔除的坏果。

2. 清洗

洗果可除去果实表面的尘垢,提高光洁度,同时减少污染、降低腐烂率。清洗是采用浸泡、冲洗、喷淋等方式水洗或用干毛刷刷净某些果蔬产品(特别是块根块茎类蔬菜),除去沾附着的污泥污物,减少病菌和农药残留,使之清洁卫生,符合商品要求和卫生标准,提高商品价值。对于某些产品,例如猕猴桃,干刷可能更利于清洗。但是其他产品像香蕉和胡萝卜则需要水洗。选择干刷还是水洗同时取决于产品的种类和被污染的类型。洗涤水一定要干净卫生,还可加入适量的杀菌剂,如 100mg/kg 次氯酸钠、漂白粉等。水洗后还须进行干燥处理,除去游离的水分,否则在运输或贮藏中容易引起腐烂。

图 2-14　胡萝卜清洗机(王向阳摄)

3. 打蜡

打蜡也叫果实涂蜡。果实打蜡后,有抑制贮运过程中水分蒸发、保持果实新鲜、防止果实干皱、减少腐烂、改善外观等作用,并有延长果实供应货架期的作用。打蜡可在打蜡机上完成。在溶蜡中加入适当的防腐保鲜剂,可保持果实的新鲜状态。如果产品经过涂蜡,那么在进行下道工序前必须使蜡层完全干燥透彻。

果蔬表皮具有蜡质的品种采后一般失水比较缓慢,而那些在贮运销售中容易失水萎蔫的果蔬则应考虑打蜡或涂膜,但只有表面光滑、形状呈圆形、果柄软的果蔬才可以机械打蜡。涂被是用蜡液或其他防失水物质涂在某些果蔬产品表面使其保鲜的技术。打蜡是涂被的一种形式。涂被处理多用于柑橘、苹果、桃和油桃等果品,在蔬菜上应用较少。经涂被处理后可在果实表面形成一层薄而均匀的透明被膜,可抑制呼吸作用和水分蒸发,从而减少营养物质的消耗,延缓萎蔫和衰老;由于水果蔬菜表皮有涂被膜的保护,可减少病原菌的侵染,如果涂料中加有防腐剂,则防病效果更佳;涂被可提高产品表面光泽,改善外观,提高商品价值,如涂料中混用增色剂(也称为上色剂),则果实色泽更为美观。国外柑橘常用上色打蜡方式。目前涂膜技术在柑橘、苹果、梨、香蕉、番茄、辣椒、黄瓜、西瓜、茄子及一些根菜类蔬菜中已得到广泛应用。我国市场上出售的进口苹果、柑橘等高档水果,几乎无一不是经过涂膜处理的水果

目前商业使用的果蜡都是混合物,一般包括蜡、乳化剂、防腐剂、色素等。其中蜡和乳化剂是果蜡的基本成分。蜡都以石蜡和巴西棕榈蜡混合作为基础原料,石蜡可以很好地控制失水,巴西棕榈蜡能使果实产生诱人的光泽。由于蜡很难溶于水,人们开始时用热蜡液处理果蔬,后来把蜡溶于有机溶媒进行喷雾,但均不够理想。最后使用表面活性剂吗啉,使蜡质乳化,制成水和油酸的悬浊剂,称吗啉脂肪酸盐果蜡。这是美国果蜡的基本成分。巴西棕榈蜡是从巴西棕榈叶中所得到的蜡,为黄绿色固体,主要成分是棕榈酸蜂蜡酯和蜡酸。石蜡是固体石蜡烃的混合物。除了这两种最普遍的蜡质外,还常用虫胶。目前美国生产的果蜡中,也有用虫胶为主原料的产品。近年来,含有聚乙烯、合成树脂物质的蜡和涂料比较普遍,其一般是作为防腐剂、防止生理失调和防止衰老的药剂载体。

我国从 20 世纪 60 年代开始引进打蜡设备,但是当时未能投产使用,也没有蜡。20 世纪 70 年代,我国研制了紫虫胶果蜡涂料。随后虫胶 2 号、3 号等涂料在柑橘上使用。虫胶又称紫草茸,是由虫胶树上的紫胶虫吸食消化树枝后的分泌液在树枝上凝结干燥而成的,呈紫红色,但可脱色。主要成分是光桐酸的酯类,不溶于水,溶于乙醇和碱性溶液。虫胶并不是蜡,而是天然树脂,其打蜡后光亮度不如巴西棕榈蜡,但其有很好的防失水作用。因此,其一般不用配合石蜡使用。在 1989 年,我国研制出水溶性的吗啉脂肪酸盐果蜡,简称 CFW 果蜡,已批准作为食品添加剂使用。我国生产的果蜡主要有“天彩”果蜡,主要用于柑橘、苹果等的打蜡。另外,也有部分果蜡从美国进口,目前四川省和广东省在柑橘上,陕西省在苹果上有打蜡的大规模商业化操作。打蜡涂膜可人工或机械操作,国外一般采用机械化操作,国内有人工打蜡也有机械打蜡。国内机械主要由美国进口,也有国产的,每小时可处理水果 1.2～2.5 吨。

小规模少量产品的涂被处理,可将果子在倾斜的泡沫上滚,或让果实在配制好

的涂料液中浸泡,或用棉布等蘸上涂料液均匀地涂抹在果面上。要求对果实凹陷的部分及果柄处都应涂到,力求均匀,并揩去果面多余的涂料液。大规模处理时,均采用涂果机械处理,其方式有多种,主要有浸涂、刷涂、喷涂三种,此外还有泡沫法和雾化法。①浸涂法:将果实在盛有涂料液的槽内浸渍约半分钟,使其表面形成薄而匀的包被。此方式简单,但耗用涂料较多。②刷涂法:由架设在传送系统上方的刷涂器完成,借助移动杆系统将涂料分配到刷子上,再刷至从其下方传送过的果实表面上,为防止损伤果实,毛刷应柔软,且刷子的转速应保持在最低有效速度。此方式比较常见。③喷涂法:将涂料液从架设在传送系统上方的喷头喷向转动着的果实。喷涂速率可通过改变喷头型号及系统压力来调节。④泡沫法:由架设在果实传送系统上方的泡沫发生器把涂料以泡沫形式涂于果实表面,待水分蒸发或经干燥器干燥后在果面形成均匀的涂料层。⑤雾化法:把涂料经雾化器雾化施于传送带上的果实。前三种方式所用到的打蜡机比较常见。新型的喷蜡机大多与洗果、干燥、喷涂、低温干燥、分级、包装、装订成件、贮运等工序联合配套进行。但我国的许多地方还在使用手工打蜡。美国机械公司生产的打蜡分级机,由浸泡槽、木条提升机、水洗器、干燥及打蜡器、滚筒输送带及干燥器、分级器及分拣箱组成。涂蜡装置设计成供经流水线上多次干刷后的果实使用。工业上用羊毛毡将一个与传送带做成同宽度的槽中渗出的液体蜡涂布到果蔬上。在羊毛毡上覆盖了一层厚的聚乙烯薄膜以减少蜡的蒸发。这种机器每小时用稀蜡 82～112 千克,涂果 4～5 吨。我国湖南邵阳粮油食品进出口公司与林产化学工业研究所合作试制的柑橘涂果分组机,由倒果槽、涂果机、干燥器及分组机四部分组成,全长 5 米,总重 500 千克。每小时可处理果子 1.1～1.5 吨。

涂料除果蜡外,常用的还有保鲜剂,其常由成膜剂加防腐剂组成。前者防失水,其成分有蔗糖酯、卵磷脂等。各地有很多这些产品,其处理方便,不用机械。经涂被处理的产品通常需干燥,可用旋转刷擦亮。一般情况下,只是对短期贮运的果蔬进行涂料处理,在果蔬贮藏之后、上市之前用涂料处理,作用更好。涂料处理只能在一定的期限内起辅助作用。为保证食品的安全性,现已有许多天然涂料物质被采用,如淀粉、蛋白、植物油等。

图 2-15　清洗打蜡机(王向阳摄)

图 2-16　水果吹干机(王向阳摄)

打蜡应注意以下几点:①材料安全无毒;②涂料厚薄因品种特性、涂料种类和特性不同而不同,具体应建立在实验基础上;③涂料应均匀适当;④打蜡是果实采收后一定期限内商品化处理的一种辅助措施,只宜于短期贮运或上市前处理,目的在于提高商品性,长期贮藏宜慎重。

4. 去乙烯

使用乙烯脱除器或焦炭分子筛气调机进行空气循环脱除乙烯是去除乙烯的最好方法。脱除乙烯最简单的办法是进行适当的通风换气。乙烯吸收剂在密闭环境中也有一定效果。将泡沫砖砸成小碎块，放在高锰酸钾饱和水溶液（5%～7%）中，浸透约10分钟后晾干即可，泡沫砖的用量为果蔬重量的5%。由于乙烯比重较小，泡沫砖应多处分放于产品上部。采用此法可减少乙烯3/4以上。国外常用氧化铝做载体。

5. 催熟

催熟是指销售前用人工方法促使果实加速完熟的技术。有些果实采收时成熟度不一致，例如柑橘。有的果实为了长途运输的需要提前采收，例如香蕉。为了保障这些产品在销售时达到完熟程度，确保其最佳品质，常需要采取催熟措施。催熟可使产品提早上市或使未充分成熟的果实达到销售标准和最佳食用成熟度及最佳商品外观。催熟多用于香蕉、苹果、梨、葡萄、番茄、蜜露甜瓜等。催熟应在果实接近成熟时应用。

乙烯是最常用的果实催熟剂，一般使用浓度为1000ppm。香蕉为1000ppm，苹果、梨为500～1000ppm，柑橘（特别是柠檬）为200～250ppm，番茄和甜瓜为100～200ppm。由于乙烯是气体，用乙烯进行催熟处理时需要相对密闭的环境。澳大利亚布里斯班市果蔬物流中心就有专门的催熟室大规模处理香蕉等果蔬。处理温度一般为15～20℃，时间为1天。处理时间与温度有关，高温可以缩短催熟时间，但温度以不超过25～30℃为宜，时间为1～3天。施用乙烯的方法一般是在乙烯气体钢瓶上加减压阀和流量计控制流量，根据催熟室的容积计算所需乙烯气体的量，将其充入催熟室内。催熟结束时须进行换气，排出二氧化碳和乙烯。还可采用气流式方法，即用混合好的浓度适当的乙烯气体不断通过待催熟的产品，可以防止二氧化碳积累过多而抑制催熟，也省去换气操作。

乙烯利也是水果蔬菜产品常用的催熟剂。乙烯利的化学名称为2-氯乙基磷酸，乙烯利是其商品名，在酸性条件下乙烯利比较稳定，在微碱性条件下分解产生乙烯，发挥催熟作用。乙烯利进入水果后，因pH值上升分解为乙烯。施用时要加0.05%的洗衣粉，使其呈微碱性并增强附着力。使用浓度因种类和品种而不同，香蕉为2g/L（2000ppm），绿熟番茄为1～2g/L（1000～2000ppm）。催熟时可将果实在乙烯利溶液里浸泡约一分钟后取出，也可采用喷淋的方法，然后盖上塑料膜，在室温下一般2～5天即可催熟。

芒果的催熟目前国内外多用电石加水释放乙炔催熟方式，每千克果实需电石2g，用报纸包好放在芒果内，将箱子码垛，外面加上塑料罩，密闭24小时后，将芒果取出，在常温下芒果很快转黄。

6. 脱涩

有些果实在完熟以前有强烈的涩味而不能食用，例如涩柿子中含有的单宁物质是产生涩味的根本原因，可溶性的单宁物质与口舌上的蛋白质结合产生涩味。

如果使可溶性的单宁物质变为不溶性的单宁物质就可避免涩味的产生。当涩果进行无氧呼吸时，形成的中间产物，如乙醛、丙酮等，可与可溶性的单宁物质缩合，使涩味脱除。根据上述原理，只要能使果实产生无氧呼吸，就能使单宁物质变性脱涩。

(1)高浓度 CO_2 脱涩。当前大规模柿子脱涩方法是用高浓度 CO_2 处理，将柿子堆码在密闭的塑料薄膜帐内，从压缩钢瓶中通入 CO_2，使帐内 CO_2 的浓度达到并保持在60%以上，降低 O_2 的浓度，造成柿子缺氧呼吸，当温度为 25～30℃时，1～3 天就可脱涩。

(2)石灰水脱涩。将涩柿子浸入 7%的石灰水中，经 3～5 天即可脱去涩味，果实脱涩后，质地脆硬，不易腐烂。该法很常用。

(3)混果脱涩。将涩柿子与少量的苹果、梨等果实混装在密闭的容器内，它们产生的乙烯可以起到催熟脱涩作用。在 20℃室温中，经过 4～6 天可脱去柿子的涩味。

(4)温水脱涩。将涩柿子浸泡在 40℃左右的温水中，经 20 小时左右，柿子即可脱涩。这是当前农村普遍使用的一种脱涩方法，但是用此法脱涩的柿子存放的时间不长，容易败坏。

(5)乙烯及乙烯利脱涩。用 1000ppm 的乙烯处理柿子，在 18～21℃和 80%～85%相对湿度下，2～3 天可脱涩，用 250～500ppm 的乙烯利喷果或蘸果，4～6 天柿子也可成熟脱涩。

7. 愈伤

水果和蔬菜在采收过程中很难避免机械损伤，即使是不易发觉的伤口，也会招致微生物的侵入而引起腐烂。特别是那些块茎、鳞茎、块根类蔬菜，如马铃薯、洋葱、大蒜、芋头和山药等。为此，须在贮藏以前对果蔬进行愈伤处理。在大部分果蔬愈伤过程中，周皮细胞的形成要求高温多湿的环境条件，但高温高湿也容易引起腐烂。因此，愈伤处理时常选择较低或较高的温度。例如马铃薯在 10℃和 90%～95%的相对湿度下两周可完成愈伤。愈伤的马铃薯比未愈伤的贮藏期可延长 50%，而且腐烂明显减少。甘薯在 30℃和 90%～95%的相对湿度下 5 天可完成愈伤。山药在 38℃和 95%～100%的相对湿度下愈伤一天，可以完全抑制表面真菌的活动和减少内部组织的坏死。成熟的南瓜，采后在 24～27℃下放置 2 周，可使伤口愈合、果皮硬化，延长贮藏时间。猕猴桃采后在常温下愈伤两天，可使果蒂伤口愈合，有效地减少贮藏期间因病菌感染而引起的腐烂。

马铃薯块茎的受伤部分所形成的新组织——损伤周皮，和天然周皮组织结构类似，是由几排伸长的细胞组成，形状像砌砖一样，这种细胞的细胞壁里充满了木栓质。木栓质由各种醇和脂肪酸组成。损伤周皮里还含有许多具有不同化学性质的抗菌物质，这类物质以甾类配糖生物碱为主，因而它不仅是蔬菜病原微生物的机械障碍，也是一种特殊的化学障碍，同时能提高块茎对感染反应时产生植物保卫素的能力，植物保卫素如马铃薯二醇和马铃薯醛等。由此，损伤周皮很好地保护了受伤的马铃薯并使其不受侵染。

蔬菜损伤周皮形成的强度在一定程度上取决于蔬菜的品种，但是在更大的程度上取决于蔬菜的生理状况，而这主要是由贮藏环境所决定的。因而，外界环境条件对损伤周皮的形成有很大的影响。以马铃薯块茎为例，损伤周皮的形成需温度18～20℃，高的湿度和良好的通气。实验证明，形成损伤周皮的最好条件是空气温度保持在20℃左右，相对湿度接近100%，氧气能自由地进入受伤的细胞。随着空气温度和湿度的降低，损伤周皮形成过程进行得比较缓慢；而如果降低周围环境中的氧气浓度时，则损伤周皮形成过程就完全停止了。在不良的通风条件下，周皮层比在良好的通风条件下的要明显加宽。显然，这是因为在不良的条件下，靠近受伤区的每一个薄壁组织细胞并非都能得到启动细胞分裂能力。良好的通风条件提高了蔬菜细胞中能量代谢的效率，线粒体新生后保证了生物合成反应的进行。

由于损伤周皮最好是在新收获的块茎中形成，如果将采收后的马铃薯马上进行良好的通风，则会取得最佳的效果。损伤周皮形成所经过的时间称为治疗期。按照马铃薯本身的特点和所采取的不同通风条件（指空气温度、湿度和通气），治疗期可从15天延长到30天。

除了马铃薯块茎以外，在贮藏其他蔬菜，如胡萝卜、洋葱、甘蓝和白菜时，也发现良好的通风条件会产生极好的贮藏效果。

采后适当预贮，使果实"发汗"，有利于伤口愈合，增强果皮韧性，减少机械损伤。从田间采收回来的果实，应进行预贮预冷，使其释放田间热，降低呼吸水平，减少呼吸热，以免入库以后库温居高不下，影响贮藏效果。同时，预贮预冷还可以使已感病但还没有出现外部症状的果实表现出症状，以便剔除坏果，减少贮藏果实的腐烂。

预伤方法主要有：

①田间愈伤。如果当地的天气条件许可的话，作物可在地里直接从底部切断，晾干，并放置5～10天。在这些作物干燥的地上部做掩盖物，遮盖其茎部，使产品不致吸入太多热量和晒伤。割下的杂草或稻草也可用作隔热材料，可在作物上部盖上粗帆布、粗麻布或编织草垫。愈伤要求高温、高湿。如果收获时正好是干旱季节，洋葱和大蒜可进行田间愈伤，作物可摊开晾干或放在纤维袋或网袋中。产品可在田间放置5天，然后每天检查，直至外皮和外层组织干至适当程度。由于天气条件不同，愈伤可能需要长达10天的时间。

②通风棚愈伤。在日照强、相对湿度较高而自然风流速较小的地区，产品可在通风棚子里进行愈伤。可将产品装在袋子和麻袋里，置于阴凉处，天花板上装1台或多台风扇。

③热空气愈伤。如果用热的空气愈伤洋葱或其他茎类产品的话，最好使温度保持在35～45℃，相对湿度在60%～75%。加热器装在天花板附近，使热量均匀分布到产品中。或者用管子从外面导入热空气到预处理房里。如果把地面弄湿或房间里使用挥发性的冷却剂不让外部空气进入的话，则可使相对湿度增高。如果产品是大量堆放在一起，则每排（层）之间应留空10～15厘米以保证有足够的空气流通。

④应急愈伤。如果愈伤条件不好，如下雨或农田受浸等造成不能进行田间愈伤，又没有现代化的愈伤设备，可以临时使用帐篷进行愈伤。帐篷用大麻袋组成，将热空气通入空隙处（称为强制通风），进入洋葱中间。用几台风扇使热空气在洋葱中间循环。

8. 防腐

我国目前还广泛使用杀菌剂来减少水果和蔬菜采后损失。具体见化学防腐部分的内容。

图 2-17　热水处理机（王向阳摄）

9. 抑芽

用1%青鲜素（MH）水溶液在收获蒜头前1周喷洒茎、叶，可使蒜头贮至翌年4月份仍不发芽、不腐烂。这是因为青鲜素可以通过新鲜的叶片，向下运转到鳞茎包裹的芽组织中，破坏生长点的组织，所以蒜头不能发芽。

（三）分级

分级是指按一定的品质标准和大小规格将产品分为若干等级的措施。分级的主要目的是使果蔬商品化。分级的意义在于使产品在品质、色泽、大小、成熟度、清洁度等方面基本一致，便于在运输和贮藏时分别管理，有利于减少损耗，同时也便于在流通中按质论价，以优质换优价。同时，可以保持和提高生产者的信誉。通过挑选分级，剔出有病虫害和机械损伤的产品，可以减少贮藏中的损失，减轻病虫害的传播。此外，可将剔出的残次品及时加工处理，以降低成本和减少浪费。

1. 分级的标准和方法

水果蔬菜产品分级一般需按国家或地区的分级标准进行。世界各国都有自己的分级标准，我国也已发布了部分水果蔬菜的分级国家标准。水果蔬菜产品的分级包括品质和大小两项内容。品质等级一般根据品质的好坏、形状、色泽、损伤和病害的有无等质量情况分为特等、一等、二等、三等等。大小等级则根据重量、果径、长度等分为特大、大、中、小（用英文字母LL、L、M、S分别表示）等。

具体的分级标准因水果蔬菜的种类、品种而有所不同。特级品的要求最高，一般产品应具有本品种特有的形状和色泽，不存在影响产品特有质地和风味的内部缺陷，大小、粗细、长短一致，在包装内排列整齐。一等品的质量要求大致与特等品相同,只允许个别产品在形状和色泽上稍有缺陷。二等品可以有某些外表或内部缺点,但仍具有较好的商品价值。

分级标准有国际标准、国家标准、协会标准和企业标准四种。水果的国际标准是1954年在日内瓦由欧共体制定的,许多标准已经重新修订。第一个欧洲国际标准是1961年为苹果和梨颁布的。国际标准一般标龄偏长,其内容和水平受西方各国的国家标准的影响,国际标准虽属非强制性的标准,但一般水平较高。国际标准和各国的国家标准是世界各国均可采用的分级标准。

我国现有的果品质量标准参考有关国标和行业标准。

分级的方法有手工操作和机械操作两种。叶菜类蔬菜和草莓、蘑菇等形状不规则和易受损伤的种类多用手工分级;苹果、柑橘、番茄、洋葱、马铃薯等形状规则的种类除了用手工操作外,还可用机械分级。分级一般与包装同时进行。

手工分级时应预先熟悉掌握分级标准,可辅以分级板、比色卡等简单的工具。手工分级效率低,误差大,但是只要精细操作,就可避免产品受到机械伤害。

轻便式选果台的表面为帆布构成,并且台半径约为1米。其边缘用薄的泡沫层围住,以防止选别时碰伤果实。从选果台中心到选果者的坡度为10°。果实可以从采果筐卸到台上,然后按大小、果色或等级选别。最简单的选果装置是传送带。选果者必须用手来挑选,以便看到果实的各个方面,剔出坏果。推杆传送可使果实向前滚动着通过选果者。滚筒传送则使产品朝后转动着通过选果者。

机械分级常与挑选、洗涤、打蜡、干燥、装箱等联成一体进行。以苹果、柑橘的分装设备为例,先将果实放在水池中洗刷,然后由传送带送至吹风台上,吹干后放入电子秤或横径分级板上,不同重量的果实分别送至相应的传送带上,在传送过程中,人工拿下色泽不正和残次的病虫果,同一级果实由传送带载到涂蜡机下喷涂蜡液,再用热风吹干,送至包装线上定量包装。机械分级需要较大的设备投资,但工作效率和分选精度大大提高。

国外一般在大的水果和蔬菜产区建立包装厂,采摘的产品运到包装厂后,将腐烂、破伤和有病虫的产品剔除,清洗和干燥后,按规格标准分级和包装成件。国外的商品化处理设备有大、中、小三种类型,自动化程度较高的机器可以自动洗果、吹干、分级、打蜡、称量、装箱,少数可以用电脑操作鉴别产品的颜色、成熟度,但大多分级机仍需要人工剔除次品。

水果分级标准,因种类、品种而异。我国目前的做法是,在果形、新鲜度、颜色、品质、病虫害和机械伤等方面已符合要求的基础上,再按大小进行分级,即根据果实横径最大部分直径分为若干等级。国外也有应用光电分级机,对柑橘、苹果果实的大小进行分级的。

部分水果分级标准

蔬菜因为食用部分不同,成熟标准不一致,所以很难有一个固定统一的分级标准，只能按照对各种蔬菜品质的要求制定个别的标准。蔬菜分级通常根据坚实度、清洁度、大小、重量、颜色、形状、鲜嫩度，以及病虫感染和机械伤程度等分级，分为三个等级，即特级、一级和二级。特级品质最好，具有本品种的典型形状和色泽，不存在影响组织和风味的内部缺点，产品大小一致，在包装内排列整齐，在数量或重量上允许有5%的误差。一级产品与特级产品有类似的品质，允许在色泽、形状上稍有缺点，外表稍有斑点，但不影响外观和品质，产品不需要整齐地排列在包装箱内，可允许10%的误差。二级产品可以呈现某些内部和外部缺点，价格低廉，采后适合于就地销售或短距离运输。

2. 自动化分选装置

旋转式圆筒选果机，由5个中空的圆筒组成。马达启动时圆筒进行逆时针方向旋转。每个圆筒上开了足以让果实掉进去大小的孔。第一个圆筒上的孔直径最小，而最后一个圆筒上的孔直径最大。当果实落下时，由一倾斜的托盘（滑槽）接位，然后滚进所示的容器。需要注意的是果实下落的距离要尽可能短，以防止损坏。过大的果实则在流水线的末端堆积，此设备最适用于圆形果品的分级。如果包装场用传送系统，可利用多种分级链和分级带来产品分选大小等级。购买分级链有多种宽度和各种大小开孔的可供选择。

目前国际上应用较多的自动化分选装置是重量和形状（大小）分选机，近年来颜色分选装置开始进入市场。对于大量蔬菜分级，一般都是以人工与机械方式结合进行分选。

重量分选装置根据产品的重量进行分选。重量分选装置有机械秤式和电子秤式等不同的类型。机械秤式重量分选装置主要由固定在传送带上可回转的托盘和设置在不同重量等级分口处的固定秤组成。将果实单个地放进回转托盘，当其移动接触到固定秤，秤上果实的重量达到固定秤的设定重量时，托盘翻转，果实即落下。该装置适用于球状的果蔬产品，缺点是容易造成产品的损伤，而且噪声很大。电子秤式重量分选装置则改变了机械秤式装置每一重量等级都要设秤、噪声大的缺点，一台电子秤可分选各重量等级的产品，装置大大简化，精度也有提高。重量分选装置多用于苹果、梨、桃、番茄、甜瓜、西瓜、马铃薯等的分级。

图 2-18　果蔬重量分级机（王向阳摄）

图 2-19　果蔬重量分级机（王向阳摄）

形状分选装置按照被选果蔬的形状大小（直径、长度等）进行分选。有机械式和光电式等不同类型。机械式较常用。机械式形状分选装置多是以缝隙或筛孔的大小将产品分级。当产品通过由小逐级变大的缝隙或筛孔时，小的先被分选出来，最大的最后被选出。该装置适用于马铃薯、胡萝卜、柑橘、李子、梅、樱桃、洋葱、荠头、慈姑等的分级。光电式形状分选装置有多种。有的是利用产品通过光电系统时的遮光，测量其外径或大小，根据测得的参数与设定的标准值比较，进行分级。较先进的装置则是利用摄像机拍摄，经电子计算机进行图像处理，求出果实的面积、直径、高度等。例如黄瓜和茄子的形状分选装置，将果实一个个整齐地摆放到传送带的托盘上，当其经过检测装置部位时，安装在传送带上方的黑白摄像机摄取果实的图像，通过计算机处理后可迅速得出其长度、粗度、弯曲程度等，实现大小分级与品质（弯曲、畸形）分级同时进行。光电式形状分选装置克服了机械式形状分选装置易损伤产品的缺点，适用于黄瓜、茄子、番茄、菜豆等的分级。光电式形状分选装置目前在发达国家国家应用也较少。

图 2-20　果蔬大小分级机（王向阳摄）

图 2-21　果蔬色泽分级机（王向阳摄）

3. 颜色分选装置

颜色分选装置根据果实的颜色进行分选。果实的表皮颜色与成熟度和内在品质有密切关系，颜色的分选主要代表了成熟度的分选。例如利用彩色摄像机和电子计算机处理的 RG（红、绿）二色型装置可用于番茄、柑橘和柿子的分选，可同时判别出果实的颜色、大小及表皮有无损伤等。当果实随传送带通过检测装置时，由设在传送带两侧的两架摄像机拍摄。果实的成熟度根据测定装置所测出的果实表面反射的红色光与绿色光的相对强度进行判断；表面有无损伤的判断是将图像分割成若干小单位，根据分割单位反射光的强弱算出损伤的面积，最精确可判别出 0.2～0.3mm 大小的损伤面；果实的大小以最大直径代表。RGB（红、绿、蓝）三色型机则可用于色彩更为复杂的苹果的分选。

4. 果实分级的机械化与自动化技术

过去果实分级机械有大小分级机、重量分级机、果实色泽分级机等。现在出现了既按果实着色程度又按果实大小来进行分级的机械。首先是带有可变孔径的传送带（或水果输送翻转系统，例如双锥式滚筒水果输送翻转装置，能使水果绕水平轴自由转动）进行大小（或重量）分级，在传送带的下边装有光源，从传送带上漏下的果实经光源照射，反射光又传送给电脑，由电脑根据光的反射情况不同，将果实又分为全绿果、半绿半红果、全红果等级别（或计算机视觉识别系统），再通过不同的传送带输送出去。该生产线处理苹果 15～20t/h。

另外，现在已经出现水果自动分级机器人，其将包括光学检验（机器视觉、高光谱/多光谱、红外线、X 射线等）、冲击检测与介电特性检测等检测水果品质的无损检测技术和自动分级装置结合起来。目前还根据黄瓜的分级标准开发了机器视觉系统,包括照明、彩色 CCD 摄像、抓取架、微机、图像监视器、挑选机器人和传送带等,对果实尺寸、形状、颜色、表面缺陷和水果的生物特性等水果的品质进行检测,进而进行分级处理。

美国有分选果实、蔬菜、果仁及各种小食品的“Inspecttronic”装置。采用高清 CCD 摄像机,能识别在传送带上快速移动的微有变色或缺陷的食品。用空气输送产品时,计算机控制空气使其吹在次品的中心部位,排除次品。

(四)包装

水果蔬菜产品包装是指新鲜的水果或蔬菜收获以后用适当的材料包裹或装盛,以保护产品,提高商品价值,便于贮、运、销的措施,是水果蔬菜产品商品化的重要环节。包装的好坏直接影响到运销过程中果实的损耗和商品的价值高低。合理的包装可以使水果和蔬菜商品化及标准化,有利于充分利用仓储工作空间和合理堆码。适宜的包装可以减少产品的水分蒸散,减少因互相摩擦、碰撞、挤压而造成的损伤,减少病害的传染蔓延,保持品质,增加美观,便于搬运;有些包装例如泡沫箱还可缓冲由外界温度剧烈变化引起的产品损失。水果蔬菜产品的包装按不同的用途和形式可分为运输包装、贮藏包装、销售包装或外包装、内包装、大包装、小包装等多种类型。

包装容器应该具有保护性,在装卸、运输和堆码过程中有足够的机械强度,有一定的通透性,利于产品散热及气体交换;具有一定的防潮性,不会吸水变形,从而避免包装的机械强度降低引起的产品腐烂。包装容器还应该具有清洁、无污染、无异味、内壁光滑、卫生、美观、重量轻、成本低、便于取材、易于回收及处理等特点,包装外面注明商标、品名、等级、重量、产地、特定标志、包装日期及保存条件,这也是国外 HACCP 的一个控制手段。

图 2-22　水果商标器(王向阳摄)

如果产品的包装是为了便于处理,那么上过厚蜡的纸板箱、木质板条箱或硬质塑料筐比口袋或开口篮子更合适堆放,因为口袋和篮子不宜堆积。有时本地做的经过加强或加筋的容器,可以对果蔬产品提供更有效的保护。上蜡箱、板条箱和塑料筐虽然稍贵,但可重复使用并可适应贮藏环境中高的相对湿度。容器中产品不宜装的过松,也不宜过紧。过松时,产品会相互碰撞引起损伤,而填装过度会使产品压坏。切碎的废报纸是一种价廉而质轻的填充材料。

在整个采后处理过程中,对包装既要求能排气又要求有足够的强度以防止被压扁。不能靠内部的产品来承受上面所压的重量。包装可使产品固定，减少震动，起到保护作用。除了保护作用外，包装还可使整个流通、销售过程快速进行，减少机械伤。通常以一定数量、统一尺寸为单位，用手工装箱，可使用小托盘、杯、外包装、衬里和衬垫等使产品固定。机械包装系统常用容积装填法或紧装法，即将分级的产品放进纸箱，然后振动使其装实。大部分的容积装填法设计成用重量来估算体积，最后用手来进行调整的模式。

新鲜水果和蔬菜的包装容器主要有纸箱、木箱和塑料箱，其规格大小和容量因果蔬不同种类和品种而异，但都适合机械化操作。采后一般用大箱运输到包装工厂，再用纸箱包装、运输和贮藏。一些国家虽没有统一的新鲜水果和蔬菜包装的国家标准，但实际上许多水果和蔬菜公司及产区都有自己的包装标准。

1. 大包装

大包装是指将较多的产品或若干个小包装单位集在一起进行包装。在用于运输或贮藏时则称为运输包装或贮藏包装。目前澳大利亚常用的大包装容器有以下几种。

(1)瓦楞纸箱

瓦楞纸箱由硬纸板和瓦楞纸黏合而成，重量轻，外形整齐，便于堆码，箱上留有孔以利通风，可对水果蔬菜产品起很好的保护作用。纸箱可折叠，空箱运输方便。这是发达国家果蔬包装的主要形式。

(2)浸蜡纸箱

浸蜡纸箱与瓦楞纸箱相似，但通过浸蜡，提高了抗水能力。主要用于叶菜等蒸腾作用强的蔬菜的包装。一般用于真空预冷。我国基本没有这种包装。

(3)泡沫箱

泡沫箱有较好的保温效果，常用于需要冷藏而冷链不够完善的果蔬包装。例如用于绿花菜、菜豆、甜玉米等的包装。我国常用于荔枝、辣椒等的包装运输。另外在果蔬出口上用得较多。

(4)塑料箱

塑料箱有较强支撑能力，便于洗刷消毒，可多次使用，多在采收地应用，有大型和小型的两种。大型塑料箱一般可装 250 千克，与铲车配合使用。我国有时用于果蔬近距离装运。

(5)木板箱

木板箱支撑力强，坚固耐用，可码高垛。多在采收地作为采收容器应用。一般可装 250 千克，与铲车配合使用。我国一般使用小木板箱。

(6)集装箱

集装箱体积较大，是一种母容器，只用于运输。集装箱种类很多，有通风式集装箱、冷藏集装箱和冷藏气调集装箱等，由于容量大，需要机械化装卸。

(7)软包装容器

软包装容器有麻袋、网袋、薄膜袋等。这种包装无支撑力，只起到便于搬运的作用，多用于应变力强的产品。麻袋常用于装马铃薯、甘薯、大蒜头等。网袋、薄膜袋常装胡萝卜。我国网袋、薄膜袋大量用于装低值的蔬菜和水果。一般每袋20千克，常造成严重的机械损伤。

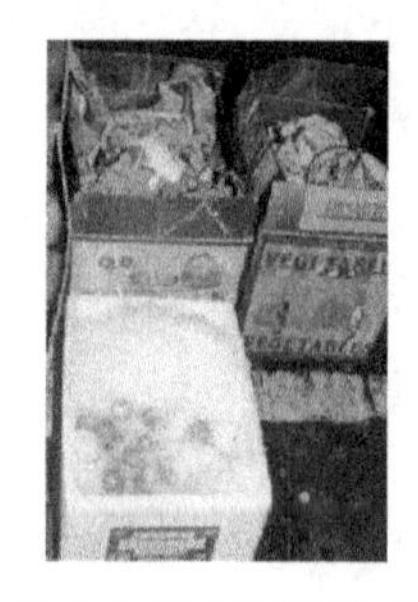

图2-23 番茄由垫纸箱包装(王向阳摄)　　图2-24 甘蓝由浸蜡纸箱和泡沫箱加冰包装

集装箱介绍

2. 小包装

小包装是以单个或少量产品为单位进行包装，运输时放在外包装内(可称为内包装)，销售时可以作为一个单位(也称为销售包装)。

内包装是指为了避免或减轻产品散放在外包装内相互碰压和摩擦而采用的单果包纸或少量个体装塑料小袋，或用托盘或分层隔板分格定位的方法。内包装的材料很多，可以是质地轻软的白纸、泡沫塑料网袋、塑料薄膜袋，也可以是纸浆托盘或瓦楞纸隔板或格子板。

小包装(内包装和销售包装)中最重要的方式之一是塑料薄膜包装。它的主要作用是减少产品水分蒸散，防止萎蔫，有的还可起到自发气调的作用。塑料薄膜包装有多种形式，如有孔塑料袋包装(直径5～8mm，孔6～12个)、不封口包装、密封包装、粘着膜包装和热缩包装等。薄膜的厚度一般为0.02～0.06mm，最常用的为0.03～0.05mm。有孔包装适用于呼吸量较大的水果蔬菜产品，其既防止水分蒸散又可避免密封包装易发生的气体伤害。产品不同，孔径、孔数也有差异。苹果、番茄、甜椒等多采用有孔包装。不封口包装是将产品装入塑料袋但不封袋口，适用于呼吸量和水分蒸散量均较大的产品，在一定程度上抑制了失水。例如韭菜、葱等常采用不封口包装。密封包装即是将塑料袋完全密封。密封包装主要是用于在低温下贮运呼吸量小的产品，要求包装的薄膜透气性较好，需注意袋内气体成分变化，防止发生气体伤害。粘着膜包装是使用具有自我粘着性的薄膜包装。用这种薄膜包裹的产品，膜的搭接处就相互粘上，不需封印。例如将2～3个长茄或黄瓜、花椰菜等分别用粘着膜包起来出售。像苹果、梨、番茄等球状产品和草莓、蘑菇等易受损伤的产品，则可以装入小塑料托盘或盒内再用粘着膜包好。这种小包装透明、美观、透气性强，多用于销售包装。热缩包装是用具有热缩性能的薄膜将产品包裹起来，然后通过温度为150～200℃的通道使薄膜收缩，紧紧地贴在产品的表面。热缩包装的优点是能够利用膜的收缩性使之与各种产品的形状及大小相吻合。国外常用于黄瓜包装。

图 2-25 草莓用薄膜内包装(王向阳摄)

图 2-26 黄瓜用收缩薄膜包装(王向阳摄)

包装容器的尺寸、形状应适应贮运和销售需要,包装容器的长宽尺寸参考 GB4892 有关规定,高度可根据产品特点自行确定。

包装方法与要求:果蔬包装前经过整修,参照国家或地区有关标准分等级进行包装。包装应在冷凉的环境下进行,国外一般在 10℃左右的包装工厂中进行。水果和蔬菜在包装容器内应该有一定的排列形式,防止它们在容器内滚动和相互碰撞,包装量要适度,防止过满或过少而给果蔬造成损伤。不耐压的水果和蔬菜在包装时,包装容器应有足够的强度,内应加衬垫物,减少产品的振动和碰撞。易失水的产品在包装时应在包装容器内加塑料衬,或用浸蜡纸箱。包装容器加包装物的重量应根据产品种类、搬运和操作方式而定,一般不超过(20±1)千克。果蔬进行包装和装卸时应轻拿轻放,避免机械损伤。

表 2-7 果蔬包装常用各种支持物或衬垫物(杜玉宽等,1999)

种类	作用
纸	作为衬垫、包装及化学药剂的载体,缓冲挤压
纸或塑料托盘	分离产品及作为衬垫,减少碰撞
瓦楞插板	分离产品,增大支撑强度
泡沫塑料	作为衬垫,减少碰撞,缓冲震荡
塑料薄膜袋	控制失水和呼吸
塑料薄膜	保护产品,控制失水

果蔬销售小包装可在批发或零售环节进行,包装时剔除腐烂及受伤的产品。销售小包装应根据产品特点选择透明薄膜袋、带孔塑料袋或网袋包装,也可将产品放在塑料托盘或纸托盘上,再用透明薄膜包裹。销售包装上应标明重量、品名、价格和日期。销售小包装应美观、能吸引顾客、便于携带并起到延长货架期作用。

由于各种水果和蔬菜抗机械伤的能力不同,为了避免上部产品将下面的产品压伤,在贮藏、运输和销售过程中,下列水果和蔬菜的最大装箱深度为:苹果 60cm,洋葱 100cm,甘蓝 100cm,梨 60cm,胡萝卜 75cm,马铃薯 100cm,柑橘 35cm,番茄 40cm。

包装件的堆码：果蔬包装件堆码应该充分利用空间，垛要稳固，箱体间和垛间应留有空隙，便于通风散热。堆码方式应便于操作，垛高度应根据产品特性、包装容器质量及堆码机械化程度确定。澳大利亚采用平面 8 箱、高 8 箱共 64 箱为一堆。

果实之间宜用适当的柔软材料填充，防止彼此因振动而擦伤。装车时要注意紧靠前板，不留空隙，以免摇晃果实、互相挤压和碰撞。不宜装得过满，上部留出 2～3cm 的空隙，以免堆垛时压伤。菠萝在装筐时应果顶向下，果柄向上，竖直整齐排列在筐内，每筐装 3～4 层，竹筐用草席等衬垫，以防果实损伤。装筐后，筐面以通风的木板盖或竹编的盖盖紧。

(五)预冷

水果蔬菜产品预冷是指将收获后的产品尽快冷却到适于贮运的低温的措施。预冷的目的是除去果实携带的田间热，以便能较好地保持水果蔬菜的新鲜品质，提高耐贮性。预冷可以降低产品的生理活性，减少营养损失和水分损失，并保持其硬度。所谓田间热，就是果实在采收前由于温度和光照的作用，果实吸收的那部分热量。例如贮藏用的苹果，采收期集中在 9～10 月份，外界气温还比较高。有冷藏设备的，果实采收后及时运入冷库预冷，然后进行冷藏，效果最为理想。若是利用自然低温进行通风降温的各种贮藏库、窑、窖，果蔬一般不可立即入窖贮藏，要放在窖外适当的场所进行预冷，利用夜间的低温冷源，降低果温，消除田间热。生产上把这一预冷措施称为预贮。

果蔬预冷的方式主要有风冷、水冷和真空预冷。

1. 风冷

风冷是使冷空气迅速流经产品周围使之冷却。风冷可以在低温贮藏库内进行。将产品装箱，纵横堆码于库内，箱与箱之间留有空隙；冷却器置于库房一侧的顶部，冷风从上向下吹(流量需达每分钟 60～120m^3)，流经包装箱周围将热量带走再回到冷却器。热气受冷却后再向下吹，继续将产品冷却。也常用预冷间进行预冷，其冷风管在两边。这两种方式适用于任何水果蔬菜产品，但后一种方式冷却速度较慢，因为风机吹出的冷风不易进入箱内。包装在瓦楞纸箱的产品冷却到 5℃以下，需 10～20 小时，但此法应用最为普遍。

风冷的一种较好形式是压差通风冷却。其方法是把产品码垛成墙，靠近冷却器的一侧竖立一隔板，隔板下部安装一风扇，风扇转动使隔板内形成低压。产品垛上面及无“墙”处用帆布密封，使冷空气不能从产品垛的上方通过，而要从水平方向穿过包装箱孔及在产品缝隙间流动，这样冷空气就将果蔬的热量带进了降压区，降压区的热量再由排风扇排到冷库中进行循环。压差通风冷却效果较好，如果包装及堆码方法正确，蔬菜冷却到 5℃以下只需 3～4 小时。冷却所需时间只有普通冷库通风冷却方式的 1/2～1/5。

风冷方式中还有隧道式空气循环冷却，产品装入隧道后以 3～5m/s 的风速鼓入冷空气使之冷却。这一方法可将葡萄在 1～1.5 小时内冷却到 5℃，冷却速度很快。产品可以装在容器中，从隧道一端向另一端推进，也可利用传送带运送。

2. 水冷

水冷是将产品接触流动的冷水使之冷却。方式有两种：(1)用隧道形的水冷器，使装有产品的容器在水冷器中向前移动，从上方向产品喷淋冷水；(2)将果箱浸入水槽中，从一端向另一端徐徐移动，同时槽中的水不断流动，将其热量带走。水的热容量大，冷却速度很快。但目前国外用水冷方式的果蔬产品并不多。只有在水冷后不易腐烂的产品并且必须快速冷却的产品中才应用，例如甜玉米、豆类。水冷要用不怕水的容器，例如底下有孔的泡沫箱、塑料框、木箱。水冷后用冷风吹干。冷却水可循环应用，但要进行消毒处理。

3. 真空预冷

真空预冷是将产品放在真空预冷机的气密真空罐内降压，使产品表层水分在低压下汽化，利用水在汽化蒸发中吸热而使产品冷却。真空冷却的效果很大程度上受产品的表面积比所限制，所以真空冷却适用于表面积大的叶菜类蔬菜。用此方法降压到 613.3 帕(4.6 毫米汞柱)时，可在 5～20 分钟内使菜体迅速冷却到 1℃。大约温度每降低 6℃，菜体含水量损失 1%。预冷后菜体一般失水 3%左右，因此在预冷前在菜表面喷水，防止脱水现象，且利于迅速降温。

另外在我国的北方和西北高原地区，在低温时可以将产品放在阴凉通风的地方自然预冷。这种方法很简单，但降温慢，效果差。例如窖藏大白菜时常用此法进行预冷，收获后的大白菜先在通风阴凉处放置 10～15 天，待气温降低后再入窖贮藏。

图 2-27　真空预冷设备(王向阳摄)

此外还有接触冰预冷方式。接触冰预冷是以天然冰或人造冰为冷媒，直接接触产品，降低其携带的热量。常用的方法是在装产品的容器内填充冰屑，冰屑约占产品重量的 1/5，该法适用于花椰菜、甜玉米的预冷。但国外一般在预冷后加冰。接触冰预冷更多的是用在水产品上。

表 2-8　部分蔬菜的适宜预冷方式

种类	真空 VC	强制 AC	压差 SC	水冷 WC	注意事项
莴苣、夏甘蓝	●	O	O		
韭菜	●	O	O		VC 不适于大棚栽培
菠菜、荷兰芹、茼蒿	●	O	●	O	
菜花、绿菜花	O	O	●		
芹菜	O	O	●		
冬甘蓝、白菜	×	O	●	×	
甜玉米	●	O	O	O	
番茄、黄瓜、甜椒、茄子	×	O	●		
草莓	O	O	●		VC 时需要喷雾
芦笋、竹笋	O	O	●		VC 时时间较慢
胡萝卜	A	O	●	●	洗涤后用 VC 冷却
萝卜、芜菁	A	O	●	●	洗涤后用 VC 冷却
香菇	O	O	●	×	
荚用豌豆	O	A	●		
青豌豆(带荚)	●	A	●		
菜豆、毛豆	A	O	●		

●最适，O 适，A 可能，×不适。

(六)贮藏

贮藏一般都选晚熟品种。早熟品种不耐贮藏的原因，主要是早熟品种的采收季节正值高温天气，其生育期短，组织发育不充实，体内物质积累少，消耗快，对环境的适应性差，特别是对低温环境的适应性比较差，抗病性也由于糖分含量的不足而减弱。相反，晚熟品种，由于生育期长，采收期气候冷凉，其组织发育缓慢而充实，表现为果皮厚、韧性大、果粉多、蜡质层致密而均匀，有效地阻止了浆果水分的散失和病害的传染。

表 2-9　各种水果蔬菜的贮运条件

产品	温度℃	相对湿度/%	贮运寿命	产品	温度℃	相对湿度/%	贮运寿命
苋菜	0～2	95～100	10～14 天	柑橘	4	90～95	2～4 周
茴芹	0～2	90～95	2～3 周	芋头	7～10	85～90	4～5 月
苹果	−1～4	90～95	1～12 月	绿熟番茄	18～22	90～95	1～3 周

续　表

产品	温度℃	相对湿度/%	贮运寿命	产品	温度℃	相对湿度/%	贮运寿命
杏	－0.5～0	90～95	1～3 周	红熟番茄	13～15	90～95	4～7 天
朝鲜蓟	0	95～100	2～3 周	荸荠	0～2	98～100	1～2 月
砂梨	1	90～95	5～6 月	西洋菜	0	95～100	2～3 周
芦笋	0～2	95～100	2～3 周	西瓜	10～15	90	2～3 周
青香蕉	13～14	90～95	1～4 周	丝兰根	0～5	85～90	1～2 月
豆芽	0	95～100	7～9 天	婆罗门参	0	95～98	2～4 月
干菜豆	4～10	40～50	6～10 月	芜菁甘蓝	0	98～100	4～6 周
菜豆	4～7	95	7～10 天	已熟人心果	3	85～90	7～8 周
连荚利马豆	5～6	95	5 天	鸦葱	0～1	95～98	6 月
叶用甜菜	0	98～100	10～14 天	无籽黄瓜	10～13	85～90	10～14 天
根用甜菜	0	98～100	4～6 月	雪梨	0～1	90～95	1～2 周
苦瓜	12～13	85～90	2～3 周	菠菜	0	95～100	10～14 天
未熟人心果	13～15	85～90	2～3 周	夏南瓜	5～10	95	1～2 周
黑莓	－0.5～0	90～95	2～3 天	冬南瓜	10	50～70	2～3 月
血橘	4～7	90～95	3～8 天	草莓	0	90～95	5～7 天
欧洲越橘	－0.5～0	90～95	2 周	番荔枝	7	85～90	4 周
面包果	13～15	85～90	2～6 周	甘薯	13～15	85～90	4～7 月
青花菜	0	95～100	10～14 天	树番茄	3～4	85～95	10 周
抱子甘蓝	0	95～100	3～5 周	罗望子	7	90～95	3～4 周
早熟甘蓝	0	98～100	3～6 周	冬萝卜	0	95～100	2～4 月
迟熟甘蓝	0	98～100	5～6 月	红毛丹	12	90～95	1～3 周
仙人掌叶	2～4	90～95	3 周	茄瓜	4	85～90	1 月
仙人掌果	2～4	90～95	3 周	干辣椒	0～10	60～70	6 月
红星苹果	3	90	3 周	甜椒	7～13	90～95	2～3 周
四季橘	9～10	90	2 周	菠萝	7～13	85～90	2～4 周
鸡蛋果	13～15	85～90	3 周	大蕉	13～14	90～95	1～5 周
成熟胡萝卜	0	98～100	7～9 月	柚	7～9	85～90	12 周
未熟胡萝卜	0	98～100	4～6 周	南瓜	10～13	50～70	2～3 周
腰果果实	0～2	85～90	5 周	榅桲	－0.5～0	90	2～3 月
花椰菜	0	95～98	3～4 周	春萝卜	0	95～100	3～4 周
根芹菜	0	97～99	6～8 月	鲜油橄榄	5～10	85～90	4～6 周
芹菜	0	98～100	2～3 月	洋葱(绿)	0	95～100	3～4 周
牛皮菜	0	95～100	10～14 天	洋葱(干)	0	65～70	1～8 月

续 表

产品	温度℃	相对湿度/%	贮运寿命	产品	温度℃	相对湿度/%	贮运寿命
佛手瓜	7	85～90	4～6 周	洋葱苗	0	65～70	6～8 月
番荔枝	13	90～95	2～4 周	加州甜橙	3～9	85～90	3～8 周
酸樱桃	0	90～95	3～7 天	佛州甜橙	0～1	85～90	8～12 周
甜樱桃	－1～－0.5	90～95	2～3 周	番木瓜	7～13	85～90	1～3 周
青花菜	0	95～100	10～14 天	西番莲	7～10	85～90	3～5 周
大白菜	4～7	95～100	2～3 月	欧芹	0	95～100	2～2.5 周
红橘	4	90～95	2～4 周	桃	－0.5～0	90～95	2～4 周
甜玉米	0	95～98	5～8 天	青豌豆	0	95～98	1～2 周
越橘	2～4	90～95	2～4 月	圆粒豌豆	4～5	95	6～8 天
黄瓜	10～13	95	10～14 天	山竹果	13	85～90	2～4 周
海枣	－18 或 0	75	6～12 月	蜜露甜瓜	7	90～95	3 周
悬钩子	－0.5～0	90～95	2～3 天	波斯枣	7	90～95	2 周
榴莲	4～6	85～90	6～8 周	蘑菇	0	95	3～4 天
茄子	12	90～95	1 周	油桃	－0.5～0	90～95	2～4 周
接骨木果	－0.5～0	90～95	1～2 周	秋葵	7～10	90～95	7～10 天
莴苣	0	95～100	2～3 周	猕猴桃	0	90～95	3～5 月
费约果	5～10	90	2～3 周	球茎甘蓝	0	98～100	2～3 月
无花果(鲜)	－0.5～0	85～90	7～10 天	金柑	4	90～95	2～4 周
大蒜	0	65～70	6～7 月	韭葱	0	95～100	2～3 月
姜	13	65	6 月	柠檬	10～13	85～90	1～6 月
鹅莓	－0.5～0	90～95	3～4 周	结球莴苣	0	98～100	2～3 周
西番莲	10	85～90	3～4 周	莱姆酸橙	9～10	85～90	6～8 周
加州葡萄柚	14～15	85～90	6～8 周	罗甘莓	－0.5～0	90～95	2～3 天
佛州葡萄柚	10～15	85～90	6～8 周	龙眼	1.5	90～95	3～5 周
葡萄(制酒)	－1～－0.5	90～95	1～6 月	枇杷	0	90	3 周
美洲葡萄	－0.5～0	85	2～8 周	荔枝	1.5	90～95	3～5 周
羽衣甘蓝	0	95～100	10～14 天	曼蜜苹果	13～15	90～95	2～6 周
番石榴	5～10	90	2～3 周	芒果	13	85～90	2～3 周
扁豆	4～7	95	7～10 天	日本茄子	8～12	90～95	1 周
辣根	－1～0	98～100	10～12 月	凉薯	13～18	65～70	1～2 月
波罗蜜	13	85～90	2～6 周	菊芋	－0.5～0	90～95	4～5 月
以色列甜橙	8～10	85～90	8～12 周	白人心果	19～21	85～90	2～3 周
穗醋栗	－0.5～0	90～95	1～4 周	白芦笋	0～2	95～100	2～3 周

续 表

产品	温度℃	相对湿度/%	贮运寿命	产品	温度℃	相对湿度/%	贮运寿命
番梨	5～7	85～90	4～6 周	薯蓣	16	70～80	6～7 月
马铃薯(早熟)	10～16	90～95	10～14 天	杨桃	9～10	85～90	3～4 周
马铃薯(晚熟)	4.5～13	90～95	5～10 月	长菜豆	4～7	90～95	7～10 天
欧洲防风根	0	95～100	4～6 月	日本柿	−1	90	3～4 月
留叶胡萝卜	0	95～100	2 周	食用大黄	0	95～100	2～4 周
比利时莴苣	2～3	95～98	2～4 周	李、梅	−0.5～0	90～95	2～5 周
刺果番荔枝	13	85～90	1～2 周	石榴	5	90～95	2～3 月
卡萨巴甜瓜	10	90～95	3 周	梨	−1.5～0.5	90～95	2～7 月
可丽甜瓜	7	90～95	2 周	椰子	0～1.5	80～85	1～2 月
加利蒙地亚橘	10～13	50～70	2～3 月	鳄梨(Fu-enehass)	7	85～90	2 周
网纹甜瓜(3/4网纹)	2～5	95	15 天	鳄梨(LulaBooth-1)	4	90～95	4～8 周
网纹甜瓜(全网纹)	0～2	95	5～14 天	鳄梨(Fuch-sPollock)	13	85～90	2 周
巴巴多斯樱桃	0	85～90	7～8 周				

(七)运输

我国国土辽阔,南北气候差异很大,果蔬分布和成熟期差异很大。为协调解决生产和消费之间的矛盾,运输起着重要的作用。如果没有良好的运输条件和设施,则本地剩余的产品运不出去,生产就会陷于停滞和萎缩。我国城市果蔬的供应从就近供应为主、外地调节为辅的消费方式,逐步地转变为较多地依靠外地运输的消费方式,从短距离调节变为长途运销。运输途中,要根据季节及天气情况,及时做好保温、降温、遮阴、防雨工作。

1. 运输方式

按照运输路线和运输工具的不同,可把新鲜果蔬的运输分为陆路、水路、空运等不同的运输方式。陆路运输包括公路和铁路运输,水路运输包括河运和海运。在新鲜果蔬运输中,要选择最经济合理的运输方式。

长途运输,过去一般用加冰车厢、机冷车厢或冷藏船等。近年来国外采用冷藏集装箱或气调集装箱运输,国内大多采用汽车和火车运输。

低温冷链运输是目前世界上最先进也是最可靠的果蔬运输方式,即从果蔬的采收、分级、包装、预冷、贮藏、运输、销售等环节上建立和完善一套完整的低温冷链运输系统,使果品从生产到销售之间始终维持一定的低温,延长货架期,其间任何一个环节的缺失,都会破坏冷链保藏系统的完整性和实施程度。

2. 运输工具

目前国外果蔬运输所用的运输工具主要是冷藏汽车和普通卡车，国际运输主要用冷藏集装箱。我国短途公路运输所用的运输工具包括汽车、拖拉机、畜力车和人力拉车等。汽车主要有普通运货卡车、冷藏汽车、冷藏集装箱。水路运输工具用于短途运输的一般为小船、拖船，用于远途运销的主要是远洋货轮。铁路运输越来越少。特别是果蔬供销体系由商业系统转到农民出身的广大批发商时，果蔬运输更是以卡车运输为主。

(1)普通卡车

在我国新鲜果蔬运输中普通卡车是最重要的运输工具，而国外果蔬运输所用主要工具为冷藏汽车和普通卡车。出现果蔬运输以卡车为主的变化是有内在原因的，一是卡车运输能够减少中转和装卸次数，节省时间和劳力。二是卡车每车量较少，收购和销售速度较快。三是适合农民批发商的小本经营。虽然普通卡车车厢内没有温度调节控制设备，受自然气温的影响大，但车厢内的温、湿度可通过通风、覆盖草帘棉毯、夹冰等措施适当调节。例如我国辣椒冬天用棉被保温包装运输卡车。

(2)冷藏车

冷藏车的特点是：车体隔热，密封性好，在车厢前部有冷却装置，车厢在温热季节能保持低温。冷藏车是发达国家果蔬采后运输最主要的形式。目前我国很少应用冷藏车，主要原因是运费很高。

图 2-28　大小冷藏车(王向阳摄)

(3)集装箱

集装箱运输是当今世界正在发展的运输工具，既省人力、时间，又保证产品质量，还能实现“门对门”的服务，是现代运输工具中的一大革新。在集装箱的基础上增加箱体隔热层和制冷及加温设备，即为冷藏集装箱，它可以维持新鲜果蔬及其他易腐货物所需的温度。在冷藏集装箱的基础上，加设气密层，改变箱内气体成分(降低 O_2 浓度和增加 CO_2 浓度)，即为冷藏气调集装箱。控制气体成分的方法，一般是在冷藏集装箱外装液氮罐和二氧化碳罐，把气体通入箱内，释放 N_2 和 CO_2 代替箱内空气，从而起到气调的效果。一般来说，冷藏气调集装箱较之冷藏集装箱更能保持货品新鲜品质。

(4)火车

我国果蔬采后长途运输目前还较多应用火车普通货箱。其一般用于较耐储运的大宗果蔬的超远途运输。火车冷藏货箱也有少量的应用。

火车运输新鲜食品

3. 装卸

新鲜果蔬鲜嫩，含水量高，如装卸搬运中操作粗放、野蛮，就会导致商品机械损伤、腐烂，造成巨大的经济损失。我国果品蔬菜装卸搬运多用人力，其劳动强度大，机械伤严重。近年来，国内开始采用机械搬运装卸，普遍采用了叉车、电瓶车、起重吊车、传送带等设备，改善了搬运装卸条件。装卸时要求箱子要捆实扎紧，搬运要轻拿轻放，快装快运。

4. 堆码

果蔬装车，首先考虑保质，然后兼顾车辆载重量和容积的充分利用。冷藏运输时，必须使车内冷空气流动，从而使温度保持均匀。这要求各货件之间必须留有适当的间隙，每件货物都不应直接接触车底板和车壁板，而应留有间隙。这样，通过车壁和底板进入车内的热量就可以被间隙中的空气吸收，从而较好地保持货物的温度稳定。在装载对低温敏感的水果蔬菜时，货件不能紧靠机械冷藏车的出风口或加冰冷藏车的冰箱挡板，以免产生低温伤害。必要时，可在上述部位的货件上面设隔热装置，使低温空气不直接与货件接触。发达国家果蔬包装已经规范化，堆码也已规范化和机械化，每车装多少箱留多少间隙都是固定的。

5. 运输技术要求

从农田到加工厂的道路应平整。田里使用的箱子如果叠在一起，不要装得太满以保证运输安全。车速要适当，要视路质路况而定，运货车或拖挂车要维修好。降低车辆的胎压有助于减少运输时产品的颠簸。长途运输需要注意下列条件。

(1)温度

温度是运输过程中的重要环境条件之一。采用低温流通措施对保持果蔬的新鲜度和品质及降低运输损耗是十分重要的。根据国际制冷学会 1974 年修订规定，要求温度低而运输时间超过 6 天的蔬菜，在贮藏时要与低温贮藏的适温相同。新鲜水果蔬菜在低温运输中的推荐冷链运输温度见表 2-10。

表 2-10　新鲜水果蔬菜在低温运输中的推荐冷链运输温度(℃)

水果种类	1～2 天	2～3 天	蔬菜种类	1～2 天	2～3 天
苹果	3～10	3～10	石刁柏	0～5	0～2
蜜柑	4～8	4～8	花椰菜	0～8	0～4
甜橙	4～10	2～10	甘蓝	0～10	0～6
柠檬	8～15	8～15	薹菜	0～8	0～4
葡萄柚	8～15	8～15	莴苣	0～6	0～2

续 表

水果种类	1～2天	2～3天	蔬菜种类	1～2天	2～3天
葡萄	0～8	0～8	菠菜	0～5	未推荐
桃	0～7	0～3	辣椒	7～10	7～8
杏	0～3	0～2	黄瓜	10～13	10～13
李	0～7	0～5	菜豆	5～8	未推荐
樱桃	0～4	未推荐	食荚豌豆	0～5	未推荐
西洋梨	0～5	0～3	南瓜	0～5	未推荐
甜瓜	4～10	4～10	番茄(未熟)	10～15	10～13
草莓	1～2	未推荐	番茄(成熟)	4～8	未推荐
菠萝	10～12	8～10	胡萝卜	0～8	0～5
香蕉	12～14	12～14	洋葱	−1～20	−1～13
板栗	0～20	0～20	马铃薯	5～10	5～20

目前我国低温运输事业的发展还远不能满足新鲜果蔬运输的需要，大部分果蔬尚需在常温下运输，现将运输环境对货温的影响简述如下。

①常温运输。在常温运输中，其货箱的温度和产品温度都受着外界气温的影响，特别是在盛夏或严冬时，这种影响更为突出。夏季用可遮阳的卡车运送果蔬，一般货垛上部温度最高，货垛上部或中部的货温与下部货温可有5℃以上的温差。雨天，则货垛下部的温度最高，但各部分的温差不大。运输途中，果蔬温度一旦上升，以后即使外界气温下降了，产品温度也不容易降下来。比较不同运输包装的温度变化，木箱与纸箱相似。而由于纸箱堆得较密，在运输途中，其箱温比木箱高1～2℃。

②低温运输。在低温运输中，温度的控制不仅受冷藏车或冷藏箱的构造及冷却能力的影响，而且也与空气排出口的位置和空气循环状况密切相关。一般空气排出口设在上部，货物就会从上部开始冷却。如果堆垛不当，冷气循环不好，则会影响下部货物冷却的速度。这需要改善冷气循环状况，使下部货物的冷却效果与上部货物趋于一致。冷藏船的船舱舱容一般较大，进货时间延长会延迟货物的冷却速度和使舱内不同部位的温差增大。如果以冷藏集装箱为装运单位，则效果较好。运输前须预冷，果蔬预冷的最终温度一定要在冰点以上，否则将引起冷害和冻害，尤其是不耐低温的热带、亚热带果蔬，即使在冰点以上的不适宜低温也会对其造成生理伤害。

(2)湿度

果蔬新鲜度和品质的保持需要较高的湿度条件。当新鲜果蔬装入普通纸箱，在一天以内，箱内空气的相对湿度可达到95%～100%，运输中仍然会保持在这个水平。纸箱吸潮后抗压强度下降，有可能使果蔬受伤，这种情况在国内很普遍。应采用隔水纸箱(纸板上涂以石蜡和石蜡树脂为主要成分的防水剂)或在纸箱中用聚乙烯薄膜铺垫，则可有效防止纸箱吸潮。但高湿运输，果蔬容易发生霉烂，特别是在高温下，应引起足够重视。如果用比较干燥的木箱包装，由于木材吸湿，会使运输环境湿度下降，造成果蔬新鲜度下降。

(3)气体成分

除气调运输外，新鲜果蔬因自身呼吸、容器材料性质及运输工具的不同，容器内气体成分也会有相应的改变。使用普通纸箱时，因气体分子可从箱面上自由扩散，箱内气体成分变化不大，CO_2 的浓度都不超过 0.1%。当使用具有耐水性的塑料薄膜贴附的纸箱时，气体分子的扩散受到抑制，箱内会有 CO_2 气体积聚，积聚的程度因塑料薄膜的种类和厚度而异。

(4)振动

振动是水果蔬菜运输时应考虑的基本环境条件。振动会造成果蔬的机械损伤和生理伤害，会影响果蔬的贮藏性能，因此，运输中必须避免和减少振动。在卡车后部振动远远大于前部，上部明显大于下部。

在运输过程中，由于振动和摇动，箱内果蔬逐渐下沉，使箱内的上部产生了空间，使果蔬与箱子发生二次运动及旋转运动，使果蔬所受加速度升级。箱上部受到的加速度可为下部的 2～3 倍。所以越是上部的果蔬，越易变软和受伤。

当在同一箱内的个体之间，或卡车与箱子之间及箱与箱之间的固有振动频率一旦相同时，就会产生共振现象。这时，车的上部就会一下子受到异常强烈的振动。箱子垛得越高，共振越严重。如垛的高度相同，则箱子小、数目多，上部箱子的振动就大。对于不致发生伤害的小振动，如果反复地增加作用次数，则水果蔬菜组织的强度也会急剧下降。以后，如果遇到稍大一些的振动冲击，也有可能使产品受到损伤。新鲜水果蔬菜由于振动、滚动、跌落产生外伤，会使呼吸速率急剧上升，内含物消耗增加，风味下降。即使运输中未造成外伤的振动，也会使果蔬呼吸速率上升。在箱子内部，下部的果蔬受到上部果蔬负载的影响，箱子越高，影响越大。堆垛时，若堆的方法和箱子的强度不同，则上部的荷重对下部箱子的影响也不相同。在车子行驶中，由于振动，果蔬还受着运动荷重的影响，这些都会使损伤增加。

在箱子受到一定振动加速度的情况下，箱内果蔬所受的振动加速度不一定与之相等。因为箱子、填充材料、包果纸等能吸收一部分振动力，或者一部分冲击力，使新鲜水果蔬菜所受的冲击力有所减弱。

新鲜果蔬的耐振动性，与果蔬内在因素如遗传性、栽培条件、成熟度、果实大小有关，同时也受运输条件的影响。特别是果蔬成熟度不同，对振动的敏感性很不一样。

(八)市场

现代市场经济营销的重心是搜集、分析、管理好来自各方的信息，并用通信手段建立起一个信息网络。这个网络应包括来自国内外的果蔬生产、科学技术、政策法规、流通市场及与之相关的各种信息资源，具体应注意采集以下信息：

1. 来自果蔬产地的信息

来自果蔬产地的信息包括果蔬的品种及产地、种植面积、采收时间、产品质量、包装规格、供货数量、供货时间、贮运情况、商业信誉等。

2. 来自果蔬销售地的信息

来自果蔬销售地的信息包括市场需求的种类、品种、质量、市场容量、平均价格、消费水平、消费观念、政策法规、进出口情况、国内外市场变化情况及竞争对手的情况等。

以分散的小农经济为主体的地区，果蔬的货源组织相当困难，且质量难以保证，往往给经营者带来极大风险。国外货源组织都是根据客商的要求来定，而客商的经营又为广大消费者所左右。在一般情况下，消费者对果蔬最敏感的评判标准是外观和质地。根据经验人们总是把果品的大小、形状、色泽、质地状态和有无缺陷等指标作为消费依据。因此，从长远考虑，货源组织已不只考虑一种简单的买卖关系，而是应把货源作为供销链的第一链。供货商必须有良好的商业信誉、可靠的产品质量、强大的供货能力等。

在果蔬流通领域里，果蔬物流中心和大型批发市场具有举足轻重的作用，它们不仅是新鲜果蔬的集散和分配中心，更是生产与消费之间的桥梁和信息网络中心。以果蔬物流中心和大型批发市场为基础，将生产、贮运、流通、消费有机地结合起来，为果蔬的采后处理提供良好的信息、贮运、展示、销售及金融、质控、安全等多种服务，为新鲜果蔬销售建立起全天候的绿色通道。

国外销售市场主要为超级市场和零售店。我国现在还有大量的小商贩、农贸市场、农民直销果蔬，但近年来与发达国家销售模式接轨的趋势很明显。未来果蔬的保鲜时间很大部分将在超级市场内。

易腐果蔬的货架寿命对商家来讲特别重要。货架寿命一般是指在常温或低温条件下，果蔬产品在销售货架或销售柜台上的保质时间。表 2-11 列出了部分果蔬的货架寿命。

表 2-11　果蔬在市场的参考货架寿命(天)

果蔬	25℃	15℃	果蔬	25℃	15℃
苹果(无处理)	5～8	10～12	大白菜(切分)	2～3	5～7
苹果(上蜡处理)	20～30	30	甘蓝	5～8	15～20
梨	5～8	10～13	花椰菜	4～7	10～12
蜜梨	3～5	8～10	菜豆	2～3	7～9
蜜桃	2～3	7～10	豇豆	2～3	5～7
黄桃	3～4	10～12	芹菜	1～2	3～4
杏	3～5	7～10	西芹菜	2～3	4～7
李	3～5	7～10	甜玉米	1	2
荔枝	1	2～3	黄瓜	2～3	4～5
龙眼	1～2	3～4	茄子	2～4	5～7
葡萄(马奶子)	7～10	18～25	番茄(红熟)	3～5	5～10

续　表

果蔬	25℃	15℃	果蔬	25℃	15℃
葡萄(巨峰)	2～3	5～8	结球生菜	1～2	2～3
草莓	1～2	3～4	冬瓜(切开)	1	1～2
甜樱桃	3～4	8～10	冬瓜(整瓜)	5～8	10～12
柿(后熟)	3～5	6～10	南瓜(切开)	1	1～2
芒果	1～2	3～4	南瓜(整瓜)	5～8	10～20
柑橘	10～12	15～20	丝瓜	2～3	3～4
香蕉(黄熟)	1～2	3～4	青圆椒	2～3	4～5
甜橙(套袋)	10～12	20～25	红圆椒	1～2	3～4
甜橙(上蜡)	20～25	25～30	辣椒	2～3	4～5
菠萝(黄熟)	3～4	5～7	菠菜	1	1～2
番木瓜(黄熟)	2～3	4～5	小白菜	1	1～2
西瓜(成熟)	3～4	5～7	生菜	1	1～2
厚皮甜瓜	4～5	6～8	茼蒿	1	1～2
猕猴桃(软熟)	1～2	5～6	芫荽	1	1～3
石榴	5～8	10～15	薹菜	1	1～3
大枣(鲜)	4～6	10～12	芥菜	1	1～3
胡萝卜	3～4	4～6	萝卜(白)	3～4	4～6
马铃薯	3～4	4～6	萝卜(青、红)	4～5	6～8
甘薯	3～4	4～6	芋	3～4	4～6
山药	3～4	6～10	蒜(干)	10～20	20 以上
姜	4～5	6～7	荸荠	4～5	7～10
大葱	7～8	10～20	小青葱	1～2	2～3
豌豆(鲜)	1	2	荷兰豆	2～3	3～5
洋葱(干)	7～10	9～15	鲜蘑菇	1	1～2
西兰花	1	2～3	绿豆芽	1	2
石刁柏	1	1～2			

案例 1　蔬菜贮运保鲜　　案例 2　水果贮藏保鲜

案例 3　国外甜玉米采后

案例 4　青菜采后经济效益分析

案例 5　大白菜采后商业操作

案例 6　采后处理评量表的分析

第三章　粮食贮藏原理和技术

粮食包括食用粮、油料和种子粮。食用粮包括谷类、豆类和薯类。谷类包括原粮和成品粮。原粮指稻谷、三麦、玉米、高粱、粟、黍、稷等；成品粮指大米、面粉、玉米粉、小麦等；豆类指蚕豆、豌豆、赤豆、绿豆、芸豆等。薯类指甘薯、薯干。薯类在保鲜上一般归于蔬菜。油料指大豆、油菜籽、花生、棉籽、芝麻、茶籽、向日葵籽等。种子粮指农业生产上推广的各种优良品种。粮食系统仓储部门主要保管食用粮、油料、种子粮。

影响粮食安全贮藏的主要物理性质有粮食的散落性和自动分级，粮粒间的孔隙度，各种蒸汽和气体的吸附、吸收和解吸能力，热传导、热湿传导性能，热容量等。同时粮堆还具有生物性质，包括粮食的呼吸作用与代谢生理，活粮粒的寿命、生活力，粮食的后熟及储藏不善所发生的发芽。这些物理性质、生物性质和储粮环境因素诸如温度、水分、空气的变化存在着密切的关系，影响着储粮的稳定性。

粮食含有各种营养成分，供粮食作物生长发育。粮食是有生命的物质，具有呼吸、后熟、发芽、陈化等生理特点。保管中的粮食是一个群体，它构成自己的生态环境。其中有生物因素，如粮食、粮食害虫、粮食微生物；也有非生物因素，如温度、湿度、水分及各种气体。这些生物因素和非生物因素互相影响，使粮食在保管中发生种种变化。虫害及微生物造成的变化属不正常变化。粮食的正常变化是温度、湿度、水分、空气成分及粮食本身的生化变化。温度、湿度、空气成分等是粮食变化的外部原因；粮食本身的生化变化是粮食变化的内部原因。了解这些变化，对搞好粮食储藏意义很大。

第一节　粮食贮藏原理

一、粮食概况

（一）粮食的种类和分类

我国目前利用的粮食作物为30多种。粮食的种类和分类主要有：(1)谷类，通称粮食，包含稻米（包括糯米、籼米、粳米等）、小麦、玉米、大麦、小米、高粱、薏苡等，习惯上将荞麦也包含在谷类内。谷类是我国的主粮。谷类中除稻米和小麦被称作主粮外，其他被称为杂粮。(2)豆类，包含有黄豆、红豆、绿豆、蚕豆、豌豆、刀豆、扁豆、四季豆、毛豆等，通常是以鲜豆或干豆用作副食品。(3)薯类，薯类包括马铃薯(土豆)、甘薯、木薯、芋艿、菊芋等。

(二)主要粮食的结构

1. 谷类的结构

谷类除玉米外，都由谷壳所包裹，稻谷籽粒由颖(稻壳)和颖果(糙米)两部分组成。

(1)颖

稻谷的颖由内颖、外颖、护颖和颖尖(颖尖伸长为芒)四部分组成。内、外颖包住颖果，起保护颖果的作用。制米时砻谷机脱下来的颖壳称为稻壳或大糠、砻糠。

(2)颖果

稻谷脱去内、外颖后便是颖果(即糙米)。

稻谷籽粒各组成部分占整个籽粒的质量百分比一般是颖为18%～20%，果皮为1.2%～1.5%，糊粉层为4%～6%，胚乳为66%～70%，胚为2%～3%。

2. 豆类的结构

荚果由一个心皮组成，成熟时沿背缝线开裂。荚果又可分软荚和硬荚。软荚类如豌豆、菜豆、扁豆等可采摘为蔬菜；硬荚类如大豆、绿豆、饭豆等老熟时因失水而开裂。荚果的形状、大小、组织和结构有很大的差异，如长豇豆荚果可达60～70cm，小扁豆的荚果仅为1cm。

(三)粮食的营养成分

1. 谷类的营养

我国人民70%左右的热能和50%左右的蛋白质由谷类供给。谷类的蛋白质含量约7%～10%，主要为谷蛋白和醇溶蛋白，必需氨基酸含量较少，特别是赖氨酸含量很少，故营养价值较差。谷类中碳水化合物主要为淀粉，约占70%，脂肪含量约2%，矿物质主要含磷。谷类含有一定的维生素B，是我国人民硫胺素和烟酸的主要食物来源。

2. 豆类的营养

豆类含有丰富的蛋白质、脂肪和碳水化合物。一般将豆类分成两大类，一类是高蛋白质、中等脂肪和低碳水化合物豆类，如大豆；另一类是高碳水化合物、中等蛋白质和少量脂肪豆类，如蚕豆、豌豆、豇豆、菜豆、小豆、绿豆、扁豆等大多数豆类。当今世界人类消耗的蛋白质总量中，植物蛋白质占2/3以上。豆类食物的蛋白质含量为20%～40%。豆类含有谷类所缺乏的赖氨酸和色氨酸，且氨基酸种类齐全。多数豆类脂肪含量较低，但大豆脂肪含量高，达35%左右，且含有亚油酸和亚麻酸。豆类含有丰富的钙、磷、铁等无机盐和维生素B等，发芽的豆类还含有丰富的维生素C。

二、粮食在储藏过程中的生理特性

(一)粮食呼吸作用

粮食在储藏期间不断地在呼吸,吸收氧气,呼出二氧化碳,产生能量和本身代谢所需要物质,用以维持粮食种子的生理活动。粮食在有氧的条件下进行有氧呼吸,在缺氧的条件下进行无氧呼吸。呼吸作用越强,粮食内部营养物质的消耗就越多,粮堆间积累的水和热就越多,这对粮食的保管就越不利。

(二)影响呼吸作用的因素及其与储藏的关系

粮食呼吸作用的强弱受粮食水分和温度的影响,而水分是决定粮食呼吸作用强弱的最主要因素。当粮食含水量低于一定数值时,粮食呼吸作用就会控制在极其微弱的程度;而当粮食含水量超过某一数值时,粮食呼吸作用就会显著增强。

温度也是影响粮食呼吸作用的一个重要因素。在一定的温度范围内,温度升高,粮食的呼吸作用也随之增强;温度下降,粮食呼吸作用也随之减弱。

粮食呼吸的温度范围

通风条件的好坏,粮堆间的氧气充足与否,也会影响粮食的呼吸作用。通风好,氧气充足,粮食的有氧呼吸就较强。反之,通风条件不好,氧气不充分,粮食的有氧呼吸就减弱。所以,将保管的粮食密闭起来,使粮食处于缺氧的环境中,也是有利于保管的。

(三)粮食后熟作用

后熟是指粮食在收获之后还要经过一个继续发育成熟的阶段。刚刚收获的新粮,生理上并没有完全成熟,胚的发育还在继续。这时粮食的呼吸作用旺盛,发芽率很低,工艺品质较差,也不好保管。新粮经过一个时期的保管,胚不再发育了,呼吸也逐渐趋于平稳,生理上达到完全成熟。这一个使新粮达到完全成熟的保管期就叫后熟期。经过后熟期的粮食呼吸作用减弱,发芽率增加,工艺品质得到改善。新粮是否完成了后熟,常用的鉴定指标是发芽率。80%以上的发芽率,是粮食完成后熟的一般标志。

(四)后熟期间的变化

通过后熟,胚进一步成熟,后熟期间的生命活动,比在植株上的时期弱,但比在后熟完成之后安全储藏的时期强。

后熟期间的生化变化是种子在植株上成熟时期生化变化的继续,以合成作用为主，分解作用为次。总趋向是各种低分子化合物继续转变为高分子化合物，氨基酸减少，蛋白质增加，脂肪酸减少，脂肪增加，可溶性糖减少，淀粉增加，尤以氨基酸合成蛋白质的变化为最大。随着后熟作用的完成，酶活性与呼吸作用均由强转弱，水解酶由游离状态转变为吸附状态。种子体积缩小，硬度变大，种皮由稠密状态变为疏松多孔状态，透水性与透气性得到改善。

粮食休眠4个阶段

(五)后熟作用影响因素及其与储藏的关系

粮食后熟期的长短要受温度、湿度和粮堆空气成分的影响。较高的温度(但不能超过45℃)可以促进粮食种子细胞内生理生化的进行，使后熟期缩短；反之，低温则会使后熟期延长。湿度低能缩短后熟期，湿度高则延长后熟期。通风条件好，粮堆中氧气充足，能促进后熟；反之，通风不好，粮堆中缺少氧气，积累二氧化碳，则会阻碍后熟。

粮食的后熟过程对粮食保管非常不利。在后熟过程中粮食生理活动旺盛，强烈的呼吸作用会释放出大量的水和热，胚发育的合成作用也会放出水，这些水以水汽状态散发到粮堆孔隙中，使粮粒间的空气变得潮湿，一遇冷空气，就结露凝为水滴，附在粮粒表面上。这种现象叫“出汗”。“出汗”会使粮食含水量增加，为粮食微生物的生长繁殖创造了条件。如不及时采取措施，就会导致粮食发热霉变。

在储藏实践中，促进大批储粮后熟的方法主要是晒、烘干、通风，并使粮食储藏在干燥和通风的环境之中。另外还有高温处理、超声波处理、电离射线处理及化学药剂处理等方法。

(六)发芽

粮食种子由生命萌动到长出幼芽的生理过程叫发芽。在这一生理过程中，粮食的呼吸作用特别旺盛，消耗的营养成分也特别多。发芽后的粮食，营养价值大为降低，食用品质也差，同时由于酶活性的增强，储藏稳定性随之变劣，对保管工作十分不利。因此在粮食保管中，要十分注意不让粮食发芽。

粮食发芽需要适合的水分、温度和空气成分。水分是粮食发芽的最主要的因素。粮食水分低，生理作用微弱，酶缺乏活性，就不能发芽。粮食吸水膨胀，水分达到发芽要求，生理作用明显增强，酶活性增强，发芽的生理过程即从此开始。要避免粮食发芽，关键是控制水分。粮食种子发芽还需要一定的温度，温度过高或过低都不能使其发芽。

粮食发芽对温度的要求是不高的，大多数的室内温度都能满足。0～5℃的低温对粮食发芽有抑制作用，可以使发芽缓慢，但不能完全避免发芽。

粮堆间的空气成分对粮食发芽也有影响。氧气充足，就有利于发芽；反之，氧气不足，就会阻碍发芽。

粮食发芽的条件

（七）种子的寿命

保持粮食种子发芽的潜在能力，很有意义，这是粮食有无生命力的标志。储粮只有保持较强的生命力，才有种用价值和抗病虫害的能力。温度和湿度对粮食寿命有重要影响。一般低温有利延长种子寿命。但温度过高或过低，都会使粮食丧失生命力。低于－10℃或高于50℃的温度，都会使粮食种子丧失生活力。不同粮食耐低温和耐高温的能力也是不相同的。荞麦在0℃时还能发芽，黑麦在50℃时也还能发芽，而稻谷在低于10℃或高于40℃时就不能发芽。水分对粮食生命力也有显著影响，潮湿环境会缩短粮食的寿命，而干燥环境则可以延长其寿命。在干燥条件下保管的稻谷，其生命力可以保持十年。

（八）陈化

粮食在贮藏期中，原生质胶体结构逐步松弛，生活力减弱，利用品质和食用品质变劣。这种由新到陈，由旺盛到衰老的现象称为粮食的陈化。粮食是有生命的物质，储藏期间其并没有停止生理活动，而是在不断地呼吸，其所含的各种化学成分也在不断地进行分解合成。随着储藏时间的延伸，粮食营养成分越来越多地被消耗，生命力越来越衰弱，发芽的潜在能力越来越丧失，食用品质和营养价值也越来越差。陈化就是粮食的自然劣变。

决定粮食陈化的因素是储藏时间，陈化随储藏时间的延长而出现，并随储藏时间的继续延长而逐步加深。成品粮比原粮更易陈化，稻米比小麦更易陈化。除小麦外，大多数粮食储藏一年就开始出现陈化。

（九）陈化的物理、生理、生化变化

粮食陈化时物理性质变化很大，表现为：粮粒组织硬化，柔性与韧性变弱，米质变脆，米粒起筋，身骨收缩，淀粉细胞变硬，细胞膜增强，糊化及吸水率降低，持水力亦下降，米饭破碎，黏性较差，有“陈味”。面粉发酵力弱，面包品质不高。

生理变化表现为：与呼吸有关的酶类，如过氧化氢酶、α-淀粉酶活性趋向降低，呼吸作用也随之减弱；而水解酶类，如植酸酶、蛋白酶和磷脂酶活性都增强。粮食在贮藏中由于自身代谢的有毒产物积累也导致粮粒衰老和陈化。

粮食化学成分的变化主要有以下几方面。无论含胚或不含胚的粮食，一般说多以脂肪变化较快，蛋白质其次，淀粉变化很微弱。粮食中的脂肪含量虽比较少，但它对粮食陈化起着很大的影响。

粮食变酸原因

(十)劣变指标

一些试验方法可用来测定贮粮的品质状况并预测贮藏性能，这些方法包括用感官表现来评定粮食的贮藏状况，例如蒸煮品质品尝。可用酸度和脂肪酸值作为早期劣变指标。常采用过氧化氢酶的活性、非还原糖的含量来衡量粮食的劣变程度。也可通过淀粉-碘-蓝试验，黏度值、降落值（黏度计测定 α-淀粉酶引起的黏度下降）、酶的活力（α-淀粉酶、过氧化物酶等）、电导率（浸出液所含的物质量增加）的测定来衡量。对于有胚的粮食用测定生活力与发芽率（活的胚有还原力，可用四唑试验来判断粮食生活力的强弱）的方式来衡量。

(十一)延缓陈化的途径

粮食陈化的深度与保管时间成正比。影响粮食陈化的因素主要是温度、水分、空气成分等，特别是温度、水分对粮食的陈化有强烈的影响。粮食在水分低、温度低、缺氧的环境下储藏，陈化的出现和发展都比较缓慢；反之，高温、高湿、氧气充足的环境，则不利于粮食保管，会加速粮食陈化的过程。虫、霉的危害也会促进粮食的陈化。

三、粮食贮藏中的化学和品质变化

(一)粮食发热

粮食中由田间收获时带来的微生物与害虫，经干燥进仓，微生物区系有所改变，贮藏微生物代替了田间微生物，并感染了新的害虫。粮堆发热，主要热源是什么？呼吸作用是一种放热反应，随着呼吸作用的增强，反应放出的热也随之增多，粮堆通风不良，散热不快，就形成发热现象。在潮粮呼吸作用测定中，发现微生物和仓虫的呼吸强度通常比粮粒大得多。

(二)粮食变苦

加工精度愈高（例如出粉率或出米率愈低）粮食愈不易变苦，高精度的面粉则很少有变苦现象，全麦粉则易变苦。从粮食的成分来看，脂类含量愈高，愈易变苦。变苦的主要原因是谷物中脂肪酸氧化物与过氧化物在氧化酶类作用下生成不饱和脂肪酸甲酯聚合物，如全玉米粉、燕麦片、高粱粉（脂类含量在 3%以上）较全麦粉（脂类含量在 2%以下）更易变苦。脱脂燕麦粉不易变苦。这种脂肪酸甲酯聚合物是发苦物质。谷物脂类中的亚麻酸被氧合酶、过氧化物酶氧化后也会产生一种具有强苦味的三羟基癸酸。

(三)粮食变酸

谷物及其加工产品的水浸出液一般呈弱酸性,例如面粉水浸出液 pH 值为 6 左右。正常粮食,无论是成品粮或原粮,都存在一些酸性物质,主要是游离脂肪酸、酸性磷酸盐、氨基酸和少量有机酸。高水分的粮食在温度高、湿度大、生虫发霉时,会促进各种营养物质的降解和氧化。最主要是脂肪降解为脂肪酸和甘油,磷脂类降解产生磷酸和酸性磷酸盐(非主要原因)。同时也有少量蛋白质降解为各种氨基酸,碳水化合物降解或氧化形成各种有机酸等,因而酸度增加。

1. 游离脂肪酸

粮食中的酸性物质,主要是游离脂肪酸。在粮食水分含量为 13%~16%时,催化这种作用的酶主要来自附着于粮食的微生物,如白霉、青霉等。美国一些谷物化学家曾提出用游离脂肪酸安全值作为贮藏劣变指标(表 3-1)。

表 3-1 各种谷物脂肪酸的安全值

(以中和 100 克干物质的游离脂肪酸所需 KOH 毫克数表示)

小麦	20	高粱	25
大麦	25	玉米	22
黑麦	22	大豆	22
稻谷	25	蚕豆	10

有谷物学家认为:以游离脂肪酸作为谷物劣变的指标不妥,用游离脂肪酸的增长速度比以它含量的高低来表示更能说明问题。

2. 磷酸和其他有机酸

干燥粮食无变酸现象,只有粮食水分超过 13%,即真菌可以着生的情况下粮食才能变酸。在发酸面粉的酒精提取液中,发现有苹果酸、柠檬酸等有机酸,其中以苹果酸含量最高,这些化合物都是微生物呼吸作用的中间产物,所以有机酸是粮食发酸的物质基础。

3. 测定粮食酸度的一些方法

我国粮食科学研究部门常用的方法是苯浸提法。如测定小麦脂肪酸值时,规定 20 克全麦粉样品加 50mL(毫升)苯,在室温下振荡提取 30 分钟,结果以中和 100 克小麦粉中酸性物质所需 KOH 毫克数表示之。

(四)粮食变色

粮食在贮藏期间会出现种种变色现象,如蚕豆种皮的褐变、黄粒米的产生等都可能与这种现象有关。(1)酶促褐变:在粮食中引起酪氨酸及酚类发生酶促反应的酶,有过氧化物酶及酪氨酸酶等,主要是酪氨酸酶。马铃薯、甘薯切皮后发生变色现象。缺氧可能有助于防止褐变。(2)非酶促褐变:主要是氨基酸和还原糖的反应引起。粮食吸收水分有利于发生非酶促褐变，其会导致赖氨酸利用率下降。(3)微生物引起粮食变色：菌体本身带有颜色，或某些微生物代谢产物为有色物质等。

四、粮食物理性质

影响粮食安全贮藏的主要物理性质有粮食的散落性和自动分级，粮粒间的孔隙度，各种蒸汽和气体的吸附、吸收和解吸能力，热传导、热湿传导性能，热容量等。同时粮堆还具有生物性质，包括粮食的呼吸作用与代谢生理，活粮粒的寿命、生活力，粮食的后熟及储藏不善所发生的发芽。这些物理性质、生物性质和储粮环境因素诸如温度、水分、空气的变化存在着密切的关系，影响着储粮的稳定性。

(一)粮粒和粮堆的组成

粮食颗粒堆聚而成的群体叫作粮堆。粮堆组成包括基本粮粒、有机和无机杂质、一定数量和种类的微生物、粮粒间孔隙中的空气、被感染粮食的储粮昆虫和螨类。

1. 粮食的流散特性

粮食群体是由许许多多粮粒组成的，粮粒之间的内聚力很小。当粮食自上而下降落时，粮食籽粒会四下流散，使粮堆形成一个圆锥体。粮食的这种特性就叫散落性。粮食散落性的大小，以粮食由散落性形成的圆锥体的静止角的大小来表示。圆锥体的斜面与底面形成的夹角叫静止角，其大小与散落性成反比，静止角大，则散落性小。

粮食散落性的大小，与粮食的种类及其籽粒的大小、形状、轻重、水分、杂质含量等有关。粮食籽粒饱满，水分低，含杂少，散落性就大。粮面不易松动、紧实、散落性小，粮食质量可能有问题。因为粮食出汗返潮、霉菌滋生，都会使粮食散落性变小、使粮面板结。

散落性使粮食自上而下降落时产生自动分级。人们使同一质量的粮食籽粒、同一性质的杂质，自然集中在同一部位，形成自动分级后，粮食再入仓入囤。自动分级有利于粮食的清理，而不利于粮食的保管。粮食清理可以利用粮食自动分级这一物理特性，采用风车、筛子、去石机等机械，除去混杂在粮食中的杂质。在粮食保管时，杂质多、水分多的粮食集中在粮堆某一部位，使这一区段孔隙度小、潮湿而易滋生虫、霉，成为粮食发热霉变的发源地。在保管时，一定要注意检查粮堆中杂质多、水分多的部位，以便及时发现问题并采取有效措施。

2. 密度和孔隙度

粮堆中粮粒与粮粒之间的空间就是粮堆中的孔隙。粮堆的总体积就是由粮粒和混杂其间的杂质的实际体积及孔隙所占的空间体积组成。粮食籽粒和杂质的实际体积占粮堆总体积的百分比就是粮堆密度。粮堆内孔隙所占的空间体积等于粮堆总体积减去粮食籽粒和杂质的实际体积，其与粮堆总体积的百分比，是粮堆孔隙度。容重是指单位容积的粮食重量，以千克/立方米来表示，与粮堆密度成正比。容重与孔隙度成反比。

3. 孔隙度与储藏的关系

粮堆孔隙度的大小与粮食保管有很大关系。粮堆有孔隙，堆内外空气才能对流，粮堆湿热交换才能进行。不少保藏技术措施就是利用粮堆孔隙的对流作用来达到目的，如自然通风、机械通风、药物熏蒸等。孔隙度大，空气分流阻力小，通风的效果就好，粮食散热散湿的效果也好，药物也能顺利地扩散到粮堆的各个角落，充分发挥其作用，对粮食保管有利；但当外界空气的温湿度高于粮堆间的温湿度时，特别是高温高湿季节，孔隙度大，也易使外界湿热空气透进粮堆，使粮食吸湿增温，这时对粮食保管又是非常不利的。

影响粮堆孔隙度的因素较多，如粮食籽粒的形状、大小、杂质多少、水分多少、表面光滑程度等。一般来说，籽粒小而表面光滑的，孔隙度小。

4. 粮食传热特性

粮堆进行内外热交换的形式有两种。一种是粮堆孔隙中空气流动而产生的热对流，另一种是粮粒之间接触的热传导。粮堆传热主要是孔隙中空气流动而产生的热对流。粮食是不良导体，粮粒接触传热的作用较小。

(1)导热性的意义、导热系数

导热系数是指在单位时间内，沿热流路线的每单位长度，在从高温到低温表面降低 1℃时，每单位面积所允许通过的热量，其单位是千卡/(米・小时・℃)。导热系数大，则导热能力强。粮食的导热系数为 0.12～0.2 千卡/(米・小时・℃)。粮食是不良导体。水的导热系数比粮食大，为 0.51 千卡/(米・小时・℃)。因此，水分多的粮食比水分少的粮食导热系数要大一些。

(2)影响导热性的因素

影响粮堆传热情况的因素有温差和体积。粮堆内各部位的温度是不一致的，有高有低，粮堆内温度与外部气温也存在差异，这内外的温差就决定了粮堆内外的热交换。粮堆的传热情况与其体积有关，粮堆表面积大，交换的热量就多。粮堆越高，热流路线就越长，单位时间内通过单位面积传递的热量就越少。因此，用控制粮堆高低大小的办法，可以延缓或加速粮堆内外热交换的进程。一般来说，当粮温低于气温，应将粮垛堆高，以减少热的向内传递，控制粮温升高；当粮温高于气温，应使粮堆减低，加速热的向外传递，促使粮温降低。

(3)粮食的比热和热容量

使 1kg 粮食温度上升 1℃所需要的热量，为粮食的比热，也称热容量。粮食的热容量取决于它的组成成分，其中水的比热为 1 千克/千克・℃，淀粉为 0.37 千克/千克・℃，脂肪为 0.49 千卡/(千克・℃)。粮食热容量即为其组成成分的热容量之和(按各组成成分的百分比计算)。由于水的比热较高，对粮食的热容量影响较大。

(4)导热性、热容量与储藏的关系

粮食导热能力差，对粮食保管来说，有有利的一面，也有不利的一面。利用粮食导热系数低的特点，可以保持冷冻粮的低温储藏和小麦趁热入仓的高温储藏，有利于增强粮食储藏的稳定性。这是对保管工作有利的一面。不利的一面则是在粮堆需要散热时散热缓慢,不正常的粮堆高温,会助长粮食的劣变。采取合理的通风及翻仓倒粮,有助于散湿降温,是克服粮食导热不良的措施。

5.吸附特性

固体表面滞留和浓集气体分子的作用叫吸附作用,粮食是富有毛细管的胶质物体,吸附能力是很强的。粮食与气体分子发生吸附作用的类型有两种:一种是物理吸附,这种吸附不发生化学反应,比较容易解吸,如粮粒对二氧化碳的吸附,在通风几天后即可彻底除去;一种是化学吸附,这种吸附发生化学反应,不易解吸,被吸附的气体分子不易除去。

(1)影响吸附作用的因素

影响粮食吸附作用的因素还有温度、气体浓度和气体性质。温度低,吸附量增加;气体浓度大时,吸附量增加。粮食吸附能力较强,与带异味、怪味的物品放在一起,容易产生吸附作用。

(2)吸湿性

粮食吸附水蒸气的作用,就是粮食的吸湿性。当外部水蒸气压力大于粮食内部的水汽压力时,粮食就吸附水蒸气,此为吸湿过程,反之为散湿过程。但当大气水蒸气压力与粮食内部压力相等时,粮食既不吸附,也不解吸,这时的粮食水分就叫"平衡水分",这时的大气湿度就叫"平衡相对湿度"。

(3)吸附滞后现象

粮食在某种特定的相对湿度和温度下,吸附平衡与解吸平衡水分值,存在着明显的差异。使解吸等温线滞后于吸附等温线而产生差异的现象,称为吸附滞后现象。

(4)吸湿性、平衡水分与储藏的关系

粮食平衡水分受湿度、温度及粮食种类等因素的影响。粮食平衡水分与温度成反比,与相对湿度成正比。含蛋白质多的粮食品种平衡水分高,含脂肪多的粮食品种平衡水分低,因为蛋白质是亲水性物质,而脂肪则是疏水性物质。粮食只有在安全水分以下才能长期储藏。

五、粮食的发霉和虫害

(一)粮堆结露

保持空气中水汽的含量不变,而降低温度到某数值时,空气里的未饱和水汽就会变成饱和水汽,并凝结成水。此时结露的温度叫作"露点温度",简称"露点"。粮堆在突然降温到达露点时,水汽凝结在粮粒表面,称为粮堆结露。当粮温变化较大的时候,或在梅雨季节,湿度较大时,都容易产生结露。粮堆结露使粮食水分增高,粮食本身及微生物的生理代谢活动加强,很易引起粮食败坏。

1.粮堆结露的类型

(1)上层结露

粮堆上层结露多发生在季节转换时期。在秋冬季节,气温下降快,但粮温下降慢,在粮面下 5～30 厘米的地方,其中又以 5 至 15 厘米处的粮层容易结露。

(2)粮堆内部结露

粮堆内部结露主要是由于粮堆内部出现较大温差而形成。可能粮堆内局部粮温过高,或外温影响使粮堆出现严重的粮温分层,或部分高温粮或低温粮混入粮堆。

(3)热粮结露

热粮入仓遇到冷的地坪、墙壁、柱石等,因温差过大都可引起结露。

(4)密封贮藏的粮堆结露

应用塑料薄膜进行密封贮藏的粮堆,只要薄膜内外的温差达到露点时就结露。当薄膜内温度高,薄膜外温度低,且达到露点时,则在薄膜里边结露,危害较大。

2. 粮堆结露的测定和预防

粮堆结露的预测是以测算粮堆内外的露点为依据。可应用粮堆露点温度检查表,或应用粮食水分与温湿度及露点关系图。为了预防粮堆结露,首先要求入库粮食水分低,并做好仓房铺垫防潮工作。其次,适时做好粮堆通风、密闭工作。如对夏季高温粮,在秋冬季节应适时进行通风降温,降低粮堆的内外温差。但通风时要预测露点,防止结露。在春暖前对低温粮则可加强密闭,防止外温外湿侵入,引起温差结露。

(二)储粮主要害虫和防治

储粮害虫可分为甲虫类、蛾蝶类、螨类。

甲虫类主要害虫有:谷象、米象、玉米象、绿豆象、蚕豆象、豌豆象;赤拟谷盗、杂拟谷盗、长角扁谷盗、锈赤扁谷盗、大谷盗、锯谷盗;脊背露尾甲、黄斑露尾甲、烟草甲、药材甲;黑皮蠹、谷蠹。

蛾蝶类主要害虫有:谷蛾、麦蛾、印度谷蛾、粉斑螟蛾、地中海粉蛾、马铃薯块茎蛾;紫斑谷螟、一点谷螟;米黑虫。

螨类主要害虫有:粉螨、卡氏长螨、普通毛螨。

1. 仓库害虫的预防

仓库害虫的预防工作应采取以下几方面的措施。(1)经常保持仓库环境的清洁卫生是简单而有效的基本预防方法。清洁以后,再以药剂消毒来弥补清洁工作的不足。特别是每年初春,越冬成虫或幼虫开始复苏活动,有些虫卵开始孵化,此时采用药物消毒,就能大大减少害虫的危害。(2)做好商品粮入库验收和储存期间的检查工作。加强对易生虫品种和其包装的认真验收,发现害虫应先经灭治处理后才能入库,并注意不要与其他商品粮堆放在一起,然后做好记录便于复查。(3)加强温湿度管理,正确掌握通风散潮的时间。保持库内干爽,使害虫不易滋生。(4)加强与生产、购销部门的联系配合,做好共同预防和综合治理。

2. 害虫的物理防治

(1)温度防治

害虫致死温度一般不超过 52℃,其在几小时内死亡。害虫高温死亡的原因是膜损伤、失水造成代谢障碍和蛋白质凝固。用于高温防治的方法有日晒和烘干。冷冻也可杀虫,用－5℃以下温度处理 3 天以上,可达到低温杀虫的目的。低温杀虫原理是虫体细胞膜受冻破裂和低温抑制酶活性。高温强度一般控制在50～55℃,此温度范围既消灭害虫又不影响粮食品质。

(2)缺氧防治

氧气浓度低于2%时,常见储粮害虫4天内全部死亡;氧气浓度为5%～8%时,害虫15天内死亡;氧气浓度高于10%时,无杀虫效果。

粮食充氮降氧杀虫

(3)化学防治

化学防治指利用化学药剂破坏害虫的有机体组织,引起生理机能上的失调,使害虫死亡。目前,我国在仓库中防治害虫,大部分是使用化学药剂。对化学药剂的要求是:杀虫效力大,对人身危害和环境污染小,对商品粮的质量和包装器材没有影响。主要有胃毒剂、触杀剂、熏蒸剂、驱避剂几种。常用的主要是熏蒸剂有磷化铝。

第二节　粮食贮藏技术和设备

一、粮食储藏生态体系

粮堆生态系统的组成分为两部分:非生物因素(无机环境)和生物因素(生物群落)。

非生物因素:粮堆的非生物环境因素包括物理的变量因素(如气候、仓温、仓湿、粮温、仓库结构、地理位置、粮堆的堆藏方式与粮堆的物理特性等)、无机化合物的变量因素(二氧化碳和氧气)、物理与化学的变量因素(如水分)及其生命活动所产生的一系列有机化合物。

生物因素:粮堆的粮粒及其他主要生物变量因素,包括微生物(如真菌、放线菌、细菌)、节肢动物(如昆虫和螨类)、脊椎动物(如鼠类、雀类)和植物(如杂草种子)。根据粮堆中活有机体取得营养和能量的方式及在能量流动和物质循环中所发挥的作用,可以分为三大类群。一类是粮食,常称为生产者。二类是异养的草食动物和肉食动物,主要是昆虫和螨类,有时也有鼠类和雀类,常称为消费者。第三类是异养的微生物,主要是真菌、放线菌、细菌,常称为分解者。

(一)粮堆生态系统的基本特征

粮堆生态系统是用人工方法造成的系统。(1)粮堆是一个开放的生态系统,不断与外界环境进行物质和能量的交换。这导致系统受周围环境的影响,不利于粮食安全贮藏,但又为人类对粮堆生态系统的人工控制提供了条件。(2)粮堆是一个人工生态系统,也是人工和自然复合的生态系统。因为粮堆生态系统并非全部是人为地产生出来。昆虫、微生物等都是大自然的产物,但人类在其中起了很大作用。(3)

粮堆与特定的空间和客观实体相联系，其生态系统具有个性。(4)粮堆具有生物代谢机能的特征。其代谢通过生产者、消费者、分解者3个生物类群完成。而人工控制将要求生物代谢维持在尽可能弱的水平上。(5)粮堆中各种生物之间存在着互相依赖、互相联系和互相制约的关系。例如害虫活动释放的水分和热量及一级消费者将完整粮粒破坏所形成的碎屑，为微生物传播、发育、繁殖创造良好的条件，同时微生物大量发展释放的水分和热量也为害虫生命活动提供有利的生态环境。但它们之间又存在着竞争、寄生、捕食等关系，例如在新鲜的粮食上植生假单胞杆菌占细菌总数的80%～100%，当贮粮霉菌发展时，它的含量便相对减少，甚至消失。有些昆虫还以真菌为食物等。

粮堆生态能量流动和物质循环

(二)储粮生态体系的调节

1. 粮食水分含量

粮食水分含量控制在13%以下，可以抑制大部分微生物的生长。贮粮螨类是“恶干、喜湿、怕高温、耐低温”的动物，粮食水分对其影响比粮温更大。螨类与粮温的相关系数为0.18，与粮食水分的相关系数为0.71，因此，只要将粮食水分控制在13%以下，相对湿度控制在60%以下，就能够抑制大部分的贮粮螨类的生长。粮食水分对其他贮粮害虫的生长也有影响，低于10%的含水量，一船害虫难以发育生长，但一般禾谷类粮食水分在13%以上，太低含量的水分对粮食工艺和食用品质并无好处，因此，用过度降低粮食水分的办法来控制害虫生长的意义不大。干燥的粮食呼吸微弱，随着水分的增多，呼吸强度增大，所以控制储粮水分使其低于临界水分，对抑制储粮呼吸减少干物质损失有着重要的实用价值。

表3-2　几种曲霉生长所需的最低水分含量/%

品种	局限曲霉	灰绿曲霉	白曲霉	棕曲霉	黄曲霉
玉米、小麦	13.5～14.5	14.0～14.5	15.0～15.5	15.0～15.6	18.0～18.5
高粱	14.0～14.5	14.5～15.0	16.0～16.5	16.0～16.5	19.0～19.5
大豆	12.0～12.5	12.5～13.0	14.5～15.0	14.5～15.0	17.0～17.5

2. 温度

对贮粮危害最大的贮藏真菌是曲霉属和青霉属。这些菌较耐低温，一般0℃以下才有较好的杀菌效果(见表3-2)，所以需要同时控制水分。多数螨类在5℃以下不能蔓延发展。贮粮中最主要的螨类生长发育最低温度是：家毛螨0～5℃，粗足粉螨0℃。贮粮螨类的适应性很强，它在不适环境中会形成休眠体，耐低温能力很强。因此，控制螨类生长，低温不及低水分更有效。但贮粮螨虫不耐高温，在40～42℃时几乎难以生存。大多数的贮粮害虫最适生长温度范围在25～35℃。最低生长温度为10～25℃。另外害虫发育繁殖还必须有一定的有效积温,所以利用低温以控制储粮害虫的危害是一种有效的手段。

表3-3　粮食贮藏真菌生长的最低温度/℃

真菌	局限曲霉	灰绿曲霉	白曲霉	黄曲霉	青霉
最低温度	5～10	0～5	10～15	0～5	−5～0

粮堆温、湿度和水分的变化

3. 氧气

粮食、真菌、螨类和其他害虫的生理代谢都需要氧参加,缺氧贮藏能够使贮粮数量和质量的损耗大大减少。霉菌绝大多数是好氧菌,缺氧能抑制微生物生长,但不能消灭微生物。贮粮害虫需要氧气,一般在粮堆表面与粮堆上层空气流通处活动。当氧气浓度在2%以下时,一般害虫在较短时间内死亡,缺氧贮藏保粮技术已为全世界所注目。氧气对粮食呼吸作用有较大影响,缺氧环境中粮食的呼吸强度显著降低。

二、粮食储藏技术

(一)常温储藏

常温贮藏是粮食贮藏的基本方法,即将粮食籽粒经过干燥后,放入普通粮库贮藏,在贮藏期中,采用适时通风或密闭的办法维持适宜的贮藏环境,以保持粮食的品质。

常温贮藏的基本流程如下:

1. 粮食干燥

干燥是粮食安全贮藏的首要条件。粮食的干燥常采用日光曝晒或机械烘干方式。稻谷在日光曝晒干燥过程中爆腰很少,但豆类如干燥不当会脱皮。机械干燥通过高温短时间烘干,可能使稻谷大量爆腰。

2. 入库

粮食入库时,应按种类和质量实行“五分开”。(1)种类分开:种子粮按品种分开存放,其他粮食则按大类分别存放。成品粮还要按照加工精度等级分开存放。(2)好次分开:按粮食的品质好坏、质量等级存放。(3)干潮分开:按不同的含水量分开存放。(4)新陈分开:不同年份生产的粮食不得混合存放。(5)有虫无虫分开。

粮食堆放方式

3. 通风管理

通风的目的，在于降低贮藏产品的水分和温度，有利于安全贮藏。通风的方法分自然通风和机械通风两种。气温上升季节通常为3～8月份，气温下降季节通常为9月～次年2月份。在气温下降季节，一般是气温低于粮温，贮藏管理上以通风为主，结合深翻粮面(可10～15天翻一次，如温差很大可以5天左右翻一次)。在气温上升季节，气温高于粮温，故贮粮管理应以密闭为主。机械通风主要有吸风式和鼓风式两种。一般以活动的多管吸风式为好，使用方便灵活，降温均匀，速度快。

4. 密闭管理

密闭管理主要是关闭门窗或压盖粮面等，通常有下列几种方法：(1)全仓密闭：利用塑料薄膜铺盖贮藏品表面，门窗用塑料薄膜密闭。(2)塑料薄膜密闭：防潮防虫防尘效果显著，得以在成品粮如大米、面粉及米面制品上广泛应用。(3)隔墙和粮面压盖密闭：应用导热性能差，防潮性能好的物料，如糠灰等，压盖物料本身必须干燥无虫，贮藏堆表面与防潮物料之间先铺一层经消毒无虫的麻袋，以免污染贮藏品。(4)囤套囤密闭：在贮藏堆的囤垛外围套囤，中间放入大糠、木屑之类的防潮物料。

(二)低温储藏

1. 低温对虫、螨的影响

大多数重要的粮仓害虫发育需要的最适温度为28～38℃。低于最适温度，害虫增长不快。如贮藏产品冷却到17℃以下或更低(15℃以下)，害虫不能完成生活史，或不能很快发育造成显著的损害。温度低于8℃，一般害虫呈麻痹状态；低于零下4℃，经过一定时间害虫死亡。螨类对低温的抗性较强，低于4℃才能控制螨类的发育，如果温度在5℃以上，则螨害数目就会增加，尤其在贮藏堆温度较多和水分较高的区域，增加速度就更快。

表3-4　害虫生长与温度关系

虫　种	最适温度/℃	安全温度/℃(存活＞100天)
锯谷盗	30～34	19
谷　象	28	17
锈赤扁谷盗	36	20
赤拟谷盗	36	22
杂拟谷盗	33	21
谷斑皮蠹	38	22
米　象	29～31	18
谷　蠹	34	21
长角扁谷盗	32	19

2. 低温对霉菌的影响

微生物的活动主要受温度和水分的影响。在温暖的贮藏堆内，水分含量在13.5%～15%时，如有足够的时间，真菌就能生长。但如贮藏堆冷却到5～10℃，贮藏品水分含量在18%以下，贮藏期也可达8个月，很少发生真菌的生长。

表3-5　不同水分的大麦、小麦防止霉菌生长所需的温度

贮藏水分/%	13	14	15	16	17	18	19	20	21	22
防止霉菌生长的温度/℃	24	21	17	15	12	11	8	7	6	4

低温对贮藏品品质的影响主要有：低温能有效地降低贮藏产品由于呼吸作用及其他分解作用所引起的损失。一般水分含量正常的贮藏产品，在15℃以下贮藏，能有效抑制呼吸使籽粒处于休眠状态，以保持产品成分的完整性和种子的生活力。

用于低温贮藏的粮仓可分为两类：一类为低温仓库，温度可低至15℃；一类为准低温仓库，温度控制在20℃。

（三）气调储藏

气调储藏主要是利用自然方法或人工方法造成贮藏堆的缺氧状态，伴随着CO_2的积累，可使仓库害虫窒息而死或者生命活动受到抑制。同时，贮藏品本身及微生物的生命活动也受到削弱，有延缓贮藏品品质变化的作用，从而保证了贮藏品的稳定性。

一般O_2浓度降到2%，或CO_2浓度相对提高到40%～50%时，害虫会很快窒息而死。大谷盗和麦蛾不耐低氧，在一天内全部死亡。在绝氧条件下，48小时内各种害虫全部死亡；在该条件下，霉菌受到抑制。在普通条件下贮藏的粮食，四个月后带菌量为81500个/克，在同样的情况下缺氧贮藏的为29400个/克。

在缺氧环境中，贮藏品的呼吸强度显著降低。在气温27～30℃时，粳米在氮气（无氧）中的呼吸强度仅为在空气中的四分之一左右。

一般缺氧对低水分贮藏品的品质和生活力基本没有不良影响；高水分产品进行长期缺氧贮藏时，种子便会受到缺氧毒害以致失去发芽能力。但高水分粮食适应短期缺氧贮藏。

表3-6　贮粮害虫（成虫）在不同含氧量中全部死亡的时间/天

含氧量/%	玉米象/100只	拟谷盗/100只	锯谷盗/100只
2～1	5	5	5
1～0.5	3	3	3
0.5以下	2	2	2

密封材料一般采用聚氯乙烯塑料薄膜，其厚度规格薄的为0.1～0.4毫米，用其制作帐幕，进行热合或胶粘；粮面安装热敏电阻及测气导管；密封粮堆。

粮堆脱氧的方法有自然脱氧、辅助脱氧、抽氧充氮、充二氧化碳排氧、燃烧循环

脱氧、用燃烧制氮机充氮脱氧、用分子筛富氮脱氧及其他化学脱氧方法等。

(1)自然脱氧:利用贮藏堆中的生物体呼吸作用,消耗氧气,增加二氧化碳,使贮藏堆本身达到缺氧状态。自然脱氧需时较长。

(2)微生物辅助脱氧:外加微生物通过管道接通贮藏室,辅助脱氧。利用外源微生物生长时的呼吸作用,脱除密封粮堆中的氧气。我国许多地区应用酵母菌、糖化菌及多菌种固体发酵的微生物脱氧,效果好,方法简易,一周左右便可以把贮藏堆中氧气的含量降到2%以下。

将接种后的培养料装入发酵袋(料袋)中,发酵袋可通过焊接在塑料帐幕的表面与贮藏堆连通。每袋装湿料一般以10千克左右为适宜,平均每2.5万千克贮藏品设一个发酵袋,这种方法叫"接袋法"。亦可以用培养箱的方法将培养箱设置在贮藏堆面或堆旁,此方法称为"架箱法"。

(3)抽氧充氮:利用真空泵等机械设备,把贮藏堆内的空气抽尽,再充入氮气保持贮藏堆内外气压平衡。每5000千克散装大米粮堆可充入氮气2.5～3立方米,充氮浓度应达到95%以上,粮堆含氧量一般为5%左右,以后随着粮堆内生物体的呼吸消耗而逐渐降低,最后达到绝氧状态。

(4)充二氧化碳排氧:往贮藏堆下部的进气管充二氧化碳,打开贮藏堆顶部排气口。二氧化碳的用量,一般是每5000千克贮藏品需3.5～4立方米。二氧化碳浓度达到70%以上。

一般脱氧后1～2周测定一次。到冬季可拆除帐幕,进行通风降温,进入常规贮藏,这样有利于保持贮藏品品质。

(四)化学保藏

化学保藏的基本原理是利用化学药剂来抑制微生物和粮食籽粒本身的生命活动,并杀死仓虫,消灭虫害,从而防止贮藏品发热霉变,使贮藏品在一定时间内处于稳定状态。

化学保藏一般只作为特定条件下的短期贮藏措施或临时抢救措施,通常仅在下述情况时采用:作为贮粮过夏的防虫措施;对已有发热趋势的贮藏品进行临时抢救,以降低粮温;对高水分、暂时无法进行干燥处理的粮食,作为一项应急保管措施;短期或较长期保藏高水分的饲料粮。

目前我国运用较多的是用磷化氢进行化学贮藏。

1. 磷化氢处理

磷化氢不仅具有强烈的杀虫效能,还有抑制或杀灭微生物及抑制贮藏品本身呼吸的作用,对已经发热的贮藏品也能起到迅速降温的作用。每立方米粮食投用磷化铝三片(每片重3克),产生1克磷化氢气体,杀菌效果可达90%～97%。磷化氢还可以结合低氧降低剂量使用。

2. 环氧乙烷处理

环氧乙烷能杀灭各种真菌、细菌及其芽孢。当空气中含量达3mL/L时,人在其中呼吸30～60分钟，亦有致命危险，且能刺激皮肤和眼结膜。据试验，当大米水分含量为16.9%时，在密封缺氧的粮囤中加施环氧乙烷，用药量为$40g/m^3$，贮藏6个月，大米度过了夏季，始终没有生霉。

3. 有机酸处理

利用有机酸对高水分饲料粮进行化学贮藏在国外运用较多。用于高水分饲料粮保藏剂的有机酸主要是甲酸、乙酸、丙酸、山梨酸及其盐类。单一酸中以丙酸和甲酸效果最佳，而混合酸效果比单一酸效果更好。用有机酸贮藏饲料粮其水分最高可达45%。18%含水量的粮食，贮藏12个月则每100kg用丙酸0.55kg，贮藏3个月则需0.4kg。而45%含水量的粮食贮藏12个月，每100kg需丙酸2.45kg，贮藏3个月需1.95kg。

4. 食盐处理

用食盐处理高水分粮油籽粒能使其保持短期内不发芽不生霉。未经精制的海盐，含有氯化钙和氯化镁等，具有吸湿性，拌和高水分粮食后，能将粮食内部的水分吸出一部分。食盐渗入籽粒内部，造成较高的渗透压，从而使胚部的生理受阻而不发芽。食盐对多数霉菌有抑制作用，因而可以防霉。0.75%以上食盐可以防止早籼稻发芽；1%以上食盐可以防止生霉；经0.75%～1%的食盐处理8天后，粮食蒸煮品尝品质良好。

5. 漂白粉处理

使用时可直接与粮食拌和，或将漂白粉加水5倍稀释后均匀喷布，然后用塑料薄膜密封。500kg含水33%左右的稻谷拌和漂白粉有效氯200g，覆盖薄膜，密封2～3天后揭去薄膜，翻动粮堆换气，放置7天，粮堆不发热，不发芽，不霉米。加工成白米，蒸煮品尝品质良好。

（五）地下仓库储藏

地下仓贮藏可以利用地下相对低而稳定的温度，为粮食提供良好的贮藏环境，是一种很好的贮藏方法。其可以利用天然洞穴或防空坑道，贮粮成本低。地下仓贮藏有如下特点：

1. 温度变化

地下仓温度变化的特点与地面仓不同，主要受地温的影响，几乎不受气温的影响。

地下深度与温度

2. 湿度变化

地下环境多湿，应用地下仓贮粮的关键是需要设置良好的防潮结构。在地下水位高的地区，如果防潮结构良好，则亦可保持仓内干燥。

3. 对害虫的影响

如果地下仓的深度超过 10 米，则温度能长期处于 20℃以下，甚至 15℃以下，不利于贮藏粮害虫的生长繁殖。如果深度在 7 米以内，则粮温能达 20℃以上，虫害就较易发生。

地下贮粮以密闭为主，特别在夏季，尤须加强密闭。在冬季，如果仓温仓湿高于外温外湿时，也可以适当通风，在冬至以后立春以前，选择适当时间通风，有利于降低仓内温度，立春以后，则应迅速密闭。

还有一些新技术，如分子筛富氮脱氧、太阳能干燥与杀虫、微波干燥与杀虫和远红外线干燥等也已经用于粮食贮藏。

三、粮食仓库

(一)粮仓的主要功能

粮仓的生产过程包括接收、改进品质、配置、贮存、发放这些基本环节。小粮库所接收的粮食一般有两个来源。一是从产粮地直接收购而来；二是从其他粮库转运而来。进库时即行称重及测定品质。由于这些粮食一般都带有多少不等的杂质，或含有较高的水分，有的甚至还感染有病菌和害虫，对进库的粮食要进行清理、干燥、杀虫等一系列的处理，然后根据粮食的品种、含水量、感染度的不同，将其分配到不同的仓间贮藏。在贮存的过程中，还得定期检查粮食品质，注意防止病、虫、鼠等危害。在建筑上还必须具备有利贮藏各类谷物的良好条件，即干燥、低温和清洁安全的贮藏环境。

粮仓在建筑上应该具备：(1)良好的防潮、隔热、通风密闭的性能；(2)有利于防止鼠、雀危害；(3)考虑谷物特点，保证仓壁强度、耐久性和稳定性，散装仓仓壁在设计中应根据粮仓的具体情况，确定各种粮食的极限堆高；(4)有利于粮仓机械化的实施。

(二)粮仓的分类及其特点

1. 根据粮仓使用性质可分为收购仓、集散仓、中转仓、储备仓和生产仓

收购仓用于接收收购的粮食，设在农村乡镇，规模小。集散仓一般建在产粮区适中的地方，作用是集中各收购站的粮食。中转仓是在调运粮食过程中过渡性的仓库，建在港口或水陆交通交接处，作用是把粮食发放到各供应点或储备仓，一般规模较大，可建造大容量的机械化程度高的立筒库，以满足吞吐量大、作业量大、中转次数多的特点。储备仓供长期贮藏粮食用。为达到长期安全贮粮的目的，其必须具有良好的保粮性能。这类仓库的容量大，粮食处理设备齐全，机械化水平也较高。生产仓为粮食加工企业存放成品或原粮的仓库，以保证加工企业生产任务的正常进行，其周转次数较多。这类仓库适宜建造中、小型的机械化立筒库，容量为 1～2 个月的生产量。

图 3-1　国家储备粮库(包括库体、粮食自动输送线和海上专用码头)

2. 根据贮藏方式可分为散装仓和包装仓

散装仓贮存粮食直接靠仓壁堆放,节省大量包装材料,并可利用其流动性,施行机械化搬运,节省劳力和减少装拆包工序。可以连续作业,大量处理。现在建的粮仓基本上是散装仓。其仓壁必须能抵抗侧压力,并有良好的隔热、防潮功能。而包装仓用于粮食包装堆垛存放,粮堆不着墙。堆垛有人工和机械两种。由于粮包有间隙,要留通道,其利用率较低。

3. 根据粮仓的结构型式可分为房式仓、立筒仓,另外还有地下仓和露天囤

房式仓大多为平房,有散装和包装之分,在形式上没有很大区别,只是散装仓的仓壁具有抵抗粮食侧压力的能力。没有横隔墙,平面面积较大,而檐口高度相对较小,容易分隔,构造和结构较简单,大多数为砖石承重墙结构。一般作房仓贮存用。但其占地面积大,不利于用机械进出粮。由于房式仓的机械作业水平较低,不能很好利用粮食的自流性,流通费用较高,其不宜作为周转仓和粮库加工厂的原、成品库。拱形仓、薄壳仓属于房式仓。

房式仓的平面形式一般为矩形,这样能最有效地利用仓房的面积,便于粮食按直线输送运行,适应固定式的机械的安装和作业(如天桥式堆垛机、仓顶输送机等),同时也便于移动式粮仓机械的移动。粮仓的平面面积宜大,深与宽之比不宜过小,这样才能节省造价,有利机械作业。我国常见的房式仓的宽度为 15,18,20m。散装仓檐口高度为 3～5m,包装仓檐口高度为 6m 左右,前者需考虑侧压力。

立筒仓是贮藏谷物的立体容器,通常由若干个筒体和工作塔组合而成。高度可达 30～40m,我国常见的为 20～30m,占地面积较房式仓大大减小;作业机械化程度高,工艺流程易于部署,费用较低;其密封、防虫、防鼠、防雀条件好,粮食损失较少;防火条件好。

立筒仓是较为完善的粮食仓库。它的生产过程全部由机械完成。立筒仓是粮仓的最主要形式,已经全面实施自动测温、测湿、自动分析,进入自动控制阶段。

立筒仓主要由工作塔、筒群、上下通廊等部分组成。工作塔:其中设置垂直输送机械和各种工艺处理设备的建筑物;工艺设备根据具体情况可设检斤、清理、倒仓、烘干和打包等作业。筒群:由若干成组的仓筒组成,用以存放粮食。上、下通廊:是连接筒仓之间和筒仓群同工作塔之间的上部和下部的构筑物,内设筒上进粮或筒下出粮的水平运输设备。

工作塔的建筑平面应为矩形,跨度一般为 6.0,6.6,7.2m,柱距可采用 2.4,2.7,3.0m 等尺寸,屋高应为 0.3 的倍数。工作塔的面积一般为:每 15000kg 仓容需 0.32

～0.45m^2 面积。工年塔内部的布置应紧凑，为了操作和交通的方便，主要通道不宜小于1.2m，次要通道不宜小于0.6m，楼梯段的宽度不应小于1.1m。工作塔的结构形式有砖混结构和钢筋混凝土结构两种，主要根据承重要求而定。

仓筒的组合一般为行列式，此时仓筒的连线和筒群轴线方向一致，而仓底的柱网便成了错列式，其优点是筒群整体坚固，缺点是对运输机工作有点妨碍。筒群长和宽之比不应大于3，圆筒仓群长度不应大于48m，方筒仓群长度不应大于42m，行列式组合时，不宜超过3行。

钢筋混凝土结构的圆筒群壁厚度要大于15cm，并随直径增加而增加。直径6m时，厚度为16cm；直径7m时，厚度为17cm；直径8m时，厚度为18cm。砖砌的圆筒群壁厚度要大于24cm，内还需有钢筋。圆筒群壁高度一般低于20m。方筒仓一般很少应用。圆筒仓仓底有三种形式：漏斗形、填坡形、填坡挂斗形。最后者较常用。

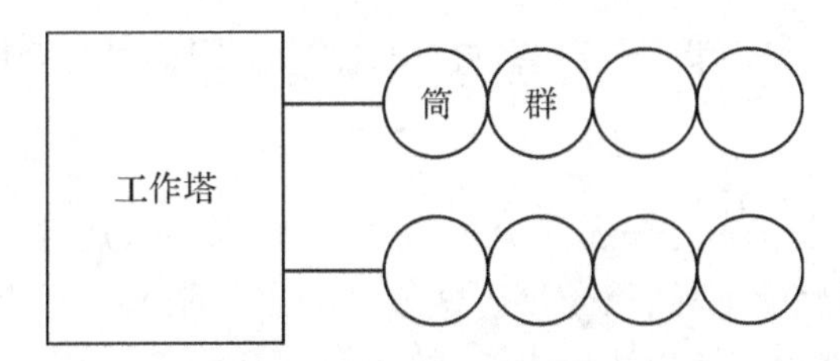

图3-2　立筒仓的组成示意图

成品粮的贮藏

原粮的贮藏

油料籽粒的贮藏

粮食的品质检验

第四章 动物类食品贮藏保鲜原理和技术

动物类食品主要有畜禽产品、水产品。畜产品主要有肉、内脏、奶，禽产品主要有蛋，水产品主要有鱼、其他水生动物等。

第一节 宰杀后畜禽肉的贮藏保鲜原理和技术

家畜主要有猪、牛、羊，另外还有少量养殖的马、骡、兔、鹿等，家禽主要有鸡、鸭、鹅，另外还有少量养殖的鹌鹑、鸽子等。这些动物主要是宰杀后贮藏运输和销售，低温冷链是其关键。食用部分由肌肉组织、结缔组织和骨骼组织组成。肌肉组织是主要部分，占胴体质量的50%～60%，而禽类肌肉组织比畜类肌肉组织丰富。畜禽屠宰后即成为无生命体，不但对外界的微生物侵害失去抗御能力，同时自身也进行一系列的降解等生化反应，出现死后僵直、软化成熟、自溶、酸败等阶段。其中自溶阶段始于成熟后期，是质量开始下降阶段。特点是蛋白和氨基酸进一步分解，腐败微生物也大量繁殖，烹调后肉的鲜味、香味明显消失。因此，肉的贮藏应尽量推迟进入自溶阶段，即从屠宰后到软化成熟结束的时间越长越好。

迅速降温可以减弱酶和微生物的活性，延缓畜禽自身的生化分解过程。屠宰后的畜禽肉温度为37～40℃，水分含量在70%～80%，这样的环境非常适合微生物的繁殖与生长，因此，常将肉体温度降至0～4℃。迅速降温可以在肉体表面形成一层干燥膜，它不但阻止微生物的侵入和生长繁殖，也减少肉体内部水分的进一步流失。

一、肉品质量

（一）肉品的感官品质

1. 肉的颜色

肉的颜色依肌肉与脂肪组织的颜色来决定，还与动物的种类、部位、年龄、冻结、放血、熟成、腐败、气调等有关。

（1）与种类有关

兽类的肉呈红色，家禽的肉有红、白两种。肌细胞中色素的浓度对于肉的原始颜色和稳定程度有重要关系。横纹肌有暗红色和淡红色两种颜色，暗红色的肌肉比淡红色的含有更多的肌浆，其汁液相对较多；而肌肉组织的颜色取决于所含肌红蛋白(占肌肉的0.2%～0.4%)和残留在毛细血管里的红细胞的血红蛋白的多少。肉中肌红蛋白较稳定,而血红蛋白易受外界条件影响差异较大。

(2)与部位有关

由于肌红蛋白在多个肌肉器官内的分配不均等,一种畜或禽胴体的不同部位,颜色的深浅是不一样的。例如腿肉为红色,胸脯肉为白色。

(3)与年龄有关

幼畜肉色泽较淡,成年动物肉色泽较深。

(4)与屠宰和贮藏有关

放血、熟成、腐败都影响肉的色泽。动物有病而致放血不良,肉呈暗红色而湿润,这种肉保存性不佳。肉在成熟过程中,其表面干燥,肌红蛋白变化为氧合肌红蛋白,致肉色变暗变深。当然由于肉的腐败,肉会发灰或发黑。

(5)与保鲜技术有关

肉的颜色特别与气调保鲜技术有关。当肉储存于各种气体中,肉色会受到影响。鲜牛肉在0℃分别储藏于空气、纯 CO_2、纯 N_2 气体中,发现 CO_2 对肉色有损害,储存于纯 N_2 中的肉经几天之后,当再次暴露于空气中时,会转变成可接受的可爱的红色。

(6)与冻结加工有关

经低温速冻的生牛排,具有比鲜牛肉较浅的颜色。牛排在-6.7℃进行缓慢冻结后,其色泽较鲜牛肉为暗。在-29℃速冻的牛排则具有和新鲜牛排相似的颜色。在冻肉中肌红蛋白相对稳定,氧化作用出现较慢,所以冻肉的表面可以保留红色几个月之久。但最终色素氧化变成灰褐色。冻肉的颜色对鉴定其新鲜度是不可靠的。

2. 肉的气味

肉的气味与肉中特殊挥发性脂肪酸有关。良好的肉具有芳香气味(气味在18～20℃于4天后发生,在0℃则需22天),主要是醚类和醛类。如果肉宰杀后保存的温度高,则易招致肉的气味不良,如有陈败味,则主要是硫化氢臭及氨气臭等。

肉呈异常气味与种类、性别、饲料、变质等有关。

(1)与种类有关

山羊肉比绵羊肉膻腥气重(与支链不饱和脂肪酸特别是4-甲基辛酸与4-甲基壬酸有关)。犍牛肉的气味中带有轻微的令人愉快的香气,母牛肉的气味也是令人愉快的,但胴体后部的肉有时带有牛乳样气味,尤其是乳用牛。幼公犊的肉带酸气味。家兔肉也带有令人不适的气味。

(2)与性别有关

如未经阉割过的公山羊或公猪的肉,特别是其胴体的后躯部分的肉,性臭特别强。

(3)与饲料有关

动物在宰前被喂以大量气味特重的饲料,如独行菜、亚麻子饼及鱼粉等,其肉会带有较强的臭味。绵羊被长期喂萝卜,其肉有强烈的臭味,喂甜菜根则有肥皂气味。

(4)与变质有关

肉中的蛋白质在肉的腐败变质过程中,会产生硫化氢、氨、吲哚、粪臭素及硫醇等不良气味;肉变质还会产生脂肪酸败气味。

(5)与吸收外界的气味有关

将肉和有气味的化学品或食品储藏在一起,或在同一舱或车厢内运输,则肉品会吸收汽油臭、煤膏类消毒药的臭气等。

3. 肉的质构特性

(1)肉的坚度

肉的坚度指肉对压力的一定的抵抗性。肉的坚度与种类、年龄、雌雄有关。

公牛肉及公马肉硬实、粗糙、切面呈颗粒状。阉牛肉结实、柔细、油润,切面呈细粒状,呈大理石纹样。母牛肉不很结实,切面呈细粒状。猪肉柔软、细致,四肢肉结实,切面呈细密的颗粒状及大理石样纹。一般牛肉比兔肉结实,役用牛肉比乳牛肉结实,老牛肉比仔牛肉结实,公畜肉比母畜肉结实,且肌纤维也粗。

(2)肉的弹性

肉的弹性指肉在加压力时缩小,去压时复原的能力。用手指按压肌肉,若指压形成的凹陷能迅速变平,表明肉有弹性,其新鲜程度或品质较佳。

新鲜肉在低温保存时,肉中组织蛋白酶和细菌酶的分解作用均被阻滞,可使肉维持其坚度和弹性的时间较长些。在高温下,组织蛋白酶和细菌酶活动,可使肌肉组织发生变化,弹性易于消失,坚度也会降低,变得弛软和没有弹性,说明肉的品质已经不好了。冻结后的肉,失去了弹性,此种情况亦见于开始腐败的肉。

(3)肉的韧度

肉的韧度指肉在被咀嚼或切割时具有高度持续性的抵抗力。肉的品质强韧(老),不易咀嚼,消费者往往难以接受。

(4)肉的嫩度

肉的嫩度常指煮熟肉的品质柔软、多汁和易于被嚼烂,是消费者接受肉的重要因素。

影响肉韧度和嫩度的因素主要有:①宰前因素,如畜禽的品种、生理年龄、性别、饲养方式等。肌肉中不溶性肌纤维蛋白质和总蛋白的比例,直接关系到肉的韧度和嫩度。②宰后因素,如肉的成熟状况、pH 等。

(5)肉的保水性

肉的保水性是指肉在加工和烹饪过程中,原料肉本身水分的保持能力。肌肉蛋白质在动物宰杀后变性的最重要表现就是丧失保水性能。肉的保水性能对于肉的嫩度与多汁性的影响和肉在烧煮时的失重有关。肉的保水性以兔肉最好,其次为牛肉、猪肉、鸡肉、马肉。冷却肉和冻结肉都会降低肉的保水性能。因为冻结使蛋白质结构受到破坏。如用鲜肉来加工制品,则保水性较好。肌肉中含有适量的脂肪,也可提高保水性。

(二)肉的化学成分

畜禽类的肉，其化学成分基本相同，主要包括蛋白质、脂肪、矿物质(灰分)、水浸出物及少量维生素等，具体见表 4-1。肉的成分会随着肥度不同而发生极大的变化，在脂肪含量增加时，含水量会降低，肉的蛋白质含量最稳定。

表 4-1　常见畜禽肉的平均化学成分/%

	蛋白质	脂肪	灰分	水分
肥猪肉	14.54	37.34	0.72	47.40
瘦猪肉	20.08	6.63	1.10	72.55
肥牛肉	18.30	21.40	0.97	56.74
中等肥度牛肉	20.58	5.33	1.20	72.52
肥水牛肉	18.88	7.41	1.33	72.31
瘦水牛肉	19.86	0.82	0.53	78.86
肥羊肉	16.36	21.07	0.93	51.19
中等肥度羊肉	21.00	10.00	1.70	66.80
瘦马肉	21.71	2.55	1.00	74.27
骆驼肉	20.75	2.21	0.90	76.14
鹿肉	19.80	1.90	1.01	77.13
兔肉	22.10	1.90	1.50	73.40
鸡肉	21.00	5.00	1.20	71.80
鹅肉	16.60	28.70	1.11	54.00

1. 蛋白质

肌肉除去水分后的干物质中蛋白质含量最多。肌肉蛋白质分为肌肉纤维、肌浆和基质。

(1)肌原纤维中的蛋白质

肌原纤维中的蛋白质是肌原纤维的结构蛋白质，主要包括肌球蛋白、肌动蛋白、肌动球蛋白。屠宰后胴体的僵直、解僵就是肌原纤维的收缩和松弛的变化过程。

(2)肌浆中的蛋白质

肌浆蛋白质占肌肉的 6%，是肌肉细胞在液体里和包围于肌细胞的液体中的蛋白质。从新鲜肌肉中压榨出的含有可溶性蛋白质的液体称为肌浆(肉汁)。肌浆蛋白质中有肌溶蛋白、肌红蛋白、肌粒中蛋白质等。肌红蛋白的数量及其和氧气结合后的程度，对肌肉的颜色有很大影响。凡是肌肉活动激烈的部位，含肌红蛋白就多，肉的颜色较深。

(3)基质蛋白质

基质蛋白质主要有胶原蛋白、弹性蛋白和网状蛋白，是构成肌纤维坚硬部分的主要成分，约占肌肉的2%，在结缔组织中含量很多，其数量多少对肉的嫩度有很大关系，它和骨骼一起是动物体的主要支撑结构。此外，它还包围组织，覆盖躯体，并连接肌肉、器官与骨骼。胶原蛋白是构成胶原纤维的主要成分，性质稳定，具有强延伸力，不溶于水，一般蛋白酶不能将其水解。胶原蛋白在温度达70～100℃的水中长时间加热可能变为白明胶，冷却后可形成胶冻。白明胶易被酶水解。弹性蛋白是构成弹性纤维的主要成分，不溶于水，对弱酸、弱碱有较强的抵抗力，几乎不能被烧煮及水解等方法所破坏。网状蛋白是构成网状纤维的主要成分，较能耐酸、碱和蛋白酶的作用，湿热处理不能将其变成明胶。

2. 脂肪

肉中脂肪含量取决于家畜的营养水平及胴体的不同部位，脂肪大致分为两类：(1)皮下脂肪、肾脂肪、网膜脂肪等，称为蓄积脂肪；(2)肌肉组织内脂肪、脏器内脂肪等，称为组织脂肪。脂肪可改进肉的滋味和风味。各种家畜脂肪所含脂肪酸的种类、数量和溶点各不相同。牛、羊脂肪中其饱和脂肪酸含量比猪脂肪多，所以猪脂肪柔软，溶解温度低，不易保存。

3. 矿物质

矿物质是指肉中的无机盐类，含量一般为1%～2%，常见的有钠、钾、钙、镁、铁、磷、硫等。它们常常以单独游离的状态或以螯合的状态及与糖蛋白和脂肪结合的状态，存在于瘦肉中。这些矿物质的存在，对肉的生化作用影响很大，如钙、镁对肌肉的收缩有作用，钠和钾可提高肉的保水能力等。肉类产品也是矿物质的重要来源之一。

4. 水分

水分在肉中占绝大部分，随着畜禽动物年龄变化而有所不同，幼年动物比老龄动物含水分多。水分在肉体内的分布也是不均匀的，一般肌肉中水分含量为70%～80%，皮肤为60%～70%，骨骼为12%～15%。肌肉组织中水分含量的多少，会影响老嫩程度。水分在肉中存在有三种形式：(1)结合水；(2)不易流动水；(3)自由水。其中结合水的冰点很低(－40℃)，无溶剂特性；不易流动水能溶解盐及其他物质，在0℃或温度更低时结冰；自由水存在于细胞体外，并能自由活动。

5. 浸出物

浸出物是指除蛋白质、盐类、维生素外能溶于水的浸出性物质，主要包括一些非蛋白质含氮物及有机酸等。非蛋白质含氮浸出物，有游离氨离子、氨基酸、磷酸肌酸、核苷酸、肌苷等，这些物质是肉的风味、香气的主要来源。新鲜肉和骨骼内含有较多的浸出物。无氮浸出物主要有糖类化合物和有机酸，糖原主要存在于肌肉和肝脏中，肌肉中含量较少，肝脏中含量较多，为2%～8%。肌糖原含量的多少，对肉的pH值、保水性、颜色等均有影响，还影响肉的保藏性。

二、畜禽宰杀后肉的变化

(一)熟成

屠宰后到最大僵直期的时间由 ATP 的生成量和消耗速度决定。屠宰后，磷酸肌酸和糖原的含量越低，形成最大僵直的速度就越快。屠宰前对糖原加以蓄积，会使肌肉得到满意的正常极限 pH 值，有利于保鲜，抑制微生物的繁殖，抑制鲜度下降，又提高嫩度和风味，是贮藏肉最好的熟成方法。

解硬速度同样也因动物不同而异，在 2～4℃时，猪和马解硬需 3～5 日，而牛一般需 10 日才大致完成熟成。如果提高温度，可加快解僵速度。但由于温度较高会有利于微生物的繁殖，美国在利用 15℃使畜肉 3 天嫩化时，必须结合使用紫外线照射。畜肉一般都是在屠宰后放置数日，通过肉自身内在因子作用来提高嫩度、持水性和风味。

(二)自溶

屠宰后，牲畜丧失生活机能，肌肉组织会失去透明度，逐渐变硬产生僵直。这种状态称为死后僵直(Rigomortis)，这是一种最初出现的现象。这是由于死后肌动球蛋白将 ATP 分离，产生肌肉收缩。在死后的肌肉中，存在乳酸和磷酸，所以 pH 值较低。如果活体的 pH 值在 7.0 左右，则僵直极限下降到 5.4 左右。在这种情况下，因为 ATP 不能进行再结合，所以蛋白质开始分解，产生可溶性蛋白质、肽、氨基酸等，肉慢慢开始软化。这一现象叫自溶(Autodigestion 或 Autolysis)。这个阶段酶所产生的分解，大体上保持平衡状态，形成这种状态后，肌肉组织即已成熟，肉的风味加强，食味最佳。这种成熟过程受到环境温度的制约。一般猪肉的成熟所需的条件为在 0℃下保持 10～14 天；牛肉成熟的条件为在 5℃下保持 7～8 天、10℃下保持 4～5 天或 15℃下保持 2～3 天。

随着自溶和组织蛋白开始分解，可溶性氮化物增加，使 pH 值再次上升，达到 6.0，这样又为微生物繁殖创造了适宜条件。因此，可以说自溶末期即进入了腐败的第一阶段，自溶前中期则是熟成阶段。

(三)腐败

如果将屠宰后的肉不加处理直接置于室内，则肉逐渐会在外观上、肉质上或感官上失去原来的性质，进而不适合食用。一般将这种现象称为变质(Spoilage)。在这种变质现象中，可由水分蒸发、干燥、光线照射、空气氧化，或者肉自身酶作用而产生风味、颜色或营养成分的变化，也有由于附着于肉上的微生物引起的变化。

肉的腐败主要是由自溶和微生物的共同作用引起。微生物增殖会导致肉散发恶臭，产生异味物质(氨、三甲胺、硫化氢、吲哚、挥发性或不挥发性有机酸等)。这些物质通过人的感官很容易被发现，但确定腐败的界限是相当困难的。一般根据国标判断肉是否还可以食用。腐败现象还造成肉制品的特殊变化。

1. 发黏

发黏是指肉的表面湿润、黏稠，多发生在冷藏保管不利的情况下。发黏状态是在大量产生毛霉菌等霉菌、枯草杆菌等细菌、酵母等后出现的。肉品发黏后，如果闻到有恶臭味，则可以认为其已经进入初期腐败了。

2. 腐败臭

(1)骨腐败臭

骨腐败臭一是在腰骨关节部或在其周围产生的一种腐败现象，其局部可散发出一种异常气味。此现象易发生在屠宰后冷却不充分的情况下。可能是体内异常发酵，生成乳酸导致结缔组织蛋白质特别是胶原明胶化或微生物侵入。二是在股骨和胫骨关节周围由于腐败微生物繁殖产生的一种现象。这也是因为在胴体深部未及时冷却。有时在局部可产生气体，使肉组织粗糙，变成海绵状态。

(2)骨髓腐败臭

骨髓腐败臭是从骨头的切断面发出的一种由于腐败微生物侵入而造成的恶臭现象。

(3)肉霉臭

肉及肉制品特别容易产生霉臭。水分多时，细菌主要是假单胞菌、无色菌，有时还可发现放线菌、链霉菌。

3. 造成肉腐败的微生物

(1)需氧细菌：枯草芽孢杆菌、马铃薯芽孢杆菌、普通芽孢杆菌、埃希氏大肠杆菌、泄殖腔气杆菌、产气杆菌、荧光极毛假单胞杆菌、普通变杆菌。

(2)厌气性细菌：黏质沙霉氏菌(无芽孢)、梭状芽孢杆菌、生芽孢梭状芽孢杆菌。

三、畜禽肉类的品质检验

(一)鲜猪肉

猪肉纤维细致柔嫩，肌细胞含水量适中，其结缔组织与牛、羊等家畜相比要少且韧性也较弱，脂肪的积蓄量比其他家畜多。猪肉的色泽呈淡红色，脂肪色白，有猪肉持有的香味。

1. 外观

良好的猪肉表面有一层微干或微湿润的外膜，呈淡红色且有光泽，切断面稍湿，不粘手，肉汁透明。次之的猪肉表面有一层风干或潮湿的外膜，呈暗灰色，无光泽，切断面的色泽比新鲜的肉色暗，有黏性，肉汁混浊。变质猪肉表面极度干燥或粘手，呈灰色或淡绿色，发黏并有霉变的现象，切断面也呈暗灰或淡绿色，很黏，肉汁严重混浊。

2. 弹性

好的猪肉，用手指按压后的凹陷能立即恢复。肉质比新鲜肉柔软、弹性小、用指尖按压凹陷后不能完全复原的次之。腐败变质猪肉由于自身被严重分解，肌肉组织失去原有的弹性，出现不同程度的腐烂，已完全失去弹性。

3. 气味

良好的猪肉具有猪肉正常的气味。表面能嗅到轻微氨味、酸味或酸霉味，但深层没有这些气味的次之。变质猪肉不论是表层及深层均有腐臭气味。

4. 脂肪

新鲜猪肉脂肪呈白色，具有光泽，柔软而富于弹性。脂肪呈灰色、无光泽、容易粘手、有时略带油脂酸败味和哈喇味的次之。变质猪肉脂肪有黏液，带霉变呈淡绿色，柔软，具有油脂酸败气味。

5. 煮沸后的肉汤

好的肉汤透明澄清，脂肪团聚于表面，具有肉香味。稍有混浊，脂肪呈小滴浮于汤的表面，有轻微的油脂酸和霉变气味的次之。变质猪肉的汤极混浊，汤内飘浮着有如絮状的烂肉片，汤表面几乎无油滴，具有浓厚的油脂酸败味或显著的腐败臭味。

根据胴体外观、肉色、肌肉质地、脂肪色将猪胴体质量等级从优到劣分为Ⅰ、Ⅱ、Ⅲ3级，具体要求应符合表4-2的规定。若其中有一项指标不符合要求，就应将其评为下一级别。

表4-2　猪胴体质量等级要求

	Ⅰ级	Ⅱ级	Ⅲ级
胴体外观	整体形态美观、匀称，肌肉丰满，脂肪覆盖好。每片表皮修割面积不超过1/4，内伤修割面积不超过$150cm^2$	整体形态较美观匀称，肌肉较丰满，脂肪覆盖较好。每片表皮修割面积不超过1/3，内伤修割面积不超过$200cm^2$	整体形态匀称性一般，肌肉不丰满，脂肪覆盖一般。每片表皮修割面积不超过1/3，内伤修割面积不超过$250cm^2$
肉色	鲜红色，光泽好	深红色，光泽一般	暗红色，光泽较差
肌肉质地	坚实，纹理致密	较为坚实，纹理致密一般	不坚实，纹理致密较差
脂肪色	白色，光泽好	较白略带黄色，光泽一般	淡黄色，光泽较差

（二）冻猪肉

冷冻猪肉与新鲜猪肉有较大差异。冻猪肉品质检验如下：

1. 色泽

良好的冻猪肉色红、均匀，具有光泽，脂肪洁白，无霉点。次质冻猪肉肌肉红色稍暗，缺乏光泽，脂肪轻微发黄，有少许霉点。变质冻猪肉肌肉色泽暗红、无光泽，脂肪呈黄色或灰绿色，有霉斑或霉点明显。

2. 组织状态

良好的冻猪肉肉质坚密，手触有坚实感。肉质软化或松弛的次之。变质的冻猪肉肉质明显松弛。

3. 黏度

好的冻猪肉外表和切面微湿润、不粘手。微黏手、切面有渗出液,但不粘手的次之。

4. 气味

好的冻猪肉应无臭味和异味。稍有臭味和异味的次之。变质冻猪肉有严重的氨味、酸味或臭味,加热后更明显。

(三)注水肉和种猪肉

1. 注水猪肉

猪肉注水过多时,水会从瘦肉上往下滴,肌肉缺乏光泽,表面有水淋淋的亮光。手的触弹性差,也无黏性。注水后的肉刀切面有水顺刀面渗出,若是冻肉,肌肉间有残留的碎冰。解冰后营养流失严重,肉品质下降。

2. 种猪肉

种猪肉皮厚而硬、毛孔粗,皮肤与脂肪间无明显的界限;公猪肉色苍白,皮下脂肪又厚又硬;母猪肉呈暗红色,肌肉粗,用手指按压无弹性和黏性,脂肪非常松弛。种猪都有较重的臊味和毛腥味。

(四)鲜牛、羊、兔肉

1. 色泽

鲜牛、羊、兔肌肉呈均匀的红色,具有光泽。经养肥后的牛肉,瘦肉呈大理石花纹。脂肪洁白或呈乳黄色,肌肉色泽稍转暗,切面尚有光泽。无脂肪光泽的次之。肌肉色泽呈暗红色,无光泽,脂肪发暗直至呈绿色为变质肉。

2. 气味

新鲜牛、羊、兔的肉具有该种动物特有的气味,如膻味或土腥味等。稍有氨味或酸味的次之。有腐臭味的则为变质肉。

3. 黏度

新鲜的牛、羊、兔肉表面微干或有风干膜,触摸时不粘手。次鲜肉表面干燥或粘手,新的切面湿润。表面极度干燥或发黏,新切面也粘手的肉为变质肉。

4. 弹性

新鲜肉手指按压后的凹陷能立即恢复。次鲜肉不能完全恢复且恢复较慢。完全不能恢复并留有明显痕迹的肉则是变质肉。

5. 煮沸后的肉汤

新鲜肉汤汁透明澄清,脂肪团聚于表面,具有该种动物特有的香味。次鲜肉汤汁略显混浊,脂肪呈小滴浮于表面,香味差或无香味。变质肉汤汁混浊,有黄色或白色絮状物,浮于表面的脂肪极少,有明显的腐臭气味。

鲜牛肉、羊肉质量分级详见农业部标准:NY/T 676—2010《牛肉等级规格》和NY/T 630—2002《羊肉质量分级》。

(五)鸡肉(见表 4-3)

表 4-3 鸡肉感官品质鉴定

	鲜鸡肉		冻鸡肉(解冻后)	
眼球鉴别	新鲜鸡肉	眼球饱满	良质冻鸡	眼球饱满或平坦
	次鲜鸡肉	眼球皱缩凹陷,晶体稍混浊	次质冻鸡	眼球皱缩凹陷,晶体稍混浊
	变质鸡肉	眼球干缩凹陷,晶体混浊	变质冻鸡	眼球干缩凹陷,晶体混浊
色泽鉴别	新鲜鸡肉	皮肤有光泽,呈淡黄、淡红和灰白色,肌肉切面有光泽	良质冻鸡	皮肤有光泽,呈浅黄、淡红、灰白色,肌肉切面有光泽
	次鲜鸡肉	皮色转暗,肌肉切面有光泽	次质冻鸡	皮色转暗,肌肉切面有光泽
	变质鸡肉	体表无光泽,颈部呈暗褐色	变质冻鸡	体表暗淡无光泽,颈部呈暗褐色
气味鉴别	新鲜鸡肉	具有鲜鸡肉的正常气味	良质冻鸡	具有鸡的正常气味
	次鲜鸡肉	仅腹腔内有轻微不令人愉快味	次质冻鸡	仅腹腔内有轻度不令人愉快味
	变质鸡肉	体表和腹腔均有不令人愉快味	变质冻鸡	体表及腹腔均有不令人愉快气味
黏度鉴别	新鲜鸡肉	外表微干或微湿润,不粘手	良质冻鸡	外表微湿润,不粘手
	次鲜鸡肉	外表干燥或粘手,新切面湿润	次质冻鸡	外表干燥或粘手,新切面湿润
	变质鸡肉	新切面发黏	变质冻鸡	新切面湿润、粘手
弹性鉴别	新鲜鸡肉	指压后的凹陷能立即恢复	良质冻鸡	指压后的凹陷恢复慢,部分恢复
	次鲜鸡肉	指压后的凹陷恢复慢,部分恢复	次质冻鸡	肌肉发软,指压后的凹陷难恢复
	变质鸡肉	指压后的凹陷不能恢复	变质冻鸡	骨肉软、散,鸡肉可用指头戳破,指压后的凹陷不能恢复
肉汤鉴别	新鲜鸡肉	肉汤澄清透明,脂肪团聚于表面,具有香味	良质冻鸡	肉汤透明澄清,脂肪团聚于表面,具备特有香味
	次鲜鸡肉	肉汤稍混浊,脂肪呈小滴浮于表面,香味差或无味	次质冻鸡	肉汤稍混浊,油珠呈小滴浮于表面,香味差或无鲜味
	变质鸡肉	肉汤混浊,有白色或黄色絮状物,表面油滴很少,有腥臭味	变质冻鸡	肉汤混浊,有白色或黄色的絮状物悬浮,表面无油滴,气味不佳

四、肉的贮藏技术

畜禽肉为了获得更好的品质,其短期冷藏量很大,同时为了长久贮藏也有很多冷冻畜肉和禽肉。畜禽肉在室温下放置时间稍长,因受到外界微生物的侵袭及内部自身酶的作用,会产生一系列变化,以致腐烂变质。因此,肉的贮藏保鲜,就是抑制微生物的生长繁殖,或消灭微生物,抑制酶的活性,延长肉内部的化学变化,以达到较长时间贮藏的目的。

肉的贮藏保鲜可分为物理贮藏和化学贮藏两个方面。物理贮藏方法,包括低温、高温、辐射、气调等;化学贮藏方法有盐腌、烟熏、添加化学制剂等。盐腌、烟熏的化学贮藏方法往往会改变肉的风味，利用该方法获得的肉也属于加工肉，不在这里讲述。我国国标规定新鲜肉不允许使用化学方法保藏，调理肉除外。调理肉只是在新鲜肉中添加调料、食品添加剂等，可以视为新鲜肉。

(一)肉的低温贮藏

在肉的贮藏保鲜方法中，低温贮藏应用最广。低温可以抑制微生物的生命活动和酶的活性，不仅能延长肉的贮藏期，而且不会引起肉的组织结构和性质发生根本的变化，能保持肉固有的特性和品质。与肉品腐败有关的许多细菌和病原菌多为嗜温性细菌，它们的最适生长温度为20～40℃。这类细菌在10℃以下生长发育变慢，发育被抑制，温度达0℃左右，发育便极为缓慢。肉中酶的种类很多，肉中各种酶发挥活性的最适温度为37～40℃，低温对酶的活性有抑制作用，但并非使其完全停止。低温贮藏由于采用的温度不同，又分为冷却法和冷冻法。

1. 肉类食品在冷却冷藏中的变化

(1)干耗

干耗在冷却和冷藏中均会发生，尤其是冷却初期，水分蒸发很快，24h内的干耗量可达1%～1.5%。在冷藏中，风速、温湿度、食品摆放方式等的不合理也会使干耗明显加大，尤其是冷藏前3天更为突出。例如在0～4℃冷藏下，前3天1/4胴体的干耗量分别为0.4%，0.6%，0.7%；较瘦的猪半胴体干耗量分别为0.4%，0.55%，0.75%；羔羊肉的干耗量与1/4牛胴体的干耗量接近。3天以后每天平均干耗量仅为0.02%左右。

(2)软化成熟

肉类成熟是在酶作用下自身组织的分解过程，其使肉质柔软，同时增加了香气和商品价值。

(3)寒冷收缩

寒冷收缩是畜禽屠宰后在未出现僵直前快速冷却造成的。其中牛和羊肉较严重，而禽类肉较轻。冷却温度、肉体部分不同，所感受的冷却速度也不同，如肉体表面容易出现寒冷收缩。寒冷收缩后的肉类经过成熟阶段也不能充分软化，肉质变硬，嫩度差。若是冻结肉，在解冻后会出现大量汁液流失现象。目前研究发现当肉的pH值低于6时极易出现寒冷收缩现象。

(4)变色、变质

肉类在冷藏时可出现变色现象，如红色肉可能逐渐变成褐色肉，白色脂肪可能变成黄色。肉类颜色改变是与自身氧化反应及微生物作用有关。红色肉变为褐色肉是肉中肌红蛋白和血红蛋白被氧化，生成高铁肌红蛋白和高铁血红蛋白的结果。脂肪变黄是脂肪被水解后的脂肪酸被氧化的结果。此外，细菌、霉菌的繁殖和蛋白质的分解也会使肉类表面出现绿色或黑色等变质现象。

2. 肉的冷却与冷藏

肉的冷却就是将刚宰好的胴体吊挂在冷却室内，使其冷却至胴体最厚部位的深层温度达到0～4℃的过程，经过冷却的肉，称为冷却肉。为抑制微生物活动和酶的活性，在最短时间内被其减弱到最低限度，必须使胴体温度迅速下降。在冷却过程中，由于肉表面水分的大量蒸发，在肉的表面容易形成一层油干的表面膜，此膜有助于减少肉在贮藏期间水分的蒸发，同时有利于阻止微生物的侵入。冷却的温度只能抑制微生物的繁殖和降低酶的活性，而不能终止其活动，所以冷却肉的贮藏期不能太长，一般在1周左右。冷却肉一般配合使用高阻隔材料的MAP气调保鲜（薄膜包装自发或充气气调）。

（1）畜肉冷藏

①预冷。

畜胴体在屠宰后如果尽快地冷却，就可以得到质量好的肉，同时还可以减少损耗，保持鲜度。畜肉通常是吊挂在有轨道的带有滚动轮的吊钩上进行空气冷却，一般胴体吊挂密度为250kg/m左右。冷却方法有一段冷却法和两段冷却法。前者指整个冷却过程均在一个冷却间内完成，冷却空气湿度控制在90%～98%。冷却终了，胴体后腿肌肉最厚部中心的温度应该达到4℃以下，整个冷却过程应在24h内完成。后者指采用不同冷却温度和风速，冷却过程可在同一间或两个不同间内完成。第一阶段的空气温度在－15～－10℃，风速在1.5～3m/s，冷却2～4h，使肉体表面温度降至－2～0℃，内部温度降至16～25℃。第二阶段空气温度为－2～0℃，风速为0.1m/s左右，冷却10～16h即可完成。两段冷却法的优点是干耗小，微生物繁殖及生化反应控制好，但单位耗冷量大。冷却的胴体肉，一般在屠宰后的第2天进行分割。此时胴体肉的温度在3～4℃，通过分割加工，温度会有所上升，所以不要马上冷藏、冷冻，而需要设置一间可使温度降到所需温度的预冷间。

牛胴体肉的冷却：牛在屠宰后，立即剥皮，然后进行内脏摘除、劈半、水洗、称重、检查等。水洗可减少屠宰解体产生污染，使胴体的外观变得清洁，还可以增重0.1%～0.15%。然后将胴体吊挂在轨道上，直接送入快速冷却间。最理想的中心冷却温度为5℃左右。在冷却中要避免相互间的接触（各胴体距离约20cm），吊挂胴体车间要留有适当间隔（约90cm），使冷风得以充分循环。冷却间的容量标准为每3.3$m^2$5头（1头250kg）。理想的冷却间温度是，在胴体肉进入前为－1～0.5℃，冷却中的标准温度为0℃，冷却中的最高温度为2～3℃。若按此温度冷却，约48h就可使肉的内部温度降到5℃左右。冷却间的相对湿度为85%～95%，空气流速在0.5～3m/s时冷却效率较高。

猪胴体肉的冷却：快速冷却间的容量标准是每3.3$m^2$10头（1头60kg）。在胴体进入室前为－5℃，冷却中的标准温度为－3～－1℃，冷却中的最高温度为0℃。若按此温度冷却，15～18h就可使胴体内部温度降至5～6℃。屠宰第2天进行分割加工。冷风的循环速度，参照牛肉冷却方式。胴体周围的水分会向外散发，因此冷却间的湿度上升到95%以上，以后为85%～95%。

②冷藏。

冷藏室的温度一般为－1～1℃，所以胴体温度要先降至冷藏室温度之后再送入冷藏室。相对湿度是85%～95%，冷风流速为0.1～0.5m/s是较合适的。如果温度低，湿度可以增大一些以减少干耗。贮藏过程中应尽量减少冷藏间的温度波动，尤其是进出货时更应注意。冷藏室的容纳标准见表 4-4。其中，羊肉分两层。这些肉在快速冷却时，表面会产生适度的干燥环境，形成一层水分含量少的皮层，因此可以防止细菌繁殖。表 4-5 是胴体分割后的贮藏温湿度和贮藏时间。在实际冷藏中，放置 5 天后即应每天对肉进行质量检测。

表 4-4　冷藏室的容纳密度标准

肉类名称	容纳密度	
	kg/m^2	$kg/3.3m^2$
牛肉	400	1,320
猪肉	200	2,660
羊肉	150	3,495

表 4-5　肉类冷藏条件和贮藏期

品名	温度/℃	相对湿度/%	冷藏期
牛肉	−1.5～0	90	4～5 周
小牛肉	−1～0	90	1～3 周
羊肉	−1～1	85～90	1～2 周
猪肉	−1.5～0	85～90	1～2 周
内脏	−1～0	75～80	3 日
兔肉	−1～0	85	5 日

肉类的腐败来自于微生物，低温贮藏虽然可以抑制微生物繁殖，但微生物中的嗜冷细菌或霉菌、酵母等，有时温度达到−5℃时仍能发育。

在冷藏前，如果胴体完全冷却，表面形成被膜，冷藏时应降低空气流速(0.1～0.2m/s)。霉菌和酵母比细菌更耐低水分。肉制品表面的微生物比肉表面的微生物繁殖得更快。

冷藏中的肉在温度高时，褐变加快；温度越低，褐变越慢；相对湿度越低，褐变越快。因此，温度越低、湿度越大对肉色的保持越有利。

(2)禽肉的冷藏

①禽肉的冷却。

冷却前胴体的整理：先进行塞嘴、包头和作型等，胴体再经过分级和卫生检查。塞嘴和包头可防止微生物从口腔中侵入。作型是为了增加胴体的美观和便于包装。作型的方法是采用翻插腿翅法，即将双翅从关节以下反贴在胴体的背部，双腿是从关节以后向臀部反贴，这样则使双腿对称，双脚趾蹼分开并贴身胴体经过作型，滴干其表面的水分后即可进行冷却。

冷却的方法：主要冷却方式有水冷却、吹风冷却两种。水冷却又分沉浸冷却和喷淋冷却。吹风冷却指禽胴体的冷却在空气中进行，有吊挂式和装箱(或装盘)式两种。装箱法：箱子不加盖，在冷却间的地面堆成方格形，或放在木架上，每 2～3 层为一格。每1平方米地面上的装载量为150～200kg。冷却温度超过2℃，重量损失0.5%～1.2%。吊挂冷却指将每一胴体都以其脚倒悬在横档上，互相不接触，空气流动通畅，这样可加速冷却，缩短冷却时间10%～20%。但可能使禽体伸长，日后很难矫正。

工业上冷却禽胴体都是用干式空气法进行。室内温度在冷却开始时为1.5～2℃，而终了时为0℃，空气相对湿度为80%～90%，风速为1.0～1.2m/s，经过7h左右，鹅和鸭的胴体温度即可降至3～5℃，鸡的冷却时间更短。若适当降低温度，提高风速，冷却将在4h左右完成。在冷却结束之前，进行一次质量检查，以防止不同等级的胴体混入，特别注意检查是否有破胆的胴体混入。采用吊挂式冷却时若有此种现象，则很容易发现；但采用装箱方法则很难发现，因而应特别注意。用冰水浸或喷淋冷却速度快、没有干耗，但易被微生物污染。目前采用冰水浸或喷淋冷却法也很多。

（二）肉的化学贮藏

化学贮藏就是在肉品生产制作和贮运过程中，使用化学添加剂或食品添加剂，使肉能得以贮藏，并保持它原有品质的一种方法。可能涉及防腐剂、抗氧化剂、护色剂等。但是国标规定新鲜肉不允许使用食品添加剂，调理肉或加工肉会允许一些食品添加剂的使用。化学贮藏在室温下能延缓肉的腐败变质，但化学贮藏只能在有限时间内保持肉的品质，是一种短时间贮藏方法。化学防腐剂只能推迟微生物的生长，并不能完全阻止它的生长。化学贮藏法使用的化学制剂，必须符合食品添加剂的要求。

香辛料：香辛料的防腐效果已得到确认。加入大蒜的精油成分的肉馅比未添加的肉馅保存期明显延长，前者在25℃条件下贮藏一周左右也不会发生变化。但这种防腐效果是在添加相当数量的香辛料后才得以确认的。

臭氧杀菌：其是利用臭氧的氧化能力进行微生物杀菌，以提高肉的保存性。这种方法可直接杀死附着在胴体等的表面的微生物，杀死空气中及其他环境中存在的微生物，降低二次污染的危险性。臭氧的产生方法有两种：一是通过高电压使电极之间产生火花放电，使空气中的氧气氧化，产生臭氧；二是利用低压电在真空管中产生一定波长的紫外线，并由紫外线激起周围空气的氧，使其臭氧化。前法可产生20～30ppm的高浓度臭氧，但同时会使空气中的氮及其他成分氧化，易产生NO_x和SO_x；后法可得到较纯的臭氧，但其浓度较低，仅为0.01～0.5ppm。在应用过程中发现，前者会带来脂肪氧化或褪色、变色；后一种臭氧杀菌法需要一定时间，但氧化、变色、褪色等副作用小（见表4-6）。

表4-6　臭氧的杀菌效果（单位：clu/mL）

供试菌＼作用时间	0h（对照）	6h	24h	48h	72h	96h
大肠菌	630	46	1	0	0	0
表皮葡萄球菌	528	8	0	0	0	0

续 表

供试菌＼作用时间	0h(对照)	6h	24h	48h	72h	96h
产黄青霉	440	388	261	129	59	35
黑曲霉	412	292	166	79	25	11

第二节　鲜蛋保鲜原理和技术

虽然蛋中富含蛋白质、脂肪等营养成分，但是蛋是活体，本身因为蛋壳保护及蛋清溶菌酶等，具有较强的防腐能力。在常温下贮藏时易感染各种微生物而腐败发臭。降低温度可以延长蛋的贮存期，但跟畜肉、禽肉不一样，蛋的贮藏温度不宜降到冰点以下，否则会导致蛋的死亡，蛋壳也会因内容物的冻结膨胀而破裂。

一、蛋的概况

(一)蛋的构成

蛋的种类不同，其大小、外形及颜色存在差异。有的品种壳厚，有的则薄，但结构基本相同。鸡蛋的结构分为三部分，即蛋壳、蛋清和蛋黄。按重量计，蛋壳约占全蛋 11%，蛋清约占 58%，蛋黄约占 31%。鸡蛋的大小主要取决于鸡的品种、饲料构成和饲养条件。蛋的大小对蛋的营养成分无影响。

1. 蛋壳和壳膜

蛋壳是蛋外面一层硬壳，它的功用是使蛋具有固定的形状和保护蛋的内容物不受外界影响。蛋壳由壳外膜、石灰质蛋壳、内蛋壳膜和蛋白膜组成。

(1)壳外膜

蛋壳最外面的一层薄膜叫壳外膜，也叫外蛋壳膜，是一种无定形的、透明的、可溶性的黏蛋白，呈霜状分布在蛋壳的外层。其是由蛋从泄殖腔排出时常涂布在蛋表面的一层黏液干燥而成。这层薄膜是抵抗微生物侵入蛋内部的保护层，俗称为蛋霜。外蛋壳膜能透过氧气和二氧化碳，阻止蛋内水分的蒸发。壳外膜的光泽度越好，蛋越新鲜。

(2)石灰质蛋壳

蛋壳质脆不耐碰撞和挤压，可承受较大的均衡静压。蛋壳一般有颜色。蛋壳的颜色取决于鸡的品种。一般蛋壳色深的含色素较多，蛋壳较厚；颜色浅的含色素少，蛋壳较薄。蛋壳主要由 $CaCO_3$ 组成，另外含有 $MgCO_3$、$Ca_3(PO_4)_2$ 和有机物。蛋壳的厚度在 300～400 微米，其小头部分较大头略厚。蛋的纵轴耐压力又较横轴为强，所以将蛋直立存放较横向放置降低破损率。蛋壳在强光下可以透光，故可采用灯光透视法以鉴定蛋的质量。蛋壳上分布着许多肉眼不可见的气孔，每只蛋有 7000～

8000个气孔，大头气孔有300～370个/cm^2（尖头为150～180个/cm^2）。气孔可进行气体交换，亦可能排出蛋内的水分，使鲜蛋在贮藏时重量减轻。微生物也可通过该孔进入蛋内。气孔是造成蛋在保管贮藏中质量降低、腐败和损耗的主要因素。

(3)内蛋壳膜和蛋白膜

在蛋壳的里面有两层薄膜，紧附于蛋壳内表面的称为壳内膜，又叫内蛋壳膜，包于蛋白之外的称蛋白膜。壳内膜的厚度较蛋白膜厚近5倍，主要由角质蛋白组成，还有类脂物和碳水化合物。其不溶解于多数的溶剂，具有坚韧性的网状薄膜，细菌不能直接通过，有阻止微生物通过的作用。除蛋的大头两层薄膜分离成气室，其他则相互附着。蛋被生下后，温度逐渐下降，蛋的内容物收缩，遂在气孔分布较多的大头部位，蛋白膜和蛋壳之间形成气室。水分向蛋壳外蒸发，使气室的空间逐渐增大。蛋存放得越久，气室空间就越大，这是判别蛋新鲜程度的一个标志。

2. 蛋清

蛋清主要由蛋白质组成，按形态分为两种，即浓厚蛋清（黏稠蛋白）和稀薄蛋清。整个蛋清靠外层为稀薄蛋清，中层为浓厚蛋清，蛋黄外围为稀薄蛋清。浓厚蛋清中含有能溶解微生物细胞壁的溶菌酶，有抗菌的能力。随着时间的延长，浓厚蛋清逐渐变稀。在低温条件下变稀的过程比较缓慢，在高温条件下变稀的过程则较迅速。浓厚蛋清含量的多少也是蛋质量好坏的标志。

3. 蛋黄和蛋黄膜

蛋黄由系带、蛋黄膜、胚胎和蛋黄的内容物组成。它位于蛋的中心，呈圆球状，为黄色，系浓稠、不透明、半流动的黏性体，外部含有一层很薄的蛋白质膜，为蛋黄膜，由角蛋白组成，可防止蛋黄与蛋白混合。它同时支撑着胚盘和系带，蛋黄中含有丰富的脂肪。蛋黄膜随着时间的延长而逐渐松弛直至破裂，使蛋黄、蛋清混淆，而成为“散黄蛋”。系带附着于蛋黄的两端，分别连接于蛋的大头与小头的浓厚蛋清中，它具有使蛋黄固定在蛋的中心位置的作用。系带的成分与浓厚蛋清基本相同。随着存放时间的推移，系带也会变稀，而降低固定蛋黄位置的作用，而使蛋黄发生位移而形成“搭壳”蛋。蛋黄表面的小白圆点叫胚胎，由于其比重略小于蛋黄，一般附着在蛋黄上方。

(二)蛋的化学成分和营养

蛋含有大量的蛋白质、脂肪、维生素及无机盐，容易为人体所吸收，是营养配餐中的常用原料。蛋的化学成分见表4-7。蛋的化学成分和营养价值，在贮藏期间的稳定性很大程度上取决于家禽的饲养情况。夏季产的蛋，因家禽多啄食青草，所以蛋的稠度较稀，易受细菌感染，有时略带氨味，不适于长期贮藏。

表4-7　蛋的主要化学成分

蛋构成	占总蛋含量/%	水/%	蛋白质/%	脂肪/%	灰分/%
全蛋	100	65.5	11.8	11.0	11.7

续 表

蛋构成	占总蛋含量/%	水/%	蛋白质/%	脂肪/%	灰分/%
蛋白	58	88.0	11.0	0.2	0
蛋黄	31	48.0	17.5	32.5	2.0
蛋壳	11	$CaCO_3$	$MgCO_3$	$Ca_3(PO_4)_2$	有机物质
		94.0%	1.0%	1.0%	4.0%

1. 蛋白质

蛋白质主要是蛋清中的卵白蛋白质和蛋黄中的卵黄磷蛋白。它们都属于完全蛋白,易被人体所吸收,卵白蛋白质的吸收率为97%,卵黄磷蛋白的吸收率近100%。

2. 脂肪

脂肪集中在蛋黄中。在蛋黄的组成中,除卵黄磷蛋白外,脂肪和类脂质占30%～33%,脂类中脂肪约占62.3%,卵磷脂约占32.8%。

3. 维生素

蛋黄中含维生素E及维生素B_1,蛋清中含维生素P和维生素B_2较多。

4. 糖类

蛋的含糖量较少,主要以葡萄糖为主,另外还含有极少的乳糖。蛋清中含糖0.7%,蛋黄中含糖0.5%左右。

5. 无机盐

蛋中含磷和铁,主要分布在蛋黄中。蛋含钙较少。

二、蛋的保鲜原理

(一)鲜蛋在贮藏中的变化

1. 品质指标变化

(1)重量、水分和气室高度变化

贮藏时间越延长,蛋的重量越低。关键条件是温度和湿度。温度在18℃到22℃,蛋每昼夜重量损失从0.001g上升到0.004g。而相对湿度从90%下降到70%时,蛋每昼夜重量损失从0.018g上升到0.075g。

蛋白中的水分损失,一是通过蛋壳气孔向外蒸发,二是向蛋黄内移动。蛋白的水分向蛋黄内渗透的量及速度与贮存的温度、时间有直接关系,温度越高渗透速度越快,贮存时间越久,渗透到蛋黄中的水分越多。例如鸡蛋在30℃下,经过50天,蛋黄水分从48.3%上升到53.3%,而在0℃下,经过90天,蛋黄水分才上升到49.3%。另外,蛋黄水分增加的速度与浓厚蛋白水样化、蛋白pH值变化、蛋黄膜强度的变化有间接的关系。

随着蛋重量的降低,气室相对增大。气室的大小用高度来衡量。刚生下的蛋的气室高度在3mm左右。影响气室变化的主要因素也是贮存时间和外界的温湿度。蛋存入时间越长，重量损失越多，气室逐渐增大，所以由气室的大小可判定蛋的鲜陈。在温度为28℃，相对湿度为82%的条件下，由于存放时间不同其气室高度变化也不同，见表4-8。

表4-8　蛋的贮存时间与气室高度变化

气室高度	时间/天			
	25	50	75	100
原高度1.5mm	6mm	9mm	11.5mm	13.5mm

(2)蛋白层、系带、蛋黄膜的变化

蛋白层变化：鲜蛋在贮存过程中，浓厚蛋白逐渐减少，稀薄蛋白逐渐增加。初生蛋浓厚蛋白占总蛋白49%左右，在25℃以下经过25天贮藏浓厚蛋白下降至25%，水样蛋白稳步上升。温度越高，变化越快。在10℃以下，浓厚蛋白的变化见表4-9，这将降低溶菌酶的杀菌作用，蛋的耐贮性也将大大降低。降低贮藏温度是延缓浓厚蛋白变稀的有效措施。

哈夫单位值是蛋品新鲜度的指标，新鲜蛋哈夫单位通常在75～82，高的可达90左右，食用蛋在72以上即可，其符号为Ha。哈夫单位(Haugh unit)的计算公式：$HU=100\cdot\lg[h-1.7\cdot w^{0.37}+7.57]$。其中：$h$(mm)为测量蛋品摊在平台上的蛋白高度(环绕在蛋黄周围的蛋白厚度)，w(g)为测量蛋品整蛋的质量。这个值越大越好。新鲜、高质量蛋品有更厚、更黏的蛋白。较年轻的母鸡所产的蛋有更稳固的蛋白，哈夫单位在80～90。美国以高于哈夫单位71为AA级，高于59为A级，高于29为B级，小于29为C级。

表4-9　蛋的贮存时间与浓厚蛋白高度变化

贮存时间/天	开始	10	20	30	60	90
高度/mm	10	7.3	6.4	5.7	4.9	4.4

系带变化：浓厚蛋白变稀或水样化的同时，蛋白中系带也随之变化，甚至最后消失。这是由于系带的组成与浓厚蛋白的组成有相似之处。新鲜蛋系带上附着的溶菌酶的含量是蛋白中溶菌酶含量的2～3倍或3～4倍。

蛋黄膜和蛋黄成分变化：蛋黄系数(Yolk coefficient)是指蛋黄高度与蛋黄直径的比值，即$YC=H/\Phi$。其可以用来表示鸡蛋的新鲜度，存放时间越短(越新鲜)的鸡蛋，蛋黄系数越大，一级蛋蛋黄系数≥0.40，二级蛋蛋黄系数≥0.36，三级蛋蛋黄系数≤0.35。鲜蛋在贮藏中蛋黄的变化最明显的表现是蛋黄系数减小。蛋黄系数作为反映蛋黄膜强度的指标，其变化起因于蛋黄膜性状的变化，与蛋黄吸收水分性能没有直接的关系。蛋黄膜弹性的强弱或蛋黄膜强度的增减，可以衡量蛋的鲜陈程度。蛋黄膜强度的变化如图4-1所示。鸡蛋在贮藏早期，蛋黄膜强度在一个月内稍有加强，以后则逐渐减弱。蛋黄成分的变化有：鲜蛋在0℃下，贮藏12个月，卵黄球蛋白和高密度脂蛋白(卵黄磷蛋白)的含量减少，而低密度脂蛋白(低磷脂蛋白)的含量增加；如果贮藏6个月，则高密度脂蛋白（卵黄磷蛋白）和低密度脂蛋白在卵黄中的含量与新鲜蛋比较没有差别；但在30℃下，贮藏20天，蛋白就有变化，另外在该条件下，浓厚蛋白和水样蛋白中Ca、Mg和CO_2的含量随着贮藏时间的延长而减少，而Fe的含量却相应地增加。CO_2的减少是由于其从蛋内通过气孔向外逸散，Fe的增加是其从卵黄移入蛋白内的结果，而Mg的减少是因为其从蛋白内转移到卵黄中去了。

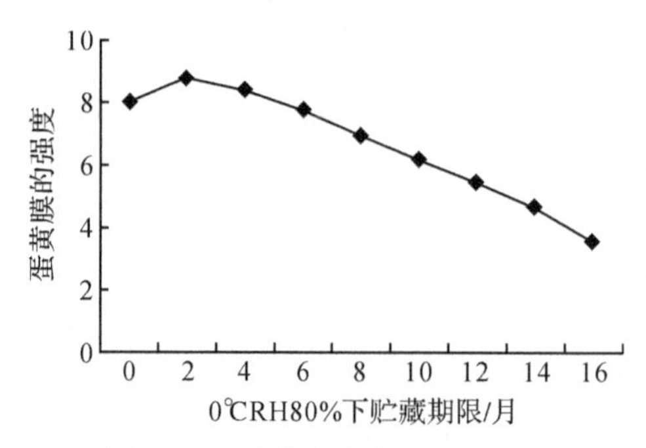

图4-1 贮藏中蛋黄膜强度的变化

(3)CO_2的逸散和蛋白pH值的变化

在25℃下，放置30天后，蛋白中的HCO_3^-和CO_3^{2-}离子浓度、外围的CO_2的分压、蛋白pH值的关系见表4-10。

表4-10 CO_2分压和蛋白的状态

CO_2分压(atm)	蛋白中离子浓度（毫摩尔/千克蛋白）		蛋白pH值
	HCO_3^-	CO_3^{2-}	
0.0003	23.1	11.7	9.61
0.01	50.4	1.7	8.43
0.03	55.1	0.7	7.99
0.05	56.8	0.4	7.88
0.10	59.4	0.2	7.50
0.97	65.2	—	6.55

由于空气中CO_2的容积百分率约为0.03%（分压0.0003），鸡产出的蛋到了空气中溶解在蛋内的CO_2将通过气孔向外逸散。CO_2逸散的速度见图4-2。产蛋后数日内逸散得快，例如在温度25℃下，一个蛋第一天逸散约9mg的CO_2气体，至少经过10天后速度才变慢。蛋内的pH值也同时发生变化（见图4-3），开始蛋白pH值变化得较快，至少经过10天值变到9.0以上，最后达到9.5～9.7，蛋白的酸碱缓冲能力大大降低。蛋黄的pH值变化较缓慢，从开始pH值为6.0到后面稍有增加，这可能是因为蛋黄膜对离子的透过有选择性。

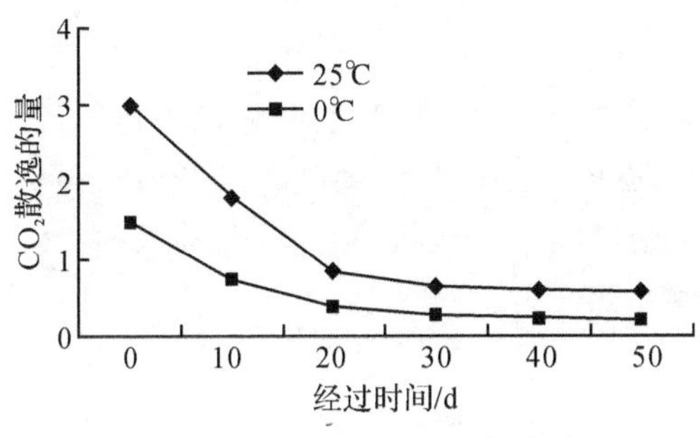

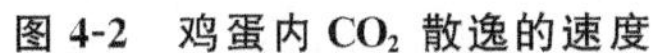

图 4-2　鸡蛋内 CO_2 散逸的速度

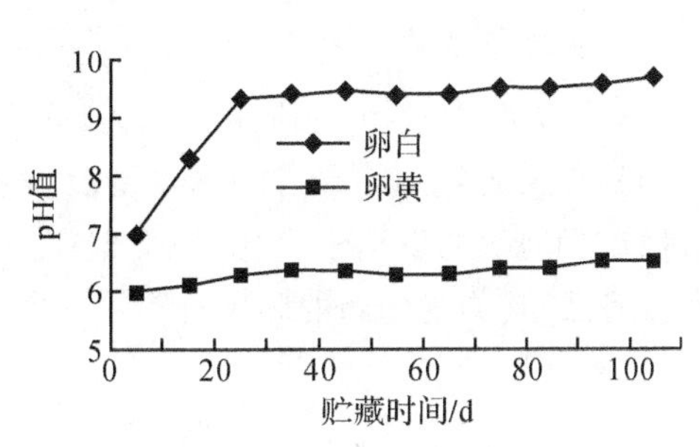

图 4-3　鸡蛋内 pH 值的变化

2. 理化指标变化

(1)比重

蛋的比重随着蛋清的分解、水分的挥发而逐渐下降。鲜鸡蛋的比重在 1.08～1.09。一般陈蛋在 1.03～1.06。测定蛋的比重可以鉴定蛋的新鲜度。蛋黄的比重较蛋清轻。若贮存的时间过长，系带失去作用，则蛋黄总是浮在蛋的上面，容易形成贴皮蛋。

(2)凝固点和冰点

蛋清的凝固温度为 62～64℃，蛋黄为 68～72℃。溏心蛋的制作就是使蛋清凝固而蛋黄则成半流动状态。若将蛋黄与蛋清混合，则凝固的温度为 72～77℃。如果温度长时间在 65～68℃，则蛋黄凝固而蛋清呈半流动状态，此时蛋清的口感极嫩。另外蛋在碱性环境条件下，蛋内蛋白质受到碱的作用也可以凝固。皮蛋的制作就是利用此原理。

蛋清的冰点为－0.48～－0.41℃，蛋黄的冰点为－0.62～－0.54℃。蛋的冷藏温度不能低于－1℃，否则蛋液冰结会使蛋破裂。

(3)乳化性

蛋黄中的磷脂具有很强的乳化能力，是天然乳化剂中效率最高的乳化剂之一，蛋清也具有乳化性，但比蛋黄的乳化力要弱许多。色拉酱、油酥糊等都是运用蛋的乳化性能来制作的。

(4)黏度与发泡性

蛋的各部分黏度与发泡性是不同的，鲜蛋的黏度和发泡性能均比陈蛋好。新鲜鸡蛋蛋黄的黏度为 110.0～250.0，蛋清为 3.15～10.5。陈蛋因蛋清变稀，黏度下降。

蛋清在强烈的搅拌下，能产生大量的气泡且稳定。当蛋清的 pH 值接近等电点，即 pH 值达 4.8 时，它的发泡性能最佳。在蛋清中添加柠檬汁，能提高蛋清的发泡性能。

(5)蛋内渗透压

蛋黄和蛋清由于两者之间的化学成分不同，特别是蛋黄中含有较多的钾、钠和氯离子，导致蛋黄内外渗透压不同，相互之间的盐类和水分会透过蛋黄膜不断渗透。蛋黄中的盐类渗到蛋清中来，而蛋清中的水分又不断地渗透到蛋黄中去。若贮存期过久，蛋黄吸水量增加，则形成散黄蛋。

3. 生理学变化

鲜蛋在保存期间，常蛋壳发暗，打开后蛋黄扩大扁平，颜色变淡，色泽不均匀，蛋黄中呈现大血环，或有少许血丝，蛋白稀薄无异味。在较高温度(25℃以上)下会引起胚胎(胚盘)的生理学变化，使受精卵的胚胎周围产生网状的血丝，此种蛋称为胚胎发育蛋，使未受精卵的胚胎有膨大现象，称为热伤蛋。

(1)胚胎发育蛋

胚胎发育蛋又因胚胎发育程度不同而分为血圈蛋、血筋蛋和血坏蛋。

①血圈蛋：受精卵因受热而胚胎开始发育，照蛋时蛋黄部位呈现小血圈。

②血筋蛋：由血圈蛋继续发育形成，照蛋时蛋黄呈现网状血丝，打开后胚胎周围有网状血丝或树枝状血管，蛋白变稀，无异味。

③血坏蛋：由胚胎发育后死亡或由血筋蛋胚胎死亡形成。

(2)热伤蛋

与胚胎发育蛋不同，这种蛋胚胎未发育，对未受精卵的胚胎，受热较久有膨大现象，照蛋时呈现胚胎增大但无血管出现的现象。炎热的夏季，最易出现热伤蛋。

实践表明，低温保藏是防止生理学变化的重要措施。

(二)蛋中的微生物及蛋的腐败

1. 蛋在形成时的污染微生物

鲜蛋的内容物里一般是没有微生物的。然而生病的母鸡，在蛋的形成过程中就可能污染微生物。首先，因为生病的鸡体质弱、抵抗力差，若饲料中污染有沙门氏菌，则饲养母鸡时，其中的沙门氏菌可通过消化道，进入血液，最后转到卵巢侵入蛋内，这使得蛋内内容物污染上沙门氏菌。其次，病鸡的卵巢和输卵管往往有病原菌侵入，而使鸡蛋有可能污染有各种病原菌。例如母鸡患白痢病时，鸡白痢沙门氏菌便能在卵巢内存在，该鸡所产的蛋随之就能染上鸡白痢沙门氏菌。

2. 蛋在贮存过程中的污染微生物

鲜蛋进入流通领域或生产领域，外界微生物接触蛋壳通过气孔或裂纹侵入蛋内。蛋内常发现的微生物主要有细菌和霉菌，并且多为好气性的，但也有嫌气性的。蛋内发现的细菌主要有葡萄球菌、微球菌、大肠杆菌、变形杆菌、埃希氏菌属、假单胞菌属、沙雷氏菌属等。而蛋内发现的霉菌有曲霉属、青霉属、毛霉属、地霉属和白霉菌等。霉菌对蛋的污染往往与饲料和饲料养家禽的周围环境有密切关系。

鲜蛋包装的填充物料粘有泥土、污物，在潮湿的条件下会引起蛋的霉变。当蛋壳表面霉菌孢子处在适宜条件时，孢子发育产生菌丝体，而新生的菌丝体可透过蛋壳上的气孔或裂纹蛋的裂痕进入蛋内。霉菌继续在蛋内生长，轻者产生轻度霉蛋，再发展下去可造成重度霉蛋。温湿度条件对霉菌发育有很大的影响(见表4-11)。

表 4-11　蛋内出现霉菌的天数

温度	相对湿度			
	100%	98%	95%	90%
0℃	14	19	24	77
5℃	10	11	12	26

3. 蛋的腐败

引起蛋的腐败的主要微生物有：大肠杆菌、气单胞菌、产碱杆菌、荧光假单胞菌、恶臭假单胞菌和变形杆菌等。由腐败细菌引起蛋的腐坏变质，最初变质特征为靠近蛋壳里面的蛋白呈现淡绿色，随后会逐渐扩展到全部蛋白，并使蛋白变稀，蛋内产生腐败气味。此时，系带变细且逐渐失去作用，蛋黄位置改变，最后粘壳或贴皮。待蛋白和蛋黄相混后，蛋内的腐败气味增强。由于腐败细菌的分解作用，蛋内蛋白质与卵磷脂分解，产生 H_2S(硫化氢)和胺类，与此同时，蛋白形成不同的颜色，呈现蓝色或绿色荧光，蛋黄呈褐色或黑色，蛋黄周围附着凝胶状物质或使卵黄凝胶化，可明显嗅到恶臭的难闻气味。再发展即成为细菌老黑蛋或腐败蛋。侵入蛋内的细菌发育的主要条件是适宜的温度，气温愈高愈适合腐败细菌的发育和繁殖，所以在炎热的夏季最易出现腐坏蛋。此外，某些霉菌如芽枝霉、分枝孢霉和青霉在蛋内繁殖时，亦可以产生不同的颜色，使蛋白凝胶化，蛋黄膜弹性减弱。

从腐败的蛋内检出的微生物

三、鲜蛋的品质检验和贮藏方法

(一)鲜蛋的品质检验

1. 鲜蛋

鲜蛋蛋壳清洁、完整、无光泽，壳上有层白霜，色泽鲜明。若用手摸蛋壳表面有一种粗糙的感觉，手握蛋摇动应无响声；经灯光透视照射观察，蛋呈微红色，蛋黄略见阴影或无阴影，且位于蛋的中央，不移动，蛋壳无裂纹。将鲜蛋打开置于器皿上，蛋黄、蛋清色泽分明，无异常颜色。蛋黄略显凸起而完整，且有韧性；蛋清浓厚、稀稠分明，系带粗白而有韧性，并紧贴蛋黄。鲜鸡蛋、鲜鸭蛋分级标准参见 SB/T 10638-2011《鲜鸡蛋、鲜鸭蛋分级》。鲜鸡蛋、鲜鸭蛋根据品质分级分为 AA 级、A 级、B 级三个等级；鲜鸡蛋根据质量分级分为 XL、L、M 和 S 四个级别；鲜鸭蛋分为 XXL、XL、L、M 和 S 五个级别。

2. 不新鲜蛋

(1)陈蛋：有些蛋由于保存时间过长，蛋壳颜色发暗，失去光泽。摇动时蛋内有声响，经透光检查，其透明度降低，出现暗影。

(2)散黄蛋：打开后可见蛋清、蛋黄混在一起，此类蛋若无异味、蛋液较稠，则还可食用。

(3)贴皮蛋：因保存时间过长，蛋黄膜韧力变弱，导致蛋黄紧贴蛋壳。贴皮处呈红色(俗称红贴)者，还可食用；若贴皮处呈黑色，并有异味者，则表明已腐败，不能食用。

(4)霉蛋：蛋壳上有细小灰黑色点或黑斑，这是由于蛋壳表层的保护膜受到破坏，细菌侵入，引起发霉变质。经透光检查，其完全不透明，此类蛋不宜食用。能闻到一股恶臭味的为臭蛋。这种蛋打开后臭气更大，蛋白、蛋黄混浊不清，颜色黑暗，此类蛋有毒，不能食用。

3. 蛋腐败变质的原因

微生物的侵入是最主要的因素。蛋内的微生物主要存在于蛋黄中，这是因为蛋清中含有很多溶菌酶，这种酶具有杀菌的作用。蛋的最初变质特征是蛋白变稀，呈淡绿色并逐渐扩大到全部蛋清。此时系带逐渐变细失去作用，使蛋黄向蛋壳靠近而粘壳。待蛋黄膜破裂，蛋黄和蛋白相混合在一起后，蛋开始逐渐变质，蛋白呈现出蓝色和绿色荧光，有腐臭味产生，蛋黄变成褐色。

4. 蛋变质的影响因子

较高温湿度是微生物繁殖的良好条件。温度越高，变质的速度越快。防止雨淋，减少微生物的污染，抑制其大量繁殖，是鲜蛋保管中的关键问题。鲜蛋常用的保藏方法主要是冷藏。鲜蛋冷藏的温度只需保持在0℃左右即可，严防温度过低，使内容物冻结和使蛋壳破裂，在0℃条件下，相对湿度为75%～85%，鲜蛋可保存9～10个月。在低温条件下，蛋壳表面常有耐低温的霉菌存在，如能在冷库中同时用0.1%灭菌灵在蛋壳上喷雾，则可抑制其繁殖生长。鲜蛋从冷库出库要缓慢升温，防止表面出现冷凝水。

(二)鲜蛋的贮藏方法

鲜蛋变质主要是细菌等微生物作用的结果，微生物可从蛋壳气孔进入或在产蛋前进入。但鲜蛋不会马上变质，原因是鲜蛋中含有溶菌酶，这种酶在一定时间内能够抑制微生物的繁殖与生长。蛋的贮藏要利用低温抑制微生物的繁殖和酶的活性。另外根据鲜蛋本身的结构、成分和理化性质，要设法闭塞蛋壳气孔，防止微生物进入蛋内。鲜蛋的贮藏方法主要有：冷藏法、气调法、化学保鲜法。

1. 冷藏法

(1)冷藏原理

冷藏原理是利用冷藏库中的低温抑制微生物的生长繁殖和分解作用及蛋内酶的作用，延缓鲜蛋内容物的变化，尤其是延缓浓厚蛋白的变稀(水样化)和降低重量损耗，以便能在较长时间内保持蛋的质量新鲜。用冷藏法保管鲜蛋，蛋内各种成分变化是很小的，蛋壳表面几乎无变化。冷藏法效果较好，一般贮藏半年以上，仍能保持蛋的新鲜。因此，冷藏法应用得最广泛。

(2)冷藏技术管理

①做好冷藏前的准备工作。

冷库消毒：鲜蛋入库前，库内用漂白粉溶液喷雾消毒，以消灭库内残存的微生物。对支架用热碱水刷洗，置阳光下曝晒，然后再入库。

鲜蛋预冷：鲜蛋在冷藏前必须经过预冷。若直接送到冷库，将由于蛋的温度使库温上升，水蒸气便在蛋壳表面凝结成水珠，给霉菌的生长创造适宜环境。一种预冷方法是将预冷库的温度控制在2～0℃，使蛋温逐渐下降，再入库保管。另外一种方法是采用微风速冷风机进行冷却。在冷却开始时，冷却空气温度与蛋体温度相差较小，一般低于蛋体温度2～3℃，随后每隔1～2h将冷却间空气温度降低1℃左右。预冷的相对湿度都为75%～85%，流速在0.3～0.5m/s。通常情况下经过24h的冷却，蛋体温度可达1～3℃，此时冷却结束。冷却后的蛋在两种条件下冷藏：一是温度−1.5～0℃，相对湿度80%～85%的条件，冷藏期为4～6个月；二是温度−2～−1.5℃，相对湿度85%～90%的条件，冷藏期为6～8个月。

②加强入库后的冷藏技术管理。

码垛：必须留有间隔，库内空气流动速度要控制适宜，不宜过大，过大会增加蛋的自然损耗。空气流动速度对冷藏库内鸡蛋的自然损耗的影响同存放的位置有关，其重量损耗比例是(以出风道地方的损失当作1来计算)：放在出风道下面的蛋箱为1.0；放在蛋库中部的蛋箱为0.5；放在进风道下面的蛋箱为1.7。因此，蛋箱应放在距进风道、出风道远些的位置贮藏。

温湿度：在冷库内保管鲜蛋最适宜的温度为−2～−1℃。库内温度要恒定，不要忽高忽低，库内相对湿度以85%～88%为宜，湿度过高很易造成霉菌繁殖，湿度也不能过低，过低会使蛋失水失重增加自然损耗。因此必须定期检查库内温湿度。

检查：了解鲜蛋进库、冷藏期间和出库前的质量情况，确定冷藏时间的长短，发现问题后及时采取措施。质量检查一般采取抽查方式，抽查分入库前抽查和冷藏期间每隔15～30天抽查一次；出库前抽查，其数量约为1%。但在抽查过程中发现质量较差的，可适当增加抽查数量。抽查时采用灯光透视检查。

出库：冷藏蛋在出库时，应该先将蛋放在特设的房间内，使蛋的温度慢慢升高，直至蛋温低于库外温度3～5℃为止。否则，直接出库，由于蛋温较低，其与外界热空气接触，温差过大，在蛋壳表面上凝结水珠。这种蛋俗称出汗蛋，易感染微生物而引起变质。因此，出库前的渐渐升温工作是十分必要的。

③冷藏中质量变化。

采用库温1～2℃或−1℃，波动±0.5℃，相对湿度均为85%左右，鲜蛋冷藏期达6个月以上，其出库后鲜蛋合格率在95%～98%。在2.5℃下，冷藏6个月，鲜蛋的质量及化学成分的变化并不显著(见表4-12)。

表 4-12　鲜蛋冷藏中品质指标和化学成分的变化

保存期间		保存前	1 个月	3 个月	6 个月
全卵	失重/%	—	1.16	2.72	5.28
	气室高/mm	2.58	3.86	4.85	6.35
	卵黄系数	0.445	0.435	0.431	0.404
	卵白系数	0.070	0.060	0.054	0.039
	打蛋时卵黄膜破裂率/%	0.0	1.0	8.0	8.5
	腐败卵发生率/%	0.0	0.0	1.6	4.0
卵黄	黏度 *	47.6	45.2	22.5	18.0
	水分/%	49.93	50.59	53.07	54.42
	脂肪/%	32.96	31.53	30.61	29.31
	蛋白质/%	16.26	16.12	15.72	15.22
	挥发性盐基态氮/mg	1.7	2.1	2.5	5.8
卵白	黏度 **	41.4	41.5	35.4	33.4
	水分/%	87.67	87.54	86.82	86.42
	蛋白质/%	10.59	10.54	11.54	11.69
	挥发性盐基态氮/mg	0.0	0.0	0.2	2.6

*:B 型黏度计,**:奥斯特瓦尔德型黏度计

2. 气调保鲜法

气调保鲜法对蛋的保鲜具有明显的效果。在密封的袋子里充入低浓度 CO_2,可延长蛋的贮藏期。其原因有:

(1)提高贮藏环境中 CO_2 浓度,同时降低 O_2 浓度,这样可抑制蛋上需氧微生物的生长繁殖。

(2)高浓度 CO_2 不仅可抑制蛋内 CO_2 的外逸,而且可使 CO_2 向蛋内渗透,并溶于蛋白中,使蛋白的 pH 值由原来的 8.5～8.8 降到 7～7.5,这样可使蛋白略微变稠,使蛋黄固定在蛋白中央,避免蛋黄上浮形成贴壳蛋,同时还可提高蛋白的抗菌力。

(3)高浓度 CO_2 可抑制蛋的呼吸作用和蛋内酶的活性,从而削弱新陈代谢和酶促反应,延缓蛋的衰变。CO_2 浓度应保持在 25%～30%,蛋库温度控制在 0～－1℃,相对湿度为 80%～85%。另外还有充 N_2 贮藏法,降低袋内 O_2 的含量,从而可抑制蛋上微生物的生长繁殖及蛋的呼吸作用,延长蛋的贮藏期。

另外还有蛋的石灰水保藏方法、蛋的涂膜保藏方法等。

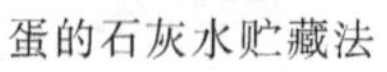

蛋的石灰水贮藏法

蛋的涂膜保鲜法

第三节　乳品贮藏与保鲜

乳是哺乳动物乳腺分泌的一种白色中稍带黄色的不透明的微有甜味的液体。乳中含有初生机体所需要的易消化的物质。在泌乳期中,由于生理和其他因素的影响,乳的成分会发生一些变化。在乳制品生产上分为初乳、常乳、末乳。初乳是产犊后一周内的乳。初乳干物质和球蛋白含量较高,酸度也较高,一般不作烹饪原料使用。末乳是母牛干奶前两周所分泌的乳汁,因其味苦咸,同时伴有油脂氧化味,所以也不食用。用来制作菜肴和饮用的为常乳。我国不同的地区饮用的主要乳种有:牛乳、山羊乳、绵羊乳和马乳。

一、牛乳概况

(一)牛乳的特点

新鲜的牛乳是一种白色或稍带黄色的不透明液体。颜色稍黄的乳是由于其中含有核黄素、乳黄素和胡萝卜素。正常的乳由于其中含有挥发性脂肪酸和其他挥发性物质,具有特殊的香味,特别是加热后,香味更明显。乳汁中含有乳糖,所以略显甜味。牛乳的冰点一般为－0.565～－0.525℃,平均冰点温度为－0.540℃。牛乳中的乳糖和盐类是导致冰点下降的主要因素。正常的牛乳其乳糖及盐类的含量变化很小,所以冰点很稳定。在乳中掺水可使乳的冰点升高,可根据冰点测定结果来推算掺水量。掺水10%,冰点约上升0.054℃。牛乳的沸点在101.33kPa(1个大气压)下为100.55℃,乳的沸点受其固形物含量的影响。浓缩到原体积1/2时,沸点上升到101.05℃。

(二)乳品的营养成分

不同的乳的营养构成与消化吸收率各有差异,同时其也受动物种类、年龄、泌乳的不同时期、饲料、气候等因素的影响,我国最为常见的是牛乳。牛乳的组成中含有人体生长发育所必需的一切营养物质。尤其重要的是,牛乳的各种成分几乎能全部被人体消化吸收。

1.蛋白质

牛乳中含有三种主要蛋白质,其中酪蛋白的含量最多,约占83%,乳白蛋白占13%,乳球蛋白等约占4%。酪蛋白的消化率为95%,水溶性乳白蛋白与乳球蛋白为97%。酪蛋白中含有较多的缬氨酸、蛋氨酸、色氨酸和赖氨酸,乳白蛋白含有较多的胱氨酸。

2.脂肪

乳脂肪在乳中的含量一般为3%～5%,乳脂肪以微小的脂肪球分布在乳中,所以肉眼看不见。乳脂肪中含有几十种脂肪酸，低溶点的约占63.3%，因为牛乳脂肪分散度高，溶点（27～34℃）低于人的体温，所以消化吸收率很高。乳产生的热量，有近50%是由乳脂肪提供的。此外，乳脂肪中含有大量脂溶性维生素，以及卵磷脂、胆固醇、麦角固醇等，对大脑的发育和智力的提高有极为重要的作用。

3. 乳糖

乳糖能溶解在乳清中，牛乳中乳糖含量为4.5%。乳糖是乳中最主要的碳水化合物，对牛乳的特征风味有影响。乳糖在人体内被乳糖酶分解为单糖，易被人体吸收，其吸收率为98%。此外，乳糖还能促进人体对食物中磷和钙的吸收贮存。

4. 无机盐和维生素

乳中含有人体必需的无机盐和维生素，其中无机盐以磷、钙、镁最为主要。铁含量虽少，但可被人体充分吸收利用。乳中脂溶性的维生素有维生素A、D和E；水溶性的有维生素B_1、B_2、PP和C。

二、乳品保鲜原理

（一）乳脂肪的分解与氧化

1. 乳脂肪的理化性质

乳脂肪的组成与结构决定其理化性质，表4-13是乳脂肪的主要理化常数。

表4-13　乳脂肪的主要理化常数

项目	指标
相对密度（d_4^{15}）	0.935～0.943
熔点/℃	28～38
凝固点/℃	15～25
皂化值	218～235（约226）
碘值	21～36（约30）
水溶性挥发性脂肪酸值	21～36（约27）
酸值	0.4～3.5
波伦斯克值	1.3～3.5

溶解性挥发性脂肪酸值指中和从5g脂肪中蒸馏出来的溶解性挥发性脂肪酸时所消耗的0.1mol/L碱液的毫升数。乳脂肪的溶解性挥发性脂肪酸值较其他动物脂肪要大得多，通常椰子油的挥发性脂肪酸值为7，而一般动植物脂肪的挥发性脂肪酸值只有1。

皂化值是指每皂化1g脂肪酸所消耗的氢氧化钠的毫克数。碘值是指在100g脂肪中，使其不饱和脂肪酸变成饱和脂肪酸所需的碘的克数。波伦斯克值是中和5g从脂肪中挥发出的不溶于水的挥发性脂肪酸所需的0.1mol/L碱液的毫升数。

乳脂肪的特点是水溶性脂肪酸值高，碘值低，挥发性脂肪酸多，不饱和脂肪酸少，低级脂肪酸多，皂化值比一般脂肪高。

乳脂肪在热、光、氧及微生物代谢酶的影响下会变质。乳脂肪变质的主要原因在于水解和氧化。乳脂肪变质的结果往往产生异味，俗称哈败。

2. 水解

乳脂肪的水解来源于乳中的解脂酶或外界混入的微生物的解脂酶。水解结果使乳的酸度升高，进一步氧化生成醛、酮等。由于乳脂肪含低级脂肪酸较多，即使轻度水解也能生成带特有的刺激性气味的丁酸。

3. 氧化

乳脂肪与空气中的氧、光线、金属铜等接触时，将发生氧化作用，从而产生所谓的脂肪氧化臭。乳脂肪的氧化以自发引起的自动氧化最为重要。饱和脂肪酸或不饱和脂肪酸均能被氧化，其中以油酸最容易。大多数的自动氧化过程是通过游离基链反应，首先形成过氧化物。如不饱和脂肪酸（油酸）的氧化，先在双键邻近的 α-次甲基（α-CH_2）处形成游离基，并于此处吸收氧，再从其他脂肪酸中吸收氢，形成氢过氧化物。这时供出氢的脂肪酸也因此形成游离基。这种反应能连锁地发生。氧化初期反应缓慢，继之急骤地进行。

乳脂肪自动氧化速率取决于断裂 α-次甲基上 C—H 键所需要的能量，故 Cu^{2+}、Fe^{2+} 和光线等能诱发乳脂肪自动氧化，温度也有影响。

（二）牛乳贮存时微生物变化

1. 牛乳中微生物的种类

牛乳从乳腺分泌以至被挤出时为无菌状态，但挤乳过程中可能有细菌侵入，挤乳后的处理、器械接触及运输过程亦可能使牛乳中混入微生物，如若处理不当，可以引起牛乳的风味、色泽、形态都发生变化。

（1）细菌

牛乳中存在的微生物有细菌、酵母和霉菌，其中以细菌在牛乳贮藏与加工中的意义为最重要。

①乳酸菌。

链球菌属：①乳酸链球菌，某些菌株会产生乳酸链球菌素，在牛乳中可抑制细菌的繁殖；②乳酪链球菌，分解乳糖而产酸，且具有较强的蛋白分解能力；③嗜热链球菌；④粪链球菌，与大肠菌同为污染指标菌。此外，牛乳中还可能有属溶血菌的酿脓链球菌（存在于动物的化脓部位）及缺乳链球菌（乳房炎菌）。

明串珠菌属：蚀橙明串珠菌、戊糖明串珠菌。

乳酸杆菌属：保加利亚乳杆菌、嗜酸乳杆菌。

②败坏菌和致病菌。

败坏菌和致病菌可能有丙酸菌、肠细菌（大肠菌群、沙门氏菌等）、孢子杆菌（好氧性芽孢杆菌属、厌氧性梭状芽孢杆菌属），还有小球菌属、葡萄球菌属（多为乳房炎乳或食物中毒的原因菌)、假单胞菌(荧光假单胞菌、腐败假单胞菌)、产碱杆菌属(粪产碱杆菌、稠乳产碱杆菌)、病原菌。

好氧性芽孢杆菌属主要有枯草芽孢杆菌、巨大芽孢杆菌、蜡状芽孢杆菌及凝结芽孢杆菌。孢子耐热,菌能分解蛋白质,能产生凝乳酶和蛋白酶。

厌氧性梭状芽孢杆菌属主要有酪酸梭状芽孢杆菌、肉毒梭状芽孢杆菌、破伤风杆菌。

假单胞菌能在低温下生长繁殖,将乳蛋白分解成蛋白胨或将乳脂肪分解产生脂肪分解臭。

产碱杆菌属能分解牛乳中有机盐(柠檬酸盐)形成碳酸盐,使牛乳转变为碱性。

病原菌有伤寒沙门氏菌、副伤寒沙门氏菌、肠类沙门氏菌、志贺氏痢疾杆菌、霍乱弧菌、白喉棒状杆菌、人形结核菌、牛形结核菌、牛传染性流产布鲁氏杆菌、炭疽菌、大肠杆菌、葡萄球菌、溶血性链球菌、无乳链球菌、肉毒杆菌。

(2)真菌

新鲜牛乳中的酵母主要为酵母属、毕赤氏酵母属、球拟酵母属、假丝酵母属等菌属,常见的有脆壁酵母菌、洪氏球拟酵母、高加索乳酒球拟酵母、球拟酵母等。

牛乳中常见的霉菌有乳粉胞霉、乳酪粉胞霉、黑念珠霉、变异念珠霉、腊叶芽枝霉、乳酪青霉、灰绿青霉、灰绿曲霉和黑曲霉,其中的乳酪青霉可制干酪,其余的大部分霉菌会使干酪、乳酪等污染腐败。

(3)噬菌体

侵害细菌的病毒统称为噬菌体,亦称为细菌病毒。对牛乳、乳制品的微生物而言,最重要的噬菌体为乳酸菌噬菌体。主要有以下几种:①乳链球菌的噬菌体,在干酪制造或酸乳生产的接种菌种培养中均可能污染乳链球菌噬菌体,而发生制品酸度不足或凝固不良等现象;②乳酪链球菌的噬菌体;③暑热链球菌的噬菌体;④乳酸链球菌的噬菌体;⑤明串珠菌的噬菌体。

牛乳中的微生物

2. 牛乳中微生物的污染来源

(1)乳房内的微生物

健康乳牛的乳房内总是有一些细菌存在,但仅限于极少数几种细菌,其中以小球菌属和链球菌属最为常见,其他如棒状杆菌属和乳杆菌属等细菌也会出现。由于这些细菌能适应乳房的环境而生存,就把这些细菌统称为乳房细菌。乳房内的细菌主要存在于乳头管及其分支处。在乳腺组织内无菌或含有很少细菌。乳头前端因容易被外界细菌侵入,细菌在乳管中常能形成菌块栓塞,所以在最先挤出的少量乳液中,会含有较多的细菌,其可含有 10^3～10^4 cfu/mL 的细菌,但在后来挤出的乳液中,细菌数会显著下降至 10^2～10^3 cfu/mL。因此,挤乳时要求弃去最先挤出的少数乳液。

乳房炎是乳牛的一种常见多发病，引起乳房炎的病原微生物有无乳链球菌、乳房链球菌、金黄色葡萄球菌、化脓棒状杆菌及埃希氏杆菌属等。从患乳房炎的乳牛的乳液中，除可以检出病原菌外，乳液的性状一般也发生变化，如非酪蛋白氮增多，过氧化酶活性增强，细胞数增多，pH 值升高，乳糖及脂肪量减少等。乳房炎也使乳牛的产乳量受到影响。

(2)挤乳过程中的微生物污染

挤乳过程中最易污染微生物。在牛舍中喂养饲料，空气中的细菌数可以上升到 $10^3\sim10^4$ cfu/L。因此，应在挤乳后才进行喂饲。挤乳前应将牛舍通风，并用清水喷洒地面，以减少舍中的尘埃。在挤乳前，乳房和乳头应先经清洗、消毒。贮奶桶在使用后要及时进行清洗、消毒。牛体表面有时含有的细菌高达 $10^7\sim10^8$ cfu/g。在被粪便和饲料污染后，体表微生物的数量总是显著增加，从而很容易造成乳液的污染。挤乳前，工人的手要经严格地清洗和消毒，工作衣帽要清洁，防止将微生物带入乳液。避免患有呼吸道或肠胃传染病的带菌者上班。

(3)挤乳后微生物的污染和繁殖

乳液挤出后，应进行过滤并及时冷却，使乳温下降至 10℃以下。在此过程中乳液所接触的奶桶、过滤器和空气等，都有可能使其再污染微生物。当气温在 30℃以上时，乳的变质迅速，尤其在乳的运输过程中无冷藏的条件下，一些未装满乳液的贮奶桶不断振荡，会加速微生物的繁殖。乳液的振荡就相当于通气和搅拌。

因此，乳品厂应尽可能采用自动化装置，使牛乳自进入加工系统，至加工完毕成为成品，整个过程中都不与外界接触。

最常见的微生物污染乳是酸败乳及乳房炎乳。乳房炎乳及一些致病菌污染乳对人体是有害的，其也被称为病理异常乳。各种污染乳的性状见表 4-14。

表 4-14 微生物污染乳的性状

种类	原因菌	牛乳的性状	缺陷与危害
酸败乳	乳酸菌、丙酸菌、大肠菌、小球菌等	酸度高，酒精凝固，热凝固，发酵产气，有酸臭味，酸凝固	加热凝固，风味差，干酪酸败、膨胀
乳房炎乳	溶血性链球菌、葡萄球菌、小球菌、芽孢菌、放线菌、大肠菌等	混入血液及凝固物，酒精凝固，热凝固，风味异常；乳清蛋白、钠、氯、过氧化氢酶、细胞数增加，pH 值提高；脂肪、乳糖、钙、非脂乳固体含量下降，酸度下降	传播疾病，引起食物中毒
其他致病菌污染乳	流产菌、沙门氏菌、炭疽菌、结核菌(口蹄疫病毒)等	混有病原菌	传播疾病，引起食物中毒
黏质乳	嗜冷菌、明串珠菌属	因黏质化形成黏液，蛋白质分解	奶油干酪等黏质化
着色乳	嗜冷菌、念珠菌类、红酵母	黄变、赤变、蓝变	色泽变化
异常凝固分解乳	蛋白质、脂肪分解菌，芽孢杆菌，嗜冷菌	凝乳酶凝固，胨化，碱化，有脂肪分解臭、苦味	有不良风味，乳制品变败

续 表

种类	原因菌	牛乳的性状	缺陷与危害
细菌性异常风味乳	蛋白质、脂肪分解菌，产酸菌，嗜冷菌，大肠菌	有异臭、异味，各种变败	风味异常，变败
噬菌体污染乳	噬菌体(乳酸噬菌体)	菌体溶解，细菌数降低	制造发酵乳失败

3. 牛乳中微生物的生长代谢

(1)影响微生物生长的因素

影响牛乳微生物生长的因素有物理因素、化学因素及生物因素。

①物理因素。

物理因素主要有温度、压力、音波、放射线照射等。温度对微生物生长影响很大。对牛乳而言，挤乳时的清洁度对初始细菌数有很大影响，而贮存温度对后期细菌数的增加则至关重要。温度愈高，细菌数增加愈快。牛乳在贮存 24h 或 48h 后，要使细菌生长受到抑制，则贮存温度必须在 4℃以下，至少在 10℃以下。如贮存温度在 20℃，则细菌数会显著增加。压力(加压杀菌)、音波(超声波)会破坏细菌膜，紫外线、放射线等可抑制细菌的增殖。

②化学因素。

化学因素主要有水分、pH、营养物质、生长促进因子、生长抑制因子、抗生素等。

微生物生长需要水，水分在某种极限以下时，微生物则无法生长。将微生物冷冻干燥后其生长停止，可将此原理应用于菌种的保存。乳粉含水量低于 5%时，在密封状态下，不会引起微生物的生长发育。

大部分细菌的生长最适 pH 值为 5.6～7.5。乳酸菌、霉菌、酵母在微酸性条件下易生长。大肠菌、蛋白分解菌在碱性环境中易生长，酸性条件下则受到抑制。

微生物生长所必需的营养素有含氮化合物、含碳化合物及磷、钠、钾、镁、钙等无机盐类等。

乳酸菌或肠内细菌大部分要求特定的维生素 B 群、氨基酸及多肽等。乳酸菌的生长促进因子(肽等)能显著地促进乳酸菌的生长发育。

一般阳离子量多时对微生物有抑制作用，二价阳离子比一价阳离子更具有毒性。低级脂肪酸对微生物发育也具有抑制作用。乳酸菌生成的乳酸可阻止大肠菌及病原菌的生长。

治疗乳牛乳房炎时，常在饲料中添加抗生素，如青霉素污染了牛乳，则对乳酸发酵有抑制作用。

③生物因素。

共生(symbiosis)：两种或两种以上不同菌种的微生物共存时，比其单独存在时更有利于生长的现象称为共生。例如：生产酸乳时如用混合菌种发酵，则其产酸速率明显高于嗜热链球菌和保加利亚杆菌的单独发酵产酸速率。

拮抗(antagonism)：一种生物在生命活动过程中，产生了不利于其他生物生长的条件，促使其他生物的生命活动受到抑制，甚至使其他生物死亡，这种关系就是拮抗关系。

从乳酸链球菌样中分离出代谢产物乳链球菌素(Nisin)，其又称尼生素，是一种对人体无害的多肽抗生素。在以乳链球菌作为发酵剂所制造的发酵乳制品如干酪、酸乳等中，就会有乳链球菌素，它对葡萄球菌、链球菌、梭状芽孢杆菌、芽孢杆菌、棒状杆菌等革兰氏阳性菌，以及奈瑟氏球菌有抗菌作用，但对革兰氏阴性菌抗菌效能相对较差。

(2)牛乳中微生物的代谢

①乳酸发酵(lactic fermentation)。

乳酸菌或大肠菌可利用牛乳中的乳糖生成乳酸，这称为乳酸发酵。这也是牛乳变酸的主要原因。

单一发酵型乳酸发酵：乳酸链球菌、乳酪链球菌进行乳酸发酵时，先利用乳酸菌中的乳糖酶分解牛乳中的乳糖生成葡萄糖及半乳糖，再进一步生成乳酸。这称为单一发酵型乳酸发酵，也称为同型发酵。

多元发酵型乳酸发酵：一些乳酸菌在发酵过程中，能使部分乳糖转化为乳酸，另一部分则转变为醋酸、乙醇与二氧化碳、氢等，这称为多元发酵型乳酸发酵。明串珠菌属(如蚀橙明串珠菌、戊糖明串珠菌)及某些乳酸杆菌(如短乳杆菌、发酵乳杆菌)均属于此发酵类型。此发酵类型也称为异型发酵。

②气味生成。

蚀橙明串珠菌、丁二酮乳链球菌、腐橙链球菌可将牛乳中的柠檬酸分解成为多量的羟丁酮。羟丁酮由于氢化作用而生成丁二酮后，具有芳香味。

产生芳香物质的简要反应式如下：

$$
\begin{array}{l}
CH_2COOH \\
| \\
2COHCOOH \longrightarrow CH_3CHOHCOCH_3 + 2CH_3COOH + 4CO_2 + 2H_2O \\
| \\
CH_2COOH \cdot 2H_2O
\end{array}
$$

$$2CH_3CHOHCOCH_3 + O_2 \longrightarrow 2CH_3COCOCH_3 + 2H_2O$$

乳酸链球菌与乳酪链球菌等乳酸菌会使牛乳中的乙醛蓄积。若乙醛蓄积过量，则会使发酵乳制品产生酸臭味。

③蛋白分解。

乳酸菌的蛋白分解作用，在干酪等发酵乳制品的制造中甚为重要。乳链球菌、保加利亚乳杆菌、乳酪链球菌、嗜热链球菌、瑞士乳杆菌等分泌细胞内蛋白酶，这些菌大部分的最适 pH 在中性附近，最适温度为 35～40℃，同时分泌蛋白酶和多肽酶；乳链球菌、产酶链球菌、粪链球菌可产生细胞外蛋白酶，它们在中性或微碱性条件下具有活性；乳链球菌及一些产酸较慢的菌株产生表层结合蛋白酶。

乳酸菌将乳蛋白分解所产生的多肽是干酪苦味的主要来源。苦味的蓄积主要是由于缺乏多肽酶或因 pH 的关系使多肽酶活性降低，多肽中间产物无法降解为氨基酸。

小球菌、短杆菌、放线菌、青霉属等微生物与蛋白分解也有一定的关系。在牛乳微生物中，有些为有害的蛋白分解菌，如枯草芽孢杆菌、蜡状芽孢杆菌、假单胞菌属等。

④脂肪分解。

乳酸菌有微弱的脂肪分解作用，存在菌体内的脂肪分解酶可分解甘油三酸酯。其他牛乳微生物，如假单胞菌属、产碱杆菌属、小球菌属、浮膜假丝酵母及乳酸小杆菌都可产生脂肪分解酶，牛乳大肠菌可产生磷脂分解酶。

4. 牛乳在贮存过程中微生物的变化

(1)牛乳在室温贮存时微生物的变化

新鲜牛乳在杀菌前都有一定数量的、不同种类的微生物存在，如果放置在室温(10～20℃)下，会因微生物在乳液中活动而逐渐使乳液变质。室温下微生物的生长过程可分为以下几个阶段，见图 4-4。

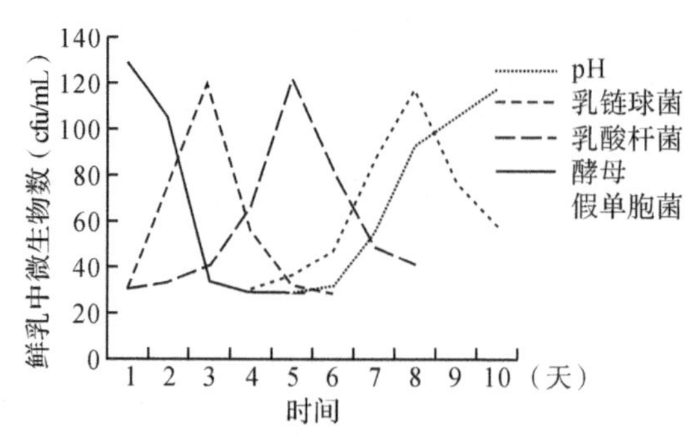

图 4-4 鲜乳中微生物活动曲线

①抑制期。

新鲜乳液中均含有多种抗菌性物质，它对乳中存在的微生物具有杀菌或抑制作用。在含菌少的鲜乳中，其作用可持续 36h(在 13～14℃的温度下)；若在污染严重的乳液中，其作用可持续 18h 左右。在这期间，乳液含菌数不会增多，若温度升高，则抗菌性物质的杀菌或抑菌作用增强，但持续时间会缩短。因此，鲜乳放置在室温环境中，在一定时间内并不会出现变质的现象。

②乳链球菌期。

鲜乳中的抗菌物质减少或消失后，存在乳中的细菌即迅速繁殖，这些细菌是乳链球菌、乳酸杆菌、大肠杆菌和一些蛋白分解菌等，其中尤以乳链球菌生长繁殖特别旺盛，其使乳糖分解，产生乳酸，因而乳液的酸度不断升高。如有大肠菌增殖时，将有产气现象出现。牛乳酸度不断地上升，就抑制了其他腐败细菌的活动。当酸度升高至一定限度时(pH 值 4.5)，乳链球菌本身受到抑制不再继续繁殖，相反会逐渐减少，这时就有乳液凝块出现。

③乳酸杆菌期。

当乳链球菌在乳液中繁殖，乳液的 pH 值下降至 6 左右时，乳酸杆菌的活动力逐渐增强。当 pH 值继续下降至 4.5 以下时，由于乳酸杆菌耐酸力较强，尚能继续繁殖并产酸。在这阶段，乳液中可出现大量乳凝块，并有大量乳清析出。

④真菌期。

当酸度继续下降至 pH 为 3～3.5 时，绝大多数微生物被抑制甚至死亡，仅酵母和霉菌尚能适应高酸度的环境，并能利用乳酸及其他一些有机酸。由于酸的被利用，乳液的酸度会逐渐降低，使乳液的 pH 值不断上升接近中性。

⑤胨化菌期。

经过上述几个阶段的微生物活动后，乳液中的乳糖大量被消耗，残余量已很少，在乳中仅是蛋白质和脂肪尚有较多的量存在。因此，适宜于分解蛋白质和脂肪的细菌在其中生长繁殖，这样就产生了乳凝块被消化（液化）、乳液的 pH 值逐步提高向碱性方向转化，并有腐败的臭味产生的现象。这时的腐败菌大部分属于芽孢杆菌属、假单胞菌属及变形杆菌属。

（2）牛乳在冷藏中微生物的变化

鲜乳不经消毒即冷藏保存的话，一般适宜于室温下繁殖的微生物，在低温环境中就被抑制；而适宜于低温类的微生物却能够增殖，但生长速度非常缓慢。在低温中，牛乳中较为多见的细菌有假单胞菌属、产碱杆菌属、无色杆菌属、黄杆菌属、克雷伯氏杆菌属和小球菌属。

冷藏乳的变质主要在于乳液中脂肪的分解。多数假单胞菌属中的细菌，均具有产生脂肪酶的特性，它们在低温时活性非常强并具有耐热性，即使在加热消毒后的乳液中，还有具活性的残留脂酶存生。

冷藏乳中可经常见到低温细菌促使乳液中的蛋白分解的现象，特别是产碱杆菌属和假单胞菌属中的许多细菌，它们可使乳液胨化。

三、牛乳的收集和质量检测

（一）牛乳的冷却与收集

牛乳被挤出后，必须马上冷却到 4℃以下，并在此温度下进行保存，直至运到乳品厂。如果冷却环节在这期间中断，牛乳中的微生物将开始繁殖，并产生酶类。尽管以后的冷却将阻止其继续发展，但牛乳质量已经下降。图 4-5 说明了不同种类的细菌在不同温度下的繁殖情况和在不同温度下牛乳的化学变化情况。

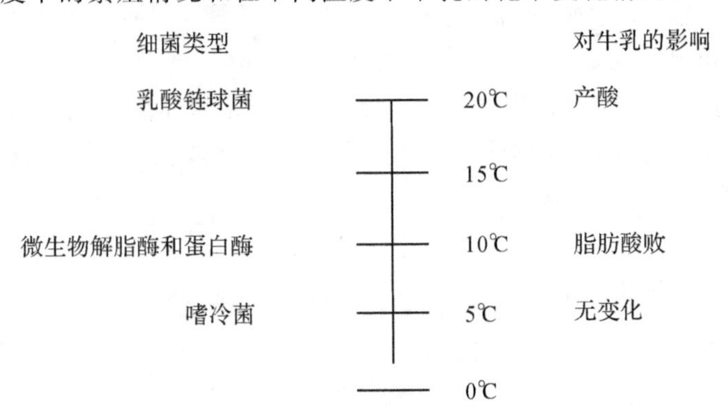

图 4-5　不同温度下细菌的生长情况

保证牛乳质量的第一步必须在牧场进行，即挤奶条件必须合乎卫生要求，挤奶设备的设计必须避免空气进入，冷却设备要符合要求。在小型牧场中，牛乳直接进入贮罐进行冷却，使之在2h内达到4℃；在大型牧场中，牛乳先进入板式冷却器冷却至4℃，然后泵入大贮罐中，这就避免了把刚挤下的热牛乳与罐中已冷却的牛乳相混合的情况，贮存间也应有清洗设备、消毒用具、管道系统及冷却槽。原料乳用桶或奶槽车运到乳品厂，奶槽车与大型冷却贮罐配套使用。运送要求保持良好的冷却状态并且没有空气进入，运输过程的振动越轻越好。

收集用桶常用容量为40L或50L。装有牛乳的奶桶从牛场运到路边，然后由取奶车运走。送乳和取乳的时间间隔尽量缩短。

病牛的牛乳不能和健康牛的牛乳混合在一起卖给乳品厂。另外，使用过抗生素的奶牛产的乳必须与其他乳分开，这种乳不能用于发酵乳的生产。

用奶槽车收集牛乳，槽车必须能一直开到贮存间。奶槽车的输奶软管与牛场冷却罐的出口阀相接。奶槽车通常装有一台计量泵，能自动记录接收乳的数量。此外，接收的乳也可以根据所记录的不同液位来计算。冷却罐一经排空，奶泵应立即停止工作，避免将空气送入牛乳中。奶槽车的奶槽分成几个隔间，每个隔间依次装满，以防牛乳在运输中晃动。当奶槽车按收奶路线装完一轮后立即将乳送交乳品厂。

据统计，牛乳在被收购之前就已经变质的主要因素有：①设备清洗不彻底和卫生条件差；②收购不及时；③冷链不完善；④好坏牛乳混在一起。在实际操作中，很小比例的低质牛乳就会使整批牛乳变坏。因此，及早鉴定和隔离这部分低质牛乳是非常必要的。

（二）牛乳的质量检验

一般影响原料乳质量的主要因素有：奶牛的品种和健康状况、牧场环境、饲料品质、清洗与卫生程度、乳的微生物总量、化学药品残留量（来源于饲料和治病）、游离脂肪酸、挤奶操作、贮存时间和温度。

通常在牛场仅对牛乳的质量作一般的评价，在到达乳品厂后通过若干试验对其成分和卫生质量进行测定。乳品厂收购鲜乳时的常规检测包括以下几个方面：

1. 感官评定

感官评定包括牛乳的滋味、气味、清洁度、色泽等。乳品的感官鉴别，主要是用眼观其色泽和组织状态，嗅其气味和尝其滋味。鲜乳的色泽为乳白色或略带微黄色，并呈均匀的流体，无沉淀、凝块和机械杂质，无黏稠和浓厚现象。同时还应有乳特有的乳香味，无其他任何异味。若用口尝，则具有鲜乳独具的纯香味，滋味可口而稍甜，无其他任何异常滋味。

2. 理化指标

理化指标包括含脂率、蛋白质含量、杂质度、冰点、酒精检测、酸度、温度、相对密度、pH值、抗生素残留量等（见表4-15）。

表 4-15　我国国标生乳理化指标(GB 19301—2010)

项　目	指　标	检验方法
冰点[a,b]/℃	−0.560～−0.500	GB 5413.38-2016《生乳冰点的测定》
相对密度/(20℃/4℃)≥	1.027	GB 5413.33-2010《生乳相对密度的测定》
蛋白质/(g/100g)≥	2.8	GB 5009.5-2016《食品中蛋白质的测定》
脂肪/(g/100g)≥	3.1	GB 5413.3-2016《婴幼儿食品和乳品中脂肪的测定》
杂质度/(mg/kg)≤	4.0	GB 5413.30-2016《乳和乳制品杂质度的测定》
非脂乳固体/(g/100g)≥	8.1	GB 5413.39-2010《乳和乳制品中非脂乳固体的测定》
酸度/(°T) 牛乳[b] 羊乳	 12～18 6～13	GB 5413.34-2010《乳和乳制品酸度的测定》

[a]挤出 3h 后检测；[b] 仅适用于荷斯坦奶牛

例如酸度和酒精检测可以判断乳是否已经品质下降。高酸度酒精阳性乳指滴定酸度增高(0.20 以上)，与 70%酒精发生凝结现象的乳。该乳的乳糖分解成乳酸，乳酸升高，蛋白变性。又如体细胞数测定主要针对乳腺炎乳。乳腺炎乳中既会有大量的细菌，又含有较多的体细胞。目前规定牛乳中体细胞不得超过 500 000 个/mL，否则定为乳腺炎乳。

3. 微生物指标

微生物指标主要是指细菌总数。其他如体细胞数、芽孢数、耐热芽孢数及嗜冷菌数等。

现场收购的鲜乳一般不做细菌检验，但加工以前必须检查细菌总数、体细胞数，以确定原料乳的质量和等级。在我国国标中细菌指标检验有两种方法：一是采用平皿培养法计算细菌总数，二是采用美蓝还原褪色法，按美蓝还原时间分级指标进行评级。两者只允许用一种方法，不能重复。细菌指标分为四个等级，见表 4-16。

表 4-16　鲜乳分级的细菌学检验方法

分级	平皿细菌总数分级指标法/10^4 cfu・ml^{-1}	美蓝褪色时间分级指标法
Ⅰ	≤50	≥4 h
Ⅱ	≤100	≥2.5 h
Ⅲ	≤200	≥1.5 h
Ⅳ	≤400	≥40 min

有些细菌是非常有害的，所以不仅要强调细菌总数，而且要特别重视嗜冷菌数。在低温下，嗜冷菌的生长会超过乳酸菌，引起牛乳变坏。这就是冷藏牛乳为什么要受到时间限制的原因。

另外，乳腺炎乳中既会有大量的细菌，又含有较多的体细胞。目前很多发达国家已采取检测体细胞数的方法，以防止乳腺炎乳混入原料乳中。有些国家规定牛乳中体细胞不得超过 500 000 个/mL，否则定为乳腺炎乳。

原料乳在验收时，应测量乳的温度。有的国家规定，送到乳品厂的原料乳温度不得超过 10℃，否则要降价。国际乳品联盟(IDF)认为牛乳在 4.4℃保存时最佳，10℃时稍差，15℃以上时则影响牛乳的质量(见表 4-17)。

表 4-17　优质牛乳中的细菌生长情况　　单位：cfu/mL

贮存温度	刚挤下的牛乳	24h 后	48h 后	72h 后
4.4℃	4 000	4 000	5 000	8 000
15℃	4 000	1 600 000	33 000 000	326 000 000

四、牛乳贮藏保鲜

(一)牛乳收购后的贮存

一般来说，牛乳在运输途中温度上升到 4℃以上是不可避免的，但不容许高于 10℃。因此，牛乳在进入大贮罐以前，通常用板式冷却器冷却到 4℃以下。

未经处理的原料乳贮存在大型立式贮奶罐中，体积为 25 000～150 000L 不等，后者仅限于在特大乳品厂中使用。较小的贮存罐常常安装在室内，较大的则安装在露天处。露天大罐是双层结构的，在壁与壁之间带保温层。

如贮奶罐中无搅拌装置，则脂肪会从牛乳中分离出来，导致牛乳不能均匀一致。搅拌必须非常平稳，剧烈的搅拌导致牛乳中混入空气和脂肪球破裂，使脂肪游离，并在脂肪酶作用下分解。

牛乳的泵送也存在着同样的问题。泵的选择与乳中脂肪的乳化稳定性有关。当乳温低于 40℃时，乳脂肪在乳中固液并存，极易受泵的机械损伤，所以最好选用容积泵。另外，在处理脂肪含量高和黏度高的物料时，也应选用此类泵。在设计管道时，其直径必须计算正确(见表 4-18)。管道过细，会产生过度压降现象，对牛乳具有机械破坏作用；管道过粗，会混入空气且不利于清洗。

表 4-18　管道直径与流量之间的关系

流量/$L \cdot h^{-1}$	设计管道直径/mm
5 000	38
10 000	51
15 000	63
20 000	63～76
25 000	76
30 000	102

(二)牛奶保鲜技术

1. 低温冷却贮藏

将牛奶冷却被认为是在贮存和运输中临时保存牛奶的最好方法。先快速冷却牛奶。刚挤下的奶有少量细菌(300～1000 cfu/mL),温度在36℃左右,微生物会大量繁殖,酸度会迅速升高,导致鲜奶酸败变质。因而,快速降低奶温是控制微生物繁殖的重要环节,然后低温保鲜牛奶。保存温度与牛奶保鲜期的关系是:8～10℃,6～12小时;6～8℃,12～18小时;5～6℃,18～24小时;4～5℃,24～36小时;1～2℃,36～48小时。牛奶保藏温度越低,保鲜期越长。当温度高于15℃时,牛奶中的细菌大量增殖,特别是乳酸的链球菌,使牛奶在数小时内即变酸。冷藏温度在4～5℃时,牛奶可贮存8小时而不变质。如贮存时间长达3～4天,则质量下降。在乳品业里,人们把7℃以下仍能增殖的细菌称之为低温细菌,它们在微生物分类中并不构成一特定的菌属。低温细菌至少分属15个不同的菌属。现从奶或奶产品中分离出来的低温菌多为假单胞菌族,这些细菌经巴氏灭菌后被除灭,但它们能产生耐热的蛋白酶和脂肪酶。这些酶一旦进入牛奶即几乎无法去除,可使各种牛奶带上苦味、异味,使牛奶沉淀。牧场在挤完奶后1～2小时内需要将牛奶运到收奶中心。在收奶中心进行质量控制、冷却、牛奶暂存。牛奶的收集和冷却可采用冷库的奶桶或散装奶缸,用奶桶冷却和运输牛奶,细菌感染率通常较高,温度回升也较快,用槽车收奶的牛奶质量较好。

2. 过氧化氢(H_2O_2)或乳过氧化物酶/硫氰酸盐保存法

合理使用生牛奶保鲜剂能抑制微生物繁殖。在冷藏设备短缺、交通不便的地方,用生牛奶保鲜剂能抑制细菌繁殖,延长牛奶保鲜期。一般在15～25℃下,加入保鲜剂可使牛奶保鲜12～48小时。我国国标允许内蒙古地区使用H_2O_2保鲜牛奶,其可较有效地保存生奶,但需要加相当高浓度的H_2O_2(100～800ppm)。为了确保牛奶中无过氧化物残留,经H_2O_2处理过的牛奶在加工前须用过氧化氢酶(CAT)处理。目前,H_2O_2仍被认为是现有的最好的防腐剂。

牛奶带有几种抗菌因子,最引人注目的是免疫球蛋白,另外还有集中非特异性的抗菌因子,包括乳肝褐质、溶菌酶、过氧化物。这种过氧化物被称为乳过氧化物酶,与唾液内的过氧化物相同,可使冷却奶通常贮存时间从48小时提高到5～7天。该酶系统是牛奶抗菌诸因子中最有希望的。该酶本身并无抗菌作用,要使其产生抗菌作用,还需要有硫氰酸盐和H_2O_2。乳过氧化物酶可以催化硫氰酸盐在H_2O_2作用下氧化,但是其氧化终产物是硫酸盐和氰酸盐,都无抗菌作用。有抗菌作用的是硫氰酸盐氧化的中间产物,次硫氰酸盐离子($OSCN^-$)。此时,各种乳酸链球菌得到暂时的抑制。CAT阳性的革兰氏阴性微生物,如鼠伤寒沙门氏菌、假单胞菌、埃希氏大肠杆菌等,可得到永久性抑制。牛奶中的乳过氧化物酶很多,并非限制因素。牛奶中硫氰酸盐是饲料中植物成分,硫氰酸盐含量为1～15ppm,差异较大。十字花科蔬菜,例如花椰菜、白菜中硫氰酸盐含量分别为8ppm、31ppm。牛奶中一般不存在H_2O_2。但是CAT阴性的乳酸链球菌,在代谢时会产生足够数量的过氧化物,来满足乳过氧化物酶系统的需要，并使自身受到抑制。如果是CAT阳性的革兰氏阴性细菌，代谢时产生的H_2O_2会被分解，这就需要外界供给H_2O_2。因此需要使用葡萄糖氧化酶和黄嘌呤氧化酶。由于牛奶含有大量的黄嘌呤氧化酶，它极可能是H_2O_2在活体内的主要来源。

在冷却的牛奶中，将硫氰酸盐的含量提高到约15ppm，然后加入等克分子量的H_2O_2(8.5ppm)。激化乳过氧化物酶系统，微生物生长受抑制5～6天。牛奶在室温下也有明显抗菌效果。该系统的抗菌性作用，在各种还原剂如半胱氨酸或谷胱甘肽中的游离巯基的作用下，会完全消失。牛奶或牛奶蛋白内含有少量游离巯基。这些巯基主要是在乳球蛋白内，处于潜伏状态。H_2O_2加入牛奶中激活乳过氧化物酶，其在酶反应中立即消耗掉，并不残留。当高浓度的H_2O_2(大于100ppm)加入时，乳过氧化物酶则被破坏。此时仅H_2O_2起抗菌作用。在反应中形成的抗菌物质很不稳定，在牛奶贮存期又还原成硫氰酸盐。特别是温度高时，如在60℃时加热15分钟，其会全部分解。活化牛奶中的乳过氧化物酶系统只需要极少量的H_2O_2，因此可采用固态氧化物作为H_2O_2的来源，可将其制成片剂或小袋装粉剂。保鲜牛奶时应该注意:乳过氧化物酶系统并不能代替巴氏杀菌法，也不能代替牛奶卫生措施，也无法提高已经变质的牛奶质量。

3. 牛乳微生物的耐热性和加热灭菌贮藏

牛乳一般都是加热杀菌后保藏的。细菌孢子的耐热性较强，一般在100℃温度下数分钟加热也不死灭。肉毒梭状芽孢杆菌的致死条件常被用来作为食品安全灭菌的指标，细菌或酵母的营养细胞在60～70℃的温度下较短时间即会死灭。大多数的病原菌耐热性弱，而其中以结核菌的耐热性最强。牛乳包装杀菌后的低温贮藏条件，或高温短时杀菌结合无菌灌装后的贮藏的加热条件，均依据结核菌的破坏为标准。牛乳中各种微生物的热致死条件如表4-19所示。

表4-19　牛乳中微生物的热致死条件

菌名	热致死条件
非耐热性乳酸菌	57.8℃,30min;60～61.1℃,1min
耐热性乳酸菌	62.8℃, 5～30min;67.8℃, 10～30min
溶血性链球菌	60℃,30min;7.5℃,0.5s
耐热性球菌	88.8℃,0.25s;88.1℃,0.5s
八连球菌	60℃,24min
葡萄球菌	62.8℃,6.8min;65.6℃,1.9min
大肠菌	60℃,22～75min;65.6℃,30min
枯草菌孢子	100℃,180min;120℃,7.5～8min
好气性芽孢菌孢子	121℃,2.6min
结构菌	60℃,10min;71.1℃,16s

续 表

菌名	热致死条件
布鲁氏杆菌属	61.5℃,23min;71.1℃,21min
肉毒梭菌孢子	121℃,0.45～0.5min

乳品保藏的时间与乳品生产加工和消毒的方式有着密切的关系。一般来说,牛乳在运输途中温度上升到4℃以上是不可避免的,但不容许高于10℃。因此,牛乳在进入大贮罐以前,通常用板式冷却器冷却到4℃以下。有些细菌是非常有害的,特别是嗜冷菌。在低温下,嗜冷菌的生长会超过乳酸菌,引起牛乳变坏。这就是冷藏牛乳为什么要受到时间限制的原因。目前国内主要采用高温短时间杀菌法和超高温瞬间灭菌法生产乳品。此类方法都能使乳中的过氧化氢酶失活,保持乳的良好风味。经高温短时间杀菌后,用成型纸盒灌装,在5℃条件下保存,可贮存1～2周,如用无菌灌装方式则可延长贮存期至3～6周。经超高温灭菌后的包装产品,在无冷藏条件下,可贮存4～6个月。

第四节 水产品保活和保鲜原理及技术

水产品是指鱼类、甲壳类、贝壳类、头足类、藻类等鲜品及其加工制品。我国东部面临大海,海域总面积约为3540万平方千米,有1.8万多千米的海岸线,浅海滩涂可养面积为260万平方千米,有约1747万平方千米的内陆水面。水生生物资源十分丰富。鱼、虾、贝、藻、头足类品种繁多,是世界上水生生物品种最多的国家之一。我国是世界上水产养殖业最发达的国家之一。

水产品较畜产品容易腐败。鱼类含有丰富的蛋白质和较多的水分,其肌肉柔嫩,组织疏松,表皮保护能力弱,为细菌的入侵和繁殖创造了极好的条件;鱼体内的酶类在常温下活性较强,僵硬期后自溶作用迅速发生,鱼肉蛋白被分解为大量低分子的代谢物和游离氨基酸,成为细菌的营养物,同时,附着鱼体表面、鳃和消化系统的腐败细菌大量繁殖,导致鱼体迅速腐败变质。另外,渔业生产季节性较强,鱼体机械损伤严重导致细菌从受伤的部位侵入,即使在冰藏条件下,水中细菌也仍会侵入鱼体肌肉。因此,水产品保鲜难度较大。

一、水产品种类和分类

(一)鱼的种类和分类

全世界鱼类约有24000种。我国有咸水鱼类约3020种,淡水鱼类约860种,共4000多种。鱼的分类基本单位是“种”。某些经济鱼类,还可分到种族(或称种群)。

1.生物学分类

鱼类在生物学分类上属于脊索动物门脊椎动物亚门,根据其骨骼的性质,鱼类可分为软骨鱼纲和硬骨鱼纲两大类。

(1)软骨鱼纲

软骨鱼纲在我国各水域分布约有237种,均为咸水鱼。软骨鱼纲可分为板鳃亚纲和全头亚纲两大类。

①板鳃亚纲:头骨为舌接型或双接型,体被盾鳞或裸露,具5～7对鳃裂,无鳃盖。本亚纲可分为两个总目:侧孔总目,为各种鲨鱼;下孔总目,为各种鳐鱼或魟鱼。

②全头亚纲:头为全接型,腭方软骨完全与头颅骨相愈合;鳃裂4对,外包有膜状假鳃盖,仅有一鳃孔通外方;体光滑无鳞。本亚纲我国常见的有银鲛目鱼类。

(2)硬骨鱼纲

硬骨鱼纲特点是内骨骼为硬骨。硬骨鱼纲在我国各水域分布约有3000种,硬骨鱼纲分为肺鱼亚纲、总鳍亚纲和辐鳍亚纲等三大类。常见的鱼类基本上是辐鳍亚纲。

辐鳍亚纲鳍条呈辐射状排列,无内鼻孔,颌与脑颅为舌接型。头部两侧各有一外鳃孔,覆以鳃盖,通常有鳔。鳞片多为骨鳞,仅少数种类为硬鳞或无鳞。本亚纲分类主要以目为主,有鲟形目(中华鲟和鳇鱼等)、鲱形目(鲥鱼、鳓鱼、刀鲚、凤鲚等)、鲑形目(银鱼、狗鱼、三文鱼等)、鳗鲡目(河鳗、海鳗等)、鲤形目(鲤鱼、鲫鱼、团头鲂、青鱼、草鱼、翘嘴红鲌、泥鳅等)、鲶形目(鲶鱼、黄颡鱼等)、鳕形目(鳕鱼和江鳕等)、鳢形目(乌鳢、沙塘鳢等)、合鳃目(黄鳝等)、鲻形目(鲻鱼、梭鲻、梭鱼)、鲈形目(鳜鱼、鲈鱼、大黄鱼、小黄鱼、黄姑鱼、鮸鱼、银鲳、带鱼、真鲷、鲐鱼、马鲛鱼等)、鲽形目(牙鲆、鲽鱼、鲳鱼、舌鳎鱼等)、灯笼鱼目(蛇鲻、龙头鱼等)、鲀形目(马面鲀、东方鲀等)。

2. 商品学分类

根据鱼的生长环境和习性,将鱼分为淡水鱼、咸水鱼。根据捕捞后贮运和购买特性分为死鱼和活鱼。其适合于商品销售,但无法描述鱼类的特征与鱼的结构。

常见的鱼类

常见的水中食用藻类

(二)鱼的结构

1. 鱼类的外部形态

(1)鱼类的体型

鱼的体型根据体轴划分为:主轴(头尾轴)、纵轴(背腹轴)和横轴(左右轴)。根据体轴的划分,鱼类的体型可分为四种:①纺锤形,如马鲛鱼、鲐鱼、鲣鱼、金枪鱼等;②侧扁形,如银鲳鱼、胭脂鱼、长春鳊等;③平扁形,如犁头鳐、中国团扇鳐、赤魟等;④棍棒形,如黄鳝、鳗鲡、海鳗等。

(2)鱼类的外部器官

鱼类的外部器官有眼须、鳍、鳞片、皮肤。①鱼类的头部:自吻端至鳃盖骨后缘,称为头部；鱼类头部有吻、口、须、眼、鼻孔和鳃孔等器官。②鱼类躯干部和尾部：鳃盖骨缘至肛门部位，称为躯干；从肛门至尾鳍基部，称尾部。这两部分的附属器官有鳍、鳞片、侧线。大多数鱼类体被鳞片。鳞片实际上是一种皮骨。少数鱼无鳞片，但体被表面有发达的黏液腺。二者都具有保护肌体的作用。鱼类的鳞片可分为盾鳞（软骨鱼类）、硬鳞（呈斜方形互不覆盖）、骨鳞（呈覆瓦状排列，边缘光滑的称圆鳞，边缘有小锯齿突起的称栉鳞）。在鱼体两侧常有一条或数条带小孔的鳞片，称为侧线鳞。这也是鱼类分类的依据。

2. 鱼类的内部结构

(1)鱼类的肌肉

鱼类的肌肉组织一般呈细长纤维状，是由肌纤维组成，肌纤维色浅的称为普通肌或普通肉，颜色深的称为血合肌（血合肉）。一般鲐鱼、马鲛鱼、鲣鱼等血合肌较发达；真鲷、鲈鱼血合肌含量较少。依据肌肉纤维细胞构造不同或形态不同分为骨骼肌（又称横纹肌，构成鱼体大部分肌肉，为随意肌）、心脏肌（分布在心脏周围，为不随意肌）、平滑肌（分布在内脏与血管壁上，也属不随意肌）。鱼体各部肌肉可分为：①头部肌肉：构造最复杂，有腭弓提肌、下颌收肌、鳃盖肌、眼肌、咽肌等；②躯干部肌肉：有体侧肌（在侧线处，侧线上方称轴上肌，下方称轴下肌）、背纵肌（鱼体背面或体侧肌最上背缘部）、腹纵肌（鱼体腹部肌肉）；③鳍基肌肉：由体侧肌分化而来，又称附肢肌，可分为背鳍肌、尾鳍肌等，即鳍周边的肌肉。

(2)鱼类的骨骼

鱼类的骨骼按性质可分为软骨和硬骨。骨骼按部位可分为中轴骨（颅骨、内脏弧骨、脊椎骨）、附肢骨（肩带骨、腰带骨、支鳍骨）等。大多数鱼的骨骼是对称的。

(3)鱼类的鳔

鳔是大多数硬骨鱼类的特征，生长的位置在体腔内，具有控制鱼体沉浮的作用；某些鱼类的鳔还是一种发声器官或具有特殊的呼吸作用。鳔的形状以圆锥形最多，还有卵圆形、马蹄形和心脏形等。有些鱼的鳔很大，延伸于体腔全部，如海鳗；有些带鳔管，如鲱形目、鲤形目等低等硬骨鱼类；多数鱼的鳔已退化，如鲈形目等高等硬骨鱼类。

(三)鱼类的主要成分

1. 蛋白质

鱼体中的蛋白质主要是肌肉蛋白质，含量在15%～22%。由于鱼肌纤维较短，肌球蛋白和肌浆蛋白之间联系疏松，再加上水分含量较多，肉质细嫩。

2. 脂肪

鱼类含脂肪一般在1%～3%，多者鲥鱼可达17%。鱼脂肪多由不饱和脂肪酸组成；海鱼的脂肪中不饱和脂肪酸高达70%～80%。

3. 碳水化合物

鱼类的碳水化合物主要是糖原和黏多糖。糖原贮存在肌肉和肝脏中；黏多糖与蛋白质结合成黏蛋白，主要贮存在结缔组织中。

4. 维生素

在海产鱼的肝脏中含有丰富的维生素 A 和维生素 D。在鱼肉中,含有较多的维生素 B_1、B_2、B_6 及烟酸、泛酸、生物素等。

5. 矿物质

鱼肉中除含有丰富的钾、钠、钙、镁、磷外,还有对人体极为重要的铜、铁、硫等元素,并含有特别丰富的碘。

6. 水分

鱼肉含有水分一般在 70%～80%。由于鱼肉含水量较高,肉质相对柔软,鱼肉在加热过程中失水率较低(20%),使成熟后的鱼肉保持了软嫩的特点。

(四)水中无脊椎动物

在动物界,除了 7 万多种属于脊索动物外,其余 190 多万种为无脊椎动物,即没有脊索、咽鳃裂和背神经管。无脊椎动物分属 18 个门。食用的水中无脊椎动物主要有以下几种。

1. 节肢动物门

节肢动物身体两侧对称。附肢和身体均分节,体被外骨骼,是动物界中最大的一门,有 100 万余种,而且个别种类数量很大。食用价值较高的主要是生存于海水、淡水中的甲壳类动物,如虾、蟹。

甲壳类动物是节肢动物门中的一个重要的纲,有 3 万余种。甲壳类动物的身体一般分为头胸部(头胸部有坚硬或较坚硬的头胸甲来保护躯体内的柔软组织)和腹部(腹部处骨骼不坚硬);身体外骨骼中含有许多色素细胞(属于类胡萝卜素的虾青素),遇热或遇酒精时蛋白质变性,外骨骼就会变成红色(虾红素);身体内肌肉发达,均属横纹肌的性质。肌肉洁白,无肌腱,肉质细嫩,持水力强,滋味鲜美。常见或经济价值较高的有龙虾、对虾、梭子蟹、河蟹等品种。例如虾有龙虾、对虾、白虾、毛虾、虾蛄、琵琶虾、沼虾等,蟹有梭子蟹、青蟹、蟳、河蟹等。

2. 软体动物门

软体动物是三胚层、两侧对称、具有真体腔的动物。身体柔软、不分节,大多数左右对称,并具有贝壳(外骨骼)。软体动物均分为头、足、内脏团三部分,是动物界仅次于节肢动物的第二大门,有 8 万余种。食用价值较高的主要生存于海水、淡水中,如贝类、螺类、头足类、石鳖类等。

食用率较高的软体动物有腹足纲、瓣鳃纲和头足纲动物等。软体动物一般分为头、足、内脏团。外套膜可向外分泌物质产生贝壳。膜足纲的螺类有螺旋状的单个贝壳,以其发达的足作为主要食用部分;瓣鳃纲的贝壳为两片,左右合抱,以发达的闭壳肌柱为食用部分;头足纲的贝壳大多数退化为内壳,例如乌贼,藏于背部外套膜之下,以肌肉质的外套膜和发达的足作为食用部分。

海产软体动物按其生活习性和栖息的基质不同分为游泳生活型(乌贼、枪乌贼等)、浮游生活型(软体类的幼虫等)、底栖生活型(皱纹盘鲍等)。这些软体动物的肉质味道鲜美。常见或经济价值较高的有贝、螺、墨鱼、鱿鱼、章鱼、海石鳖等。

(1)贝类:主要有鲍鱼、蚶(泥蚶、毛蚶、魁蚶等)、贻贝、栉江珧、牡蛎、蛤蜊、蛏子(大竹蛏、长竹蛏等)、背角无齿蚌(河蚌)。

(2)螺类:主要有皱红螺(俗称海螺、管角螺、香螺)、瓜螺(俗称油螺,另外有马蹄螺、泥螺等)、中国圆田螺(俗称田螺,另外有螺蛳等)、法国蜗牛(另有苹果蜗牛、意大利庭园蜗牛、褐云玛瑙螺等)。

(3)头足类:主要有墨鱼、鱿鱼、章鱼。

(4)石鳖类:主要有红条毛肤石鳖、日本花棘石鳖、日本宽板石鳖等。

3. 棘皮动物门

棘皮类动物身体多为五辐射对称,有独特的水管系统,有内骨骼,是一类后口动物,约有6000种,生存于海中。其中一些种类,如海参、海胆等有食用价值和经济价值。

4. 腔肠动物门

腔肠动物由外胚层发育来的表皮层和由内胚层发育来的胃层构成。本门种类较多,有9000多种,具有食用价值的主要是海水和淡水中的少数品种,如海蜇、海葵、水螅和桃花水母等。

5. 环节动物门

环节动物是三胚层、两侧对称、具有真体腔的动物。其出现分节,常有附肢。本门大约有8000种,具有一定经济价值的有海蚯蚓、禾虫(疣吻沙蚕)等,食用价值不高。

二、水产品的保活与运输

水产品保活是保鲜的一个特殊范畴,并且是难度很大的一种技术。

(一)低温保活原理

鱼类和其他冷血动物一样,当生活环境温度降低时,新陈代谢就会明显减弱。当环境温度降到其生态冰温时,呼吸和代谢就降到了最低点,鱼处于休眠状态。因此,在其冰温区内,选择适当的降温方法和科学的贮藏运输条件,就可使海水鱼在脱离原有的生活环境后还能存活一个时期,达到保活运输的目的。海水鱼活体运输应考虑的因素有:鱼体的状况、运输方式、温度、装运密度、氧气供应、代谢产物、水质、运输时间等。无水运输时还应考虑降温方式、暂养的程序、包装材料等。

(二)常用的水产品保活与运输方法

1. 增氧法

保活运输过程中用纯氧代替空气或特设增氧系统,以解决运输过程中水产动物的氧气不足问题,该法多适用于淡水鱼类。

2. 低温法

根据水产动物的生态冰温，采用控温方式使其处于半休眠或完全休眠状态，降低新陈代谢，减少机械损伤，延长存活时间。该法应用较广，如在鱼、虾、蟹、贝等的保活运输中均可使用。由于水产动物的种类不同，决定其生死的临界温度、冰点也各不相同，它们的冰温区也不一样，只有确定了其相应的生态冰温，才能采用控温方法，使活体处于半休眠或完全休眠状态。如魁蚶的冰温区为－2.3～0℃，菲律宾蛤仔的冰温区为－1.7～1.5℃。在其冰温区内保活，魁蚶经18天，存活率为100%；菲律宾蛤仔经7天，存活率也为100%。鱼类虽各有一个固定的生态冰温，但当改变其原有生活环境时，往往会产生应激反应，导致鱼的死亡。因此，许多鱼类如牙鲆、河豚等要采用缓慢梯度降温法，降温一般每小时不超过5℃，这样可减轻鱼的应激反应，提高其存活率。

3. 无水法

由于鱼类属冷血动物，有着冬眠现象，采用低温法使鱼类冬眠，可达到长距离保活运输的目的。使鱼处在生态冰温7℃左右，可保持鱼体湿润，冬眠成功。无水保活运输的特点是：不用水，运载量大，无污染，并且保活质量高，适合于长途运输。辅助条件：活鱼无水运输的容器应采用封闭控温式，当鱼处于休眠状态时，应保持容器内的湿度，并考虑氧气的供应。

另外，碳酸氢钠等有麻醉作用，有可能用于鱼类麻醉运输。目前，我国最常用的水产品保活和运输方法为低温法和无水法，尤其是冰温无水活体运输方法由于运载量大、无污染、质量高等优点，已成为水产品保活和运输发展的方向。

（三）鱼类的保活与运输

1. 鳗鲡

（1）停食

为了避免鳗鱼的排泄物在运输过程中污染水质，除未开食的白仔鳗苗外，黑仔鳗、鳗种及成鳗在包装运输前，必须停食3天，以便鳗鱼能够有充分的时间排泄肠内粪便。

（2）筛选

停食1天后即可筛选。为防止网箱中鳗鱼密度过大而造成缺氧死亡，高温季节筛选时要在气温较低的清晨进行。将网箱中不同规格的鳗鱼分运到池中，分运出的鳗鱼在入池前要进行消毒处理，消毒可用(2～3)$\times10^{-6}$浓度的呋喃唑酮或(15～20)$\times10^{-6}$的高锰酸钾溶液浸浴鱼体10～20min，也可用1%～2%浓度的食盐水或0.1%的晶体敌百虫溶液浸浴鱼体8～10min，以防感染病菌和寄生虫。准备出售的鳗鱼，筛选后直接移入暂养池或暂养网箱中暂养。

（3）暂养

鳗鱼在停食、密集、新水冲瀑的条件下，一般经24～30h即能脱去体表黏液，吐净胃内食物，排净肠内粪便。鳗鱼在密集环境中肌肉紧缩，新陈代谢水平降低，耗氧量下降，鱼体便能适应长途运输的环境，从而提高运输存活率。

鳗鱼暂养于水泥小池（称暂养池、包装池和冲瀑池）最为理想。暂养池设有进排水口，每个水池的面积以 $20m^2$ 以下为宜。也可用塑料鳗筐进行淋水暂养成鳗，直径为 40cm、高为 20cm 的鳗筐一次可暂养 2～4kg 成鳗。或利用直径为 55cm、高度为 25cm 的活鱼篓在河中暂养成鳗。另外，也有用水槽进行流水暂养的。

经过暂养冲瀑后的鳗鱼，鱼体会发生减重现象，减重的幅度与鱼体代谢水平有关。一般鱼体减重随水温升高而增加。成鳗经 3～4 天暂养后，一般体重减少 7%～10%。因此，鳗鱼暂养冲瀑时间不宜过长，以免造成鳗鱼体力消耗过大而降低运输存活率。

(4)降温

包装前要进行降温处理，鳗苗在 5～8℃，成鳗在低于 10℃的情况下，鱼体新陈代谢可降到最低水平，鱼体的活动量、耗氧量、体液分泌量均大为减少，使运输过程中水质不易腐败而提高运输存活率。黑仔鳗、鳗种和成鳗在包装前一般需经过 2～3 次逐级降温处理，每次温差不宜超过 5～7℃。白仔鳗对温度的变化敏感，在运输途中要特别注意温度的变化。鳗鱼最后在 6～8℃的冰水中处理 1～2min，待鱼体活动能力减弱，即可装袋。

(5)包装充氧运输

装鱼袋采用双层复合尼龙袋，规格为 30cm×28cm×65cm，袋内外可叠加冰袋；外包装纸箱用上过蜡的双瓦楞纸板制成，规格为 35cm×32cm×67cm，箱底有衬板。鱼袋内先装入适量的冰水，再装鱼，然后再装入适量的冰块，包扎前，先排出袋内空气，再充入适量的氧气。白仔鳗、黑仔鳗、鳗种鱼体较小，不宜在鱼袋中直接装冰块。在气温较高的情况下包装时，黑仔鳗、鳗种可以在鱼袋中或鱼箱内加适量的冰袋降温。

装鱼及装冰水、冰块或冰袋的数量，还应根据当时气温状况、鱼的体质、运输时间等适当调整。若包装时气温超过 25℃，则要适当增加冰水或冰块、冰袋的用量；若包装时气温低，则可减少冰的用量。在鳗鱼运输过程中，鱼袋水温保持在 8～15℃为好。长途运输最好用保温车，车内能保持较低温度，又可不受外界气候变化的影响。

(四)虾蟹类的保活与运输

1. 梭子蟹

(1)验收暂养

活梭子蟹逐只验收，要求螯足基本齐全，允许每侧缺失步足不超过 1 只，并剔除畸形和活力差的僵蟹，然后放入暂养池暂养。暂养池一般由水泥制作，注入 40～60cm 深的海水，海水深度根据气温变化可有所增减，水温一般应控制在 15～20℃。暂养时间一般不超过 7 天。

(2)降温处理

将活梭子蟹从暂养池中逐只捞出，用橡皮筋箍住螯足，不使活动。然后采取二次降温法使其逐步进入休眠状态，第一次是将绑扎好的活梭子蟹放入10～15℃的冰水中约20min，使其适应这一温度变化。然后再捞出放入3～5℃的冰水中降温，这时梭子蟹已进入休眠状态，不再活动。这时可取出称重，按每箱净重要求，加适当水量，即行包装。

(3)包装发运

包装前先要备好包装箱中蟹与蟹之间的填料，这种填料一般都使用木屑。要求用作填料的木屑不要太细，否则透气性差；不要用含油脂较高的松木屑。填料在使用前应先曝晒杀菌，然后放入冷库预冷备用。

经过休眠处理的梭子蟹称重后，逐只装入纸箱，背部朝上，蟹与蟹之间加入木屑填料，使它们不致互相碰撞而损伤，直到填满一箱，不留空隙为止。再用宽胶带把箱缝封严密，箱外标明品名、只数、净重、毛重和公司名称。

2. 对虾

(1)喷雾集装箱装置

可在集装箱内把海水汽化成雾运输活对虾，海水用量和虾重相比接近于零，且采用低温喷雾法，使对虾代谢机能减弱，便于活虾运输。用装在2吨卡车上的集装箱载300kg活日本对虾和70L海水，经24h运输，对虾存活率达100%。在运输前，应先将日本对虾装笼，放入驯化水槽中，杀灭海水中的细菌，恢复对虾活力，经蓄养驯化后方可装箱运输。

(2)对虾保鲜系统

在隔热硬纸箱中，放入保鲜剂与贮冷剂，使之在酷暑中运送，经40h仍可保证对虾存活。

该系统首先在涂布了石蜡的耐水硬纸箱中充填锯末，然后放入对虾(30cm×22cm×11cm的箱中可放1kg)和以硅酸质离子交换体为材料的保鲜剂，再盖上硬纸板，充入贮冷剂后关上箱盖。然后将箱子放入外装箱内。外装箱是用层压板(由PET薄膜和具有铝蒸着层的蜡纸叠合层压)制成，热传导率是一般硬纸箱的一半左右，具有良好的保冷效果，上下两面分别设计成两层。试验时，先将贮冷剂冷冻到-20℃，锯末降温到5℃，对虾置于13℃水槽中，分别预冷，然后装箱。经21h装运后，再置于30℃的恒温室中4.5h，然后从外装箱中取出，放在24℃的环境中14.5h。在共40h的运输试验中，供试对虾全部存活，体重也基本没有改变。

(五)贝类的保活与运输

1. 文蛤

(1)原料暂养

活文蛤有冬季深埋和潜居深水的习性，较难捕捞，而冬季却是销售旺季，要在较短的时间内提供大量文蛤，则需要暂养。在9～4月份和9～11月份将收购的活文蛤集中暂养在一个选定的海区。此时文蛤经产卵后复壮，肥度较好，抵抗力强，成活率高。气温不冷不热，便于在滩涂上捕捞作业。如果过早暂养，则肥度差，气温高，成活率低；过迟暂养虽然成活率高，但这时滩涂捕捞困难，成本较高。暂养场地有海涂暂养和内塘暂养两种形式。海涂暂养场地：地势平、潮流缓慢；无沟汊、无污染；每天有一定的干潮间隙；沙与泥的比例达到8∶2。内塘暂养场地：在海堤内侧，必须用抽水机往内塘注入新鲜海水，形成人工潮汐，所以必须选择紧靠海堤、潮水能涨到的地方。暂养密度：在滩涂上每亩1～1.5t；如果选用内塘暂养，则每亩可达5～6t，最多不得超过8t。暂养方法：①在海滩上划区暂养：用1.2～1.5m高、网目为4cm的长网把选定的海区围起来，根据当地潮流的方向和地势，可采用月牙形围网和圆周形围网；为了保证不使活文蛤随潮流逃逸，可以在潮流方向的前面再加1～2道网障，并可加设封锁井网。②内塘暂养：用人工在海堤内围出一块暂养池，用抽水机在涨潮时抽入新鲜海水，落潮时放尽池内海水，夏、秋季节每1～2天进行一次人工潮汐，冬季每3～5天进行一次人工潮汐。这两种方法各有利弊。前者成本较低，但暂养密度小，二次起捕率低，仅70%左右；后者虽然成本较高，但暂养密度大，二次起捕率可达90%以上，不受气候和潮汐的影响，随时可进行作业。暂养管理：专人驻守，检查围网有否被潮流冲倒；检查疏散网脚处打堆的文蛤。文蛤有趋网的习性，如果不经常疏散，打堆文蛤就容易死亡。同时在二次起捕上做到先放养的先起捕，一般暂养时间不得少于10～15天。内塘暂养的管理主要是及时换水，水深保持50～60cm。天下雨时，水质变淡，天晴时因水分大量蒸发，盐度增大，这些都不利于文蛤生长，要及时换入新鲜海水。

(2)二次起捕

暂养场的文蛤经过半个月的暂养，已能适应新的环境，并开始觅食复壮，体力得到了恢复，可进行二次起捕。

(3)加工挑选

先用海水冲洗文蛤壳表面的泥沙及其他杂质，将破碎的文蛤挑出。细听文蛤之间的碰击声，如有异常，则要用手指甲进行插壳缝，将死亡的、衰弱的文蛤也挑出。与此同时，还必须用特制的卡尺将不足4cm的幼蛤剔除。将经过挑选的文蛤装入竹篮，每次10kg左右，放入盛有海水的缸中清洗。没有海水的地方可用盐水配制，使波美度达18～20度，比重为1.02～1.05。清洗时间不必过长，只要稍加搅动，即可提出沥水。

(4)包装贮运

活文蛤的包装物宜用透气性较好的麻袋，规格为70cm×40cm。将沥过水的文蛤倒在干净的水泥地上进一步控干水分。然后将文蛤装入麻袋进行称重，每袋净重20kg，加2%的水。称重后立即进行缝包。包装好的文蛤要放在保藏室内暂养，保藏室要求冬暖夏凉，通风干燥，地上有垫板，文蛤堆放高度不超过10个。

(5)中转运输

文蛤包装好后用汽车运往中转库，为了避免高温和严寒对文蛤造成影响，一般3～4月份和9～11月份采用夜间运输，避开阳光照射，12月份至次年2月份，采用白天运输，避开冷峰。必要时加盖防护篷布或用保温车运输。尤其注意雨天运输要有防雨措施，以免淡水渗入文蛤体内，造成死亡。中转库温度控制在3～5℃。

三、水产品贮藏保鲜原理和技术

(一)鱼死后的变化

鱼一经捕获死后，鱼体即开始发生一系列生物化学和生物学的变化，整个过程可分为死后僵硬、自溶和腐败三个阶段。这与畜禽肉类似，鱼类因为酶活性强、含水量高、微生物多，该过程更为迅速。

1. 死后僵硬

刚死的鱼体，肌肉柔软而富有弹性，如果用电刺激它，则肌肉立即发生收缩。放置一段时间后，肌肉收缩变硬，缺乏弹性，如用手指按压，指印不易凹下；手握鱼头，鱼尾不会下弯；口紧闭，鳃盖紧合，整个躯体挺直，此时的鱼体进入僵硬状态。经过数小时或数天后，僵硬状态慢慢解除，鱼体又能弯曲，肌肉重新变得柔软但却失去了弹性，此时的鱼体已进入自溶阶段。由于处在僵硬期的鱼体仍是新鲜的，人们常常把死后僵硬作为判断鱼类鲜度良好的重要标志。鱼类死后僵硬开始的迟早和僵硬期的长短与下列因素有关。

(1)鱼的种类和生理营养状态

鱼的种类不同，鱼死前的生理状态、营养状况不同，鱼体内的糖原含量和酶的活性也不同，其会影响僵硬期的开始和持续时间。一般来说，中上层洄游性鱼类，其所含酶类的活性较强，且生前活力甚强，故死后僵硬很快发生；底层鱼类一般死后僵硬出现较慢，且僵硬期较长。

(2)捕捞和致死方法不同

鱼类往往是在网具中或被捕后在岸上强力挣扎而死亡，故在死亡时会消耗大量的糖原，从而使死后开始变僵硬的时间延迟及僵硬期延长。用网捕获并经自然死亡，一般是滞网时间越长，僵硬开始越早，僵硬期也越短。活鱼经迅速杀死，其僵硬开始的时间较自然死亡迟。

(3)捕捞后操作情况

鱼类经捕获至死后，如仔细轻搬、轻放、保持鱼体的完整，则可维持其应有的僵硬期，但若使鱼体受机械损伤或强烈的振动及打击等处理，则会缩短其死后僵硬的持续时间。

(4)鱼体保存的温度

鱼体死后保存的温度不同，则其僵硬开始的迟早及其持续时间的长短将有很大差异。鱼体温度低，从捕获到开始僵硬及僵硬持续的时间都长。

僵硬是鱼体死后的早期变化。由于血液循环停止，体内氧的供应亦停止，此时糖原不像有氧时被氧化成二氧化碳和水，而是在缺氧条件下，经酵解作用分解为乳酸，并在体内蓄积，这就是糖酵解过程。糖原在有氧条件下，每个葡萄糖单位可生成39分子的三磷酸腺苷(ATP)，而无氧分解只能产生3分子的ATP。由于ATP供应减少，而体内消耗仍在继续，鱼死后体内ATP的含量下降。

在开始阶段，ATP的含量仍近乎恒定，这是因为肌肉中尚存在另一种高能磷酸化合物——磷酸肌酸，它在磷酸肌酸激酶的作用下，可使二磷酸腺苷（ADP）再生成ATP，所需的能量由糖酵解供给，而磷酸肌酸本身变成肌酸。在此阶段如给以电刺激，则肌肉仍会收缩。但是，随着磷酸肌酸的大量消耗和磷酸肌酸激酶的失活，ATP的分解速度超过了再合成速度，此时肌肉中ATP的含量开始下降，并以很快的速度进行。

随着ATP含量的下降，肌质网自体崩溃，潴留于肌质网中的Ca^{2+}被释放出来。Ca^{2+}水平升高，将肌球蛋白头部带有的ATP酶激活，ATP在ATP酶的作用下发生分解，生成ADP及无机磷酸，并放出能量供肌肉收缩时消耗。

活着的鱼其肌肉pH值为7.0～7.4。刚捕获的鱼已带微酸性，这与测定前鱼的活动有关。随着鱼类死后糖原酵解的进行，乳酸在体内蓄积，肌肉的pH值下降。当pH值下降到6.3附近时，肌球蛋白的ATP酶活性大大增强，ATP迅速发生分解，并放出能量。同时，肌球蛋白纤丝的突起端点与肌动蛋白纤丝结合，并使肌动蛋白纤丝向肌球蛋白纤丝滑动。肌动蛋白纤丝与肌球蛋白纤丝重叠交叉，导致肌小节缩短，肌肉增厚，形成收缩状态的肌动球蛋白，这与活体肌肉收缩是同样的过程。但是活体肌肉能收缩，也能松弛；而鱼类死后，此反应已成为不可逆过程，单方向进行的结果使肌肉收缩变硬，失去弹性，鱼体开始进入僵硬期，此时的ATP含量为初始阶段的80%以下。可以认为，ATP的分解与鱼的死后僵硬是完全平行的。

随着乳酸在鱼体内的生成和蓄积，鱼肉pH值不断下降，其最终pH值可接近肌球蛋白的等电点（5.4～5.5）。当鱼肉pH值下降到5.6时，是死后僵硬的最盛期，此时的肌肉不仅收缩剧烈，而且保水性也下降。

鱼类死后僵硬发生的原因，主要是糖原无氧分解生成乳酸，ATP发生分解反应，同时，肌球蛋白与肌动蛋白结合生成肌动球蛋白，肌肉收缩，使鱼体进入僵硬状态。影响鱼体僵硬期的开始和持续时间的因素有鱼种、致死方式、捕捞后操作情况和鱼体保存温度等因素，特别是后两个因素最容易人为地加以控制，因此，我们应尽量在低温状况下小心地处理鱼货，以延迟其僵硬期的开始和延长僵硬期。

2. 自溶作用

鱼体在僵硬之后，又开始逐渐地软化，失去弹性。这种软化现象不是死后僵硬的逆过程，而是鱼体内所含各种酶类对鱼体自行分解的结果。这种变化称为自溶作用。

自溶作用是肌肉及其组织中所含各种酶类（主要是组织蛋白酶类）的作用，使其自身进行分解。肌肉在自溶作用中发生的最主要变化是蛋白质分解。自溶作用和腐败过程无明显界限，自溶作用和因细菌作用引起的腐败是难以截然分开的，但自溶作用与因细菌作用引起的腐败过程，就其最终产物来说是不同的。自溶作用对蛋白质只分解到氨基酸和可溶性含氮物为止，而且其分解量并非是无限增加，而是分解到一定程度就达到平衡。而腐败过程能进一步使之分解到最低级产物，使肌肉失去食用价值。可以将自溶作用视作腐败的前提过程。

自溶作用一方面能提高鱼肉在食用上的风味，但另一方面却使高分子的有机物分解成低分子，降低了食用价值。尽管自溶作用会使蛋白质分解，使鱼肉呈软化状态，但在这一过程中鱼体仍处于新鲜状态，其分解产物对人体无害，也无异味。但是，自溶作用与腐败过程差不多是平行进行的，因此，应尽量避免自溶作用的发生，尽可能使鱼体保持在僵硬期内，这样才能保持鱼的鲜度。影响自溶作用速度的主要有以下这些因素。

(1)鱼的种类

不同种类的鱼，其自溶作用速度是不相同的。自溶作用速度以鲐、鲣等中上层洄游鱼类最大，而黑鲷、鳕、鲽等底层鱼类的自溶速度较小。

(2)pH 值

自溶作用常因加酸而促进，但低于一定的 pH 值后会起阻碍作用。同样，pH 值增至一定程度也能阻碍自溶作用的进行。一般鱼类自溶作用最适 pH 值在 4.5 左右。

(3)温度

温度是影响自溶作用的重要因素。在组织蛋白酶的最适温度范围内，自溶作用速度最大，在适温范围以下时，自溶作用速度变慢，如降至 0℃，则自溶作用几乎停止。若温度超出适温范围，则自溶作用的速度也会降低，甚至停止。这是由于分解蛋白质的酶类受到抑制，甚至被完全破坏。自溶作用的适温范围，一般海水鱼为 40～50℃，淡水鱼为 23～30℃。

3. 腐败

在微生物的作用下，鱼体中的蛋白质、氨基酸及其他含氮物质被分解为氨、三甲胺、吲哚、组胺、硫化氢等低级产物，使鱼体产生具有腐败特征的臭味，这种过程称为腐败。

引起鱼类腐败的微生物主要是细菌。严格地说，细菌的繁殖和分解作用是从鱼死后即缓慢开始，只是在僵硬阶段细菌数量和分解产物增加不多。因为蛋白质中的氮源不能直接被细菌所利用，细菌仅仅只能消耗浸出物成分中的非蛋白氮；另外僵硬期鱼肉 pH 值下降，酸性条件不宜细菌生长、繁殖。鱼体进入自溶阶段后，只要有少量的氨基酸和低分子含氮物质生成，细菌就可以利用它们繁殖起来。当繁殖达到某种程度后，细菌还可直接分解蛋白质，因此自溶作用助长了腐败的进程。

鱼类所带的腐败细菌主要是水中细菌，多数为需氧性细菌，有假单胞菌属、无色杆菌属、黄色杆菌属、小球菌属等。这些细菌平时就存在于鱼体表面的黏液、鳃及肠道中，当鱼被捕捞后，如遇适宜的条件，其就会大量繁殖，结果导致鱼体组织的蛋白质、氨基酸及其他一些含氮物被分解为氨、三甲胺、吲哚、硫化氢等腐败产物。鱼类的腐败细菌中以荧光假单胞杆菌的生命力最强，此类细菌发育最适宜温度为 20～30℃，而且多系耐寒性细菌，即使温度降至 0℃左右仍能发育。影响鱼类腐败速度的有以下这些因素。

(1)鱼的种类和性质

鱼从死亡以后到开始腐败所需的时间，在最适宜的温度条件下，大体为 1～3 天。红肉鱼类较白肉鱼类较早开始腐败，而且开始腐败以后的分解速度也快，其原因是它们的浸出物的成分和性质有差异，如将浸出物除去，其蛋白质的分解速度是相同的。同种类的鱼肉，含水量多的则腐败得快。

(2)温度

在一定的温度范围内，温度增高，腐败加快，而温度降低，则腐败缓慢。因为细菌增殖及各种酶的作用都受温度的影响，当偏离最适宜的温度范围时，细菌的增殖速度大大减慢，酶的作用大大降低，鱼肉的腐败速度也就缓慢下来。海、淡水鱼自溶作用的最适宜温度有很大的差别，但它们腐败的最适宜温度却几乎都在25℃左右。降低温度，自溶和腐败速度都下降，其中15℃是关键位点。在15℃以上，每下降10℃，其腐败速度约可减小到1/2～1/3；在15℃以下，每下降10℃，其腐败速度约可减小到1/8以下。

(3)pH值

当pH值为7时最适合细菌发育，降低pH值，则细菌受到抑制甚至被杀灭。虽然自溶作用在pH值为4～4.5时最旺盛，但细菌在pH值4.5以下则几乎不能发育(酵母和霉类除外)。

(4)自溶作用

自溶作用旺盛者，则腐败开始得快，这是因自溶作用分解的产物给细菌发育的初期创造了条件，但腐败开始以后，自溶作用对腐败速度并没什么影响。

为了向消费者及加工厂提供优质的鱼货，就必须尽量采取必要的措施延长鱼类死后的僵硬期，避免自溶作用的发生，防止出现腐败过程。

(二)鱼货鲜度的鉴定和品质的要求

鲜度是水产品原料的一种品质，狭义上的鲜度是指鱼货的新鲜度，是我们大家共同认可的一个概念。广义上的鲜度除了新鲜度以外，还应包括鲜美度、安全性、营养性、适口性等多种含义。我们这里所说的主要指狭义上的鲜度，即鱼货的新鲜程度。

鱼货鲜度鉴定方法主要有四种，即感官鉴定法、化学方法、物理学方法和细菌学方法。

1. 感官鉴定法

该法是鉴定者依赖感觉器官(视觉、嗅觉和触觉)，根据鱼体的外观情况和气味来判别鱼货的质量。由于感官鉴定法简单、快捷，其一直是生产实际中广泛应用的重要方法。但该法对鉴定人员的要求较高，鉴定者除了应具备一定的水产品基本知识和一定的经验，还应身体健康、不偏食、无色盲、无不良嗜好，有鉴定和综合评定的能力。

表4-20　一般海水鱼感官鉴定指标

项目	新鲜(僵硬阶段)	较新鲜(自溶阶段)	不新鲜(腐败阶段)
眼球	眼球饱满，角膜透明清亮，有弹性	眼角膜起皱，稍变混浊，有时由于内溢血发红	眼球塌陷，眼角膜混浊

续　表

项目	新鲜(僵硬阶段)	较新鲜(自溶阶段)	不新鲜(腐败阶段)
鳃部	鳃色鲜红,黏液透明无异味	鳃色变暗呈淡红、深红或紫红色,黏液有发酸气味或稍有腥味	鳃色呈褐色、灰白色,有混浊黏液,带有酸臭、腥臭或陈臭味
肌肉	坚实有弹性,手指压后凹陷立即消失,无异味,肌肉切面有光泽	稍松软,手指压后凹陷不能立即消失,稍有腥臭味,肌肉切面无光泽	松软,手指压后凹陷不易消失,有霉味和酸臭味,肌肉易与骨骼分离
体表	有透明黏液,鳞片有光泽、不易脱落	黏液多不透明,并有酸味,鳞片光泽较差、易脱落	鳞片暗淡无光泽、易脱落,表面黏液污秽,并有腐败味
腹部	正常不膨胀,肛门凹陷	膨胀不明显,肛门稍突出	膨胀或变软,表面发暗色或淡绿色斑点,肛门突出

对鲜度稍差或异味程度较轻的水产品以感官鉴定鲜度有困难时,可以通过水煮实验嗅气味、品尝滋味、看汤汁来判断。

进行水煮实验时,水煮样品一般不超过 0.5kg。对虾类等个体比较小的水产品,可以整个水煮。鱼类则去头去内脏后,切成 3cm 左右的段,待水烧开后放入,再次煮沸后停止加热,开盖嗅其蒸汽气味,再看汤汁,最后品尝滋味。

表 4-21　水煮实验鲜度鉴定

项　目	新　鲜	不新鲜
气味	具有本种类固有的香味	有腥臭味或氨臭味
滋味	具有本种类固有的鲜味,肉质有弹性	无鲜味,肉质发糜,有氨臭味
汤汁	清晰或带有原色泽,汤内无碎肉	肉质腐败脱落,悬浮于汤内,汤汁混浊

水产品的感官鉴定

2. 化学鉴定法

化学鉴定法是通过检测鱼体死后变化过程中生成的某一种或某几种化合物的增减来判定鱼货的鲜度。

(1)TVB-N 法

我国通常是通过测定鱼肉中挥发性盐基氮(TVB-N)的含量来评定鲜度的。挥发性盐基氮是鱼体死后细菌分解鱼肉的产物。在死后初期,细菌繁殖慢,TVB-N 的数量很少;到自溶阶段后期,细菌数迅速增加,TVB-N 的量也大幅度增加。所以,TVB-N 适宜作为评定鱼类初期腐败的指标。

(2)K 值法

K 值法是通过测定鱼死后鱼体内 ATP(三磷酸腺苷)及其降解产物 ADP(二磷

酸腺苷)、AMP(腺苷酸)、IMP(肌苷酸)、$H_X R$(次黄嘌呤核苷)、H_X(次黄嘌呤)的含量,并按下式计算出K值来评定鲜度的。

$$K=\frac{HxR+Hx}{ATP+ADP+AMP+IMP+HxR+Hx}\times 100(\%)$$

由于ATP的分解是在鱼体死后即开始进行,与鱼的死后僵硬是完全平行的。鲜度好的鱼,其鱼肉中ATP、ADP、AMP、IMP的含量高,随着鲜度的下降,HxR和Hx的含量增加,并蓄积起来。因此,ATP及其关联物的量反映了鱼体死后的早期变化,K值作为评定鱼类新鲜度的指标较为适宜,但是测定难度和成本较大。

活杀鱼刚死后的K值约为5%,可供生食鱼的K值约为20%,而一般新鲜的鱼,其K值约在30%～60%的范围内,当K值达到70%鱼即失去商品鱼的价值。日本一般以K值在20%以下作为可供生食的良好鲜度标准。60%以下作为可供一般食用的鲜度界限。

化学鉴定法还有三甲胺氮(TMA—N)法、氨法和pH测定法等。

3. 物理学鉴定法

用物理学方法鉴定鱼体的鲜度,有僵硬指数法、电阻法等,通过鱼体硬度测定、鱼肉电阻测定、鱼肉压榨汁液黏度测定、眼球水晶体混浊度测定鉴别鱼体的鲜度。有些方法极其简便,但因鱼种、个体的不同有很大的差异,所以应用不广。

4. 细菌学鉴定法

细菌学方法是通过测定鱼肉的细菌数来鉴定鱼类新鲜或腐败的程度。鱼体在死后僵硬阶段,细菌繁殖缓慢,到自溶阶段后期,因含氮物分解增多,细菌迅速繁殖,故通过细菌数的测定,能较准确地鉴定鱼体腐败进行的程度。我国食品卫生标准规定了常见淡、海水鱼类的细菌指标。由于细菌数测定花费时间长,操作烦琐,生产实际中该法未被采用,多用于研究工作。

(三)水产品的保鲜技术

1. 水产品的冷却保鲜

水产品的腐败变质是体内所含酶及体上附着的细菌共同作用的结果。无论是酶的作用或细菌的繁殖,都要求适宜的温度和水分,在低温和不适宜的环境下就难以进行。水产品的冷却保鲜,就是将水产品的温度降低到接近液汁的冰点,从而抑制或减缓水产品体内的酶和微生物的作用,使水产品在一定时间内保持良好的鲜度的过程。

水产品的冷却方法主要有冰冷却法和冷海水冷却法两种,前者保冷温度为0～3℃,保鲜期为7～12天;后者保冷温度在0～1℃,保鲜期为9～12天。

(1)冰冷却法

冰冷却法又称冰藏法,是历史最悠久的传统保鲜方法,也是使渔获物的质量最为接近鲜活品生物特性的方法,是目前渔船作业最常用的保鲜方法。

冰分为淡水冰和海水冰,目前我国主要使用淡水冰,国外有用海水冰保藏鱼类的试验报告。

淡水冰的熔点为0℃，体积质量为0.917kg/L，融溶潜热为335kJ/kg，热容量(0℃时)为2.05kJ/kg，热导率(0℃时)为2.21W/(m^2·K)。

冰按其形状可分为块冰、管冰、片冰、颗粒冰。

块冰是渔业生产上广泛应用的一种机械制冰，基本上都是淡水冰，生产的块冰一般为每块100kg或每块50kg。块冰在使用前需经过碎冰机粉碎成碎冰。在渔船出海前装入冰舱，鱼货捕获后取出冷却鱼货。

表4-22 碎冰的容重和比容

冰碎的程度(冰块的大小用cm表示)	容重(kg/m^3)	比容(m^3/t)	装载密度系数
大冰块(约10×10×5)	500	2.0	0.550
中冰块(约4×4×4)	500	1.82	0.605
细冰块(约1×1×1)	560	1.78	0.617
混合冰块(大冰块和细冰块混合从0.5～12)	625	1.6	0.687

表中装载密度系数是碎冰的容积重量与同容积整块冰的重量比。

表4-23 冰和鱼混合装箱的容重和比容

冰块大小(cm)	用冰量(占鱼重量%)	容重(kg/m^3)	比容(m^3/t)	装载密度系数
4×4×4	100	665	1.5	0.70
4×4×4	75	672	1.49	0.72
4×4×4	50	700	1.43	0.73
4×4×4	25	770	1.30	0.81
2×2×2	100	704	1.42	0.75
2×2×2	50	738	1.32	0.77
2×2×2	25	810	1.23	0.85

表4-24 冰块大小与鱼体冷却速度的关系

冰块立体面三边的平均长度/cm	1	2	4	8
由20℃冷却到1℃所需时间/min	89	108	134	154

管冰：由管冰机制出，因其形状像竹管而名管冰。其优点是与鱼体接触面积大，冷却速度快。缺点是比重小。

片冰：其优点是使用方便，不易损伤鱼体，撒布容易，冷却均匀；制冰设备简单，可以在船上及时生产使用。目前丹麦等国家都广泛使用片冰来保鲜鱼货。

颗粒冰：生产颗粒冰的设备是一种新型制冰设备，这种设备可制取米粒状的颗粒冰。既可制取淡水冰，也可制取海水冰。

水产品冰冷却的方法有两种，即撒冰法和水冰法。

①撒冰法。

撒冰法是将碎冰直接撒到鱼体表面。它的好处是简便，融冰水又可洗净鱼体表面，除去细菌和黏液，还具有防止鱼体表面氧化与干燥的作用。

用撒冰法保鲜的鱼类应是死后僵硬前或僵硬中的新鲜品，加工时必须在低温、清洁的环境中，迅速、细心地操作。小型鱼类一般不做处理，以整条的方式同碎冰或片冰层冰层鱼地装入容器，排列于船舱或仓库中。具体做法是：先在容器的底部撒上碎冰，称为垫冰；再在容器壁上垒起冰，称为堆冰；然后把小型鱼整条放入，紧密地排列在冰层上，鱼背向下或向上皆可，但要略为倾斜；接着在鱼层上均匀地撒一层冰，称为添冰；最后再一层鱼一层冰摆放，在最上部撒一层较厚的碎冰，称为盖冰。容器底部要开孔，让融水流出，避免鱼体在水中浸泡而造成不良影响。大型鱼类撒冰冷却时，要除去内脏和鳃，并洗净，且在腹部填装碎冰，称为抱冰。整个过程用的冰要求冰粒要细小；冰量要充足，不允许发生脱冰现象；层冰层鱼及薄冰薄鱼（见图4-6）。

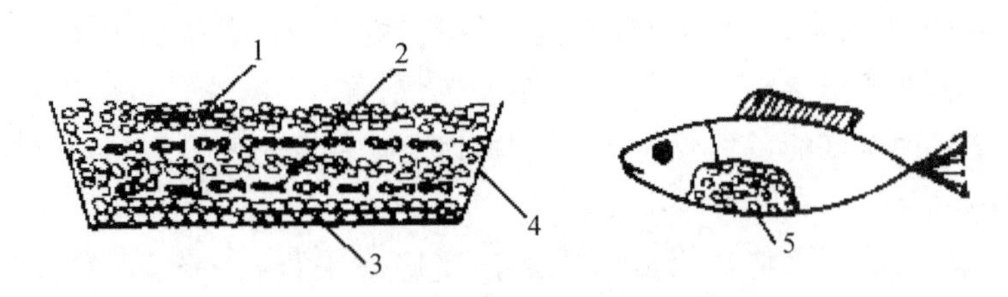

图 4-6　撒冰法图例

1—盖冰　2—添冰　3—堆冰　4—垫冰　5—抱冰

撒冰法的用冰量包括两个方面：将鱼体冷却到接近 0℃和冰鲜过程中维持低温所需要的耗冰量。将鱼体冷却到接近 0℃时的用冰量可按下式计算：

$$m=\frac{m_1 \cdot c(t_{始}-t_{终})}{335}$$

式中：m——需冰量(kg)；

m_1——冷却鱼的质量(kg)；

c——鱼的比热容[约 3.35kJ/(kg·K)]；

$t_{始}$——鱼体初温(0℃)；

$t_{终}$——鱼体冷却的终了温度(℃)；

335——冰融解成水的潜热(kJ/kg)。

如鱼的比热容按 3.35kJ/(kg·K)计算，则鱼体的温度从 25℃降低到 0℃需要 83.8kJ/kg 热量，1kg 冰能冷却 4kg 鱼。如果鱼体温度从 13℃降至 0℃，需要 43.6kJ/kg 热量，则 1kg 冰能冷却 7kg 多的鱼。但在实际生产中，还应考虑冰藏保鲜过程中维持鱼体低温所需的用冰量，其主要是用来吸收外界传入的热量和冷却鱼生化过程中所放出的热量，通常这部分的耗冰量比用于冷却鱼的耗冰量多，特别是在高温季节和装载工具中无隔热措施的情况下更是如此。

在冰藏过程中，除了用冰量要充足外，保鲜方法对鱼货质量的好坏和保鲜期长短也有极其重要的影响。保鲜过程中应注意以下事项：

渔获后，应尽快洗净鱼体，要用清洁的淡水洗，不得已时可用清洁的海水洗。对少数要去除鳃、内脏的鱼，应去除干净并洗净血迹和污物，注意防止细菌污染。

理鱼要及时迅速，按品种、大小分类，把压坏、破腹、损伤的鱼选出，剔除有毒和不能食用的鱼，将易变质的鱼按顺序先做处理，避免其长时间停留在高温环境中。

鱼不要装载过多，一般三层鱼以下为一箱，防止鱼体被压坏。如果箱子堆叠，则不能超过七层。不许散装，若不得已在鱼舱散装，则其厚度应在50cm，不许超过80cm，每隔50cm设一层挡板，避免鱼体挤压损伤。

尽快地撒冰装箱，用冰量要充足，冰粒要细，撒冰要均匀，层冰层鱼，不能脱冰。

融冰水要流出，融冰水往下流，下层鱼会被污染，故每层鱼箱之间要用塑料布或硫酸纸隔开。应经常检查融冰水，其温度不应超过3℃，若超过则要及时加冰。融冰水应是色清无臭味的，如有臭味，则说明鱼货已部分变质。

控制好舱温，进货前，应对船舱进行预冷。保鲜时，舱底、壁应多撒几层冰。舱温应控制在2℃±1℃。有制冷设备的船，切勿把舱温降到低于0℃，否则上层的盖冰会形成一层较硬的冰盖，使鱼体与冰之间无法直接接触。鱼体因得不到冰的冷却，热量散发不出，造成温度降不下来，会使鱼变色、变质。

装舱，把不同鲜度的鱼货分别装箱装舱，以免坏鱼影响好鱼。

②水冰法。

水冰法就是先用冰把淡水或海水的温度降下来（淡水降至0℃，海水降至－1℃），然后把鱼类浸泡在水冰中的冷却方法。其优点是冷却速度快，应用于死后僵硬快或捕获量大的鱼，如鲐鱼、沙丁鱼等。用冰量可按下式计算：

$$\text{冰量}=\frac{(\text{水重}+\text{鱼重})\times\text{水的初温}}{80}$$

由于外界热量的传入、生化反应放出的热量及容器的冷却等，实际加冰量比计算值要多些。

淡水鱼可用淡水加冰，也可用海水加冰；而海水鱼只允许用海水加冰，不可用淡水加冰，主要目的是保护鱼体的色泽。

水冰法一般都用于鱼体的迅速降温，待鱼体冷却到0℃时即取出，改用撒冰法保藏。因为如果整个保鲜过程都用水冰法保鲜，则鱼体会因浸泡时间长而吸水膨胀、体质发软，易腐败变质。

用水冰法时应注意以下事项：

淡水或海水要预冷（淡水降至0℃、海水降至－1℃）。

水舱或水池要注满水以防止摇动，避免擦伤鱼体。

用冰要充分，水面要被冰覆盖，若无浮冰，则应及时加冰。

鱼洗净后才可放入，避免污染冰水。若被污染，则需及时更换。

鱼体温度冷却到0℃左右时即取出，改为撒冰保鲜贮藏。

(2)冷海水冷却法

冷却海水保鲜是将渔获物浸渍在温度为－1～0℃的冷海水中的一种保鲜方法。冷海水保鲜装置主要由小型制冷压缩机、冷却管组、海水冷却器、海水循环管路、泵及隔热冷却海水鱼舱等组成。

冷海水冷却法的供冷方式有机械制冷冷却和机械制冷加碎冰结合冷却两种方

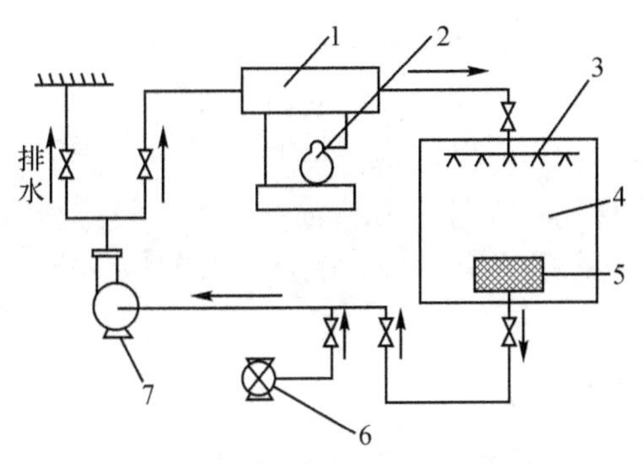

图 4-7　冷海水保鲜装置示意图

1:海水冷却器　2:氟利昂制冷机组　3:喷水管

4:鱼舱　5:过滤网　6:船底阀　7:循环水泵

式。一般认为,要在短时间内冷却大量渔获物,采用机械制冷加碎冰的结合冷却方式较合适,因为冰具有较大的融化潜热,借助它能把渔获物冷却到 0℃。在随后的保温阶段,每天用较小的冷量可以补偿外界传入鱼舱的热量。由于保温阶段所需的冷量较小,就可以选用制冷量较小的制冷机组,从而降低了渔船动力,减小了安装面积。将渔获物冷却到接近−1℃所需的冰量可由下式计算:

$$m=\frac{m_1 \cdot c \cdot (t+1)}{335}(\mathrm{kg})$$

式中 m_1——渔获物的质量(kg);

c——鱼的比热容[kJ/(kg·K)];

t——鱼体的初温(℃);

335——冰的融溶潜热(kJ/kg)。

这部分冰量应在渔船出海时备足,同时携带相当于冰量 3.5%的食盐,调节因加入淡水冰而引起的海水浓度的降低。

实际生产时,鱼与海水的比例一般为 7∶3。应按此比例准备好清洁的海水,并事先用制冷机冷却备用。

渔船上冷海水冷却保鲜的操作工艺如下:①先调节冷却海水温度为−1℃;②边向冷海水舱中装鱼,边加入拌好的冰盐,一直到舱满为止;③加舱盖,舱中注满水,防止因海浪摇动船身引起海水振荡和鱼体之间的碰撞与摩擦;④开动循环泵,促使冷海水流动,使各处温度均匀和冰盐溶解;⑤达到−1℃后,停止循环泵和制冷机组;⑥如温度回升,开动循环泵和制冷机组,使温度维持在−1℃;⑦如发现血污多、水质差情况时,排出部分血污海水,并补充新的冷却好的海水。

优点:①冷却速度快,可及时处理大批量鱼货;②操作简单;③可用泵抽吸鱼货,故劳动强度小。

缺点:①鱼体吸取水分和盐分,使鱼体膨胀,鱼肉略咸;②体表会褪色或稍有变色;③船身的摇动而会鱼体损伤出现脱鳞现象;④船上必须要有冷却海水系统。

目前在冷海水中通入 CO_2 来保藏渔获物,已取得一定的成效。因为鱼体腐败的原因主要是细菌的作用。在同样温度下,冷海水保藏的鱼比冰藏鱼腐败快,这是由于海水循环扩大了细菌的污染。细菌喜于中性和弱碱性的环境中生长繁殖,当在冷海水中通入CO_2后，海水的pH值降低，呈酸性，以此来抑制细菌的生长，延长渔获物的保鲜期。据美国1978年报道，用通入CO_2的冷海水保藏虾类，虾类6天无黑变，保持了原有的色泽和风味。但是，通入CO_2的冷海水保鲜方法，必须克服对金属的腐蚀作用，才能推广应用。在日本有些渔船的冷却海水舱底部装有液氮管，当通入的液氮汽化鼓泡时，可加快鱼货的冷却速度，并能赶走海水中的氧气，使多脂鱼不易氧化变质。

2.水产品的微冻保鲜

微冻保鲜是将渔获物保藏在其细胞汁液冻结温度以下（－3℃左右）的一种轻度冷冻的保鲜方法，也称为过冷却或部分冷冻。在该温度下，能够有效地抑制微生物繁殖。世界在20世纪60～70年代，我国在1978年开始应用微冻技术保鲜渔获物。

淡水鱼的冻结点在－0.7～－0.2℃，淡海水鱼在－0.75℃，洄游性海水鱼在－1.5℃，底栖性海水鱼在－2℃，因此微冻范围一般在－3～－2℃。

微冻保鲜的基本原理是利用低温来抑制微生物的繁殖和酶的活力。在微冻状态下，鱼体内的部分水分发生冻结，微生物体内的部分水分也发生冻结，这样就改变了微生物细胞的生理生化反应，某些细菌就开始死亡，其他一些细菌虽未死亡，但其活动也受到了抑制，几乎不能繁殖，于是就能使鱼体在较长时间内保持鲜度而不发生腐败变质。与冰藏相比较，微冻能延长保鲜期1.5～2倍，即20～27天。

微冻保鲜优越性在于：抑制细菌繁殖，减缓脂肪氧化，延长了保鲜期，并且解冻时汁液流失少，鱼体表面色泽好，所需降温耗能少等。其缺点是：操作的技术性要求高，特别是对温度的控制要求严格，稍有不慎就会引起冰晶对细胞的损伤。

微冻保鲜可分为冰盐混合微冻保鲜、低温盐水微冻保鲜和吹风冷却微冻保鲜。

（1）冰盐混合微冻保鲜

冰盐混合进行微冻保鲜是目前应用最为广泛的一种微冻保鲜方法。

冰盐混合物是一种有效的起寒剂。当盐掺在碎冰里，盐就会在冰中溶解而发生吸热作用，使冰水的温度降低。冰盐混合在一起，在同一时间内会发生两种作用：一种是冰的融化吸收融化热；另一种是盐的溶解吸收溶解热。因此，其在短时间内能吸收大量的热，从而使冰盐混合物温度迅速下降，比单纯冰的温度要低得多，从而达到降低鱼体温度、保持鱼体鲜度的目的。

冰盐混合物的温度高低，是依据冰水中掺入盐的百分数而决定的，如用盐量为冰的29%时最低温度可达－21℃，要使渔获物达到微冻温度－3℃，一般可在冰中掺入冰重量3%的食盐，混合均匀即可。

由于冰融化快，冷却温度也低，冰融化后，冰水吸热温度回升，渔获物温度的回升也快。因此，在冰盐微冻过程中需要逐日补充适当的冰和盐，以期保温。

冰盐混合微冻保鲜法具有鱼体含盐量低、鱼体基本不变形、不需要制冷机组、操作简单等优点。

（2）低温盐水微冻保鲜

这种方法在渔船上应用较多。主要装置有盐水微冻舱、保温鱼舱和制冷系统三部分。利用低温盐水微冻时由于盐水的传热系数大，一般为 350～580W/(m^2·K)，而空气仅为 12～60W/(m^2·K)，将渔获物浸在−5℃左右的低温盐水里进行冷却与冻结，其速度很快。低温盐水微冻保鲜操作步骤如下：

①预制好一定量的冷盐水：将清洁海水抽进微冻舱，配成盐浓度为 10°Bé 的盐水。

②将盐水温度降到−5℃，保温鱼舱也要降温至−3℃左右。

③将渔获物经冲洗后装进网袋，放到盐水舱内进行微冻，当盐水温度回升后又降至−5℃左右，微冻完毕。

④最后将渔获物用吊杆起出盐水舱，移入保温鱼舱散装堆放，维持鱼舱温度为−3℃左右。

注意：每次微冻后的盐水要测定浓度，以便补充相应的盐量。当盐水污染严重时，要及时更换成清洁盐水。为了防止盐水蒸发器结冰，蒸发压力不宜过低。

用低温盐水浸渍进行微冻保鲜具有鱼体降温速度快、鱼体质量好、保鲜期长、操作简单、处理渔获物效率高、耗冷量小、生产成本低等优点，但微冻鱼含盐量增加。

(3)吹风冷却微冻保鲜

吹风冷却微冻保鲜法速度较慢，但国内外都有应用实例。微冻方法步骤如下：将鱼放入吹风式速冻装置中，吹风冷却的时间与空气温度、鱼体大小和品种有关，当鱼体表面微冻层达 5～10mm 厚时即可停止冷却。此时，表面微冻层的温度为−5～−3℃，鱼体深厚处的温度为−1～0℃，尚未形成冰晶。然后将微冻鱼装箱，置于室温为−3～−2℃的冷藏室内微冻保藏。

我国的微冻拖网渔船的保鲜方法是：鱼类装箱后用冷风冷却至−2℃，然后在−2℃的舱温下进行微冻保藏。

3.水产品的气调保鲜

气调保鲜是一种通过调节和控制食品所处环境中气体组成的保鲜方法。基本原理是在适宜的低温下，改变贮藏库或包装内空气的组成，降低氧气的含量，增加二氧化碳的含量，从而减弱鲜活品的呼吸强度，抑制微生物的生长繁殖，降低食品中化学反应的速度，达到延长保鲜期和提高保鲜效果的目的。

气调保鲜方法早在 20 世纪 30 年代就开始应用，早期主要应用气调法贮藏肉、禽、蛋、果蔬等。从 20 世纪 50 年代起，随着塑料薄膜的诞生，水果、蔬菜、肉类及其他副产品的气调保鲜得到发展。目前，水产品的气调保鲜主要应用在鲜鱼和加工品的贮藏。

(1)鲜鱼的气调包装

鲜鱼的气调包装通过增加包装袋内 CO_2 气体的浓度，利用 CO_2 抑菌的作用，抑制细菌的生长繁殖，延长贮藏期，同时降低包装袋内 O_2 的含量，延缓鱼体的脂肪氧化，保持鱼体的自然色泽。常采用 CO_2 控制气体方法保藏新鲜的冷却鳕鱼、鲑鱼、鲕鱼，或用薄膜袋真空包装进行保藏。

但要注意的是，并非采用 CO_2 等气调包装就可以保鲜鱼货了，低温的贮藏环境是必不可少的。

(2)气调包装的安全性

气调包装绝不是万能的,如果方法使用不当,这种食品保鲜的新技术有可能会助长食物中毒的发生。尤其要注意偏性嫌气性细菌,这类菌群在空气中不能繁殖,而在无氧情况下却可快速增长。用20%浓度的CO_2或40%浓度的N_2的气调包装明显促进了产气荚膜芽孢梭菌的增殖和发芽。说明被这些偏性嫌气性菌所污染的食品,再使用气调包装,反倒更加助长了这些会使食品中毒的细菌的繁殖。

第五章 加工类食品贮藏

第一节 冷冻食品贮藏

一、低温防腐的基本原理

(一)低温对酶活性的影响

酶的活性和温度有密切的关系。大多数酶的适宜活动温度为30～40℃,动物体内的酶需稍高的温度,植物体内的酶需稍低的温度。当温度超过适宜活动温度时,酶的活性就开始遭到破坏,当温度达到80～90℃时,几乎所有酶的活性都遭到了破坏。

低温下酶仍能保持部分活性。例如胰蛋白酶在－30℃下仍然有微弱的反应,脂肪分解酶在－20℃下仍能引起脂肪水解。只有将温度维持在－18℃以下,酶的活性才会受到很大程度的抑制。低温能降低酶或酶系活动的速度,食品保鲜时间也将随之延长。为了将冷冻(或速冻)、冻藏和解冻过程中食品内不良变化降低到最低的程度,食品常经短时预煮,预先将酶的活性完全破坏掉,再行冻制。预煮时常以过氧化酶活性被破坏的程度作为所需时间的依据。

(二)低温对微生物的影响

1. 低温能减缓微生物生长和繁殖的速度

当温度降低到最低生长点时,它们就停止生长并出现死亡。许多嗜冷菌和嗜温菌的最低生长温度低于0℃,有时可达－8℃。例如蔬菜中各种细菌最低生长温度为－6.7℃。降到最低生长温度后,再进一步降温,就会导致微生物死亡,不过在低温下,它们的死亡速度比较缓慢。冻结或冰冻介质最易促使微生物死亡,对0℃下尚能生长的微生物也是这样。在－5℃过冷介质中荧光杆菌的细胞数基本不变,但其在相同温度的冰冻介质中不断死亡。

2. 低温导致微生物活力减弱和死亡的原因

在正常情况下，微生物细胞内各种生化反应总是相互协调一致。但各种生化反应的温度系数 Q_{10} 各不相同，因而降温时这些反应将按照各自的温度系数（即倍数）减慢，破坏各种反应原来的协调一致性，影响微生物的生活机能。温度愈低，失调程度也愈大，以致它们的生活机能受到抑制甚至完全丧失。

冷却时介质中冰晶体的形成会促使细胞内原生质或胶体脱水。胶体内溶质浓度的增加常会促使蛋白质变性。冰晶体的形成还会使细胞遭受到机械性破坏，导致菌体死亡。

3. 影响微生物低温致死的因素

（1）温度的高低

在冰点以上，微生物仍然具有一定的生长繁殖能力，低温菌和嗜冷菌逐渐增长，会导致食品变质。对低温不适应的微生物则逐渐死亡。

表 5-1　不同温度下牡蛎在贮藏过程中细菌数的变化

贮藏期/天数	细菌残留率/%		
	5℃	0℃	−5℃
0	1600	1600	1600
6	6600	3600	3400
17	66500	4100	2100
24	1660000	8900	1800

温度稍低于生长温度或冻结温度时对微生物的威胁性最大，一般为−12～−8℃，尤以−5～−2℃为最甚，此时微生物的活动就会受到抑制或微生物几乎全部死亡。温度冷却到−25～−20℃时，微生物细胞内所有酶的反应几乎全部停止，同时细胞内胶质体的变性延缓，此时微生物的死亡比在−10～−8℃时就缓慢得多。

（2）降温速度

食品冻结前，降温愈速，微生物的死亡率也愈大。因为此时微生物细胞内新陈代谢未能及时迅速进行调整。冻结时恰好相反，缓冻导致大量微生物死亡，速冻则相反。这是因为缓冻时一般食品温度常长时间处于−12～−8℃（特别在−5～−2℃），并形成量少粒大的冰晶体，对细胞产生机械性破坏作用，还促进蛋白变性，以致微生物死亡率相应提高。速冻时食品在对细胞威胁性最大的温度范围内停留的时间甚短，同时温度迅速下降到−18℃以下，能及时终止细胞内酶的反应和延缓胶质体的变性，故微生物的死亡率也相应降低。一般情况下，食品速冻过程中微生物的死亡数仅为原菌数的50%左右。

（3）结合水分和过冷状态

急速冷却时，如果水分能迅速转化成过冷状态，避免结晶并成为固态玻璃质体，这就有可能避免因介质内水分结冰微生物所遭受到的破坏作用。这样的现象在微生物细胞内原生质冻结时就有出现的可能，当它含有大量结合水分时，介质极易进入过冷状态，不再形成冰晶体，这将有利于保持细胞内胶质体的稳定性。和生长细胞相比，细菌和霉菌芽孢中的水分含量就比较低，而其中结合水分的含量就比较高，因而它们在低温下的稳定性也就相应地较高。

(4)介质

高水分和低 pH 值的介质会加速微生物的死亡，而糖、盐、蛋白质、胶体、脂肪对微生物则有保护作用。

(5)贮期

低温贮藏时微生物数一般总是随着贮存期的增加而有所减少；但是贮藏温度愈低，减少的量愈少，有时甚至于没减少(见表 5-2)。贮藏初期(也即最初数周内)，微生物减少的量最大，一般来说，贮藏一年后微生物死亡数将达原菌数的 60%～90%。在酸性食品中微生物数的下降比在低酸性食品中更多。

表 5-2　不同温度和贮藏期的冻鱼中细菌含量

贮藏期/天数	细菌残留率/%		
	−18℃	−15℃	−10℃
115	50.7	16.8	6.1
178	61.0	10.4	3.6
192	57.4	3.9	2.1
206	55.0	10.0	2.1
220	53.2	8.2	2.5

(6)交替冻结和解冻

理论上认为交替冻结和解冻将加速微生物的死亡，实际上效果并不显著。炭疽菌在−68℃温度的 CO_2 中冻结，再在水中解冻，反复连续两次，结果仍未失去毒性。

4. 冻制食品中病原菌控制问题

冻制食品并非无菌，可能含有一些病原菌，如肉毒杆菌、金黄色葡萄球菌、肠球菌、溶血性链球菌、沙门氏菌等。

肉毒杆菌及其毒素对低温有很强的抵抗力。在−16℃温度中肉毒杆菌能保持生命达一年之久，毒素可保持 14 个月。肉毒杆菌一般能在 20℃温度下生长并产生毒素，但在 10℃以下就不能生长活动。冻制食品即使有肉毒杆菌存在，若贮藏在−18℃以下，也不会产生毒素。在−10℃温度中放置较长时间也无产生毒素的危险。因而，冻制前不让肉毒杆菌有生长和产生毒素的机会，解冻后又立即食用就可以避免中毒。

产生肠毒素的葡萄球菌常会在冻制蔬菜中出现。它们对冷冻的抵抗力比一般细菌强。有人曾用 18 个菌株做试验，发现在室温下解冻时，冻玉米内有 8 个菌株会产生毒素，但若解冻温度降低至 4.4～10℃，则无毒素出现。

有人曾将伤寒沙门氏菌和冰淇淋配料混合后冻结，并贮存于−40℃的硬化室内，观察它的残菌量，所得的试验结果见表 5-3。

表 5-3　冻结冰淇淋配料对伤寒沙门氏菌的影响

贮存时间	冰淇淋配料中伤寒沙门氏菌(菌数/毫升)
5 天	51000000
20 天	10000000
70 天	2200000
342 天	660000
648 天	51000
2 年	6300
2 年 4 个月	有活菌

目前还发现过滤性病毒能在细菌也难以生存的环境中较长时间地保持它们的生命力,这将成为今后应该予以注意的另一个问题。

冻制食品内的常见的腐败菌在 24 小时内,会使食品发生对人体并无毒害的腐败变质。如果解冻的冻制品中含有毒素,那么它必然同时也会有腐败现象出现,这就事先发出警告。

冻制食品中对病原菌的控制,目前主要还是杜绝生产各个环节中一切可能的污染源,特别是不让带菌者和患病者参加生产,尽可能减少生产过程的人工处理,对食品原料处理及加工、分配和贮藏中的卫生措施始终不渝地进行严格的监督。

大多数腐败菌在 10℃以上能迅速繁殖生长。某些食品中毒菌和病原菌在温度降低至 3℃前仍能缓慢地生长。食品尚未冻硬前嗜冷菌仍能在－10～－5℃温度范围内缓慢地生长,但不会产生毒素和导致疾病。不过它们即使处于－4℃以下,却仍有导致食品腐败变质的可能。如果食品温度低于－10℃,则微生物不再有明显的生长。0℃时微生物繁殖速度非常缓慢,0℃成为短时期贮藏食品常用的贮温。－10～－7℃时只有少数霉菌尚能生长,而所有细菌和酵母几乎都停止了生长。为此,－12～－10℃则成为冻制食品能长期贮藏的安全贮藏温度。酶的活动一般只有温度降低到－30～－20℃时才有可能完全停止。工业生产实践证明－18℃以下的温度是冻制食品冻藏时最适宜的安全贮藏温度。在此温度下还有利于保持食品色泽,减少干缩量和在运输中保冷。

二、冻藏技术

(一)冻藏条件

冻藏条件指低温冷库的温度、相对湿度及空气流速等参数的选择与控制。温度低,酶活性低,微生物繁殖速度也低,有利于食品的冻藏。然而,过低温度将增加冻藏成本。此外要求在一昼夜间及食品进出库等引起库温的波动要尽量小,一般最大不超过±2K。温度波动过大,会促进食品中冰晶的再结晶、小冰晶的消失和大冰晶的长大。据报道,食品在－10℃下冻藏 21 天,冰晶即由 30μm 增加到 60μm。冰晶的增大加剧了对食品细胞的机械损伤。因此,食品平均冻结终温应尽量等于冻藏温度。食品一般应经冻结后进入低温冷库,未冻结的食品不能直接入库,若运输冻结的食品温度高于-8℃,则在入库前必须重新冻结至要求温度。

(二)食品在冻藏中的变化

经冻结冻藏的食品的大部分水分(95%以上)冻结成冰,自由水含量极少;-18℃低温也极大地抑制了酶和微生物的活性,因此冷冻肉能贮存较长时间。但由于冻藏期长,食品中酶和微生物的作用及氧化反应,仍会使食品出现变色、变味等现象。其中干耗和冻伤问题较大。

1. 冻结贮藏中的品质变化

(1)肌肉的形态学变化

冻结贮藏时间越长,肌肉纤维内形成的小冰晶越易与邻接的冰晶相互融合,逐渐形成大的冰晶,使结晶数减少。特别是冻结贮藏6～9个月的肌肉,冰晶会破坏肌肉膜并在肌肉纤维外面成长,使肌肉纤维出现不正常萎缩现象。

冷冻速度对肉的质量有一定的影响。快速冻结,即将肉放在-25℃以下的冷库内,使肉的温度迅速降到-18～-15℃冷冻,肉中形成的冰晶颗粒小而均匀,对肉的质量影响较小,经解冻后肉汁流失少。慢冻形成的冰晶大,肌肉细胞受到的破坏就大,肉在解冻后,汁液流失较多,品质就差。

(2)肉色的变化

冻结贮藏3个月,肉色仅有微小变化。冻结贮藏6个月,明度、红色有所降低,肉色变为淡黄色。冻结贮藏9～12个月的,肉已没有色彩。也就是说,随着贮藏时间的增加,冻结贮藏肉与生肉的差别愈加明显。

2. 解冻后汁液流失

冻结肉在解冻时,会出现汁液流出的问题。汁液流失量一般为3%左右。其内含有蛋白质、氨基酸、B族维生素等。汁液流失量增多的主要原因,据推定是最大冰结晶生成带所用时间过多(冻结速度较慢),使冰结晶体增大,在解冻时肌肉蛋白质持水性小。另外,肉片大小、形状(体积和表面积的比例)等与其也有关系。

3. 干耗(dehydration or drying)

食品在冷冻加工和冷冻贮藏中均会发生不同程度的干耗,使食品重量减轻,质量下降。干耗是食品冷冻加工和冷冻贮藏中的主要问题之一,是由食品中水分蒸发或升华造成的,其程度主要与食品表面和环境空气的水蒸气压差的大小有关。

减少干耗的途径有以下几种方式。影响食品干耗的因素主要有库内空气状态(温度、相对湿度)、流速和食品表面与空气的接触情况。对于冷库内的冷却方式,应尽量提高冷库的热流封锁系数。对于冷库内食品的堆放方式和密度、食品的包装材料及包装材料与食品表面的紧密程度,都应尽量减少食品表面与空气的接触面积。冷库除了保证温度要求外,还要有足够大的空气相对湿度和合理的空气流速及分布,以减少干耗。

4. 冻伤(freezrer burn)

虽然干耗在冷却物冷藏与冻结及冻藏中均会发生,但干耗给食品带来的影响是不同的。冷却冷藏中干耗过程是水分不断从食品表面向环境中蒸发,同时食品内部的水分又会不断地向表面扩散，干耗造成食品形态萎缩。而冻结冻藏中的干耗过程为水分不断从食品表面升华出去，食品内部的水分却不能向表面补充，干耗造成食品表面呈多孔层。这种多孔层大大地增加了食品与空气中氧的接触面积，使脂肪、色素等物质迅速氧化，造成食品变色、变味、脂肪酸败、芳香物质挥发损失、蛋白质变性和持水能力下降等后果。这种在冻藏中的干耗现象称为冻伤。发生冻伤的食品，其表面变质层已经失去营养价值和商品价值，只能刮除扔掉。避免冻伤的方法是首先避免干耗，其次是在食品中或镀冰衣的水中添加抗氧化剂。

(三)冻结食品的 TTT(Time-Temperature-Tolerance)

冻结食品的 TTT 概念是美国 Arsdel 等人在 1948—1958 年对在冻藏下的食品经过大量实验总结归纳出来的，揭示了食品在一定初始质量、加工方法和包装方式，即 3P 原则(product of initial quality，processing method and packaging，PPP factors)下，冻结食品的容许冻藏期与冻藏时间、冻藏温度的关系，对食品冻藏具有实际指导意义。

研究资料表明，冻结食品质量随时间的下降是累积性的，而且为不可逆的。在这个期间内，温度是影响质量下降的主要因素。温度越低，质量下降的过程越缓慢，容许的冻藏期也就越长。冻藏期一般可分为实用冻藏期(practical storage life，PSL)和高质量冻藏期(high quality life，HQL)。也有将冻藏期按商品价值丧失时间(time to loss of consumer acceptability)和感官质量变化时间(time to first noticeable change)划分的。

实用冻藏期指在某一温度下不失去商品价值的最长时间；高质量冻藏期是指初始高质量的食品，在某一温度下冻藏，组织有经验的食品感官评价者定期对该食品进行感官质量检验，检验方法可采用三样两同鉴别法或三角鉴别法，若其中有 70%的评价者认为该食品质量与冻藏在－40℃温度下的食品质量出现差异，则此时间间隔即为高质量冻藏期。显然，在同一温度下高质量冻藏期短于实用冻藏期。高质量冻藏期通常从冻结结束后开始算起。而实用冻藏期一般包括冻藏、运输、销售和消费等环节。

一种食品的实用冻藏期和高质量冻藏期均是通过反复实验后获得。实验温度范围一般在－40～－10℃，实验温度水平有 4～5 个。鉴别方法除感官质量评价外，根据不同食品，还可采用相应的理化指标分析，例如果蔬类食品常进行维生素 C 含量的检验。根据实验数据，画出相应的 TTT 曲线(见图 5-1)。

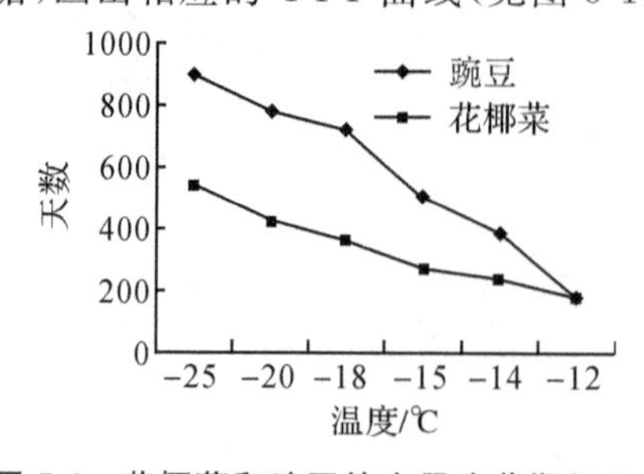

图 5-1 花椰菜和豌豆的实用冻藏期(PSL)

由于冻结食品质量下降是累积的，根据 TTT 曲线可以计算出冻结食品在贮运等不同环节中质量下降累积程度和剩余的可冻藏性。

[例]花椰菜经过冻结后，在－24℃低温库冻藏 150 天，随后运至销售地，运输过程中温度为－15℃，时间为 15 天，在销售地又冻藏了 120 天，温度为－20℃。求此时冻结花椰菜的可冻藏性为多少？

解：由图 5-1 可知，花椰菜在－24℃下经过 540 天或－20℃下经过 420 天或－15℃下经过 270 天，其可冻藏性完全丧失，变为零。

根据质量下降的累积性，得质量下降率为：

[—+—+—×100%]=(0.28+0.06+0.29)×100%=63%

剩余的可冻藏性为：1－63%=37%

这说明如果仍在－20℃下冻藏，最多只能冻藏：420×37%=155(天)

若在－12℃下仅能冻藏：180×37%=66(天)即花柳菜失去了商品价值。

上述计算方法对多数冻结食品的冻藏具有指导意义，但食品腐败变质的原因与多因素有关，如温度波动给食品质量造成的影响(冰晶长大、干耗等)，光线照射对光敏成分的影响等，这些因素在上述计算方法中均未包括，因此，实际冻藏中质量下降率要大于用 TTT 法的计算值，即冻藏期小于 TTT 法下的计算值。

三、各类食品冻藏

(一)畜肉类的冻结和冻藏

1. 畜肉冻结

冻结前的加工大致可分为以下三类：①将胴体劈半后直接包装、冻结；②将胴体分割、去骨、包装、装箱后冻结；③将胴体分割、去骨然后装入冷冻盘冻结等。因为②③都有去骨工序，非常麻烦，所以多以①的方式冻结。但是以①的方式冻结，存在着肉块大的问题。于是采取了一项折中方案，即在分割胴体后，不去骨就包装、装箱，然后转入冻结(见图 5-2)。

对于畜肉冻结，常利用冷空气经过两次冻结或一次冻结完成。两次冻结是先在冷却间用冷空气冷却，温度降至 0～4℃，再送到冻结间内，用更低温度的空气将胴体最厚部位中心温度降至－15℃左右。一次冻结是在一个冻结间内完成全部冻结过程。经两次冻结的肉品质好，尤其是对于易产生寒冷收缩的牛、羊肉更明显。但两次冻结生产率低，干耗大。一般情况下，一次冻结比两次冻结可缩短时间 40%～50%；每吨节省电量 17.6kW·h；节省劳力 50%；节省建筑面积 30%；减少干耗 40%～45%。我国目前的冷库大多采用一次冻结工艺，也有先将屠宰后的鲜肉冷却至 10～15℃，随后再冻结至－15℃。

(1)分割肉的装箱

将劈半的胴体肉分割成部位肉，然后修整、装箱、冻结。即把劈半的胴体肉分割

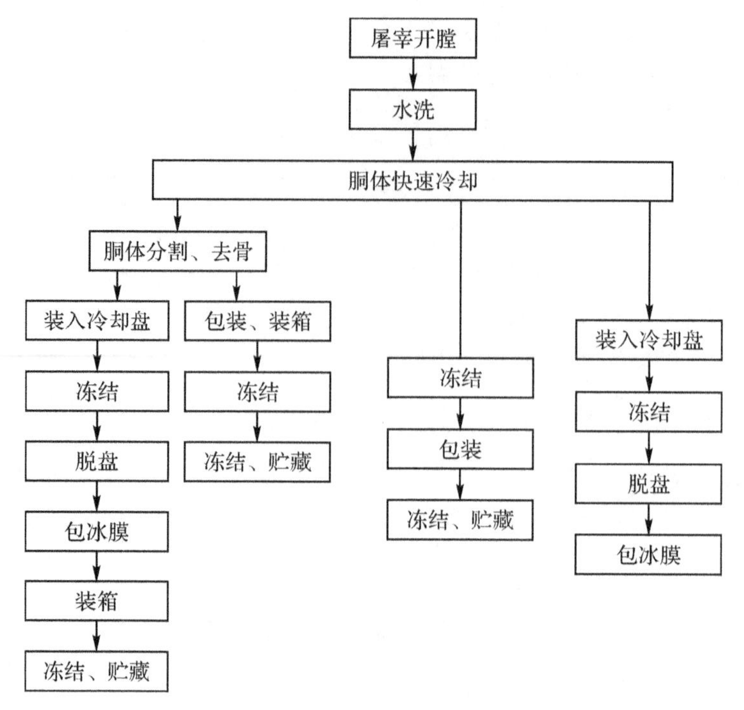

图 5-2 肉类冻结顺序

为前肩、背、腹、后腿 4 部分，然后分别用聚乙烯薄膜包好。如果还要装入纸箱，则包一层聚乙烯薄膜。关于装箱方法，各块肉不尽相同，前肩和后腿装入大箱(500mm×330mm×200mm)，背肉和腹肉装入小箱(500mm×290mm×160mm)，每箱均装 4 块。接着用固定钉将纸箱封牢，再用纸带捆缚，以免肉和箱壁产生空隙。另外，纸箱原来高度分别为 200mm 和 160mm，有人认为过高，现在改为 175mm 和 145mm。纸箱原料为双面防水的瓦楞纸。装入纸箱的分割肉要尽快装入－33℃以下的快速冻结库，24h 后移入－20℃以下的冻结贮藏库。

(2)胴体的冻结

将快速冷却的整片肉，通过吊轨直接移入快速冻结室冻结。其在－33℃以下快速冻结。达到－30℃所需要的时间，无包装胴体肉和弹力针织包装胴体肉为 10h，聚乙烯和弹力针织双层包装的胴体肉约为 20h。冻结胴体肉和弹力针织包装胴体肉，在冻结贮藏中，胴体会发生水分蒸发、氧化及冻灼伤等现象。因此，要加冰膜予以保护。但是，冰膜附着力较差，会产生龟裂，要在薄冰中添加辅料。

(3)带骨分割肉包装、装箱后的冻结

将整片带骨肉分割成前肩、背、腹、后腿 4 部分，然后用聚乙烯薄膜加以包装，装入瓦楞纸箱内。纸箱尺寸为 650mm×550mm×250mm，650mm×550mm×200mm，650mm×320mm×170mm。在这些纸箱上没有特意标明肉的数量，可以随意装入。装箱花费时间较长，需按前肩、腹、背、后腿的顺序依次装入。

(4)冷冻盘内分割肉的冻结

盘式冻结即将冷冻盘摆在操作台上，分割肉的脂肪面朝下，将肉面对肉面叠放。或横着并排摆放。注意肉与肉要接以密，表面不要出现凹凸现象，同时还需考虑冻结会产生大约10%的体积膨胀，冻结多为接触冻结的方式，通过油压装置从上下两面同时加压，所以冻结肉的形状几乎是一样的。在撤盘时，由于肉和冷冻盘被冰粘在一起，不可能直接分离，可用自来水浇，或者放入脱盘罐，给以轻度振荡，使两者分离。然后将冻结肉浸渍于水中包冰膜(用2～3mm的薄冰层将冻结肉的表面保护起来)。通过这层冰膜可以使冻结肉与空气隔绝。由于冰膜会升华(成为蒸汽)，时间一长其会全部消失，需经常加冰膜，尤其是冻结肉的角部冰膜的损失较快，每隔2～3分钟加2～3次薄冰，冰膜就会逐渐增厚，以至达到3%～3.5%的水平(冰膜升华量一年约为2%)。

2. 畜肉冻藏

畜肉的冻藏一般在库内将其堆叠成方形货垛，下面用方木垫起，整个方垛距冷库的围护结构40～50cm，距冷排管30cm，空气温度为－20～－18℃，相对湿度为95%～100%，风速为0.2～0.3m/s。如果长期贮藏，则空气温度应更低些。目前，许多国家的冻藏温度向更低温度发展(－30～－28℃)，而且温度波动很小。表5-4列出了畜肉冻藏期与冻藏温度的关系，在－30℃下的冻藏期比在－18℃下的冻藏期延长两倍以上，其中以猪肉冻藏期的差别最为明显。

表5-4 畜肉冻藏期(月)与温度的关系

畜肉品名	温度/℃			
	－12	－18	－25	－30
牛胴体	5～8	12	18	24
羊胴体	3～6	9	12	24
猪胴体	2	4～6	12	15

(二)禽类的冻结和冻藏

1. 禽的冻结

冷却后的禽肉，同样不能长期保藏，其必须在较低的温度下进行冻结。禽的冻结方式在我国分吹风冻结、不冻液喷淋与吹风式相结合冻结两种。其中绝大多数采用吹风冻结。

(1)吹风冻结

经过冷却的胴体放在镀锌的金属盘内进行冻结。装盘时将禽的头颈弯回插到翅下，腹部朝上，使胴体平紧整齐地排列在盘内。在装箱时，要整块装入，勿使其散开。采用装箱冻结的禽，待冷却结束后，即可直接送到冻结间进行冻结。装在木箱中冻结时，其箱盖仍然是敞开的。冻结禽时，冻结间的温度一般为－25℃或更低些，相对湿度在85%～90%，空气的流动速度为2～3m/s。冻结时间一般是鸡比鸭、鹅等快些，在铁盘内比在木箱内或纸箱中快些(见表5-5)。各种禽冻结终了时的胴体温度，一般在肌肉最厚部位的深处达到－10℃即可。现在冻禽是在空气温度为－40～－35℃和风速为3～6m/s的情况下进行。冻结时间的长短随禽体大小和包装材料的不同而异。冻结室的条件是:空气温度－38℃;空气速度4～6m/s;最初禽外温7℃左右;最后禽体的中心温度－20℃;在纸板箱内装12只用聚乙烯袋装的家禽,纸包鸡杂塞在膛内。包装在全密闭的、无气孔的纸板箱中,其冻结时间比单个包装冻结大10倍,纸板箱堆放时不留缝甚至可达20倍。

表5-5　各种禽的冻结时间

禽的种类	冻结时间/小时	
	装在铁盘内	装在箱内
鸡	11	24
鸭	15	24
鹅	18	36

(2)不冻液喷淋与吹风式相结合的冻结

冻禽皮肉发红主要是缓慢冻结所致,因为家禽的成分中含有70%以上的水分,如果长时间在冷风中吹,水分极易蒸发,因而增强了禽体表面层的血红素浓度;另外,家禽的皮肤比较薄,脂肪层少,特别是腿肌部分,在缓慢冻结中血红素被破坏,并渗入到周围肌肉组织中去。这是冻禽发红的主要原因。而且慢冻还导致组织中生成较大的冰结晶,对纤维和细胞组织有破坏和损伤作用。可采用悬式吊篮输送的连续冻结方式。冷冻工艺上采用不冻液喷淋和强力送风冻结相结合的方式,以及采用较低的冻结温度(－28℃)和较高的风速(6～7m/s)加以克服。禽的冻结工艺分3个部分连续生产流水线:一是为了保持禽体本色,袋装的禽胴体进入冻结间后首先被－28℃强烈冷风吹十多分钟,使禽体表面快速冷却,起到色泽定型的作用;二是用－25～－24℃的乙醇溶液(浓度40%～50%)喷淋5～6分钟,使禽体表面快速冻结;三是在冻结间内用－2℃空气吹风冻结2.5～3小时。

2.禽的冻藏

禽肉冻结可用冷空气或液体喷淋完成。采用冷空气循环冻结的较多。禽肉体积较小,表面积大,在低温寒冷情况下收缩较慢,一般采用直接冻结工艺。从改善肉的嫩度出发,也可先将肉冷却至10℃左右再冻结。从保持禽肉的颜色出发,应该在3.5h内将禽肉的表面温度降至－7℃。

禽肉的冻藏条件与畜肉的冻藏条件相似。冷库温度为－20～－18℃,相对湿度为95%～100%,库内空气以自然循环为宜。小包装的鸡、鸭、鹅可冻藏12～15个月,用复合材料包装鸡的分割肉可冻藏12个月。对无包装的禽肉,应每隔10～15天向禽肉垛喷淋冷水一次,使暴露在空气中的禽体表面冰衣完整,减少干耗等各种变化。

冷冻肉需要控制干耗、脂肪氧化和色泽变化。在－5℃、－10℃和－20℃下,其分别在7、14和56d后变色。采用隔绝氧气强的薄膜,可以减缓变色。薄膜材料应具备以下特征:较强的耐低温性,在－30℃时仍能保持其柔软特性;较低的透气性,以满足隔氧和适应充气或真空包装的需要;水蒸气透过率低,以减少冷冻肉的干耗。

常用的包装材料有聚乙烯、聚丙烯、聚酯、尼龙或含铝复合材料。常用的包装方式有收缩包装、充气包装和真空包装。包装材料紧贴在肉的表面，可有效地减少冷冻肉的干耗。

(1)包装冻藏

有包装的易于堆放，一般都是每100箱堆成一垛。为了提高冻藏间有效容积的利用率，每垛也可堆入得更多些。在堆放时，垛与垛之间，垛与墙排管或顶排管之间，应留有一定的间距，最底层应用垫木垫起。

(2)无包装冻藏

堆垛成后，可在垛的表面镀一层冰衣把胴体包起来，以隔绝胴体与空气的直接接触，这样不仅可以减少胴体在冻藏时的干耗，同时还可以适当延长保藏的时间。冻禽垛镀包冰衣的方法很简单，用喷眼很小的喷雾器将清洁的水直接喷洒到胴体的表面即可。在整个冻藏过程中镀包冰衣的次数，视冻藏间的温度和冰的升华情况等而定，一般是10～15天镀一次冰。

冻藏间的温度应保持在－18～－15℃左右，相对湿度不得有较大幅度的波动。冻藏的时间与禽的种类及冻藏间温度有关。一般是鸡比鸭、鹅耐藏些。冻藏间的温度愈低，愈有利禽的长期冻藏。如表5-6显示了不同种类的禽在不同温度下的冻藏时间。冻结鸡在－12℃下的贮存期不应多于6个月，快速深冻的鸡在－18℃下的贮存期不长于9个月。

表5-6　各种禽的冻藏时间

冻禽种类	冻藏时间/月		
	－12～－9℃	－15～－12℃	－18～－15℃
鸡	8	10	12
鸭、鹅	5	7	10

(3)冻藏中的变化

①胴体颜色的变化。

表面变红，这是放血不当和冷却不良造成的；冷却皮层上有棕色的斑点，这是损伤了表皮、淋巴液渗出的缘故。表面发黑在冷却和冻结的家禽中都有可能发生。这是水分损失或表面层中的大冰晶所造成的。冻结烧可能是冻结家禽最常见的缺点。冻结烧的最初形式只是在外观上，在解冻后残留黄灰色斑点，进一步的冻结烧会发生其他质量方面的变化，例如变味、发干、发硬等，这些缺陷无法恢复。防止或减少冻结烧的主要方法是：将禽胴体放在能防水汽的包装内；用稳定和适合家禽特性的贮藏温度；冻藏间内保持恰当高的相对湿度。解冻的幼禽在骨头和附近组织常呈现紫色，在烹煮后转为棕色。冻结和解冻工序从骨髓细胞中释出血红蛋白及松弛骨组织，就会使色素移动。烹煮加热时，血红蛋白转变为棕色的正铁血红蛋白，但味道和香味不受影响。骨头变暗可用液氮快速冻结或在快速解冻后立即烹煮的办法来解决。

②风味和香味的变坏。

饲料中不饱和甘油酯(特别在鱼粉中)的存在，冷却时间短、取出内脏缓慢，在不适当的冷却贮藏条件下被微生物污染，贮藏温度高，贮藏时间长，不适合的包装，严重的冻结烧等原因造成禽肉在冻藏中酸败。

③干缩损耗。

特别是无包装的胴体，在较长时间冻藏过程中，干缩损耗是较为严重的。胴体内水分过量的蒸发，不单纯使重量减少，而且使肌肉的品质变次。

(三)鱼类冻藏

鱼类冻结常采用冷空气、金属平板冻结法或用低温液体浸渍与喷淋。空气冻结往往在隧道内完成，鱼在低温、高速空气的直接冷却下快速冻结。冷风温度一般在−25℃以下，风速在3～5m/s。为了减少干耗，相对湿度应该大于90%。在隧道内鱼均由货车或吊车自动移送和转向，机械化程度高。金属平板冻结是将鱼放在鱼盘内压在两块冷平板之间，靠导热方式将鱼冻结。施加的压力在40k～100kPa，冻结后的鱼外形规整，易于包装和运输。与空气冻结比较，金属平板冻结法的能耗和干耗均比较少。低温液体浸渍或喷淋冻结可用低温盐水，特点是冻结快，干耗少。

冻结后鱼的中心温度在−18～−15℃，少数多脂鱼可能要求冻结至−40℃左右，然后镀冰衣。对于体积较小的鱼或低脂鱼可在约2℃的清水中浸没2～3次，每次3～6s。大鱼或多脂鱼浸没一次，浸没时间10～20s。在镀冰衣时可适当添加抗氧化剂或防腐剂，也可适当添加附着剂(如海藻酸钠等)以增强冰衣对鱼体的附着。在冰藏中还应定时给鱼体喷水。对近出入口、冷排管等处的鱼，其冰衣更易升华，因此，更应及时喷水加厚。

鱼的冻藏期与鱼的脂肪含量关系很大。对于多脂鱼(如鲭鱼、大马哈鱼、鲱鱼、鳟鱼)，在−18℃下仅能贮藏2～3月；而对于少脂鱼(如鳕鱼、比目鱼、黑线鳕、鲈鱼、绿鳕)，在−18℃下可贮藏4个月。一般冻藏温度是：多脂鱼在−29℃下冻藏；少脂鱼在−23～−18℃冻藏；而部分肌肉呈红色的鱼应在低于−30℃下冻藏。

(四)果蔬冻藏

多数果蔬经过冻结与冻藏后将失去生命的正常代谢过程。果蔬品种、组织成分、成熟度等的不同对低温冻结的承受能力差异很大。如质地柔软的西红柿，即使用更低的冻结与冻藏温度，解冻后质量也很差，不适合冻结。豆类适合冻藏，解冻后与未冻结的豆类几乎无差别。应该选择适合冻结与冻藏的果蔬品种。冻结过程对果蔬细胞的机械损伤和溶质损伤较为突出。因此果蔬冻结多采用速冻工艺，以提高解冻后果蔬的质量。果蔬应在完熟阶段采摘、冻结和冻藏。在冻结与冻藏前，多数蔬菜要经过漂烫处理，而水果更常用糖处理或酸处理。果蔬的速冻通常采用流态化冻结，其在高速冷风中呈沸腾悬浮状，达到了充分换热快速冻结的目的。此外，也采用金属平板接触式冻结及低温液体浸渍或喷淋的冻结方法。

果蔬在冻藏中温度越低，品质保持得越好。对于大多数经过漂烫等处理后的果蔬，可在温度−18℃下，冻藏12～18个月。少数果蔬(如蘑菇)必须在−25℃以下才能跨年冻藏。为减少冻藏成本，−18℃是广泛采用的冻藏温度。为防止脱水，搬运方便,速冻果蔬需要薄膜包装,薄膜要求在低温下柔软耐破。常用的有聚乙烯和乙烯—醋酸乙烯共聚物薄膜等。对耐破度和阻气性要求较高的场合,如包装笋、蒜薹、蘑菇等也可以用尼龙或聚酯与聚乙烯复合的薄膜。外包装常用涂塑或涂蜡的防潮纸盒,以及用发泡聚苯乙烯作为保温层的纸箱包装。

四、冻结食品的解冻(thawing)

在 0℃时水的热导率[0.561W/(m·K)]仅是冰的热导率[2.24 W/(m·K)]的四分之一左右,因此,在解冻过程中,热量不能充分地通过已解冻层传入食品内部。此外,为避免表面首先解冻的食品被微生物污染而变质,解冻所用的温度梯度也远小于冻结所用的温度梯度。因此,解冻所用的时间远大于冻结所用的时间。

冻结食品在消费或加工前必须解冻,解冻状态可分为半解冻(-5℃)和完全解冻,应尽量使食品在解冻过程中品质下降最小。解冻过程出现的主要问题是汁液流失(extrude 或 drip loss);其次是微生物繁殖;第三是酶促或非酶促等不良生化反应产生。除了玻璃化低温保存和融化外,汁液流失一般是不可避免的。造成汁液流失的原因与食品的切分程度、冻结方式、冻藏条件及解冻方式等有关。切分得越细小,解冻后表面流失的汁液就越多,冰晶对细胞组织和蛋白质的破坏就越小。解冻后,水也会缓慢地重新渗入到细胞内,在蛋白质颗粒周围重新形成水化层,减少汁液流失,保持较好品质。解冻常用方法有:

1. 空气和水解冻

空气和水解冻以对流换热方式进行。空气解冻多用于对畜胴体的解冻。一般空气温度为 14~15℃,相对湿度为 95%~98%,风速在 2m/s 以下。风向有水平、垂直,送风时可换向。水解冻适用于有包装的食品、冻鱼及破损小的果蔬菜的解冻。采用浸渍或喷淋方式时,水温一般不超过 20℃,其速度快,可避免重量损失。如果直接接触食品,则食品中的可溶性物质会流失,食品吸水后会膨胀,会导致微生物污染等。

2. 电解冻

电解冻包括高压静电解冻和电磁波解冻。高压静电(电压 5000~100000V;功率 30~40W)强化解冻在解冻质量和解冻时间上远优于空气解冻和水解冻,解冻后,肉的温度较低(约-3℃);在解冻控制上和解冻生产量上又优于微波解冻和真空解冻。日本已将其用于肉类解冻。电磁波解冻包括电阻解冻(也称低频解冻,electrical resistance thawing,50~60Hz)、介电解冻(也称电介质加热解冻,或高频解冻,dielectric thawing,1M~50MHz)和微波解冻(microwave thawing,915M 或 2450MHz)。电阻解冻是将冻结食品视为电阻,利用电流通过电阻时产生的焦耳热,使冰融化。其要求食品表面平整,内部成分均匀,否则会出现接触不良或局部过热现象。所以常先利用空气解冻或水解冻,使冻结食品表面温度升高到-10℃左右,然后再利用电阻解冻。这不但可以改善电板与食品的接触状态,还能减少随后解冻中的微生物繁殖。介电解冻和微波解冻是在交变电场作用下，利用水的极性分子随交变电场变化而旋转的性质，产生摩擦热使食品解冻。利用这种方法解冻，食品表面与电极并不接触，而且解冻更快，一般只需真空解冻时间的20%。

3. 真空或加压解冻

真空解冻是利用真空室中水蒸气在冻结食品表面凝结所放出的潜热解冻。它的优点是：①食品表面不受高温介质影响，而且解冻快；②解冻中减少或避免了食品的氧化变质；③食品解冻后汁液流失少。它的缺点是：解冻中解冻食品外观不佳，且成本高。

一般情况下，小包装食品（如速冻水饺、烧卖、汤圆等），冻结前经过漂烫的蔬菜或经过热加工处理的虾仁、蟹肉，含淀粉多的甜玉米、豆类、薯类等，多用高温快速解冻法，而较厚的畜胴体、大中型鱼类常用低温慢速解冻法。

第二节　高脂肪食品和焙烤食品贮藏

高脂肪食品中的油脂容易氧化，这是导致食品质量下降、影响贮藏的关键因子。油脂本身成分、外界环境、包装等都会影响这些食品的保存。焙烤食品除了含高油脂外，一些产品含水分较多，还存在微生物危害，例如烤禽食品、坚果炒货、糕点在贮藏时容易促使微生物生长。有些含有淀粉的焙烤食品，例如面包还可能存在老化问题。

一、高脂肪食品贮藏

（一）油脂劣变

食用油脂或油脂制品，有时需要长时间的储存。在储存期间，食用油脂制品会发生以氧化为主体的各种反应，会引起外观、实用性和营养等往坏的方面发展，这些现象被称作油脂的劣变。油脂的劣变不仅会产生各种异味、臭味，引起色泽的变化，而且还可能产生毒性。

1. 油脂气味劣变

食用油脂及其制品在贮藏过程中产生的各种不良气味被称作为“酸败臭”和“回味臭”。“回味臭”是在氧化酸败的初期阶段所产生的气味，当氧化酸败到一定深度，便产生气味强烈的“酸败臭”。

油脂产生“回味臭”所需要的氧量要比产生“酸败臭”所需要的氧量小得多。例如大豆油，生产回味时，油脂的过氧化值为1～2，而酸败时的过氧化值在20以上；另外，“回味臭”与“腐败臭”的气味成分也存在很大差异。

(1)回味臭

“回味”一词来自鱼油。鱼油精炼油在储存过程中会产生鱼腥味，因这种腥臭味与精炼前的粗鱼油气味很相似，故称此气味为“回味臭”。精制大豆油氧化初期的气味类似于淡的豆腥味，也称其为“回味臭”。

豆油、玉米油、花生油、菜油、亚麻籽油等都会发生回味臭。回味臭的主要成分是2-戊烯基呋喃，它是亚麻酸酯自动氧化的产物。引起回味臭的物质除亚麻酸外，尚有磷脂、不皂化物、氧化聚合物等。氧化后的植物油在储存过程中也会出现回味臭。研究者认为这种回味臭与氧化油中含异亚油酸有关。

(2)酸败臭

油脂在氧气充足的状态下贮存一定时间后，吸收大量的氧，从而产生强烈的刺激臭。这种现象称为酸败，也叫“发哈”。随着油脂氧化程度的加深，酸败气味加剧。除了自动氧化机制产生的酸败，还有水解酸败和酮类酸败。

①自动氧化酸败。

酸败臭不是由某种特定成分产生的，而是多种成分气味的复合体。对大豆油酸败形成的刺激臭的分析表明，其组分可分成3个部分，即酸性成分——游离脂肪酸、羰基成分和非羰基成分。①羰基成分的气味与酸败臭极为相似，但刺激较小。酸败臭与饱和羰基成分的关系不大，主要与非饱和羰基成分的气味相似。这些羰基成分是 C_4 到 C_9 的单烯醛、二烯醛和不饱和酮，也含有一些饱和醛。②酸性组分有强烈的刺激臭，在其中检出了乙酸、丙酸、丙烯酸、丁酸、丁烯酸、戊酸、戊烯酸和己酸等。③非羰基部分带豆腥味，主要是饱和及不饱和醇，有正戊醇、1-辛烯醇、1-戊烯醇等。

②水解酸败。

水解酸败主要发生于人造奶油、奶油、起酥油等不饱和度较小的油脂制品中。这些油脂在酶的作用下生成丁酸、己酸和辛酸，从而产生恶臭。椰子油等月桂酸系油脂，在贮藏过程中由于水解会产生肥皂味，这是月桂酸和豆蔻酸的存在引起的。氢化椰子油在5～7℃的低温中保存1～2个月时则会产生汗臭味。这种气味是由低级脂肪酸水解产生的。

③酮类酸败。

酮类酸败主要发生在含 C_5—C_{14} 的低分子饱和脂肪酸的油脂中，如奶油、椰子油等。这种酸败，是在微生物作用下产生的。酮类酸败与自动氧化酸败存在着本质的区别，它是低分子饱和脂肪酸在霉菌的作用下发生β氧化的结果。如椰子油在灰绿青霉的作用下能发生酮酸败而产生恶臭。这些酮臭成分是 C_5、C_7、C_9、C_{11} 的甲酮，它们分别由 C_6、C_8、C_{10}、C_{12} 饱和酸的β氧化而产生。除甲酮外，尚有δ-内酯。

油脂的酸败(主要是由自动氧化引起的酸败)不仅会使油脂气味变劣，而且酸败程度严重的还会产生毒性。现已确认毒性主体是氧化酸败过程中产生的各种过氧化物。动物试验表明，这种毒性主要表现在对以消化器官为主的内脏组织的侵害。

2. 油脂色泽劣变

食用油脂经脱胶、脱酸、脱色、脱臭等精炼工序之后，颜色逐渐变浅，最终制品的色泽一般为淡黄或金黄色。油脂的色泽是判断油脂精炼程度和油脂品质的重要标志之一。

精炼油脂在贮存过程中，颜色又会逐渐变深（着色），这种着色现象被称作“回色”。变深的速度受空气、温度和光线的影响。变深时间少则数小时，长则半年左右。回色的速度与油脂接触空气（氧）的程度和贮存温度呈正相关。另外，油中的微量金属，如铁、铜的存在能促进油脂回色。油脂回色现象的本质与生育酚氧化有关。制备油脂的油料水分含量高，油脂回色速度快，回色也严重。

油脂自动氧化

焙烤制品中常用的抗氧化剂

（二）影响油脂在储存中劣变的因素

影响食用油脂制品劣变的因素主要有油脂的组成和油品贮存条件。

1. 油脂的组成

（1）油脂的种类和脂肪酸组成

油脂在储存过程中的氧化对不同的油脂有不同的影响。图 5-3 是几种油脂保存稳定性的比较曲线。

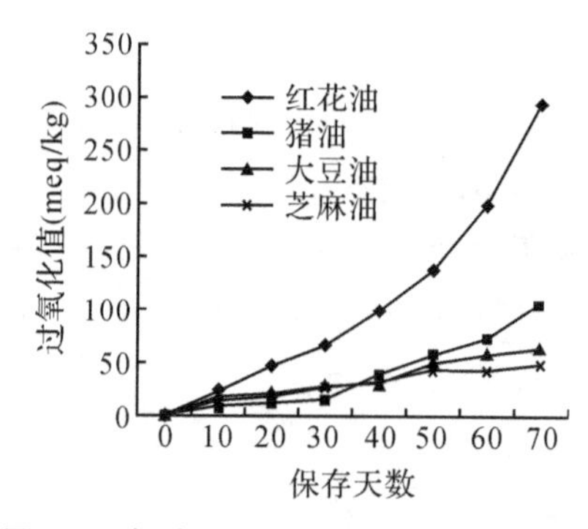

图 5-3 各种油脂加工的糕点保存稳定性

油脂的氧化速度不仅与组成油脂的脂肪酸的不饱和程度有关，而且与脂肪酸在甘油基上的分布位置有关，同样是单烯酸，反式酸形成的酯较顺式酸形成的酯稳定性大。不饱和脂肪酸位于 α 位或 α′位的酯较不饱和脂肪酸位于 β 位的酯容易被氧化。

（2）天然抗氧化剂含量

不管是哪类油脂，其稳定性一般均随碘值的升高而降低，但亦并非绝对如此。因为油脂中所含天然抗氧化剂的多少也会影响它的稳定性。

食用油脂所含的类脂物中，有不少成分在一定的贮存期对油脂起着抗氧化的作用。例如生育酚是一种很好的天然抗氧化剂。芝麻油中的芝麻酚亦具有很强的抗氧化力。食用油脂中天然抗氧化剂的含量越高，其稳定性就越好。一般地说，植物油脂的不饱和程度较动物油脂高，但其稳定性却反而高于动物油脂，这就是因为植物油脂中普遍存在着微量的天然抗氧化剂。为了提高食用油脂的氧化稳定性，在精炼工艺中应尽可能地保留生育酚等天然抗氧化剂，也可以适量添加一些国标允许的合成抗氧化剂或抗氧化增效剂。

(3)微量的金属

微量的金属也会促使油脂氧化，应注意在食用油脂精炼过程中去除金属离子。另外，在氢化过程中使用的金属催化剂会进入油脂，尤其是用铜做催化剂进行的选择性氢化时，问题更大。

2. 储存的条件

食用油脂及油脂制品的贮存条件有温度、光线、氧气浓度等，它们对油脂的劣变有很大影响。对人造奶油和蛋黄酱来说，微生物的作用和机械性外力的作用也是引起变质的外因。

(1)温度的影响

随着温度的上升，油脂的氧化明显加快。温度每上升 10℃左右，氧化速度便增加一倍。

(2)光线的影响

光线特别是紫外线的照射，能促进油脂的氧化。光线的这种作用很强烈。在油脂中一些光敏剂的参与下，光将氧分子活化，引起油脂的光氧化反应。

光线对油脂氧化的影响，随着光线的波长和照度的变化而异。波长短、能量高的光线促氧化的能力强。表 5-7 显示了各种波长的光线照射 24 小时后对油脂品质的影响。由表可见波长在 500 纳米以下的光线对油脂氧化影响较大。为了抑制光线对油脂的氧化促进作用，至少要遮断波长在 550 纳米以下的光线。光线照度对油脂氧化速度的影响也十分明显，见图 5-4。

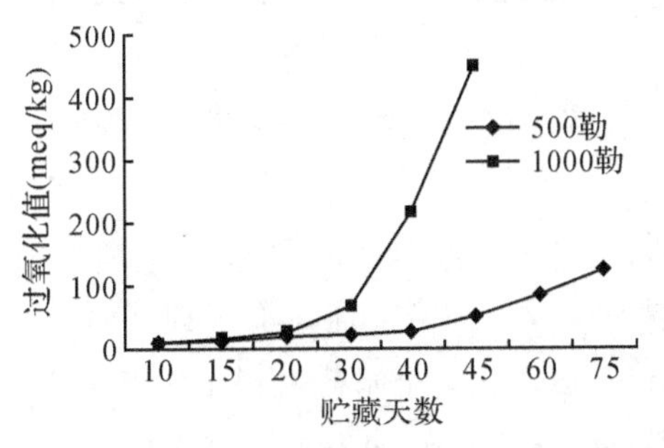

图 5-4　荧光灯的照度对油脂过氧化值的影响

表 5-7　不同波长的光线对油脂品质的影响

透过光线的波长范围（纳米）	油脂过氧化值（毫克当量/千克）	
	玉米油	棉籽油
360～520	20.9	17.6
420～520	8.7	12.4
490～590	4.5	8.1
580～680	1.1	3.1
680～790	1.0	2.1

（3）氧气浓度的影响

降低空气中的氧气浓度能抑制油脂氧化。当氧气浓度在2%以下时，氧化速度明显降低。长期贮存油脂制品时，有必要考虑包装内的氧量与被包装物中的油脂总量的比率。油脂在包装容器内密闭贮存是十分必要的。同时，盛装油脂制品的容器或盛具应尽可能装满，以减小油面上空气（氧气）的绝对体积。另外，还应该看到油脂在常温下能溶解本身体积10%左右的气体，这也是造成油脂氧化的氧气来源。如果在贮存前对食用油脂进行脱气处理，然后用惰性气体覆盖贮存，其保存期将大大延长（见图5-5）。

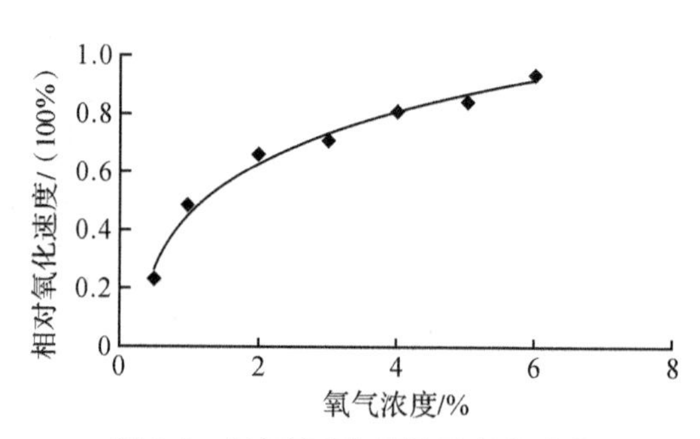

图 5-5　氧气浓度与亚油酸氧化速度

（4）细菌作用的影响

人造奶油和蛋黄酱，一旦被细菌污染，不仅会引起酸败，其还会因细菌的增殖而腐败、变味，甚至产生腐败恶臭。产品表面还会出现斑点，变质后的制品不能食用。为防止细菌的污染和增殖，要求在整个制作过程中注意卫生，严防细菌侵入；包装时要求使用无菌包装材料；此外，人造奶油中可通过添加一定量的防腐剂，如苯甲酸、山梨酸或它们的钠盐，以及采用低温贮藏等方法来抑制细菌的繁殖。

为了严格掌握产品的卫生质量，要做贮藏检查。方法是在贮藏前对批量产品进行细菌检查，如果合格，则在20℃温度下贮藏15天后再进一次做细菌检查。如果第二次检查的细菌量不超过第一次的2倍，则产品可称卫生品质稳定。

（5）机械作用的影响

人造奶油是一种固体物质，有一定的硬度，但同时还具有可塑性。人造奶油从物理结构上犹如海绵，质地松软，分别由固体晶格和流动部分构成，在受到机械挤压作用时，表面必然会有油渗出，这种现象称之为油的"渗出"。这不但影响品质，还会导致包装物外出现油渍。防护措施有以下几种：①进行低温贮藏以提高其硬度；②限制堆砌托盘的层数，以减低下层压力；③使用不易变形的纸盒或塑料盒包装。人造奶油上表面与盒装的间距为5毫米，以避免产品本身承受上托盘的重量。

(三)油脂食品的包装

用于食用油脂和油脂制品包装的材料(容器)主要有纸容器、金属容器、玻璃瓶、塑料薄膜和塑料容器等。

1. 金属容器和玻璃瓶

由于金属罐和玻璃瓶具有隔绝性能好、机械适应性强等优点，在油脂包装中它们占主流。

食用油的出厂和市售包装，绝大多数采用铁质桶装。桶容量为230kg。空桶中残留的变质油脚、铁锈和水分等容易造成对油脂的污染。因此，装桶前空桶必须清洗和干燥。装桶时，要考虑油脂热胀冷缩的因素，同时尽可能减少桶中的空余体积。桶盖要严格密封。铁桶如果有微量铁质溶于油中，则会促使油脂氧化劣变。铁桶内壁需要涂环氧酚醛树脂。

零售食用油脂包装以玻璃、塑料为主。玻璃瓶为了美观，多采用无色透明玻璃制成。而从避免光照、延长油脂贮存安全期出发，则应采用棕色或绿色玻璃为好。玻璃瓶的形状一般采用细口瓶，以减少瓶中氧气。零售食用油使用聚酯塑料瓶包装已经成为主流。另外也有用金属罐包装的，如马口铁皮罐内壁喷涂环氧酚醛树脂涂料。

2. 塑料薄膜和塑料容器

液体油脂包装材料中，聚酯塑料容器占主导地位，也有大量以聚氯乙烯、聚乙烯等原料加工成型的塑料杯或塑料薄片容器，常用于家用人造奶油的包装。人造奶油也可用羊皮纸或铝箔包装成块状后放入硬纸盒内销售。目前，国内外所广泛采用的复合薄膜包装材料，也已应用于油脂制品的包装中。如聚酯/聚乙烯/铝箔/聚乙烯复合薄膜，已用于人造奶油包装。蛋黄酱采用容易挤出食品的隔绝性能好的乙烯—乙烯醇共聚物的多层软质塑料瓶包装。

不同薄膜对食用油脂的氧化劣变影响案例

3. 纸容器

加工半透明纸、蜡纸和羊皮纸(硫酸纸)具有良好的耐油性和耐潮性，适用于包装呈固体或半固体状的人造奶油和一些冷冻油脂制品。纸杯、纸盒，常在其内外侧涂蜡、聚乙烯，或者用复合材料制成。

(四)油脂食品的安全保存

油脂的氧化酸败是食用油脂劣变的最主要原因,对不饱和程度较高的食用油脂来说尤其是如此。因而我们可以用选择性的轻度氢化的方法来提高这类食用油脂的稳定性。同时,尽可能减少氧的供给,推迟氧化反应的发生。

1. 隔绝氧气和充氮保存

用惰性气体充填到油脂制品的包装容器中去,是尽可能减少氧供给的一种手段。常用的惰性气体为氮气。对食用油脂及油脂制品(包括油脂食品)进行氮处理应注意几个问题:

(1)充氮以降低氧气浓度,抑制油脂的氧化。氧气浓度降低到1%～2%,油脂氧化速度才会明显降低。对于含油脂量不大而包装内空余体积较大的油炸食品,仅控制氧气浓度收效不大,需要充氮气和吸氧剂。

(2)包装材料本身的气体隔绝性能要好。对于用罐、瓶包装的食用油脂来说,上部空间容积的氧气(约占空间体积的1/5)与油脂中的溶解氧加在一起,油脂的过氧化值也不超过4～6毫克当量/千克,虽能引起油脂回味,但不致造成酸败。因此,对用罐、瓶包装的油脂不用会增加成本的充氮包装。

(3)在充氮包装的同时应严格采取遮光措施。对稳定度(AOM)好的油脂来说,遮断光线比进行充氮包装更为有效。

2. 稳定剂及其使用

向食用油脂及其制品中添加的适量的抗氧化剂和增效剂,统称为稳定剂。添加稳定剂是推迟油脂氧化反应发生的一种有效手段。

稳定剂从机能上可分为以下几类:①抑制自动氧化的链式反应的游离基抑制剂,例如丁基羟基茴香醚(BHA)、二丁基羟基甲苯(BHT)、没食子酸丙酯(PG)、α-叔丁基氢醌(TBHQ)、茶多酚、维生素E等;②将过氧化物分解成非游离基,使之失去活性的过氧化物分解剂,如硫代二丙酸二月桂酯;③氧清除剂,例如亚硫酸盐、L-抗坏血酸、β-胡萝卜素等;④使铜、铁等具有促进氧化作用的金属离子失去活性的金属减活剂,如柠檬酸、苹果酸、植酸、磷酸等。其中①②③常称为抗氧化剂;④常称为增效剂。无论是罐装还是瓶装,在选择和使用稳定剂时应注意以下几点:①针对具体的油脂,选择抗氧化效能高的抗氧化剂。如含亚油酸较多的半干性油脂,用BHA、BHT、PG时效果不如用TBHQ好;而含亚油酸较少的棕榈油、花生油等油脂,使用BHA、BHT的效果好。②选用油溶性大的抗氧化剂,以便使油脂各部分都得到均匀的保护。即使某些抗氧化剂能直接溶于油脂中,也最好使其先溶于适当的溶剂中后再加入油中,以便更充分更均匀地分布于油中。③应尽量选用不改变油脂本身色、香、味的抗氧化剂。某些抗氧化剂如PG在遇到金属离子时会变成深色物质,因此宜与柠檬酸合用,以抑制金属的活性。④加入稳定剂的时间要适当。抗氧化剂的作用是消除游离基,因此在油脂精炼后要及时加入。它在油脂氧化的诱导期才能起作用,如油脂已进入酸败,则再加入抗氧化剂,也就毫无意义了。⑤添加的方法要适当。一般是先用少量油脂将抗氧化剂溶解，用水或乙醇将增效剂溶解，然后借用真空将两种溶液吸入冷却到120℃以下的脱臭油中，搅拌均匀，充分发挥其作用。添加量必须严格控制在国家标准或有关规定的范围之内。

3. 遮光和低温

避光是防止油脂氧化劣变的重要环节。对用玻璃瓶、塑料瓶或薄膜材料包装的油品，应注意放在阴暗处保存，尽可能避免阳光的照射。温度升高能明显地促进油脂氧化，食用油脂及其制品要尽可能贮在低温及通风处。在露天大油罐的表面应涂上银白色油漆，以减少辐射热量的传入。

4. 油脂包装

油脂包装主要是防止氧化酸败。包装要做到密闭、隔绝空气、避光，其中首要的是隔绝空气。油脂大容量包装都是用铁桶，销售包装基本使用玻璃瓶和聚酯瓶。动物油脂包装也常使用聚酯复合薄膜封袋。黄油包装主要防止霉菌侵染。牛皮纸涂PVDC或石蜡，紧密地贴在黄油表面上，否则会出现冷凝水，出现霉点，其也防止过量的蒸发，避免黄油表面硬化。包装黄油时或使用聚丙烯或聚氯乙烯杯形容器，或用ABS制成的黄油包装容器。

金属或玻璃瓶装食用油过氧化值估算

（五）具体高油脂食品贮藏

奶油、人造奶油、蛋黄酱、色拉油调料、多脂肪鱼类、巧克力等食品富含脂肪，脂肪中的不饱和脂肪酸极易在常温下发生自动氧化酸败，使产品变质。高脂肪食品的贮藏应遵循两条原则：一是保持低温，例如猪油在-18℃的冷库中才能较长期保存，将多脂肪鱼类保藏在-30℃以下低温冷库中是一种发展趋势；二是隔绝氧气，保持用真空包装或充气包装。

1. 奶油、人造奶油、起酥油及油炸用油

从牛乳中分离出来的奶油含脂肪30%～35%，搅拌破坏稀奶油中的天然乳化性，结果脂肪球群集而形成小的奶油颗粒。这些颗粒逐渐增大，并从稀奶油的水相中分离出来。搅拌在10℃下操作，奶油颗粒在搅拌机内捏合在一起而形成大块的固体脂肪。奶油的脂肪必须全部是乳脂肪，而且成品必须含有以重量计不低于80%的乳脂肪。色素和盐可酌加。

人造奶油主要用经过氢化或结晶的植物油制成，也可以与少量的动物脂肪混合。人造奶油必须含有不低于80%的脂肪。制备时需两种混合物，一是油和各种油溶性辅料的混合物，二是水和所有水溶性辅料的混合物。两者放入槽内剧烈搅拌使之乳化，并快速冷却，使脂肪凝固和塑化。

人造奶油是一种焙烤用起酥油。人造奶油的香味主要来自其成分中的牛乳辅料。其他焙烤用起酥油并不含有牛乳辅料，故毫无香味。有些焙烤用起酥油全部用植物油制成，其他起酥油则用猪油制成，许多起酥油采用植物脂肪和动物脂肪混合制成。乳化的起酥油可含有甘油一酸酯、甘油二酸等。起酥油需要容纳空气，其塑性稠度可增强空气容纳能力。有较大的塑化范围的起酥油适用于焙烤。具有较小的塑化范围和低熔点的起酥油适用于油炸食品，其油腻味较轻。油炸用油脂不添加甘油一酸和甘油二酸，因其会分解而冒烟，一般采用氢化法，添加聚甲基硅酮类消泡物质。

盐分约为最终奶油的 2.5%水平，这既有助于提高风味，又起防腐剂的作用。所有的盐在小水滴中成为溶液，由于水量仅约 15%，水分中的盐浓度实际约为所加 2.5%盐的 7 倍。在小水滴中，如此浓度的盐是一种很强的防腐剂，基本上可以防止腐败菌在这些小水滴中生长。但是该含盐量还不足以防止败坏，依旧容易出现霉斑、异味。因此，奶油装桶或装大纸箱，也可用一种奶油包装机包装成小单位。未开封的奶油一般在－18℃下冷冻，打发后，只能在 2～7℃下冷藏 3 天。其他油脂贮藏类似奶油。

2.蛋黄酱和色拉调料

在美国，蛋黄酱的特性标准要求这种乳化的半固体食品由植物油、醋酸或柠檬酸和蛋黄制成，还可含有盐、天然甜味剂、香辛料及各种天然的调味料。含油量不可低于蛋黄酱重量的 65%。酸是一种维生素防腐剂，其含量必须达到蛋黄酱重量的 2.5%，蛋黄提供乳化性能，还赋予蛋黄酱一种浅黄色泽，这种色泽不可用其他辅料来假冒或是增强。

商品蛋黄酱一般含有 77%～82%冻凝色拉油，5.3%～5.8%液体蛋黄，2.8%～4.5%含有 10%醋酸的醋，少量的盐、糖和香辛料，再加水至 100%。

蛋黄酱依靠其含酸量抑制微生物败坏，但它对氧化变质极为敏感，因此开瓶后必须冷藏。另外蛋黄酱容易变质、变味，需用高阻气性包装材料进行包装。例如玻璃瓶、复合共挤吹塑瓶、复合片材热成型容器。

奶油的成分特点与保藏

色拉调味料的成分特点与保藏

二、焙烤产品贮藏

焙烤食品是以面粉为原料，添加糖、油脂、鸡蛋等辅料及水制成面团，经发酵（或不经发酵）成型后，通过 160～260℃的高温焙烤熟化，最后经冷却、包装而生产出来的一类产品。

虽然面包、蛋糕等焙烤产品经过高温熟化过程，原料中的微生物几乎被彻底杀灭，但因其水分含量较高（面包中水分含量高达 35%～45%），如果冷却、包装和贮藏的方式不妥当，极易再次被空气中的霉菌污染而发霉变质。面包类制品在贮藏过程中还会缓慢地发生淀粉的老化作用。

饼干、糕点等水分含量较低的焙烤产品，在贮藏期间会吸潮而降低制品的松脆度，产品中的油脂成分遇氧气会缓慢地氧化而产生酸败气味。所以，包装材料的性能（如阻气性、防潮性、热合性、机械强度等）会直接影响制品的贮藏稳定性。

（一）糕点的劣变与贮存

1. 糕点的劣变

（1）干缩

水分含量较高的糕点，如蒸制品蛋糕、糕团类等品种在空气的相对湿度过低，尤其在空气流动较大的地方存放时，糕点中的水分损失严重，出现皱皮、僵硬、减重等现象称为干缩。糕点干缩后不仅外形起了变化，口味和风味也显著降低。

（2）回潮

糕点中含水量较少的品种，如饼干、酥类、松脆品及粉制品、糖制品等，在保管过程中，如果空气相对湿度较高时，便会吸收空气中的水汽而引起回潮。回潮后不仅色味都要降低，而且会失去原有的特殊风味，甚至出现软塌、变形、发韧、结块现象，不能供应市场。

（3）走油

很多含油量多的糕点，在保管中常常发生走油现象。分布在糕点中的油脂，是呈微滴状存在的，油脂的表面张力较大，这些油脂的微滴，总有一起聚集而呈大滴的趋向，大滴的油脂便要从糕点中游离出来，造成走油现象。放置时间延长或温度升高，都会促使走油。糕点走油后，会失去光泽和原来的风味。

（4）霉变

糕点在贮存过程中，受细菌等微生物污染后，微生物极易生长繁殖，特别是含水量较高的品种在温度高的情况下，微生物繁殖得更快，这就是通常所说的发霉。

（5）油脂氧化和变味

糕点在贮存过程中，油脂发生自动氧化使产品出现不良的气味和滋味。如果糕点和其他有强烈异味的物质存放在一起也能吸收异味。

（6）脱色

脱色指糕点在存放过程中失去了原有色泽而变得乌暗、组织粗劣，这种现象在橱窗陈列中最为显著。其中油脂酸败和色素褪色也是一个重要原因。

（7）虫蛀

糕点遭受虫蛀现象，除了由原料不洁带来的虫卵等原因外，主要是有些品种具有浓郁的香味，易于引来昆虫，存放时更易为虫所蛀蚀。

2. 糕点的包装

木盘、木箱、铁箱、硬质塑料箱：这类包装材料坚硬，包装容器不使糕点受到任何挤压和破坏，使用较普遍。

纸盒和纸板箱：纸盒包装糕点是比较普遍的，其适宜包装体质较轻的如蛋糕类品种，纸板箱用于运输包装。

马口铁听和塑料盒：这类材料用于销售包装，其隔绝氧气和防潮性好。马口铁听和塑料盒适用于要做较长期的保存和运输，使糕点保持原来品质的高档产品和出口产品。

耐油软纸和塑料袋：软纸包装在糕点上的应用也较为广泛，其耐油并防潮。塑料袋用氯乙烯塑料薄膜制成，防走油性能好，适宜包装小块、干性的糕点。

3. 糕点的抗氧化

(1)抗氧化剂

油脂在糕点中表面积很大，使其特别容易受氧化。防止糕点被氧化，应着重从原材料、生产工艺、包装和保藏等环节上采取相应的避光、降温、干燥、焙烤、排气、充氮、密封等措施，同时也要适当地配合使用一些安全性高、效果大的抗氧化剂，来延长贮存期限，提高产品质量。

①抗氧化剂的种类。

油溶性抗氧化剂能均匀地分布于油脂中，对油脂或含脂肪的糕点可以很好地发挥其抗氧化作用。主要有丁基羟基茴香醚(BHA)、二丁基羟基甲苯(BHT)、没食子酸丙酯(PG)、生育酚等。

②使用抗氧化剂的注意事项。

在早期阶段使用抗氧化剂，因为抗氧化剂只能阻碍氧化作用，延缓酸败的时间，不能改变已经酸败产品的质量。

在植物油中使用酚型抗氧化剂时，若同时添加某些酸性物质，则其效果显著提高。这些酸性物质称为增效剂，如柠檬酸、磷酸、抗坏血酸等，因为这些酸性物质能与促进氧化的微量金属离子生成螯合物，从而对促进氧化的金属离子起钝化作用。在一般情况下酚型抗氧化剂，可使用其用量的1/4～1/2的柠檬酸、抗坏血酸或其他有机酸作为增效剂。

注意光和热能促进氧化反应。经过加热的油脂，极易被氧化。一般的抗氧化剂，经过加热，特别是在油炸等处理下，很容易被分解或挥发。在170℃大豆油中，BHT完全分解时间为90分钟，BHA为60分钟，PG为30分钟。此外BHT在70℃以上、BHA在100℃以上加热，则会迅速升华挥发。

注意隔绝氧气。采取真空密封或充氮包装等，才能更好地发挥氧化剂的作用。

注意抗氧化剂使用均匀。

(2)使用脱氧剂

所谓脱氧剂是指在食品密封包装时，同时封入能去除氧气的物质。其能除去密封容器里的游离氧和溶存氧，防止食品由于氧化而变质、发霉等，使之能够长期贮存，保持食品原有的色、香、味。

①脱氧剂。

脱氧剂有两种。一种是以连二亚硫酸盐做主剂，氢氧化钙及植物活性炭为辅剂配合制得的脱氧剂。连二亚硫酸钠作为还原剂。另一种是用铁粉作为主剂，以填充剂、水和食盐为辅剂制作的脱氧剂。该脱氧剂主要是通过铁与氧的反应除掉氧。

②脱氧剂的脱氧能力及保鲜效果。

脱氧剂可分为速效型和缓效型两种。速效型脱氧剂大约在1小时内能使游离氧降到1%以下，最终降到0.2%以下。至于缓效型，脱氧所需的时间为12～24小时。

将57克蛋糕放入不透气的薄膜容器，同时封入3克脱氧剂、200mL空气，密封保存在温度30℃、湿度80%的条件下。加入脱氧剂后，密封容器内的氧被迅速除去，4小时内，氧的浓度降到1.1%以下。而未加脱氧剂的对照组，氧的浓度在3天后开始降低，14天后在9.5%，21天时在1.4%，该现象由霉菌消耗氧气引起(见表5-8)。加入脱氧剂处理，在3周内没有霉菌发生；不加入脱氧剂，1周后就发霉。脱氧剂作为容易发霉食品的防霉剂是有效的。

表5-8　包装容器内氧浓度的变化(30℃恒温、80%恒湿保藏，残留氧浓度%)

试验组	0天	3天	7天	10天	14天	21天
脱氧剂组	1.1	0.12	0.15	0.1	0.17	0.13
对照组(含有空气)	19.8	19.8	18.7	12.7	9.5	1.4

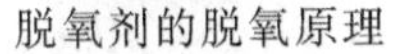

脱氧剂的脱氧原理

常见抗氧化剂和增效剂

4.糕点的贮藏管理

仓库要求卫生、干燥。室内温度不应高于20℃，湿度保持在65%左右。箱子码垛，冬天空气干燥，要上下对齐，使糕点保持一定湿度，防止水分过度散发；夏天则应斜角码垛，保持空气流通，防止闷热变质。糕点因有浓郁香味，极易遭受虫害和鼠害，要注意防虫和防鼠；另外，仓库不要存放有异味和过干或过湿的物品。糕点在贮存期间，应经常检查质量情况，如发现有受潮或变质现象应及时处理，避免造成更大损失。同一种规格的糕点应堆放在一起。糕点贮存必须执行先入库先出库的原则，避免造成部分品种存放过久引起质量下降。

(二)面包老化(bread staling)和腐败

面包在保管中发生的显著变化是“老化”。面包老化后，风味变劣，由软变硬，易掉渣，消化吸收率降低，欧式面包失去表皮的酥脆感，变得像潮湿的皮革。

1.面包老化机理

面包老化是一个复杂的现象，是面包所有成分共同作用的结果。

(1)水分移动

含水量高的面团，有延缓面包老化的作用；伴随着老化，水分也发生移动。面包在贮存过程中，内部水分向表皮浸透，表皮水分增加，内部水分减少。面包内部的水分也发生转移。面团在烘焙过程中，淀粉从面筋层中夺去水分而膨润糊化；面包在贮存过程中，淀粉链间的水分又析出转回到面筋层。

(2)淀粉的变化

淀粉的结晶化是面包老化的主要因素,随着结晶的形成,可溶性淀粉减少,表5-9表示了在贮存过程中可溶性淀粉数量和组成的变化。

表5-9 面包在贮存中面包心可溶性淀粉数量和组成的变化

贮存时间/小时	贮存温度/℃	可溶性淀粉/%	可溶性淀粉组成	
			直链/%	支链/%
0.16	室温	2.51	0.60	1.91
2	室温	2.34	0.39	1.95
5	21	1.86	0.22	1.64
12	21	1.74	0.18	1.54

老化面包的微观结构也发生了变化。面包瓤是多孔的海绵状组织,孔壁是面筋构成的骨架。骨架内布满了有黏性的淀粉,淀粉又被面筋围绕着,只有少数淀粉粒是直接相连的。新鲜面包由于凝固面筋与糊化淀粉互相结合而不易分清其界限;而老化面包瓤中的淀粉,则观察得比较清楚,可发现在淀粉粒周围有一薄薄的空气层,面包老化越严重,气层越清晰。这说明老化面包瓤中淀粉粒的体积在缩小,而孔壁上的面筋则没有发生变化。

面包的老化是直链淀粉起主要作用。结合在直链淀粉无规则结构中的螺旋状分子吸收能量而拉长,排除水分,分子间形成氢键,进而形成结晶结构,引起聚合。但也有学者认为,直链淀粉在面包冷却过程中已经老化,其在面包贮存过程中已经与老化关系不太大了,老化是由支链淀粉回生作用引起的。

(3)淀粉以外成分的变化

面包中除淀粉以外的主要成分是面筋,面筋的变化速度比淀粉慢。一般地说,面筋含量高,老化速度慢。面包心的可溶性物质包括淀粉和戊聚糖,戊聚糖在小麦粉中含量很少,但它与面包老化亦有关。老化后,戊聚糖含量减少。

2.延缓面包老化的措施

从热力学上来说,面包老化是自发的能量降低过程,只能延缓面包老化而不能彻底防止老化。根据面包老化的机理,人们研究出多种方法来最大限度地延缓面包老化。

(1)温度

温度对面包老化有直接关系。图5-6表示不同温度条件下面包硬度与贮藏时间的关系。

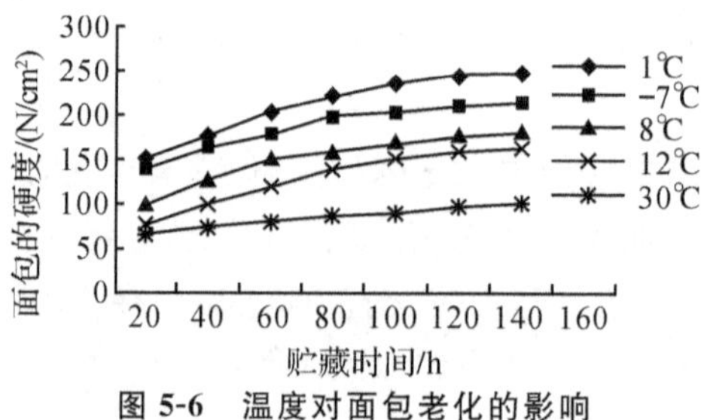

图5-6 温度对面包老化的影响

从图可知，1℃时老化最快，随着温度升高，老化减慢，30℃时几乎呈直线关系。在最初24小时内的老化达140小时内老化的50%。以30℃老化为基准时，1℃的老化速度是30℃的2.5倍。

冷冻是防止面包质量降低的有效方法。－7～20℃是面包老化速度最快的老化带。可使用鼓风冻结方法，用－40～－35℃的冷空气处理面包。

面包配方中使用了糖、盐，它们的冻结温度为－8～－3℃。要使面包中80%的水分冻结成稳定状态，至少要在－18℃条件下贮藏(参见表5-10)。

表5-10　贮存温度与面包硬度增加率

贮存温度/℃	贮存时间/日	硬度增加率/%
－9.5	3	27
－12.5	24	14
－17.8	24	0
－22.0	24	0

高温处理也是延缓面包老化的措施之一，温度越高，面包的延伸性越大，强度越低，面包越柔软。

(2)使用添加剂

α-淀粉酶能将淀粉水解为糊精和还原糖，导致立体网络联结点减少，阻碍淀粉结晶的形成。但用量过大，将引起产品黏度大。小麦活性面筋和戊聚糖能起到延缓面包老化的作用。甘油脂肪酸酯、卵磷脂、硬脂酰乳酸钙(CSL)、硬脂酰乳酸钠(SSL)等表面活性物质可使面包柔软，延缓老化，增大制品体积，同时还有提高糊化温度、改良面团物性等作用。这些物质是目前世界各国广泛使用的添加剂。

(3)原材料的影响

小麦粉的质量对面包的老化有一定影响。一般来说，含面筋高的优质面粉，会推迟面包的老化时间。在小麦粉中混入3%的黑麦粉就有延缓面包老化的效果。

在小麦粉中加入膨化玉米粉、大米粉、α-化淀粉、大豆粉及糊精等，均有延缓老化的效果。在面包中添加辅料，如糖、乳制品、蛋(蛋黄比全蛋效果好)和油脂等，不仅可以改善面包的风味，还有延缓老化的作用，其中牛奶的效果最显著。糖类有良好的持水性，油脂则具有疏水作用，它们都从不同方面延缓了面包的老化。在糖类中单糖的防老化效果优于双糖，它们的保水作用和保软作用良好。

(4)包装

包装可以保持面包卫生，防止水分散失，保持面包的柔软和风味，延缓面包老化，但不能制止淀粉β-化。无包装的面包水分损失主要发生在面包瓤外侧1厘米深处，在这个部位形成一个干燥内瓤层。在24小时内水分便发生了明显耗损。因此，面包采用塑料薄膜袋(聚乙烯或聚丙烯)、蜡纸、玻璃纸包装。

3. 面包的腐败

面包在保管中发生的腐败现象一种是面包瓤心发黏，另一种是表皮生霉。

(1)瓤心发黏和防治

面包瓤心发黏是由普通马铃薯杆菌和黑色马铃薯杆菌引起的。病变先从面包瓤心开始,原有的多孔疏松体被分解,变得发黏发软,瓤心灰暗,最后变成黏稠胶体物,产生香瓜腐败时的臭味。用手挤压可成团,将面包切开,可看见白色的菌丝体。

马铃薯杆菌孢子的耐热性很强,可耐140℃的高温。面包在烘焙时,瓤心的温度在100℃以下,部分孢子被保留下来;而面包瓤心的水分在40%以上,只要温度适合,这些芽孢就繁殖增长。这种菌体繁殖最适温度为35~42℃,夏季高温季节,面包最容易发生这种病害。

马铃薯杆菌含有过氧化氢酶,能分解过氧化氢,可利用这一性质对面包进行检查。取面包瓤2克,放入装有10毫升3%过氧化氢水溶液的试管中,过氧化氢被分解而产生氧,计算1小时产生的氧气量来确定被污染程度。

预防措施:

①马铃薯杆菌主要寄生在原材料、调料工具、面团残渣及空气中。对面包所用的原材料要进行检查;对所用工具应经常清洗消毒;对厂房也应定期消毒,用稀释20倍的福尔马林喷洒天棚墙壁,或用甲醛等熏蒸。

②适当降低面包的pH值。当面包的酸度在pH值5以下时,可以抑制菌体的污染,但面包的酸度过高不受欢迎。

③使用丙酸盐类防腐剂。由于丙酸及其盐类对引起面包产生黏丝状物质的好气性芽孢杆菌有抑制效果,但对酵母菌几乎无效,国内外广泛将其用于面包及糕点类食品的防腐。用量根据国家标准。

(2)面包皮霉变和防治

面包皮霉变是由霉菌引起的。污染面包的霉菌种类很多,有青霉菌、青曲菌、根霉菌、赭曲菌及白霉菌等。霉菌孢子喜欢潮湿环境,20~35℃是它们生长的适宜温度。

初期生长霉菌的面包,就带有霉臭味,表面具有彩色斑点,斑点继续扩大,会蔓延至整个面包皮。菌体还可以向面包深处侵入,占满面包的整个蜂窝,以致最后整个面包霉变。

预防措施:

我国南方春季高温多雨,面包容易生霉,生产中应做到四透:调透、发透、烤透、冷透。这是防止夏季面包生霉的好方法,其中发透和冷透是关键。另外,对厂房、工具定期清洗和消毒。霉菌易在潮湿和黑暗的环境下繁殖,阳光晒、紫外线照射和通风换气都有预防效果。

使用防腐剂有很好效果,醋酸或0.05%~0.15%乳酸、0.1%~0.2%丙酸盐在防霉上有良好的效果。目前,最常用防腐剂是丙酸钙、富马酸二甲酯。在同样的贮藏条件下,添加0.1%~0.2%的丙酸盐可使面包的贮藏期延长到16~30天;添加适量富马酸二甲酯,可使面包在三个月内不生霉。

第三节　发酵食品贮藏

狭义的发酵是在缺氧状态下糖类的分解。广义的发酵为在缺氧和有氧条件下糖类的分解。乳酸链球菌(*Streptococcus lactis*)是在缺氧条件下将乳糖转化成乳酸，属于真正的发酵。纹膜醋酸杆菌(*Acetobacter aceti*)则是在有氧条件下将酒精转化成醋酸，严格地说，这不属于发酵而是氧化。然而，习惯上两者都被认为是发酵。某些微生物可以用来保藏食品，利用各种因素促使这些有益的微生物生长，能够抑制有害微生物生长环境的形成，预防食品腐败变质，同时还能保持甚至改善食品原有营养成分和风味。

一、食品发酵贮藏的原理

(一)发酵产物抑菌

微生物根据裂解对象分为朊解、脂解和发酵菌三种类型。朊解菌分解蛋白质及其他含氮物质，并产生腐臭味，除非其含量极低，否则食品不宜食用。脂解菌分解脂肪、磷脂和类脂物质，除非其含量极低，否则会产生败味和鱼腥味等异味。

发酵菌把糖类及其衍生物转化成乙醇、乳酸和二氧化碳等。这类产物引起人们的嗜好。从食品保藏角度来看，发酵菌如能生产足够浓度的酒精和有机酸，就能抑制许多脂解菌、朊解菌的生长活动，否则在后两者的活动下，食品就会腐败变质。

蔬菜发酵主要是乳酸发酵。乳酸菌也常常因酸度过高而死亡，乳酸发酵也因而自动停止。因此，乳酸发酵时常会有糖分残留下来。腌制过程中，乳酸累积量一般可达0.79%～1.40%。有些乳酸菌仅仅积累乳酸，称为同型发酵。还有的乳酸发酵不只是形成乳酸，还形成其他最终产物，称为异型发酵。蔬菜发酵通常用一定量的食盐，但是食盐用量较低，同时有显著的乳酸发酵。例如四川泡菜、酸黄瓜等。低pH值能加强 Na^+ 离子的毒害作用。使用 NaCl 抑制微生物活动时，加入酸可使 NaCl 的用量显著减少。蛋白分解菌对酸的敏感性高于盐分。例如普通芽孢杆菌和马铃薯芽孢杆菌在9%盐液中生长迅速，在11%盐液中生长缓慢，但0.2%醋酸或0.3%乳酸就能抑制它们的生长。也有一些腐败菌，例如厌氧芽孢菌和需氧芽孢菌耐盐性较差，其也受乳酸菌所产生的乳酸的抑制。蔬菜在腌制过程中也存在着酒精发酵现象，其产量可达0.5%～0.7%，其量对乳酸发酵并无影响。

葡萄酒、米酒、啤酒等都是利用酒精发酵制成的产品。啤酒中的乙醇含量为2%～4%。葡萄酒为11.5%～12.5%，黄酒为14%～15.5%，日本清酒为16%～18%。这些乙醇含量都不足以抑制霉菌或不良酵母的败坏，因此需要包装和巴氏杀菌后才能长期贮藏。另外，葡萄酒充分发酵后，添加亚硫酸盐，或者通过蒸馏能进一步提高酒精含量从而达到完全抑菌效果。

醋酸发酵是醋酸菌将酒精氧化成醋酸。醋酸菌为需氧菌，因而醋酸发酵一般都是在液体表面进行。对含酒精食品来说，醋酸菌是促使酒精消失和酸化的变质菌。但是对于米醋来说，其乙酸浓度很高，能够抑制各种细菌。但是想抑制霉菌和酵母，还是需要巴氏杀菌，或添加防腐剂，或密封隔绝氧气。

发酵对食品品质的影响

发酵保藏的原理

发酵食品保藏

(二)发酵后期菌与败坏

酸度、酒精含量、菌种、温度、通氧量和加盐量等影响着发酵食品后期贮藏中微生物生长的类型。

1. 食盐

某些乳酸菌、酵母和霉菌对适当的盐液浓度具有一定的忍受力或适应能力。需氧或厌氧芽孢菌对盐液忍受力较差，特别是脂解菌和朊解菌，会在酸和盐的互补作用下受到抑制，不过这些菌对酸比对盐敏感得多。如果耐盐的霉菌和酵母生长，以致介质中酸度下降，那么脂解菌和朊解菌就会大量生长而导致食品腐败。

常见的乳酸菌一般都能忍受10%～12%的盐液浓度，而蔬菜腌制中出现的许多朊解菌和其他类型的腐败菌，都不能忍受2.5%以上的盐液浓度，当酸、食盐结合时其影响更大。因此，蔬菜腌制时加食盐对乳酸菌抑制较弱，对朊解菌和脂解菌抑制很强。乳酸菌生长和产酸后，在酸和食盐结合影响下，朊解菌和脂解菌受到更强力的抑制。腌制包心菜时其用盐量为2.0%～2.5%，低盐度有利于迅速产酸，而它的主要防腐作用主要依靠酸的影响，不过也有使用5%～6%的盐液浓度的。黄瓜腌制时需要的盐液浓度高达15%～18%，其靠食盐的高渗透压防腐。制造干酪时也运用同样的原理，即在长期成熟过程中，在凝乳块中加盐量要足以控制朊解菌的生长活动。许多发酵食品常利用盐、醋和香料的互补作用以加强对细菌的抑制作用。

2. 酸度

含酸食品有一定的防腐能力，但是有氧存在时，表面常有霉菌生长，并将酸消耗掉，以致其失去防腐能力，这类食品表面就会发生脂解和朊解活动。切达干酪成熟过程就有此原因而造成缺陷。鲜乳发酵经历了乳酸球菌—乳酸杆菌—短乳杆菌的形成过程。在高酸度的环境中，乳杆菌也逐渐死亡。在乳酸发酵后期，最耐酸的乳酸菌可能并非是风味良好的乳酸菌，这也会带来发酵产品的品质下降。另外如果含有氧气，耐酸酵母和霉菌开始生长，降解有机酸后，促进朊解菌和脂解菌生长，导致食品败坏。腌菜后期耐酸的短乳杆菌和表皮葡萄球菌是“胖袋”形成的主要原因。要抑制其危害需要真空包装结合巴氏杀菌或添加防腐剂和酸味剂，不但要抑制酵母和霉菌，还要抑制不良乳酸菌在产品贮藏中的危害。

3. 乙醇

乙醇具有防腐作用,防腐作用大小主要取决于其浓度。高乙醇含量的食品是酒类。酵母同样不能忍受它自己所产生的超过某种浓度的乙醇及其他发酵产物。按容积,12%～15%的发酵乙醇就能抑制酵母的生长。一般发酵饮料酒的乙醇含量仅为9%～13%,防腐能力还不足,还需进行巴氏杀菌。乙醇容易被醋酸菌氧化成乙酸,另外也容易被劣质酵母和霉菌危害。如果饮料酒中加入乙醇,使其含量达到20%(按容积计),就不需要巴氏杀菌处理,足以防止变质和腐败,否则需要巴氏杀菌。另外葡萄酒中添加的是亚硫酸盐。

4. 氧气

霉菌是需氧性的,在缺氧条件下不能生长,故缺氧是控制霉菌生长的重要途径。酵母都是兼性厌氧菌,在大量空气供应的条件下酵母繁殖远超过发酵活动。但在缺氧条件下,是将糖分转化成酒精,进行酒精发酵。细菌有需氧的、兼性厌氧的和专性厌氧的。醋酸菌是需氧菌,制醋时在通气条件下由醋酸菌将酒精氧化生成醋酸。但通气量过大,醋酸就会进一步氧化成水和氧气。此时如有霉菌也能生长。因而制醋时通气量应当适当,同时制醋容器应加以密闭,以减少霉菌生长的可能性。乳酸菌为兼性厌氧菌,它在缺氧条件下才能将糖分转化成乳酸。因此,供氧或断氧不但可以促进或抑制某种菌的生长活动,引导发酵向着预期的方向发展,还对发酵产品贮藏有关键性影响。发酵产品都需要避免霉菌危害,因此,贮藏时都需要隔绝氧气。

5. 温度

各种微生物都有其适宜生长的温度,发酵过程的温度不但对不同微生物的比例和最终微生物种类有很大的影响,还会影响产品的贮藏性。另外,低温也是发酵食品贮藏的常用手段。例如活菌酸奶和活菌泡菜都使用低温贮藏和销售。

丁酸发酵

发酵菌种的使用

二、发酵食品贮藏

(一)腌菜贮藏

未开封的腌菜,贮藏性能很好。开封时如果发现品质不好,这主要是前面腌制工艺有问题,如加盐不足、隔氧不好、温度太高等。开封后腌菜很容易长霉,这是因为氧气进入后可促使霉菌生长,而原有的盐浓度和乳酸含量通常不足以抑制霉菌。因此,腌菜开封时灌入适当浓度的盐水,封盖住菜体,即可防霉。或者采用真空包装巴氏热杀菌,非热杀菌的可以添加防腐剂或酸味剂抑制微生物腐败。

(二)发酵乳(酸奶)保藏

发酵乳的乳糖通过非氧化性途径和氧化性途径生成乳酸。非氧化性途径由同型发酵乳酸菌进行,氧化性途径由异型发酵乳酸菌进行。随着乳酸含量的增加,其对发酵乳酸菌本身会产生抑制作用。所以乳酸发酵时不能将乳糖全消耗掉,通常只能消耗 20%～30%。嗜热链球菌能忍受 0.8%的乳酸,保加利亚乳杆菌和约古特乳杆菌分别能忍受 1.7%和 2.7%的乳酸。乳酸含量在低酸度发酵乳中通常是 0.85%～0.95%,在高酸度发酵乳中通常是 0.95%～1.20%,因此,使发酵乳的乳酸菌停止生长,并非依靠有机酸的抑制作用,而是将发酵乳加以冷却。冷却到 10℃左右转入冷库,在 2～7℃进行冷藏后熟。一般该过程是 12～14h 完成,其有促进香味物质产生、改善酸奶硬度的作用。这样导致发酵乳的发酵是不完全的,会带来发酵乳产品在贮藏流通中继续发酵的问题。

为了把酸奶的酶的变化和其他生物化学变化抑制到最小限度,最好在 0℃或再低一点的温度下进行冷藏,特别是长时间贮藏可控制温度在－1.2～－0.8℃。

(三)酱油的保藏

酱油属于霉菌降解豆类蛋白质,产生多种鲜味氨基酸。我们一般也认为它是发酵食品。酱油用瓶子灌装密封杀菌后保藏性良好。但是酿造企业发酵后,大量酱油需要贮藏,此时酱油容易出现微生物危害等问题。

酸奶发酵特点与保存

酱油防腐

1. 酱油生霉(生白)的原因

当气温高于 20℃时,酱油表面容易出现白色的斑点,继而加厚,形成皱膜。颜色由白变成黄褐色。

(1)与酱油的内在因素有关

天然发酵或低温长时间酿制的优质酱油,由于含有较多的醇类、脂肪酸、酯类、多种有机酸等,对杂菌有一定的抑制作用;相反酱油的质量低,本身防腐性能差,就容易生霉。其次生产发酵方面,如果发酵不成熟、加热灭菌不彻底或防腐剂添加不当(未全部溶解或搅拌不匀或添加不足),也会引起酱油生霉。

(2)受外来因素的影响

①接触的容器不干净。

②因吸收空气中的水分而降低了盐度。

③受环境的空气污染。

(3)造成酱油生霉的微生物

使酱油生霉的微生物主要是产膜酵母,如粉状毕赤氏酵母、日本结合酵母、球拟酵母属、醭酵母属。这些产膜酵母最适繁殖温度为25～30℃，加热到60℃数分钟就被杀灭。酱油虽经过加热灭菌，但在生产贮存和销售过程中常受容器及空气中微生物的污染而生霉。此类杂菌是好气性的，常在表面层生长。

2. 酱油防霉的措施

(1)加热灭菌和清洁卫生

成品经过70～80℃加热灭菌，产膜性酵母全部被杀灭。但是酱油泵、管道、配油桶及贮油罐也有隐藏着生霉的菌落，所以要经常清洗干净，保持干燥。

(2)提高酱油质量

要保证酱油的食盐含量达到标准，同时注意保证发酵期，使用多菌种酿制的酱油含有多种醇类。天然晒露的酱油含有多种有机酸、脂肪酸、酯类等，它们具有抑制产膜酵母的能力。

(3)注意容器清洁

包装容器应该洗刷干净，保持干燥。在运输或贮存中防止雨水淋入或污染生水。

(4)正确按量使用防腐剂

防腐剂使用按照GB 2760。常用的防腐剂有苯甲酸或苯甲酸钠、山梨酸和山梨酸钾、对羟基苯甲酸酯类。

3. 酱油保藏

(1)澄清

生酱油加热后随着温度的增高，逐渐产生凝结悬浮絮状物，须放置于贮油罐中，静置数日，一般4～7天，使凝结物及其他杂质积聚于容器底部，使成品酱油达到澄清透明的要求。

(2)贮存和包装

贮存或运输过程中必须做好密封。包装容器有瓶、坛、塑料桶等多种。瓶装酱油清洁卫生，在运输零售过程中不易受外界污染。

(四)黄酒的贮藏

坛装开封的黄酒，在夏天很容易发酸，这是由醋酸菌的发酵引起的。醋酸菌是一种好氧菌，在氧气充足且温度较高时，可将乙醇转变成乙酸而使黄酒发酸。从乙醇氧化为乙酸可分为三个阶段：先由乙醇在乙醇脱氢酶的催化下氧化成乙醛；再由乙醛通过吸水形成水化乙醛；接着经乙醛脱氢酶氧化成乙酸。

降低开封坛内氧气含量的做法并不现实，常用的方法是将开封的黄酒放入温度较低的地下室，或者装入玻璃瓶，密封后进行巴氏杀菌即可。酒厂大量的未开封的坛装酒的贮藏(也是陈酿过程)，也需要置于温度较低的地下室中，否则风味较差。在贮藏温度未能得到良好的控制的情况下，黄酒并非越陈越好。

第四节　干制食品贮藏

干制就是在自然或人工控制条件下促使产品水分蒸发脱除的工艺过程。干制保藏就是使产品中的水分降低到足以防止其腐败变质的程度，并保持产品在低水分状态下长期保藏。脱水主要指人工干制。脱水从方法来讲包括空气脱水和油炸脱水。

一、干燥食品保藏机理

(一)水分活度(Aw)与微生物

不同种类的微生物的生长繁殖对 Aw 值下限的要求不同。细菌最敏感，其次是酵母菌，最后是霉菌。产毒需要较高的 Aw 值，例如金黄色葡萄球菌繁殖的 Aw 值下限为 0.87，Aw 值为 0.99 时可产生大量的肠毒素，当 Aw 值下降到 0.96 时产毒基本结束。另外，霉菌孢子萌发也要比营养体生长所需的 Aw 值稍高。

表 5-11　一般微生物生长繁殖的最低 Aw 值(引自赵丽芹书，2000)

微生物种类	Aw 值
G^- 杆菌，部分细菌的孢子和一些酵母	1.00～0.95
大多数球菌、乳杆菌、杆菌科的营养体细胞，某些霉菌	0.95～0.91
大多数酵母菌	0.91～0.87
大多数霉菌、金黄葡萄球菌	0.87～0.80
大多数耐盐细菌	0.80～0.75
耐干燥霉菌	0.75～0.65
耐高渗透压酵母菌	0.65～0.60
任何微生物不能生长	＜0.60

(二)水分活度与酶活性

Aw 值越高酶促反应速度越快，生成物的量也越多。酶的活性除与 Aw 有关外，还与水分存在的空间有关。例如淀粉和淀粉酶的混合物在其 Aw 值降到 0.70 时，淀粉就不发生分解；但在将这种混合物放到毛细管中时，Aw 值即使降到 0.46 也易引起淀粉分解，另外脂肪氧化酶、多酚氧化酶等在毛细管时活性更大。烫漂可以灭活一些酶活性，蔬菜经过烫漂的干制品比未经烫漂的能更好地保持其色、香、味，并可减轻在贮藏中的吸湿性。

(三)空隙和氧化

干燥后，食品中可能充满很多微小空隙，导致酶的反应，特别是这种空隙容易导致氧气进入，促进脂肪酸等氧化，带来品质急剧下降。

(四)回潮褐变和发霉

干制品的含水量对保藏效果影响很大。一般在不损害干制品质量的条件下，含水量越低保藏效果愈好。经过烫漂的干制品吸水后产生的褐变主要是非酶褐变，而没有经过烫漂的制品，可能同时存在酶褐变和非酶褐变。如果水分过多，则可能带来霉菌生长。蔬菜干制品经过熏硫，比未经熏硫，可以保色和避免微生物或害虫的危害。另外一种护色方法是把干制品进行冷藏或冻藏。

(五)干制品的包装

干制品需要利用包装密封来防潮、遮光、防虫等。良好的包装材料和方法可以极大提高干制品的保藏效果。充氮气，加吸氧剂、吸湿剂等有利于贮藏。小包装一般选用防潮材料，例如彩印铝箔复合袋，采用抽真空充氮包装；运输大包装通用双层PE袋做内包装，瓦楞纸板箱做外包装，用于支撑和遮光。油炸干食品或疏松的冷冻干燥品，还加放小包干燥剂、吸氧剂等，或应用真空包装或充惰性气体包装，使包装内氧气含量降低到2%以下。

二、干制品贮藏

(一)植物干制品

蔬菜产品贮藏时应尽量降低其水分含量，当水分含量低于6%时，则可以大大减轻贮藏期的变色和维生素损失。反之，当含水量大于8%时，则大多数种类的保藏期将因之而缩短。果品干制品因组织厚韧，可溶性固形物含量高，多数产品干制后可以直接食用，其含水量较高，通常在10%～15%，也有高达25%左右的产品。

1. 预处理

有的蔬菜干制品在包装前需要进行回软处理、防虫处理、压块处理等，这些处理有利于保藏。

(1)回软

回软也称均湿，或水分平衡，将干制品堆积在密闭的室内或容器内进行短暂贮存。需要回软1～3d。干制后的产品各部分所含的水分并非均匀一致，贮藏时需使干制品内部水分均匀一致，此时干制品变软。

(2)防虫

干制品常有虫卵混杂其间，尤其是采用自然干制的产品。干制品经包装密封后处于低水分状态，虫卵颇难生长，但随着包装破损，昆虫可能就会侵袭干制品。为了防止干制品遭受虫害，可采用以下两种方式防虫：①低温杀虫，使用－15℃以下的低温处理产品;②热力杀虫,高温加热数分钟。

(3)压块

有些干制品体积膨松,而体积很大不利于包装运输。在产品不受损伤的情况下,可压缩成块以缩小体积,这称为压块。压块还可降低包装袋内氧气含量,有利于防止氧化变质。为防止压碎,在压块前常需要用蒸汽加热20～30s,促使软化,从而降低破损率。如经蒸汽处理后水分含量超标时,则可与干燥剂贮放一处,例如生石灰,经2～7d则可降低水分含量。

干制品应贮藏在低温、干燥、避光的环境中。贮藏温度愈低,保持干制品品质的时间就愈长。贮藏温度最好为0～2℃。在10～14℃时,贮藏效果都比较好。贮藏环境的空气愈干燥愈好,其相对湿度应在65%以下。干制品的包装材料如不遮光,则要求贮藏环境必须避光,否则会降低其β-胡萝卜素的含量,加深产品褐变程度。

贮藏干制品的库房要求干燥、通风良好、清洁卫生,且有防鼠设施。堆码时留有空隙和走道,以利于通风和管理操作。

2. 干菜贮藏

干菜贮藏时需要防潮、防虫蛀。产品用聚乙烯薄膜包装,高档的用镀铝复合薄膜包装,还可以在包装内封入干燥剂。蔬菜干菜、海产干海苔和一些干燥的调味菜等都属低水分食品。微生物在这样低的水分活度下难以生长繁殖,充氮除氧气调包装,有利于保持产品原有的颜色,防止脂质氧化和防虫。

3. 茶叶贮藏

茶叶贮藏主要问题是清香散失,绿茶色泽变褐色。茶叶需要防潮、遮光、防氧化和防串味。传统用陶罐,加生石灰吸水。现代低档茶叶多用聚乙烯或聚丙烯薄膜包装。中高档茶叶多用镀铝复合薄膜密封包装,复合薄膜内层不能用胶水胶粘(防止串味)。珠形茶叶常用真空包装,针形或片状茶叶不能抽真空包装,否则茶叶容易折断,常直接密封,或充N_2密封,外部再使用马口铁易开罐或非密封罐。

4. 炒熟干果贮藏

炒熟干果富含脂肪和蛋白质,大多数含水分很少,例如香榧、山核桃、瓜子等,应考虑防潮、防虫蛀、防油脂氧化。采用高阻隔的包装材料,如金属罐、塑料罐、玻璃瓶等,也有用镀铝复合薄膜袋真空或充气包装。也有的炒货含水分很高,例如板栗,其仅适合短期贮藏,或用塑料薄膜真空密封包装后,采用辐射杀菌后长期贮藏。

(二)动物干制品

1. 干制肉贮藏

干制肉贮藏时其主要变质原因是吸潮霉变、脂肪氧化和风味变化等。主要通过真空包装等保护产品,要求隔氧防潮,防止光线照射导致油脂氧化。干制肉主要有腊肉和烟熏肉。前者有一定的酱油等成分,有一定辅助防腐作用;后者的烟熏成分有一定辅助防腐能力。烟成分中所含石炭酸和煤酚、醛类具有防腐性。但是这些产品主要还是靠干制防腐。

2. 干制水产品贮藏

干制水产品主要有乌贼鱼干、鱿鱼干、虾米、海参等，其水分含量很低，蛋白质含量很高，易遭受微生物的侵染而霉变，需要干制到很低水分后，再结合包装来贮藏，一般用聚丙烯薄膜密封包装防潮。有些含有较高脂肪，容易氧化变质，采用镀铝复合薄膜真空或充 N_2 包装。

(1)低水分水产食品

鲣节等干制品属于低水分食品，细菌在这样低的水分活度下难以生长繁殖。在这种情况下用气调包装的主要目的就是保持水产品原有的颜色和防止脂质氧化。用 N_2 来包装鲣节和煮干品，可以避免鲣节虫和粉螨虫类的害虫，在除去氧气只留下 N_2 的情况下这些虫就不能存活了。N_2 包装还可以防止食品氧化，尤其是对鲣节。因为作为商品的鲣节一般都削得很薄，使其表面积增大许多，增加了与氧接触的机会，易发生褐变，产生哈喇味而失去商品价值。用 N_2 包装可以贮藏很长时间而无不利影响。

(2)水分稍多的半干制品

鱼干、贝干、鱿鱼丝等使用除氧包装，对于易发生褐变的它们来说，用亚硫酸盐处理再用充 N_2 包装，可防止变色，使用充 CO_2 包装防止氧化变色效果会更好，也不会带来涩味。因为半干食品水分含量低，CO_2 很难溶于水生成碳酸，且一般还要再加热，加热后碳酸会自行挥发。目前为了风味更好，一些鱼干含水较高，需要结合冷冻贮藏。例如幼鳀鱼干、竹荚鱼干、煮干品、鱿鱼丝等都是半干制品。为了防止氧化、变色，使用除去 O_2 的包装更易发生褐变，但用亚硫酸处理后，再用 N_2 包装就可以防止变色。对于半干制品用 CO_2 包装效果会更好。如竹荚鱼干利用气调包装能明显抑制脂质氧化和褐变，尤其是使用 CO_2 的包装，抑制细菌增殖的效果十分明显，普通含气包装的竹荚鱼仅保存 6 天，而使用 CO_2 包装的可保鲜 20 多天，其对幼鳀鱼干也有同样的效果。

(3)高水分的水产制品

对于像鱼糕、烤鱼卷等高水分水产制品来说，利用气调包装可以防止细菌性的腐败变坏。例如新鲜烤鱼卷只可保鲜 2 天，若用 CO_2 包装，则可以保鲜 6 天；鱼糕的保鲜期为 4 天，使用气调包装后可保鲜 8～9 天。

第五节　高盐和高糖(高渗透压)食品贮藏

一、高盐食品保藏

让食盐渗入食品组织内，降低它们的水分活度，提高它们的渗透压，借以有选择地控制微生物的活动和发酵，抑制腐败菌的生长，从而防止食品腐败变质，保持它们的食用品质，这样的保藏方法称为腌渍保藏。其制品则称为腌渍食品。盐腌的过程称为腌制,其制品主要有腌菜、腌肉等。

蔬菜腌制品有两类,非发酵性和发酵性的腌制品。非发酵性腌制品,属于高盐保存品,几乎没有乳酸发酵。有一些水果也用高盐腌制,但并非直接提供消费者食用,而是作为制蜜饯和果脯的原料。这类腌制品,称为腌胚。

腌制是鱼肉类食物长期以来的重要保藏手段。现在冷库和家用冰箱已经普及,腌制品已成为膳食中调剂风味的菜肴,不再作为重要保藏手段进行生产。例如咸肉、咸黄鱼、金华火腿、风肉、板鸭、咸蛋等就属于腌制品。

(一)食盐保藏食品机制

1. 食盐抑制微生物细胞的原理

(1)高渗透压

1%浓度的食盐溶液可以产生 6.1 个大气压的渗透压,而大多数微生物细胞的渗透压为3～6 个大气压。一般认为食盐的防腐作用是在它的高渗透压。食盐形成溶液后,扩散渗透进入食品组织内,从而降低了其游离水分,提高了结合水分及其渗透压,从而抑制了微生物活动。

(2)脱水作用

食盐溶解于水后就会离解,并在每个离子的周围聚集一群水分子。水化离子周围的水分聚集量占总水量的百分率随着盐分浓度的提高而增加。在 20℃时,食盐溶液达到饱和程度时的浓度为 26.5%。微生物在饱和食盐溶液中不能生长,一般认为这是微生物得不到自由水分的缘故。

(3)单盐毒害

微生物对钠离子(Na^+)很敏感。当 Na^+ 达到一定浓度时,就会对微生物产生抑制作用。Na^+ 能和细胞原生质中的阴离子结合,产生毒害作用。其毒害作用也可能来自氯离子。

(4)抑制酶活

微生物分泌出来的酶活性常在低浓度盐液中就遭到破坏。盐液浓度仅为 3%时,变形菌(*Proteus*)就会失去分解血清的能力。

(4)局部缺氧

盐水会显著减少溶氧量,形成缺氧环境,此时需氧菌难以生长。

腌制池常见的酵母菌

2. 盐液浓度和微生物的关系

盐液浓度在 1%以下时,无抑菌作用。当浓度为 1%～3%时,微生物仅受到暂时性抑制。当浓度高达 10%～15%时,大多数微生物会停止生长。大部分杆菌在浓度 10%以上盐液中就不再生长。有些嗜盐菌在高浓度盐液中仍能生长,盐液浓度至少可在13%。细菌中只有极少数是耐盐菌，如小球菌、嗜盐杆菌、假单胞菌、黄杆菌、八叠球菌和明串珠菌。厌氧芽孢菌和需氧芽孢菌耐盐性较差。球菌的抗盐性较杆菌强。非病原菌抗盐性一般比病原菌强。有人研究31种病原菌，发现在10%盐液浓度中没有一种菌能生长，肉毒杆菌也不例外。当盐液的浓度达到20%～25%时，绝大部分微生物都停止生长。但是酵母、霉菌只有在20%～30%盐液浓度中才会受到抑制，在所有酵母中抗盐力最强的为圆酵母。很多菌种在肉组织和高浓度盐水交界处尚能生长。细菌在浓盐液中虽不能生长，但常没有死亡，再次遇到适宜环境时仍能恢复生长。

表5-12　不同微生物的耐盐液浓度

微生物	盐液浓度	微生物	盐液浓度
醭酵母(Mycoderma)	10%	乳酸菌	12～13%
黑曲菌	17%	变形菌	10%
腐败球菌	15%	青霉菌	20%

3. 食盐的质量和腌制食品的关系

食盐中常混杂有嗜盐细菌、霉菌和酵母。低质盐，特别是晒盐，微生物的污染极为严重，腌制食品变质常由此引起。精制盐经高温处理，微生物含量要低得多。

(二)高盐食品的贮藏

1. 咸菜

咸菜含盐量很高，能够抑制细菌繁殖和乳酸发酵。短期腌菜色泽呈绿色，长期腌菜色泽变黄。其一般结合真空包装，抑制霉菌和酵母危害。为了长期销售，还需要进行85℃下的10分钟巴氏杀菌。

2. 高盐畜禽品

红色肉的腌肉制品会涉及变色问题。肉类用高盐腌制时，保持缺氧环境将有利于避免褪色。当肉类中无还原物质存在时，暴露于空气中的肉表面的卟啉色素就会因为氧气的氧化而分解，出现褪色现象。另外，有氧气会导致长霉褐变。用无氧充填工艺，将腌肉包装在氧气透过率很低的塑料薄膜容器中，有利于贮藏。

含盐量较低的生香肠，产生微生物腐败的可能性很大，可以采用CO_2充气包装，或用含聚偏二氯乙烯的复合薄膜包装后，贮藏于4℃以下。

咸蛋之类还是不足以仅靠盐保藏，一般需要真空包装和巴氏杀菌后贮藏。

3. 高盐水产品的贮藏

食盐溶液的高渗透压，在一定程度上抑制细菌等微生物的活动和酶的作用。结合包装，可以防止水分的渗漏和外界杂质的污染。高盐水产品例如咸鱼、海蜇大多散装出售，一般用木材或塑料制成的桶、箱包装，木制容器可内衬一层塑料袋以提高抗渗透性能。咸鱼还经常结合干制，晒干保存和出售。

二、高糖食品保藏

糖类食品通过渗透的机制来抑制微生物的活动。抑制作用由可溶性固形物的总浓度和体系的渗透压(低水分活度 Aw)组成。高糖食品主要有蜜饯、果脯、果冻、果酱、巧克力、甜炼乳等。

(一)高糖食品保藏原理

1. 高糖食品水分状况和水分活度

糖渍制品中,糖与水分在果蔬组织由纤维与半纤维素构成的毛细管网状结构中以溶液状态结合,其结合形式分三种:一是以单层水分子与溶质紧密吸附,其结合力最强;二是以结合水的多层水分子接近溶质,相互以氢键结合,其中包括部分直径小于 1μm 的毛细管水,其结合力稍强;三为游离水,其聚集在直径较大的毛细管和纤维上,结合力微弱。果蔬糖渍制品中,水分的结合状态以第二种为主,因而其含水量易受到外界空气的相对湿度变化的影响,有时会吸湿回潮,使含水量增加,有时会干燥返砂,使含水量有所减少。糖渍制品 Aw 一般为 0.1～0.8。

水分活度(Aw)是溶液中水蒸气分压(P)与纯水蒸气压(P_0)的比值:

$$\mathrm{Aw}=P/P_0$$

2. 高糖食品中的微生物

大多数糖渍环境属于 pH 比 4.5 稍低的酸性环境,所以除乳酸菌及醋酸菌以外,其他细菌不易生长繁殖。

从果蔬带入的微生物中,常以酵母菌为多。一般酵母菌繁殖必需的 Aw 为 0.95～0.85,耐渗透压酵母繁殖的最低 Aw 范围为 0.70～0.65,其能使酵母在 80%浓度的糖液中生长。这也是因为高浓度糖液常因表面吸湿,而在表面形成一薄层较低浓度的糖液层,酵母即在此繁殖。在越稀的糖液中,酵母菌的繁殖越快。但繁殖速度受温度的影响也很大。许多酵母菌在 4℃以下易受到抑制。

霉菌在糖溶液中发育较慢,能在发潮的糖块表面及糖渍制品表面生长发育,其中常见的有青霉属、交链孢霉属、芽枝霉属、葡萄孢属、卵孢霉属。这些霉菌多属耐干燥性霉菌,适宜繁殖的最低 Aw 范围为 0.75～0.65,对糖渍制品的危害较大。

(二)成品保存

1. 坚持标准水分

果蔬糖渍成品暴露于不同的空气相对湿度之下,会有不同程度的吸湿或干燥现象。吸湿的结果,将降低成品的保存性,损坏成品品质。而干燥的结果,虽对成品的保存性与货架寿命有利,但影响糖渍制品特有的柔软、细腻、松酥等。

2. 防腐剂使用

高糖食品加工过程中可能有微生物危害,所以此时可能已经添加防腐剂,例如使用亚硫酸盐护色和抑菌，亚硫酸盐对乳酸菌、醋酸菌及霉菌的抑制力比对酵母强，故用于抑制酵母时需要较高浓度。要注意防止成品二氧化硫残留量超标。防腐剂使用种类和使用量按照 GB 2760。如果使用防腐剂难以达到防腐要求，考虑适当干燥，或降低 pH 值。

3. 包装保藏

高糖食品要利用包装防潮，阻止蜜饯和糖果等吸收外界水分，这样才能有效抑制长霉。另外，果酱、果冻等加热灭菌后，也需要包装防止二次污染。

4. 加热灭菌

含糖量较低的食品，可以结合加热灭菌。溶液的 pH 值低于 4.5 的，可在 90℃下加热 10～30 分钟。

第六节　罐制食品贮藏

生产上罐头企业的食品贮藏主要涉及两方面：一是原料贮藏，二是产品贮藏。原料贮藏难度更大。

一、罐头食品的原、辅料保藏

一些用作罐头的食品原料十分新鲜，例如鱼贝类肉质中水分多，易受损伤，易产生化学变化，同时也易遭细菌的入侵，故处理应该及时，鱼体应避免受压，避免阳光直射等。屠宰的畜肉很快进入僵直期，此时肌肉 pH 值下降，肉体收缩并发硬，风味较差，故用作罐头的原料肉应选择经过了僵直期，进入成熟期的畜肉。而水果类，则应选择处于坚熟期的果实，因为未成熟的果实酸度过高，风味物质积累太少，过熟的果实则易腐烂，造成损失。

除少数品种采用新鲜加工外，大部分都要进行保藏后再供加工。动物原料大多采用冻结冷藏或低温保藏；植物性原料则采用低温贮藏或气调保藏，有些原料如蘑菇、刀豆等还要先用化学方法保鲜护色保藏。一些辅料也分别采用干燥保藏或密封保藏。

二、罐制产品的败坏

传统上使用金属罐和玻璃瓶。近来也常使用纸质罐、塑料罐、复合软包装罐头。罐头制品在制造后的贮藏和流通过程中，也存在两方面问题：一是罐头食品内部出现败坏或品质下降，二是罐头包装出现损坏问题。

(一)罐头内食品败坏

1. 微生物败坏

可能是杀菌强度不够(例如温度处于杀菌锅中冷点),或者密封不足,导致罐头出现微生物腐败。

2. 果汁褪色

光线对花色苷等色素有分解作用。用玻璃瓶装果汁常存在褪色。

3. 氧化败坏

花生酱的油脂含量较高,容易氧化而引起酸败,并产生哈喇味。番茄酱调味料容易变质、变味,需用高阻气性包装材料进行包装。用大瓶或大罐包装,开封后食用过程容易氧化,一次性食用的小包装,其复合薄膜隔绝氧气较弱,两者都应该加入适量的抗氧化剂,才能有较长的贮藏期和食用期。

(二)包装的问题

1. 铁罐存在生锈问题

金属罐有镀锡铁罐和涂料镀锡铁罐、铝罐,镀铬铁罐应用较少。铁罐一般是三片罐,因接缝处经过辊压,涂料和镀锡层受损,贮藏一定时间后,内壁常出现生锈。如果外界湿度高或接触水分,外壁接缝也会生锈。

2. 塑料复合袋损坏

在用水产品生产软罐头(如熏鱼产品)时,原料中的骨、刺等尖锐组织去除够干净,可能戳穿包装袋。中式肉制品常用镀铝复合软包装,经过高温(121℃)杀菌处理,在加热后冷却阶段,如果反压不足,则可能导致铝层断裂。这些可能带来后续的食品败坏。

3. 纸质罐和塑料罐的密封缺陷问题

塑料罐的罐身一般由丙烯腈塑料喷射吹塑成型,罐盖采用铝材或铁皮,在封罐机上卷封,也有使用复合膜封盖。塑料罐常用于果汁、果酱、果冻等热罐装食品。纸质罐常用于罐藏某些干制食品及果汁等,使用塑料、薄金属或镀铝纸盖。有时会发现罐盖和罐身的密封不良,导致贮藏中果汁等腐败。纸质罐还存在挤压造成损害问题。

第七节 半成品贮藏和熟食保鲜贮藏

半成品和熟食的贮藏与新鲜食品不同,一般利用合适的包装,并结合加热灭菌,添加化学防腐剂、吸氧剂、吸水剂、抗氧化剂等技术辅助保藏。现在网络销售的很多土特产都是半成品或熟食产品。

一、粮食制品贮藏

(一)谷类制品

谷类制品有纯谷类制品和含油谷类食品。纯谷类制品包含水较少的干面条、干米线,半干的年糕、糕点,以及含水较高的湿面条、米粉、凉皮等。含油谷类食品包含水分很少的方便面、酥饼、香糕、酥糖、蛋卷,含水分较高含油较少的糕点、蛋糕、奶油点心,以及含有大量油脂的油炸糕点。

1. 干制的谷类制品

干制的谷类制品通过包装来防潮、防灰尘污染即可。一般用聚乙烯或聚丙烯薄膜密封包装。

2. 半干的谷类食品

半干的谷类食品需要添加化学防腐剂和真空包装来储存。例如年糕用聚酯薄膜包装,加热灭菌后存放。家庭的年糕也常保存在水中,防止其过分失水崩裂,并隔绝氧气防止发霉,但是常有轻微的发酵和变酸,如果结合防腐剂则效果会更好。

3. 高含水的谷类食品

高含水的谷类食品不易保存,一般临时贮藏,可以使用低温、隔绝氧气、添加化学防腐剂等方法。

4. 含油低的含水谷类制品

该制品贮藏时需要防潮吸水,其次是隔绝氧气防止油脂酸败。其主要通过阻隔氧气和含水分很高的包装来实现,有的结合抗氧化剂,或吸氧剂,或吸水剂,有的结合真空或气调技术。有的谷类制品容易破碎,需要装入片材容器或充氮气来抵抗挤压。

5. 含水分较高的含油糕点

该类糕点容易霉变,容易失水变干、变硬,容易氧化串味。其在贮藏时选用高隔绝氧气的复合薄膜,配以真空或充气包装技术。常用化学防腐剂或吸氧剂来防止发霉。

6. 油炸糕点

油炸糕点油脂含量极高,极易引起氧化酸败而导致色、香、味劣变,甚至产生哈喇味。其贮藏关键是防止氧化酸败,其次是防止油脂渗出包装材料造成污染而影响外观。一般采用高阻隔包装材料,结合真空或充氮气包装,封入脱氧剂。

(二)豆制食品包装

豆制食品主要有低水分的腐竹、千张、豆豉、豆乳粉,半干燥的豆腐干,高水分豆制品或呈液体状的豆奶、豆腐、腐乳等。

1. 低水分豆制品

低水分豆制品包装时需要防潮、防止吸水霉变。一般用塑料膜或复合膜包装。有些产品添加酒精或防腐剂。豆乳粉的贮藏和包装与奶粉基本相同，采用复合软塑包装。

2. 半干燥的豆制品

半干燥的豆制品一般采用复合塑料真空包装，高温灭菌后贮藏。也有一些临时贮藏，利用冰点以上低温和化学防腐剂保存。

3. 高水分豆制品

嫩豆腐十分容易破碎，利用聚丙烯盒装包装防破碎。腐乳装在玻璃瓶中呈保护块状。添加防腐剂，或适当加热灭菌，密封防外界细菌、微生物的侵入。豆奶按照牛奶方法保存。除了腐乳添加盐和防腐剂较多，能长期保存，另外的都是短期贮藏。

二、肉制品贮藏

肉制品除了干制品、腌制肉外，主要还有熟肉制品、肠类制品、调味肉制品等。

熟肉制品包括中式肉制品和西式肉制品。许多中式产品包装后需高温杀菌处理，要求包装材料能耐121℃以上的高温。常用金属罐或复合薄膜真空包装高温杀菌后贮藏。西式肉制品常用阻隔氧气强的热收缩膜包装后，为防止氧的渗入发生氧化作用，再用90℃热处理。另外一种方法是不进行热杀菌，装浅盘后，覆盖一层透明的塑料薄膜拉伸裹包，或用收缩膜热收缩包装后，低温临时贮藏。

灌肠类肉制品的保藏方法与肠衣有关。

(一)天然肠衣

天然肠衣动物的消化器官或泌尿系统的脏器经自然发酵除去黏膜后腌制或干制而成。灌制品经烘烤、煮制、烟熏后其长度一般会缩短10%～20%。因为来源于动物，贮藏性差，所以需要低温和化学防腐贮藏。

(二)人造肠衣

人造肠衣包含纤维素肠衣、胶原肠衣、塑料肠衣和玻璃纸肠衣。其中胶原肠衣是由动物皮胶质制成的肠衣。肠衣会因干燥而破裂，也会因湿度过大而潮解化为凝胶，因此相对湿度应保持在40%～50%；胶原肠衣易生霉变质，应置于10℃以下贮存。其他纤维素肠衣制品贮藏性能较好。特别是塑料肠衣，耐高温也耐低温，常用于蒸煮或烘烤，也可以用于低温贮藏。

调味肉制品有新鲜预调理肉类、预制肉类菜肴、肉酱制品等。对于预调理肉，采用冰点以上低温临时贮藏，结合使用食品添加剂，配合抑制微生物生长和保持水分。预制肉类菜肴一般采用盒装后，冷冻贮藏。肉酱制品常含有较多的食用油，多采用玻璃瓶等罐制后保存。

加热温度与牛肉色泽

三、水产制品贮藏

水产制品主要是干制、腌制。但是还有其他制品，例如鱼松、鱼香肠、熏鱼、鱼糕、鱼糜丸、生鱼片等，产品差异大，保藏方法也不同。

（一）鱼松

原料经预处理后蒸煮取肉、压榨搓松、调味炒干而成鱼松，其保藏期长，但是含油高，需要通过包装隔绝氧气，以及添加抗氧化剂。鱼松怕吸水，制品含水量控制在12％～16％，贮藏中要保持水分含量。一般采用高阻隔性复合膜包装进行保藏。

（二）鱼香肠（或鱼火腿）

鱼香肠由于鱼肉经过了破碎等工序，增加了组织中的微生物数量，含水高，极易腐败变质。一般采用冷冻贮藏，另外采用真空包装加热灭菌使其成为软罐头熟食。

（三）熏鱼、鱼糕等水产熟食品

这类产品极易腐败变质，需要真空包装并在封装后加热杀菌，制成金属罐头和软罐头。散装的一般需要冷冻或冷藏。

（四）生鱼片、鱼糜制品、鱼籽等高水分食品

高水分食品一般采用气调包装。新鲜烤鱼卷可保鲜2d，用CO_2包装可保鲜6d。鱼糕保鲜期是4d，用气调包装可保鲜8～9d。用高浓度CO_2包装生鱼片会产生发涩的感觉。

四、蛋制品贮藏

蛋制品主要有再制蛋（松花蛋、咸蛋、糟蛋）、熟制蛋、冰蛋、蛋粉等制品。松花蛋、咸蛋、糟蛋都是缺少加热或经低程度加热灭菌，直接销售给大众，而冰蛋和蛋粉一般作为半成品用于食品工业后续生产。

（一）再制蛋

再制蛋有较强的抗败坏能力，例如松花蛋、咸蛋一般结合真空包装或结合巴氏灭菌，防止真菌就可以了。糟蛋中的酒精和有机酸有较强防腐作用，装罐后，辅助加热灭菌，阻隔外源微生物污染就可以保存。

(二)熟制蛋

熟制蛋包括真空包装或散装的茶叶蛋等。前者按照软罐头制作和保存，后者只是临时性保存。

(三)冰蛋

冰蛋有冰全蛋、冰蛋黄、冰蛋白、巴氏杀菌冰蛋。其灌入马口铁罐或衬袋盒中速冻，或速冻后脱模，再用塑料薄膜袋或纸盒包装，在－18℃以下冻藏。

(四)蛋粉

蛋粉是蛋液经喷雾干燥制得的产品，极易吸潮和氧化变质。采用金属罐或复合软包装防潮和隔氧，并防止紫外线的照射。其贮藏技术类似奶粉。

皮蛋保藏

五、乳制品贮藏

奶类食品主要包括鲜奶、奶粉、炼乳、酸奶、冰淇淋、奶油、奶酪等。其贮藏保鲜方法有较大差异。

(一)鲜奶

鲜奶采用杀菌和包装来解决贮藏问题。例如巴氏灭菌乳，采用玻璃瓶或复合塑料袋等包装杀菌后，可以贮藏几天。而超高温(UHT)杀菌奶，采用灭菌和无菌灌装后，保质期可达8个月以上。

(二)酸奶

酸奶具有酸性，有较强的抑制细菌生长能力，但是霉菌、酵母和一些耐酸细菌还是容易繁殖。需要隔绝氧气防止发霉和抑制酵母生长，并结合低温贮藏。要求包装隔绝氧气能力强，例如用玻璃瓶、铝箔复合材料包装。

(三)奶粉

奶粉容易吸收水分，引起溶解性下降，气味变化，产生非酶褐变反应等，但是一般不会有微生物危害，因此需要防止受潮(吸水过多会引起细菌危害)、脂肪氧化，避免紫外光的照射。脱脂奶粉的水分含量需要降到4%。全脂奶粉的水分含量需要降到2.8%～3.3%。要求包装对水蒸气密封性能非常高。用复合奶粉袋包装保存期限为9～12个月，而使用金属罐保质期为2年。

(四)奶酪

奶酪主要成分是蛋白质,常见的是干酪,虽然水分较低,但需要含有一定水分才有较好口感,因此奶酪容易发霉和酸败。这类产品要求隔绝氧气和吸收水分。干酪一般在熔融状态下,用塑料盒真空包装,可结合充氮气包装。短时间存放的奶酪可用单层塑料薄膜热收缩包装。

(五)奶油

奶油脂肪含量很高,极易发生氧化变质,也很容易吸收周围环境中的异味。其主要通过包装或结合抗氧化剂来良好贮藏。包装要求使用阻氧气好、耐油的包装材料,例如玻璃瓶、聚苯乙烯容器,用含铝复合膜封口。

第八节　保健食品功能成分的保持技术

保健食品是指声称具有特定保健功能或者以补充维生素、矿物质为目的的食品,即适宜于特定人群食用,具有调节机体功能,不以治疗疾病为目的,并且对人体不产生任何急性、亚急性或者慢性危害的食品。保健食品生产过去是审批制,2016年7月1日后,改成注册和备案制,按照《保健食品注册与备案管理办法》施行。

一、以功能成分为基础的保健食品

保健食品的功效成分/标志性成分在产品保质期内,需要保持一定含量。功效成分专属性强,与产品所述功能密切相关。标签标注为总黄酮含量的保健食品,所标注的总黄酮既是标志性成分也是功效成分;如果标注的是芦丁含量,其是标志性成分,但可能只是功效成分总黄酮中的一种代表性成分。保健食品的功效成分有多糖、多肽、多酚、黄酮、皂苷、硫苷、甾醇、不饱和脂肪酸、生物碱、萜烯等。另外还有维生素类和矿物质类补充剂。标志性成分如总黄酮或芦丁、总皂苷或人参皂苷、萝卜硫苷等物质往往并不稳定。而很多保健食品的保质期常为2年,因此,需要阻止功效成分/标志性成分的降解。这一般通过两种方法来达到。一是采用合适的制剂方法。包间内产品形式有软胶囊、硬胶囊、片剂、口服液、粉剂等。容易氧化并且有异味的脂类功能成分物质,一般做成软胶囊,从而隔绝氧气。有苦味等不良味道或容易被胃酸分解的功能成分物质,常用硬胶囊套装。在液体中稳定,但是容易被氧化的水溶性的功能成分物质采用口服液方式,液体中不稳定的功能成分物质一般采用片剂和粉剂方式。片剂对于保存功能成分比粉剂更有效,而且单位重量片剂的有效成分往往比粉剂更高。二是采用合适的包装。对于容易吸水降解的物质,例如萝卜硫苷,不但要使其产品水分含量极低,还要采用阻隔水分极强的镀铝膜或含PVDC(聚偏二氯乙烯)、PVAL(聚乙烯醇)之类的膜密封阻隔水分,结合塑料或玻璃瓶再次密封。对于容易被氧化的功能成分，例如多酚，采用金属镀铝膜密封，结合塑料或玻璃瓶再次密封包装。对于对紫外线敏感的功能成分，例如鱼肝油，采用绿色塑料瓶包装。

二、菌类保健食品

菌类保健食品主要有细菌和真菌两类。

细菌主要以益生菌的形式应用于保健食品。益生菌类保健食品指能够促进肠道菌群生态平衡，对人体起有益作用的微生态产品。益生菌菌种是人体正常菌群的成员，可利用其活菌、死菌及其代谢产物制造保健食品。可用于保健食品制造的细菌有 10 种，其中有 5 种双歧杆菌、4 种乳酸菌、1 种链球菌。

利用活菌作为功效成分的保健食品，不提倡以液态形式生产益生菌类保健食品活菌产品。其在保质期内活菌不得少于 10^6cfu/mL(g)。对活菌一般采用冷冻干燥技术制备冻干粉进行保藏。

以死菌或其代谢产物为主要功能因子的保健食品，需要提供功能因子或特征成分的名称，一般都是有机物成分，其功能成分含量也需要检测。其贮藏按照保存功能成分的方法进行。

可用于保健食品的真菌有 11 种，其中有 4 种酵母、2 种虫草菌丝体、3 种灵芝类、2 种红曲霉类。4 种酵母中只有酿酒酵母在保健食品中得到实际应用，其有活菌形式和转化产物酵母硒等应用。红曲霉类也只有红曲霉在保健食品中有实际应用，利用其产生的红曲色素。虫草菌丝体和灵芝类都是利用其产生的代谢产物。由真菌活菌或其提取物制备的保健食品，其功效成分的保护类似细菌。

可用于保健食品的益生菌菌种名单

参考文献

[1] 曾名湧. 食品保藏原理与技术[M]. 北京：化学工业出版社，2015.

[2] 王向阳. 食品贮藏与保鲜[M]. 杭州：浙江科技出版社，2002.

[3] 郑永华. 食品贮藏保鲜[M]. 北京：中国计量出版社，2006.

[4] 郑永华. 食品保藏学[M]. 北京：中国农业出版社，2010.

[5] 刘建学. 食品保藏学[M]. 北京：中国轻工业出版社，2006.

[6] 章建浩. 生鲜食品贮藏保鲜包装技术[M]. 北京：化学工业出版社，2009.

[7] 张敏，周凤英. 粮食储藏学[M]. 北京：科学出版社，2010.

[8] 王若兰. 粮油储藏理论与技术[M]. 郑州：河南科学技术出版社，2015.

[9] 王若兰. 粮油储藏学[M]. 北京：中国轻工业出版社，2009.

[10] 路茜玉. 粮油储藏学[M]. 北京：中国财政经济出版社，2004.

[11] 白虹，黄玉贤，王骋，等. 科学延长生牛奶保鲜期[J]. 养殖技术顾问，2003(2)：47.

[12] 克劳森. 牛奶保鲜新技术[J]. 钱法根，译，中国乳品工业，1982(3)：77-81.

[13] 张忠，涂勇，姚昕，等. 生物防治在果蔬采后病害上的应用[J]. 农产品加工·学刊，2007(5)：91-93，96.

[14] 张愍，冯彦君. 果蔬生物保鲜新技术及其研究进展[J]. 食品与生物技术学报，2017，36(5)：449-455.

[15] 白亚乡，胡玉才，徐建军，等. 物理技术在食品贮藏与果蔬保鲜中的应用[J]. 物理，2003，32(3)：171-175.

[16] Elhadi M. Yahia. Postharvest Technology of Perishable Horticultural Commodities [M]. Woodhead Publishing，2019.

[17] Riccardo Accorsi，Riccardo Manzini. Sustainable Food Supply Chains [M]. Academic Press，2019.

[18] Tim O'Hare，John Bagshaw，Wu Li，et al. Postharvest Handling of Fresh Vegetables [M]. Australian 17. Centre for International Agricaltural Research，2001.